FUSION을 활용한 전산응용 기계설계

남동호 | 인천대학교 기계공학과 교수
조대희 | 한국표준협회 전문위원

JINSAEM 진샘미디어

저자 소개

남동호 | 인천대학교 기계공학과 교수

조대희 | 한국표준협회 전문위원

FUSION을 활용한 전산응용 기계설계

발행일 2025년 1월 20일
수정 발행일 2025년 8월 25일
저자 남동호, 조대희
발행인 최봉조 **발행처** 진샘미디어 **주소** 서울시 은평구 연서로 5길 28 부호아파트 102동 상가5호
전화 02-353-4421 **팩스** 02-353-4431 **웹사이트** www.jinsaem.co.kr
등록번호 제311-2005-000025호

ISBN 979-11-91419-42-9 93550
정가 24,000원

머리말

도면은 설계자의 의도를 제작자에게 정확하게 전달하는 데 목적이 있습니다. 만약 설계자가 직접 제작한다면 문제가 없습니다. 그러나 설계자는 설계를 제작자는 제작을 담당하기 때문에 설계도는 정해진 산업규격에 따라 작성되어야 다른 사람들이 보더라도 그 형상과 기호가 의미는 항상 같아야 합니다.

그래서 설계는 정해진 산업규격으로 안전하게 작성되어야 하며, 정해진 규격으로 해독해야 오류발생이 없이 능률적인 제작이 가능해집니다.

이 도서는 퓨전의 다양한 기능을 다루고 있습니다. 퓨전의 단순모델링, 어셈블리, 도면작성 그리고 구조해석까지 정리하면서 주의를 기울였으나, 초판이기에 있을 수도 있는 미진한 부분 또는 설명이 부족한 부분은 계속 보완해 나갈 것을 약속드립니다.

또한 도서가 나오기까지 좋은 책을 만드는 데 앞장서고 있는 진샘미디어 관계자들에게 깊은 감사를 드립니다.

남동호, 조대희

차 례

1장 Fusion의 개요 5

1-1 퓨전의 화면 구성 6

2장 Part Modeling 15

2-1 3D 모델링 - 1 16

2-2 3D 모델링 - 2 26

2-3 3D 모델링 - 3 38

2-4 3D 모델링 - 4 50

2-5 Base 모델링 57

2-6 Body 모델링 64

2-7 Bush 모델링 75

2-8 Shaft 모델링 77

2-9 Roller 모델링 80

2-10 널링 모델링 85

2-11 기어 모델링 92

3장 Aseembly 99

4장 Drafting 119

5장 Advance simulation 153

6장 Training drawing 167

1장

Fusion의 개요

1-1 퓨전의 화면 구성

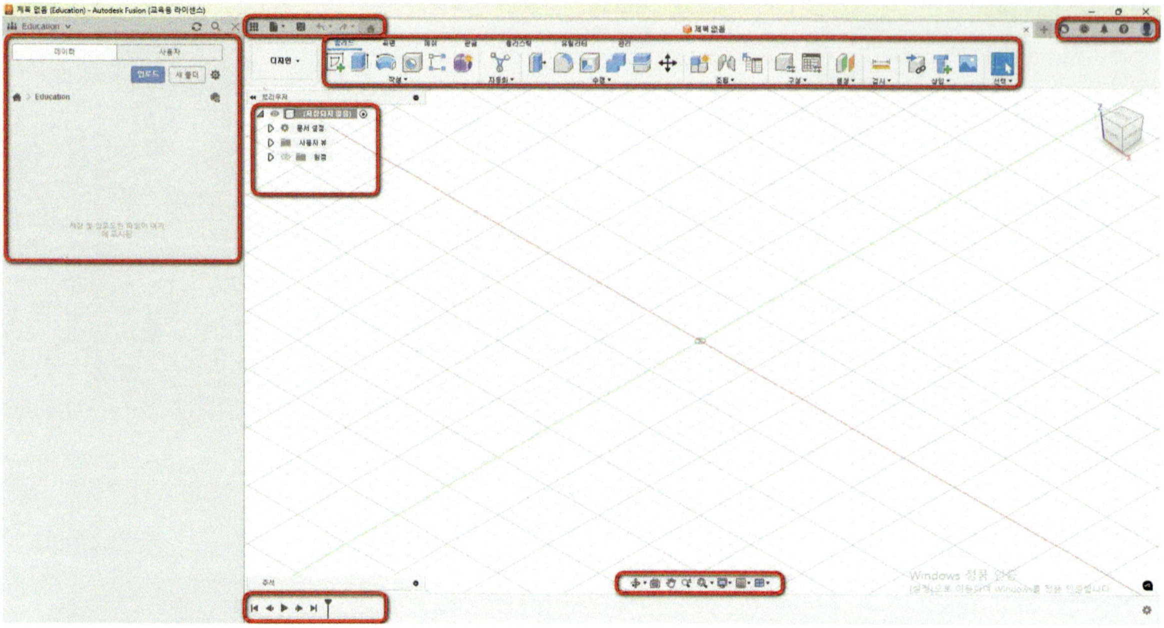

(1) 

ⓐ  : 데이터 패널을 열고 닫는다.

ⓑ  : 하위에 다음과 같은 명령이 있다.

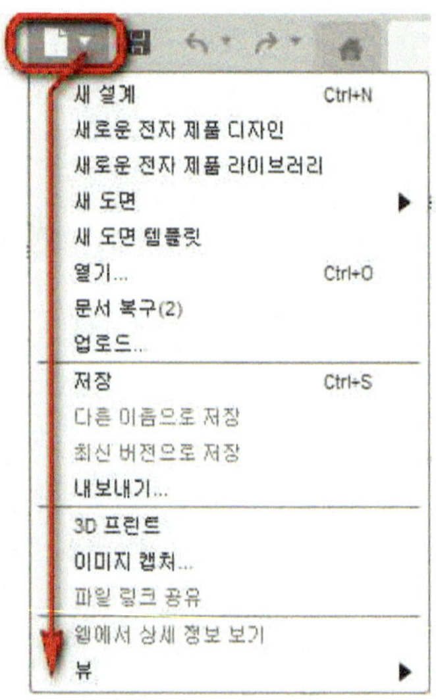

- 새 설계(New Design) : 새로운 설계작업을 시작하는 명령.
- 새로운 전자 제품 디자인 : 새로운 전자 제품을 설계하는 명령.
- 새로운 전자 제품 라이브러리 : 새로운 전자 제품의 라이브러리를 설계하는 명령.
- 새 도면 : 새로운 도면작업을 시작하는 명령.
- 새 도면 템플릿 : 새로운 도면 템플릿을 시작하는 명령.
- 열기(Open) : 저장된 파일을 불러오는 명령.
- 업로드(upload) : 오프라인에 있는 파일을 클라우드에 업로드하는 명령.
- 저장(save) : 클라우드에 저장하는 명령.
- 내보내기(Export) : 오프라인으로 저장할 때 사용하는 명령입니다.

ⓒ  : 작업한 모델을 저장한다.

ⓓ 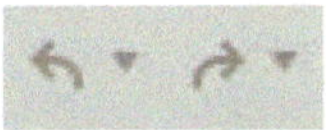 : 되돌리기와 재실행을 실행할 수 있다.

(2) 

ⓐ  : 익스텐션으로 Fusion의 기능을 확장한다.

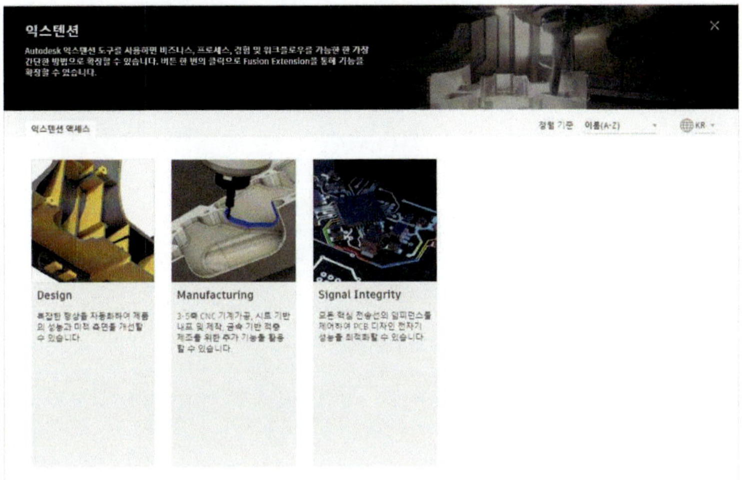

ⓑ  : Fusion의 기능을 온라인에서 작업하거나 오프라인에서 작업을 진행하게 한다.

ⓒ  : Fusion에서의 알림을 나타낸다.

ⓓ  : 다음의 Fusion의 도움말을 표시한다.

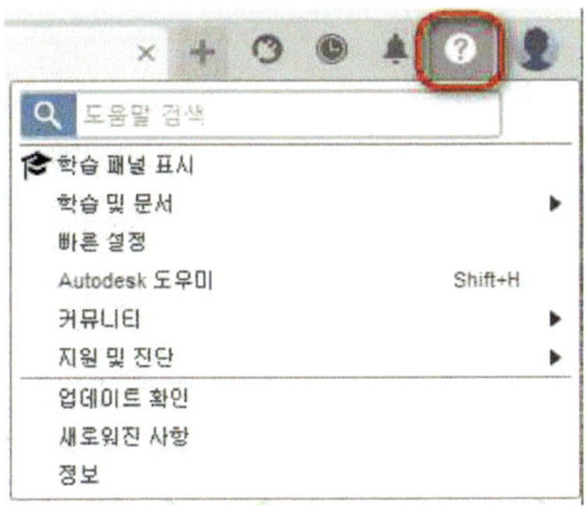

ⓔ  : Fusion의 계정과 설정을 나타낸다.

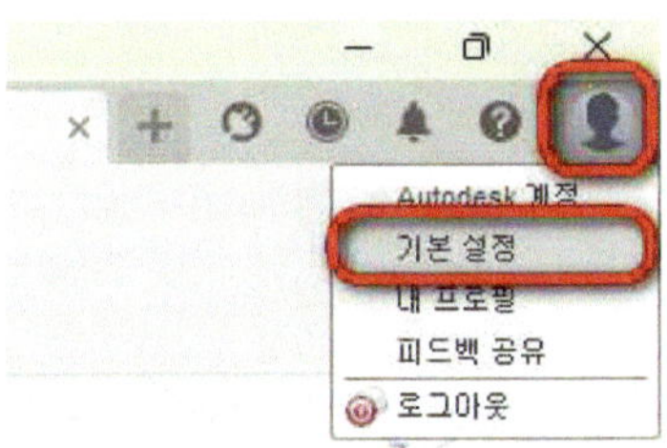

기본 설정(Preference)을 클릭하면 다음과 같은 내용을 설정할 수 있다.

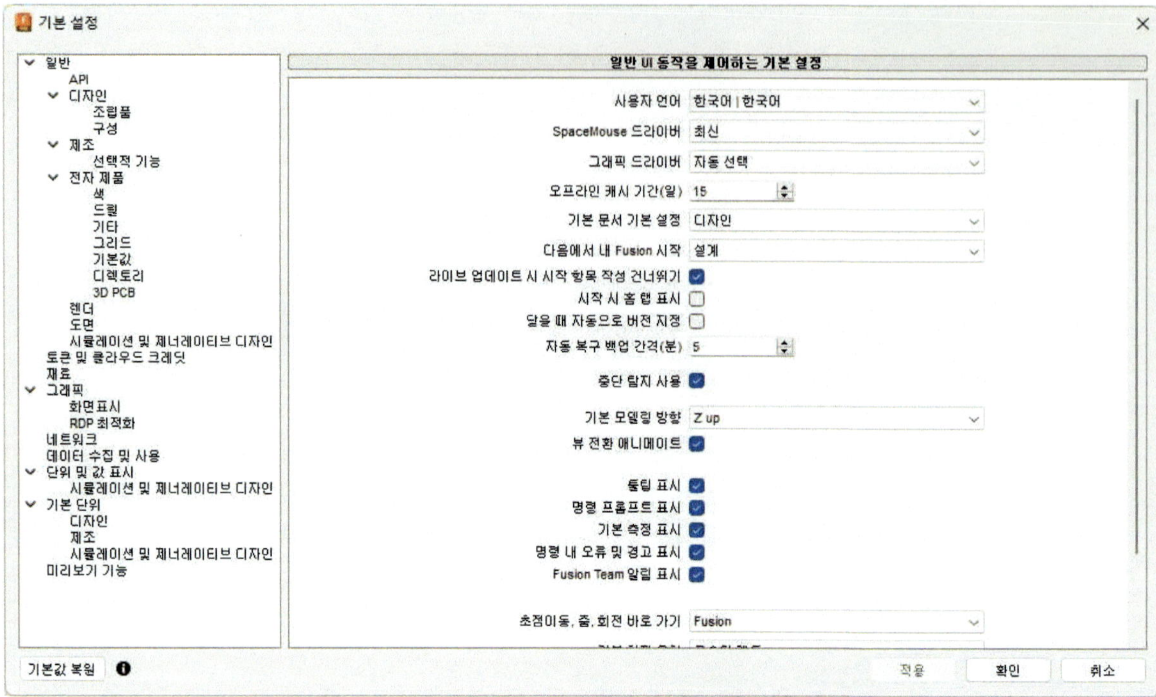

도면(Drawing)의 설정으로 투영 각도를 삼각법으로 설정한다.

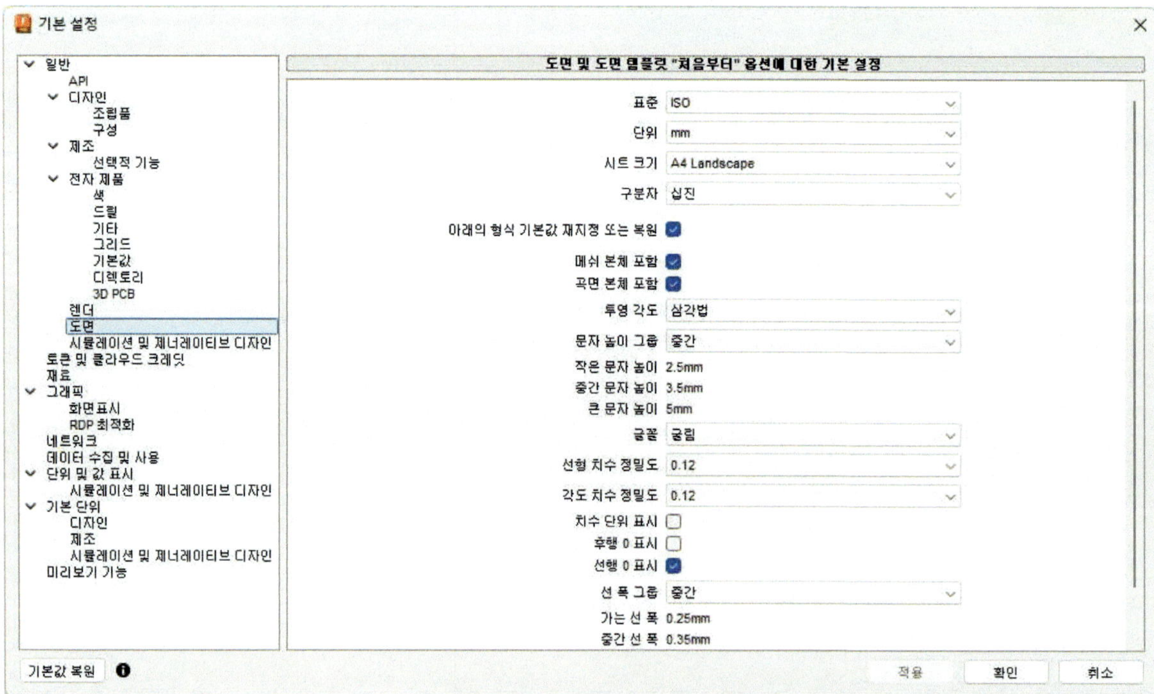

(3) 

명령의 리본 영역으로 모델을 작성하고, 수정, 자동화, 조립 등의 명령어 아이콘이 있다.

(4) 브라우저 : 모델의 작성 과정을 확인할 수 있다. 또한 각각의 눈동자 형상의 아이콘을

클릭하여 표시나 숨기기를 할 수 있다.

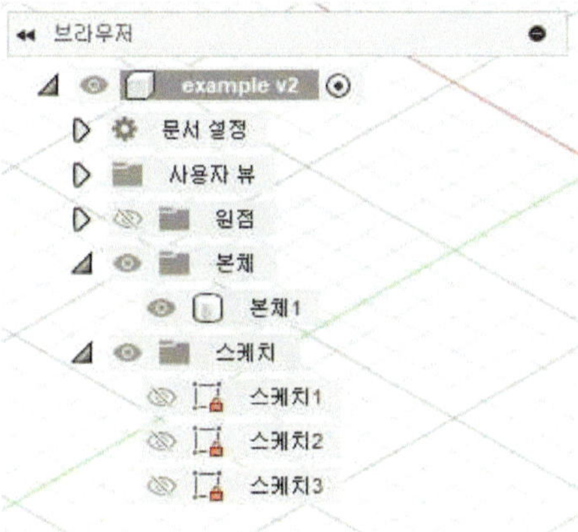

(5) 화면 구성 : 화면을 회전, 이동 등을 할 수 있다.

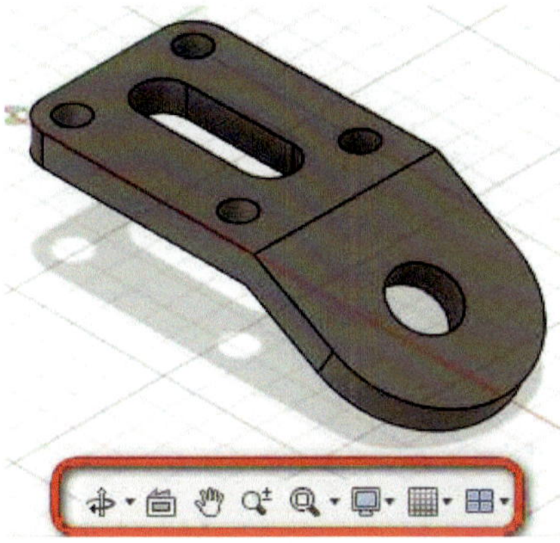

참고
F6 : 화면에 맞추어 보이기
CTRL+5 : 은선 보이기
CTRL+6 : 은선 감추기

(6) 타임라인

ⓐ ▶ 을 클릭하면 모델링 과정을 연속하여 동영상처럼 볼 수 있다.

ⓑ ┬ 을 이동하여 그 부분의 형상을 확인할 수 있다.

ⓒ 특정 해당 부분을 편집할 수 있다.

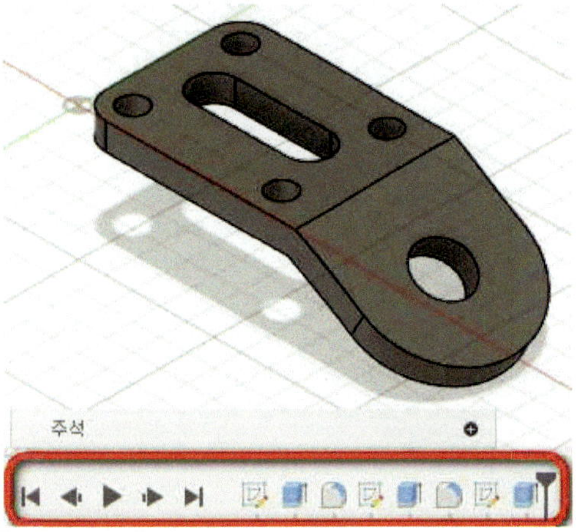

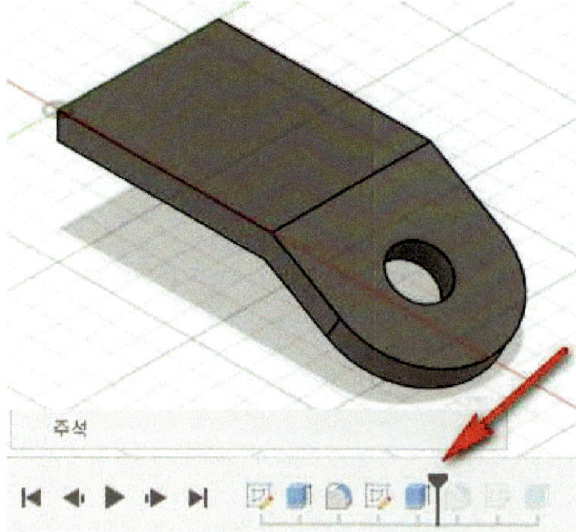

(7) 뷰큐브 : 화면의 구성을 변경한다.

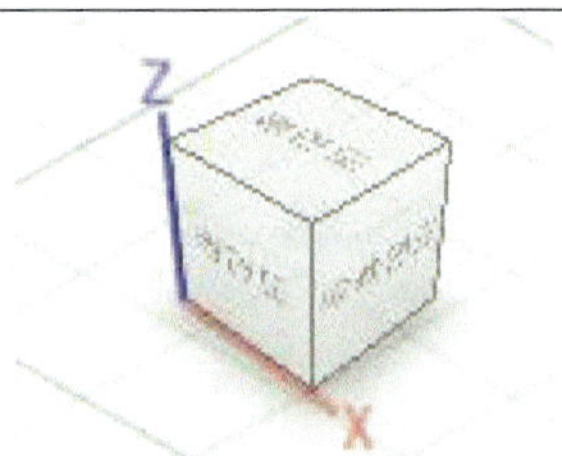	우측 상단에 있는 뷰큐브
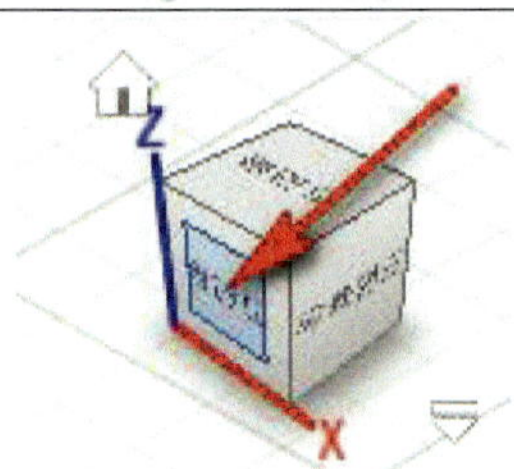	화면을 정면으로 디스플레이 한다.
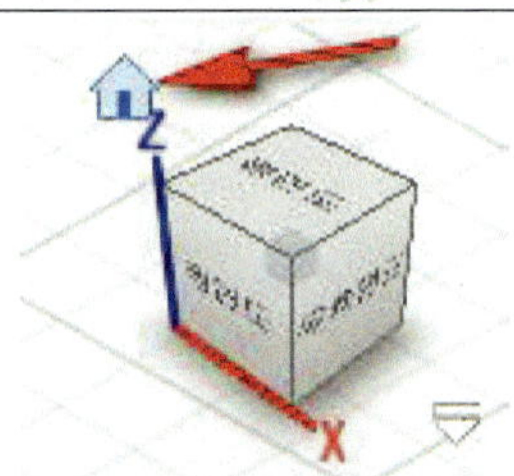	화면을 등각으로 디스플레이 한다. 마우스 커서가 근처에 가면, 뷰큐브의 왼쪽 상단에 집 모양 아이콘이 나타난다.
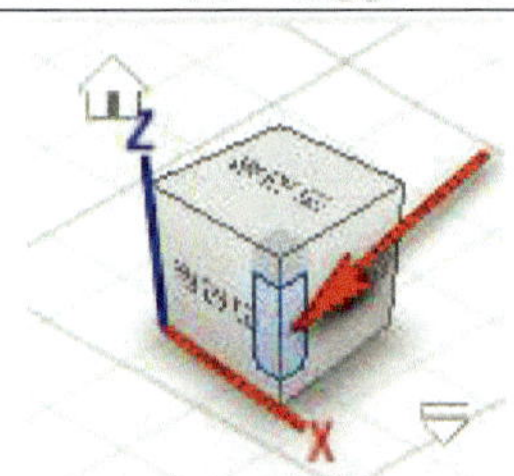	화면을 정면과 측면으로 회전한다.
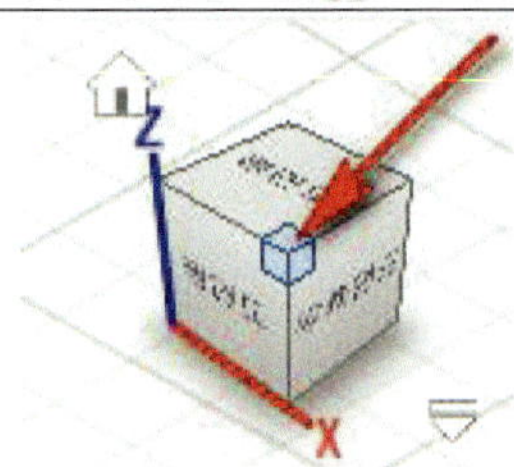	화면을 자유 회전한다.

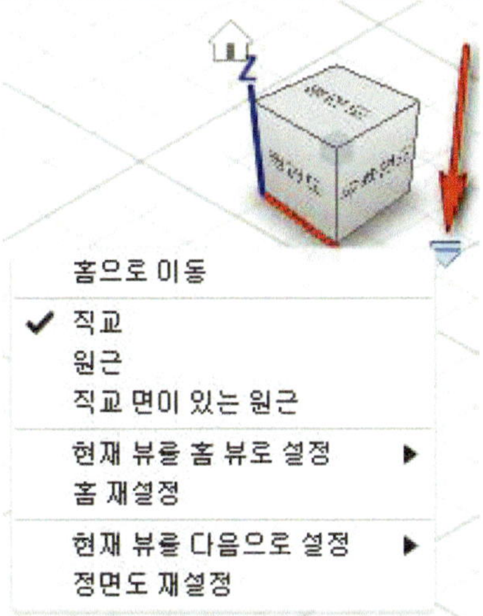	마우스 커서가 근처에 가면, 뷰큐브의 우측 하단에 화살표 아이콘이 보인다.

(8) Data Panel

ⓐ 데이터 패널 아이콘을 클릭하여 표시와 숨기기를 반복한다.

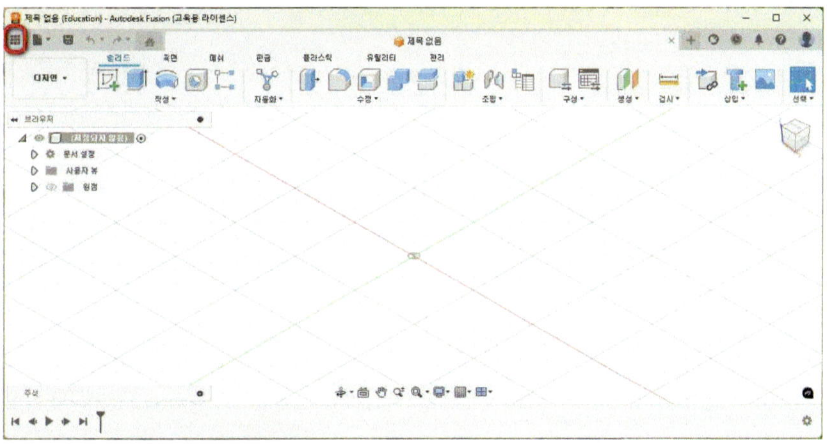

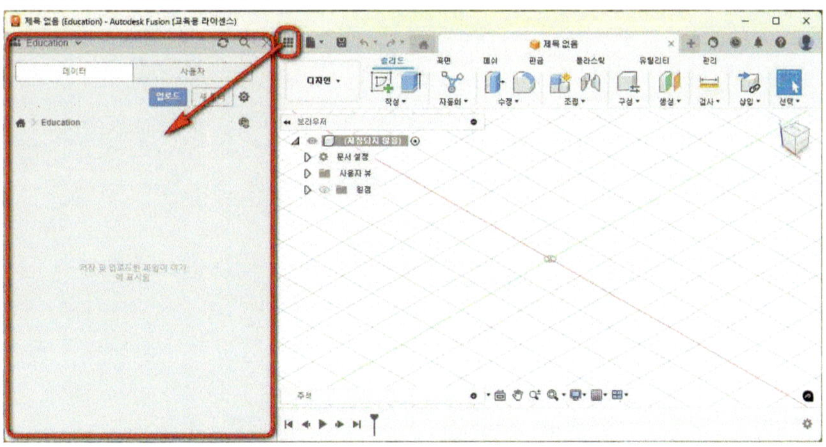

ⓑ 데이터 패널에서는 모델링 파일을 관리한다.

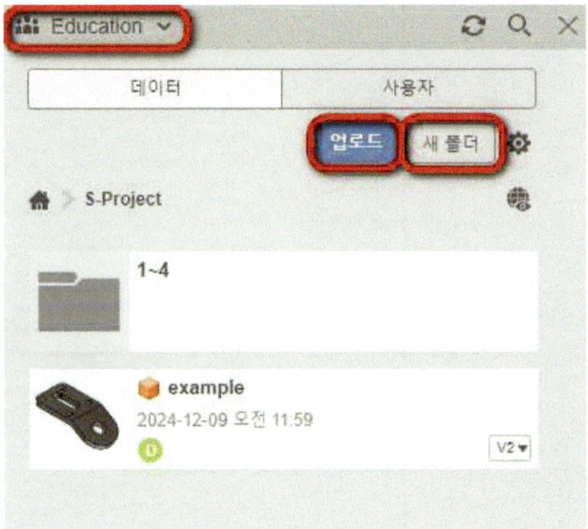

ⓒ 업로드 : 파일을 퓨전에 업로드할 수 있다.

ⓓ 새 폴더 : 새로운 폴더를 생성할 수 있다.

ⓔ 기존 폴더의 선택하고 마우스 오른쪽 버튼을 클릭하여 이름을 바꾸거나 삭제할 수 있다.

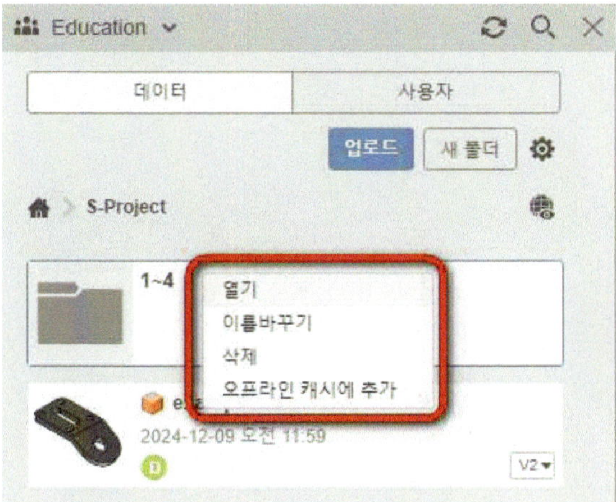
Education
데이터
사용자
업로드
새 폴더
S-Project
1~4
열기
이름바꾸기
삭제
오프라인 캐시에 추가
2024-12-09 오전 11:59
V2

2장

Part Modeling

2-1 3D 모델링 – 1

(1) 새 설계(New Design)를 클릭한다.

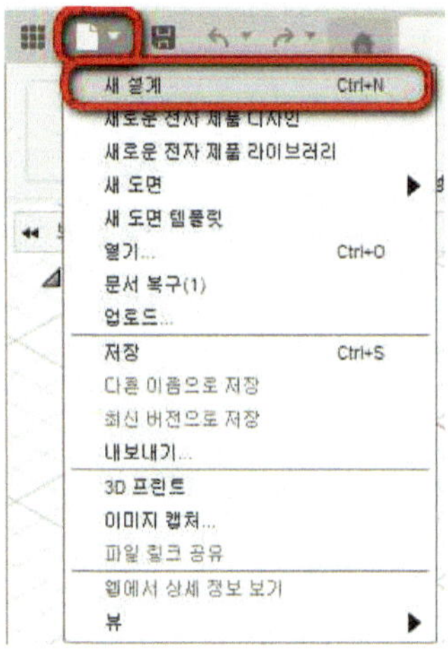

(2) 스케치 작성 아이콘을 클릭한다.

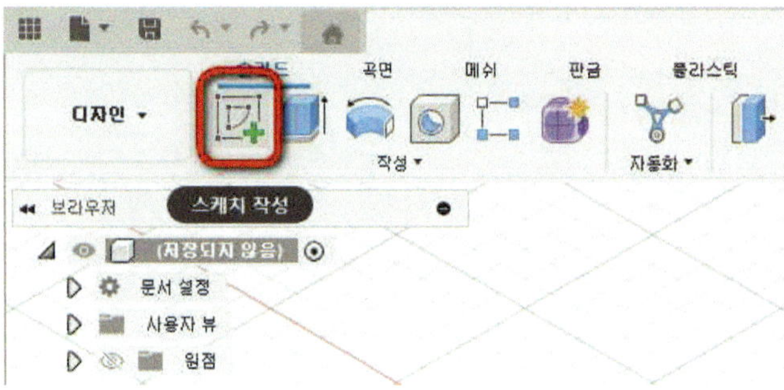

(3) xy 평면을 클릭한다.

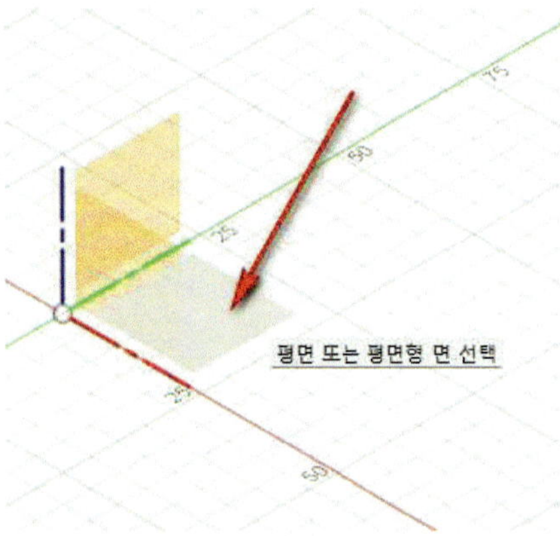

참고
좌표계의 RGB 색상에서
빨간색(Red)이 X축을 표시한다.
녹색(Green)이 Y축을 표시한다.
파란색(Blue)이 Z축을 표시한다.

(4) 2점 직사각형 아이콘을 클릭한다.

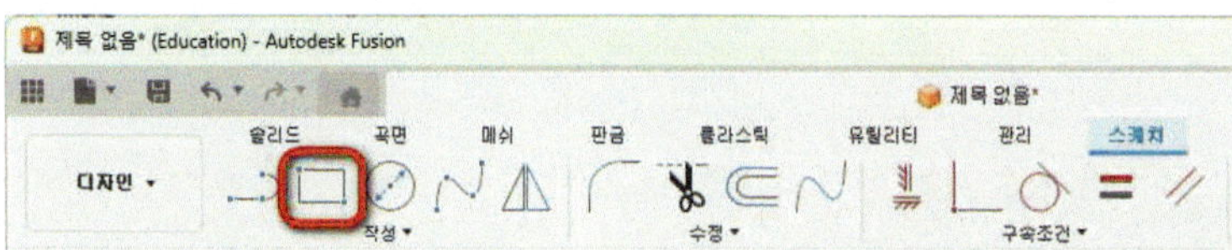

(5) 마우스를 움직여 원점을 클릭한다.

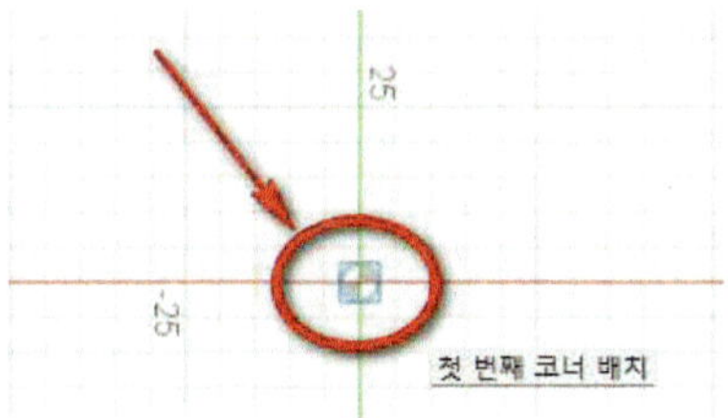

> 참고
> 마우스가 원점 근처로 이동하면 원점에 녹색의 사각형( )이 나타나고 이때 클릭하면 원점이 선택된다.

(6) 마우스를 움직이면 가상의 사각형이 나타나면 X축(Red선) 길이를 40으로 입력하고 키보드의 Tap을 누른다.

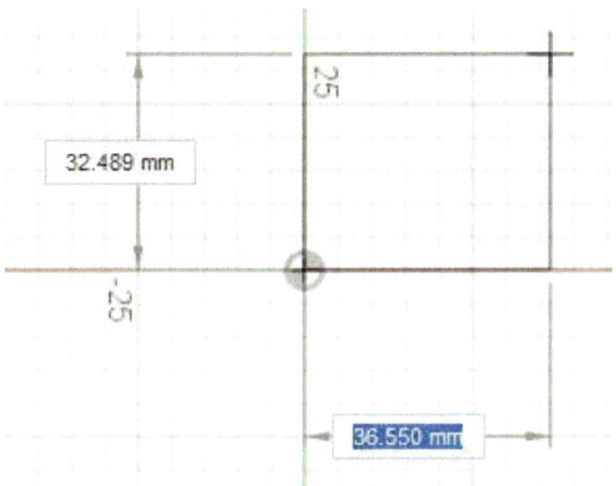

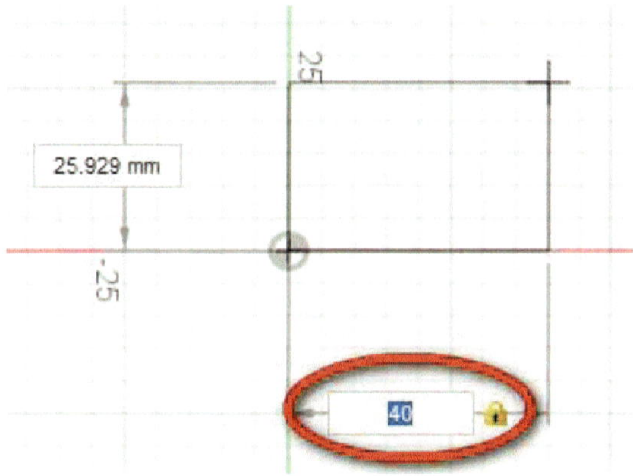

> 참고
> 직사각형을 작성하고 추가로 치수 아이콘으로 치수를 적용할 수도 있으나 음영 처리된 부분을 확인하고 치수를 적용하면 치수 아이콘을 클릭하고 치수 기입할 요소를 선택하는 과정을 안 해도 된다.

(7) Y축(Green선) 길이를 30으로 입력한다.

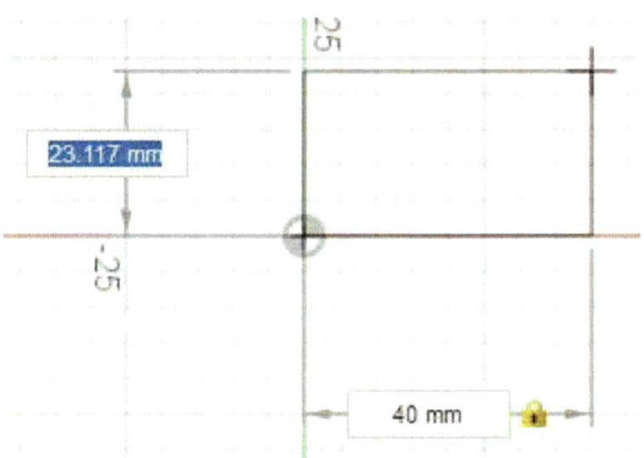

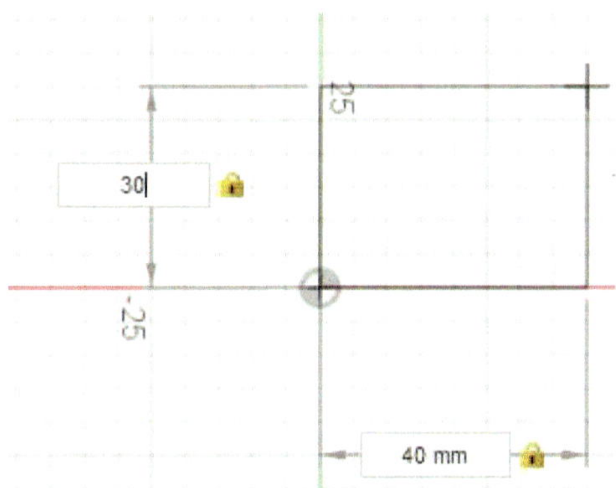

(8) 그림과 같이 우측 상단의 빈공간을 클릭한다.

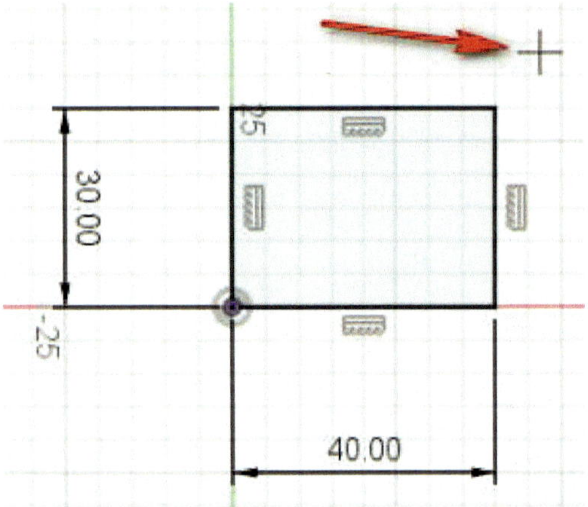

참고
- 원점을 기준으로 각각 40, 30인 직사각형은 1~4 사분면의 위치에 생성될 수 있으므로 2사분면의 빈공간을 클릭하면 2사분면에 직사각형이 생성된다.

- 스케치 된 요소가 검은색이 되면 스케치가 완성된 상태를 의미한다.

(9) 스케치 마무리를 클릭하여 스케치 환경을 종료한다.

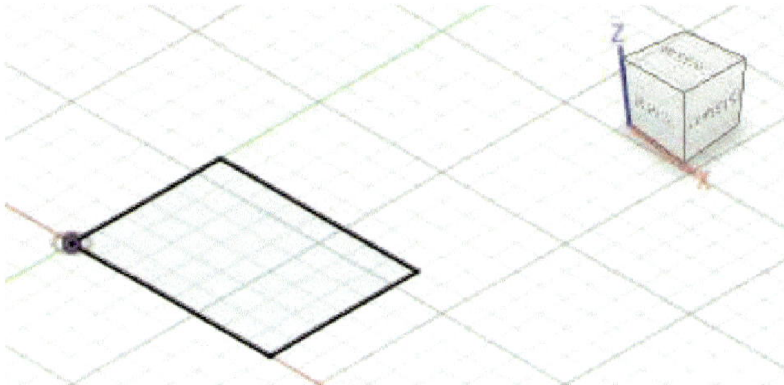

참고
스케치 환경을 종료하면 스케치 형상은 보이나 치수는 보이지 않는다.
스케치 형상을 수정하거나 치수를 수정하려면 다음의 아이콘을 더블클릭하고 완료하면 스케치 마무리를 클릭한다.

(10) 돌출 아이콘을 클릭한다.

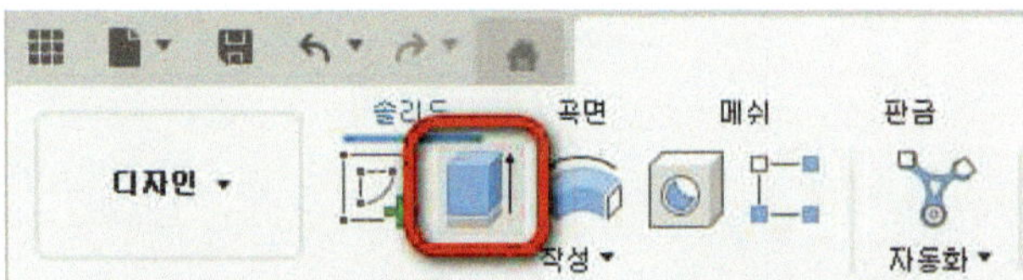

(11) 돌출거리를 25로 입력, 다른 설정값을 확인하고 확인을 클릭한다.

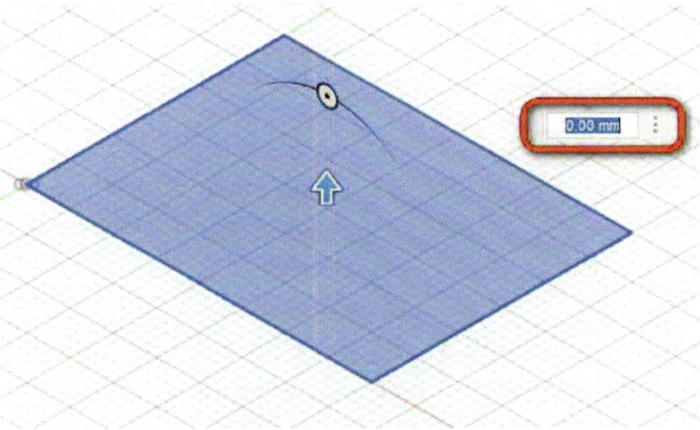

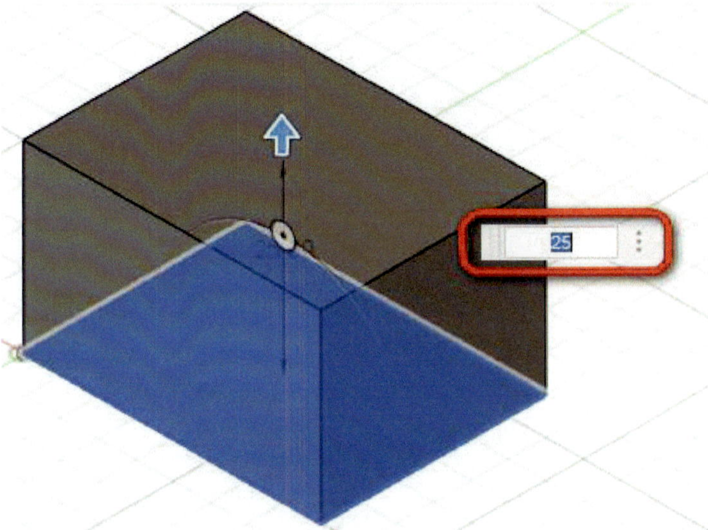

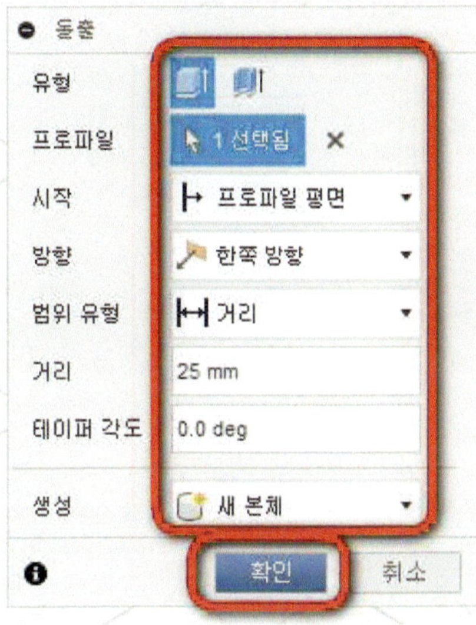

참고

돌출거리를 '-'값으로 입력하거나 돌출방향 화살표( )를 반대 방향으로 드래그하면, 돌출방향이 반대로 된다.

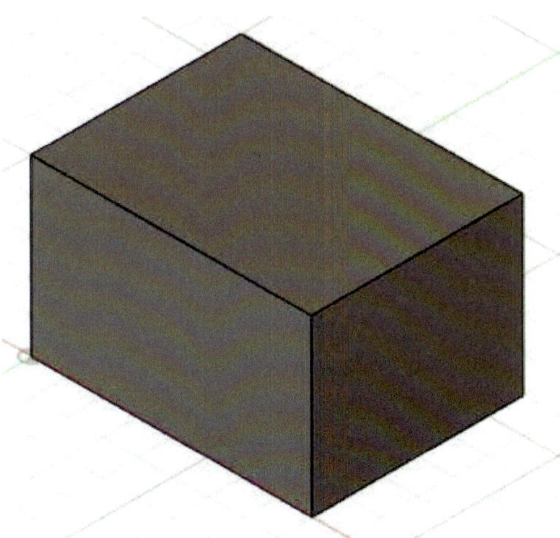

(12) 스케치 작성 아이콘을 클릭한다.

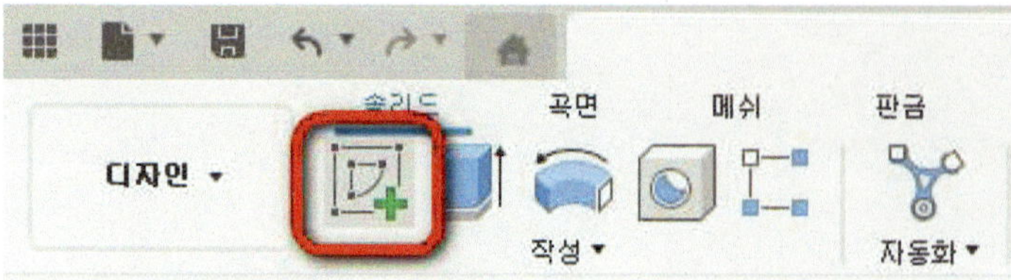

(13) 기존에 작성된 육면체의 윗면을 클릭한다.

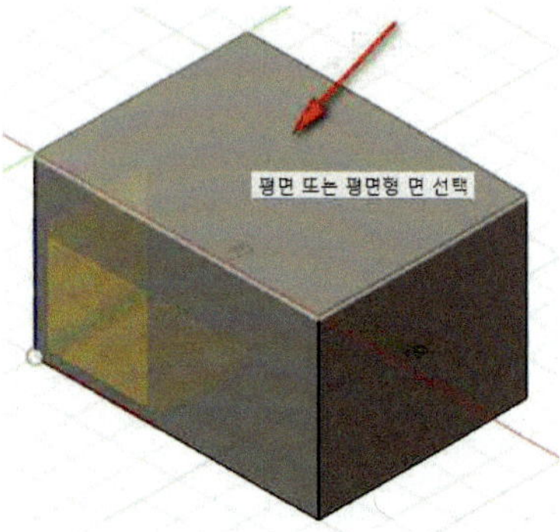

(14) 2점 직사각형 아이콘을 클릭한다.

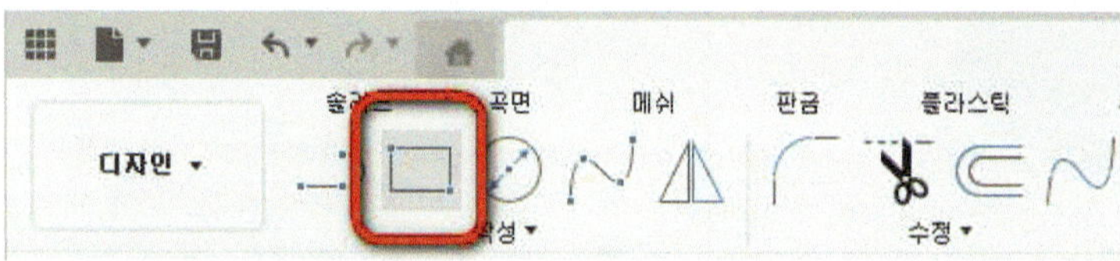

(15) 오른쪽 아래의 모서리 점을 클릭한다.
20을 입력 → 키보드 Tap을 누르고 → 15를 입력 → 육면체의 윗면을 클릭

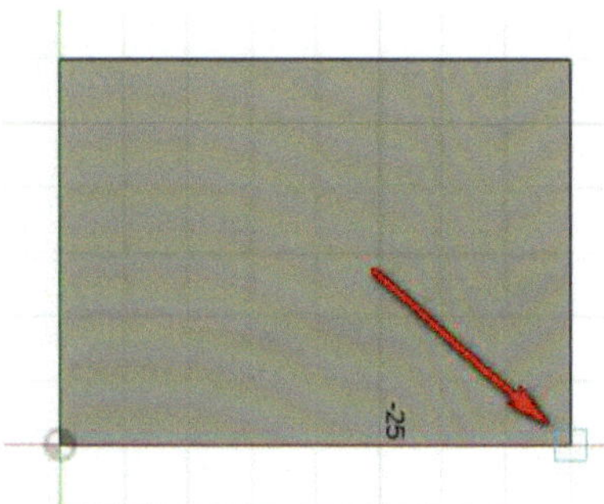

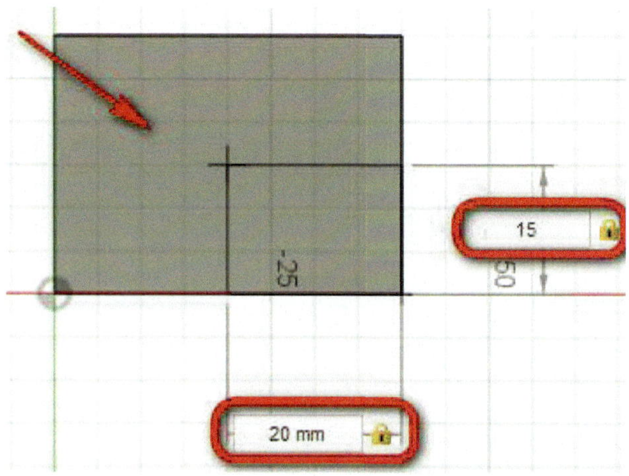

(16) 스케치 마무리를 클릭하여 스케치 환경을 종료한다.

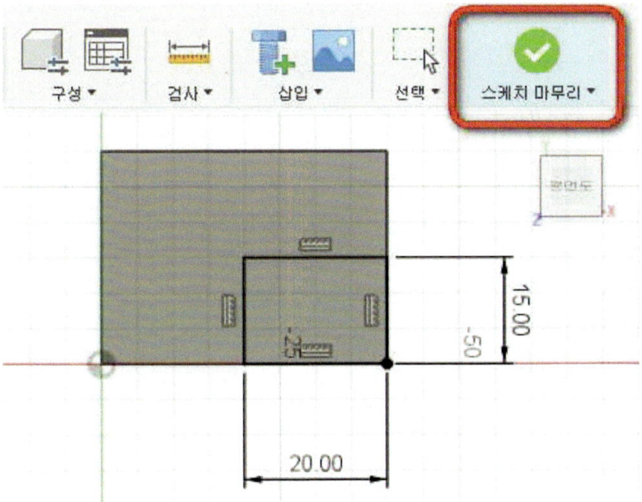

참고
등각으로 보이지 않고 평면으로 보인다면, 뷰큐빅의 홈을 클릭하면 등각뷰로 디스플레이 된다.

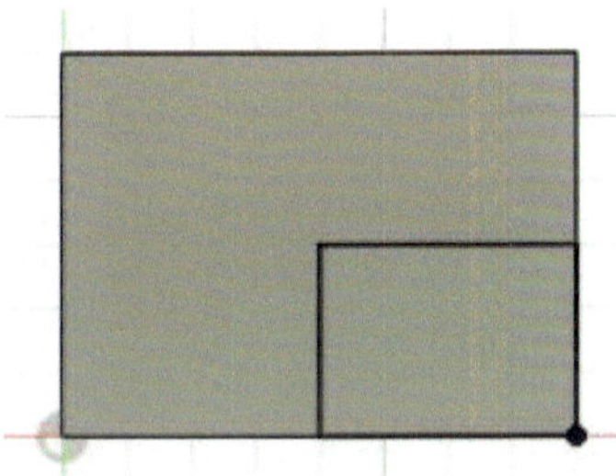

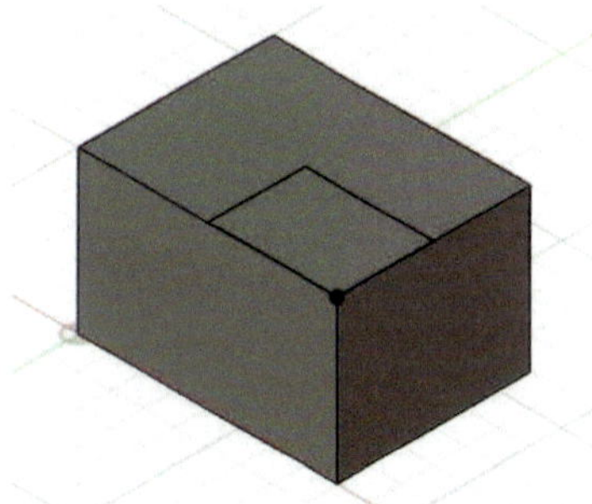

(17) 돌출 아이콘을 클릭한다.

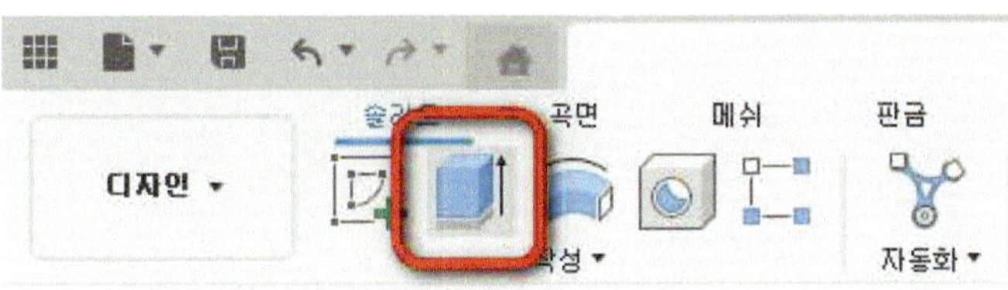

(18) 윗면에 작성된 20, 15로 작성된 직사각형의 내부 임의의 한 점을 클릭한다.

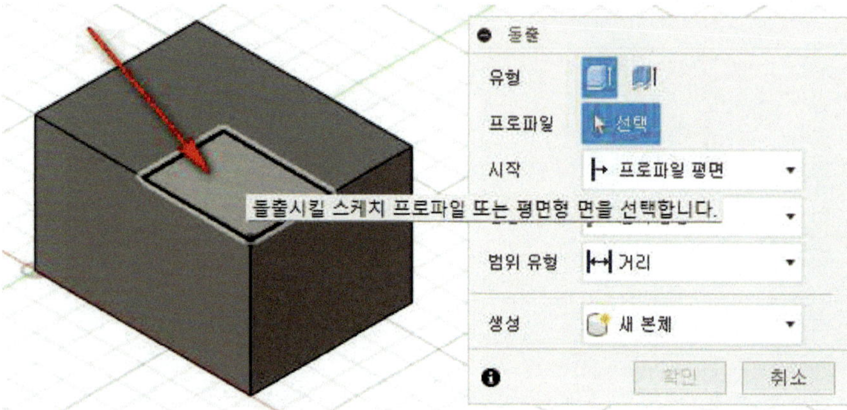

(19) 거리를 –15로 입력하고 다른 설정값을 확인하고 확인을 클릭한다.

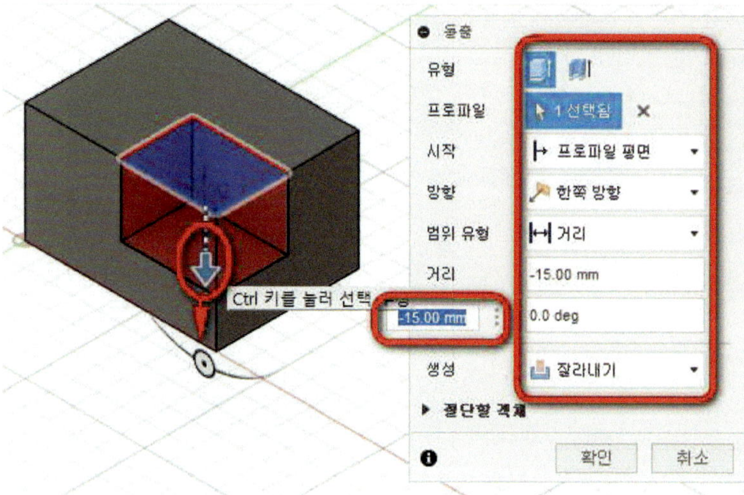

(20) 완성된 형상은 다음과 같다.

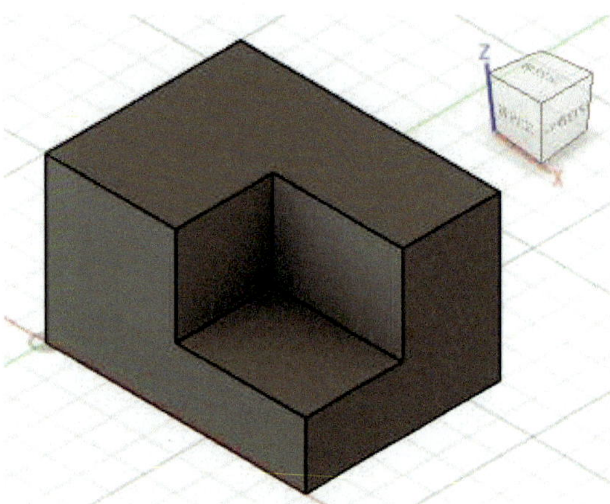

(21) 다음의 영역에서 모델링 과정을 확인할 수 있다.

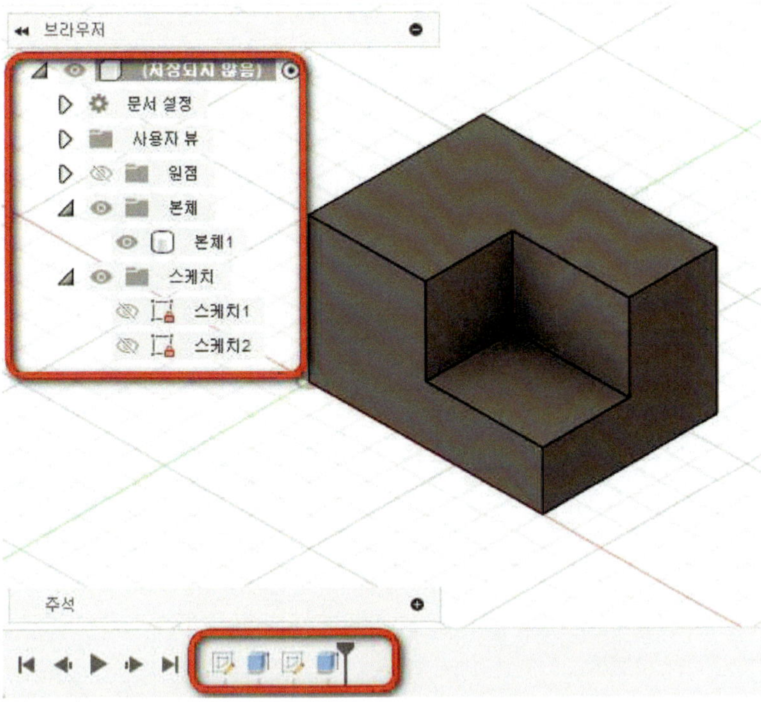

(22) 에 마우스를 올려놓고 드래그하여 모델링 중간 과정을 화면에서 확인할 수 있다. 원래의 위치로 옮기면 최종 모델을 확인할 수 있다.

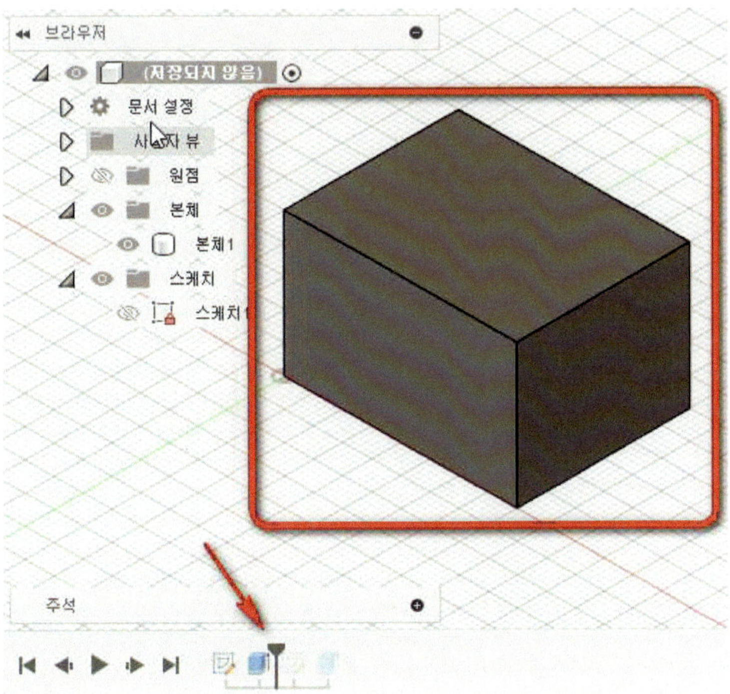

(23) 비주얼 스타일을 와이어 프레임으로 설정하면, 음영 처리가 안 된 모서리만 선으로 표현되는 와이어프레임 모델을 확인할 수 있다.

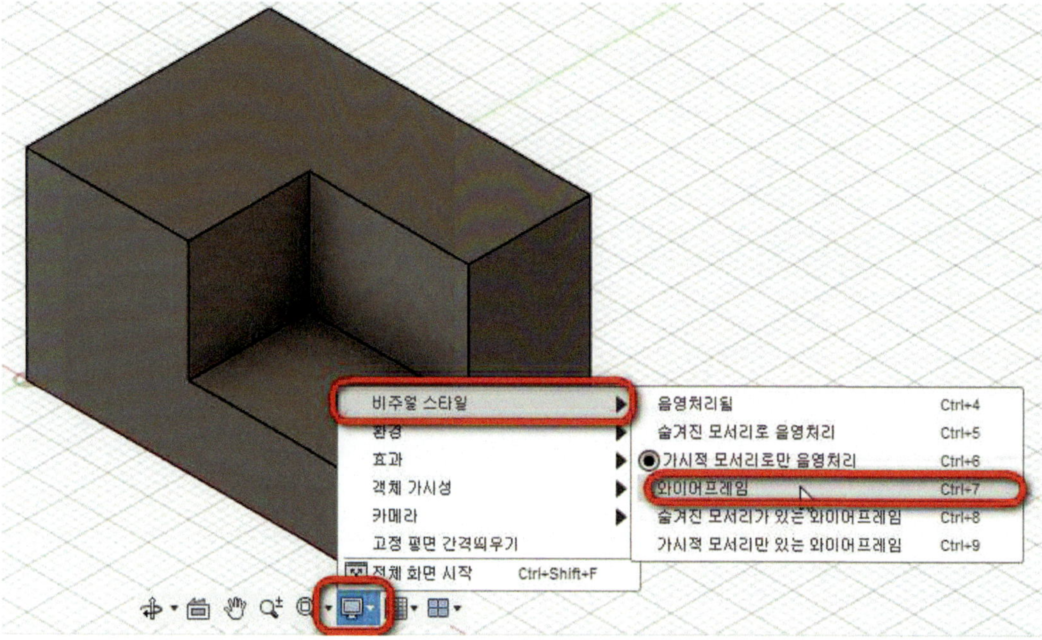

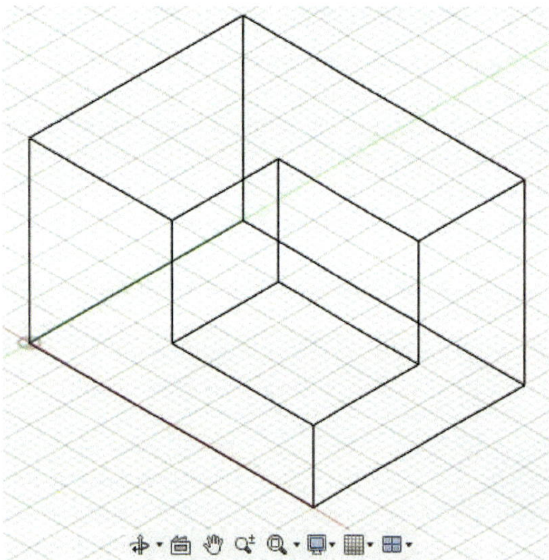

(24) 저장 아이콘을 클릭하여 저장할 수 있다.

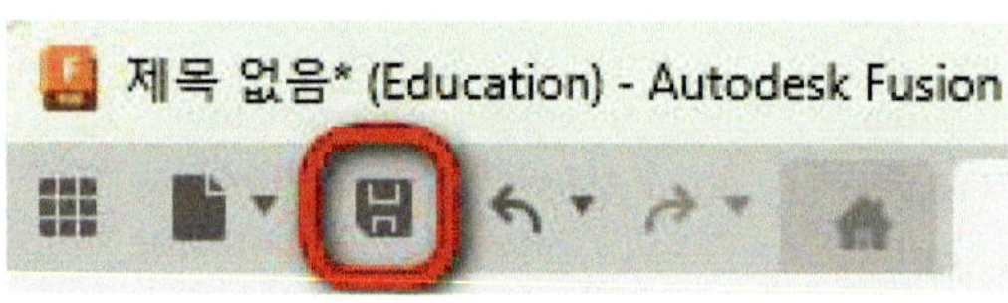

(25) 저장하면 입력한 파일의 이름을 다음의 영역에서 확인할 수 있다.

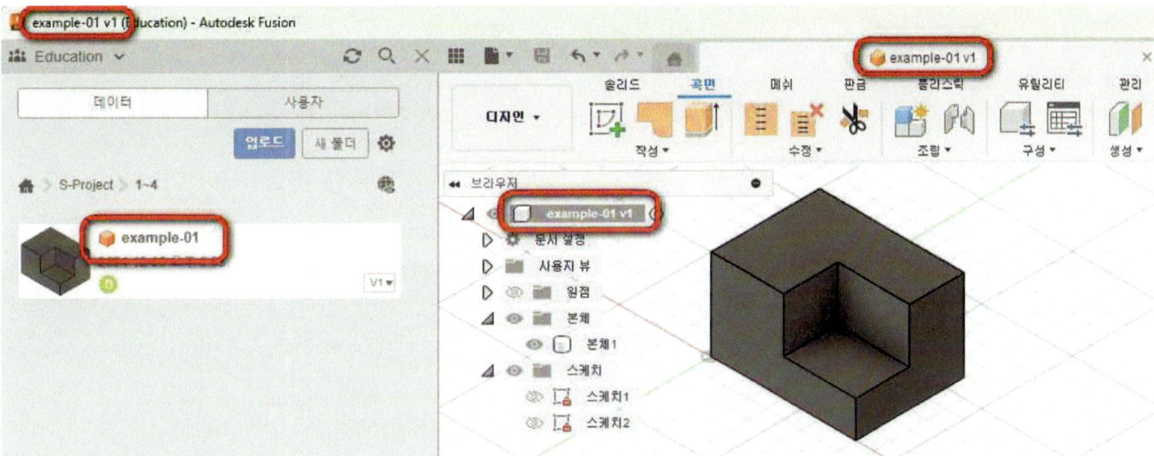

2-2 3D 모델링 – 2

(1) 스케치 작성 아이콘을 클릭한다.

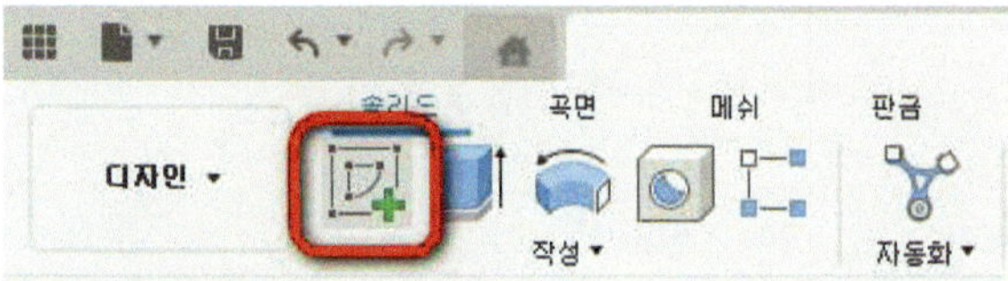

(2) xy 평면을 클릭한다.

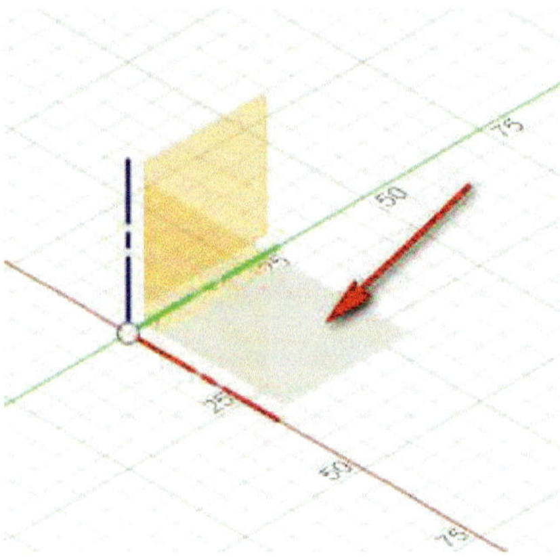

(3) 2점 직사각형 아이콘을 클릭한다.

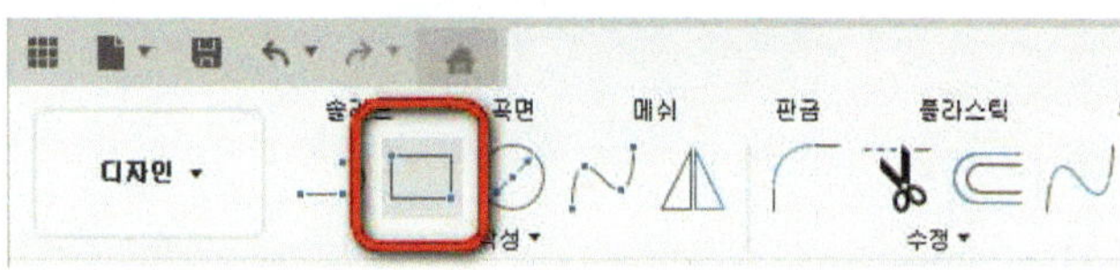

(4) Y축(Green 선)에 마우스를 위치하고 원점의 위를 클릭한다.

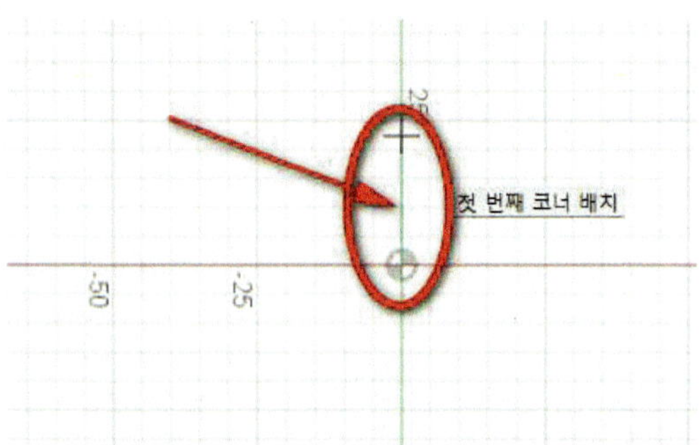

(5) 다음 그림처럼 55, 70을 입력하고 마우스로 3사분면을 클릭하여 직사각형을 작성한다.

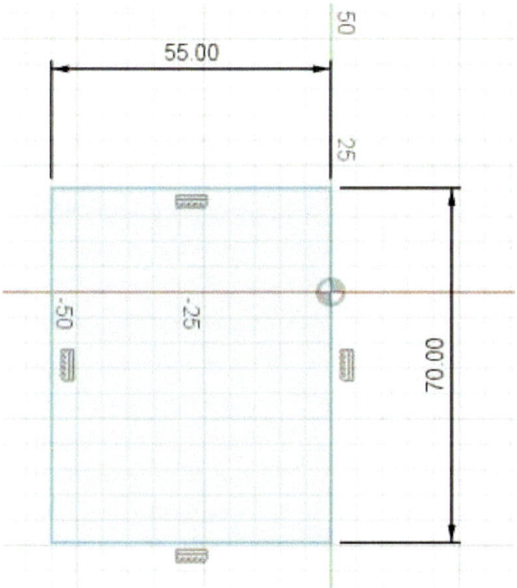

(6) 구속조건의 중간 점을 클릭한다.

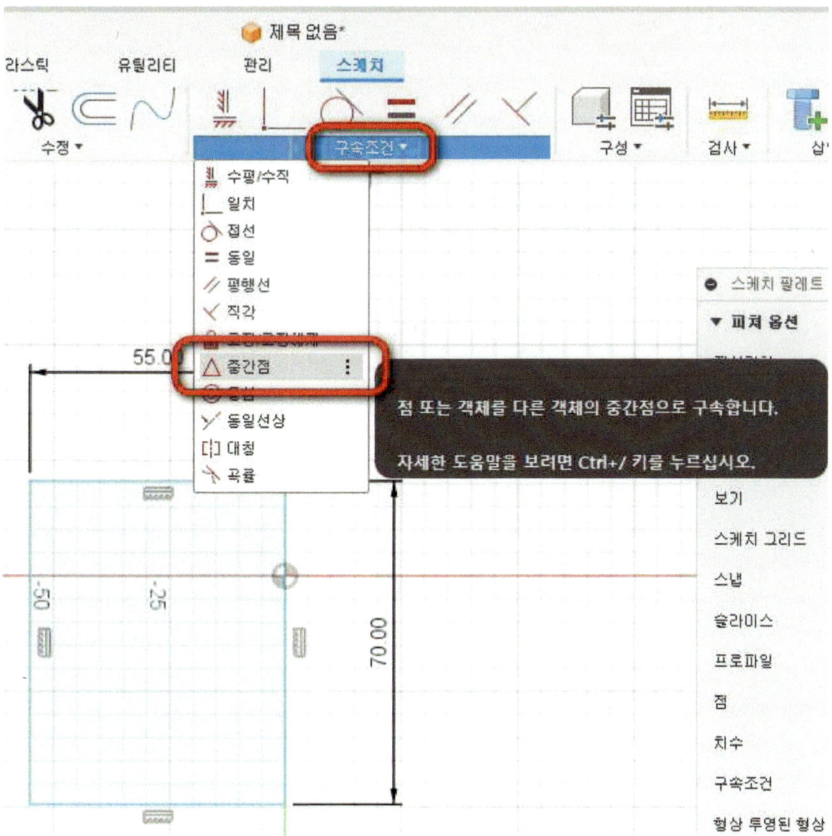

참고

수평/수직 구속조건(Horizental/Vertical)
일치 구속조건(Coincident)
접선 구속조건(Tangent)
동일 구속조건(Equel)
평형 구속조건(Parallel)
수직 구속조건(Perpendiculer)
고정 구속조건(Fix/Unfix)
중심점 구속조건(Midpoint)
동심원 구속조건(Concentric)
동일선상 구속조건(Colinear)
대칭 구속조건(Symmetry)
곡률 구속조건(Curvature)

(7) 다음 그림처럼 선과 원점을 클릭하면, 선택한 선의 중간 점과 원점이 일치된다.

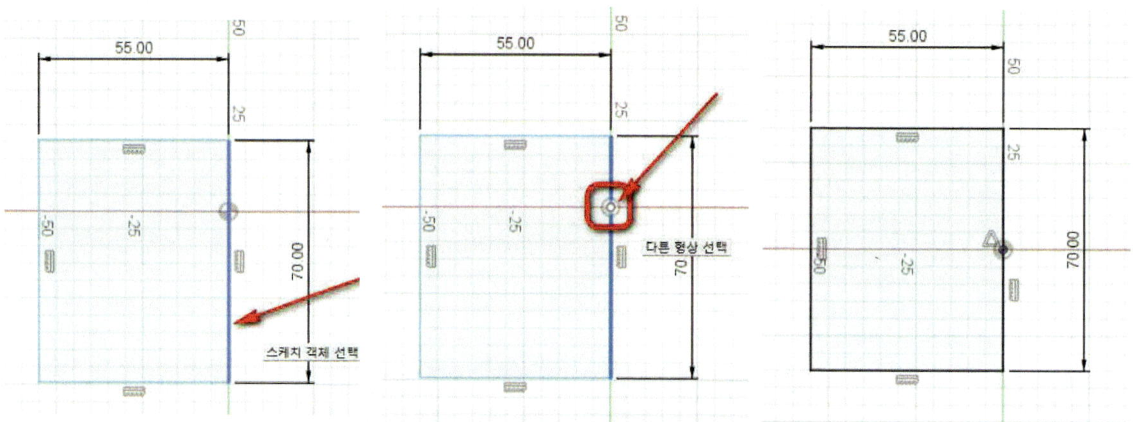

(8) 직사각형 아이콘을 클릭하고 다음과 같이 직사각형을 작성한다.

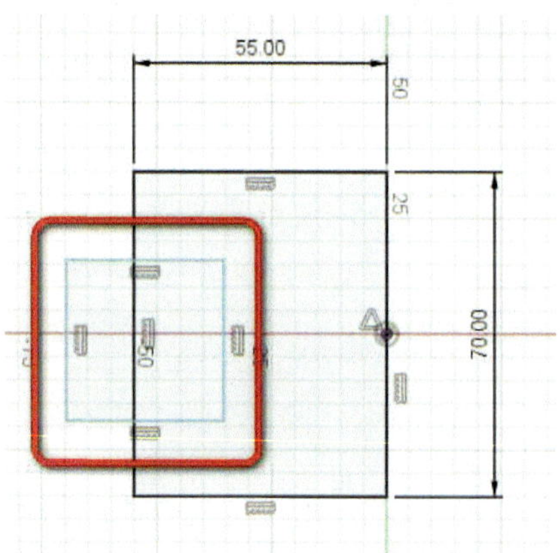

(9) 자르기 아이콘을 클릭한다.

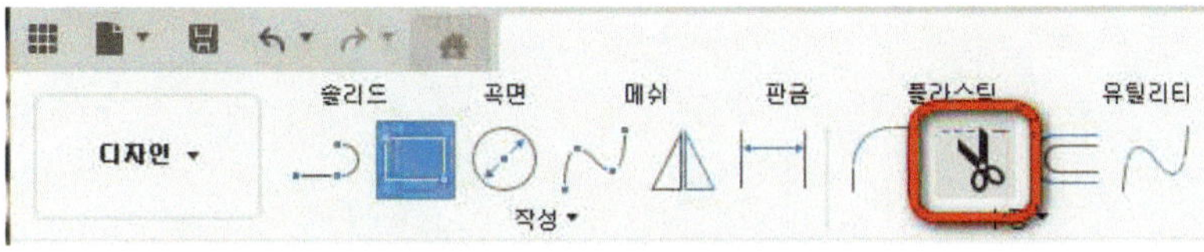

(10) 다음과 같은 부분을 클릭하면 선택하는 요소가 부분 삭제된다.

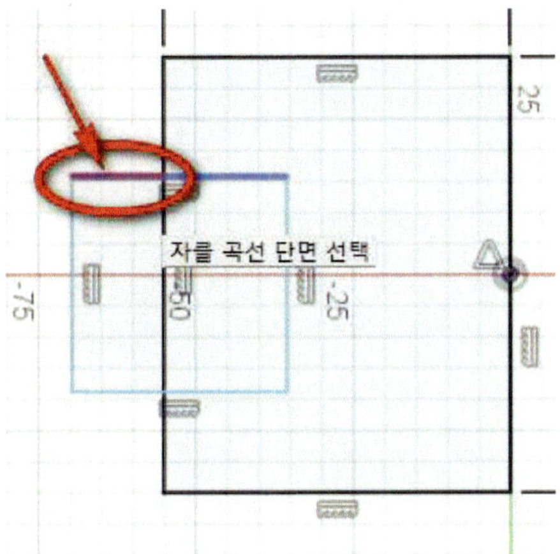

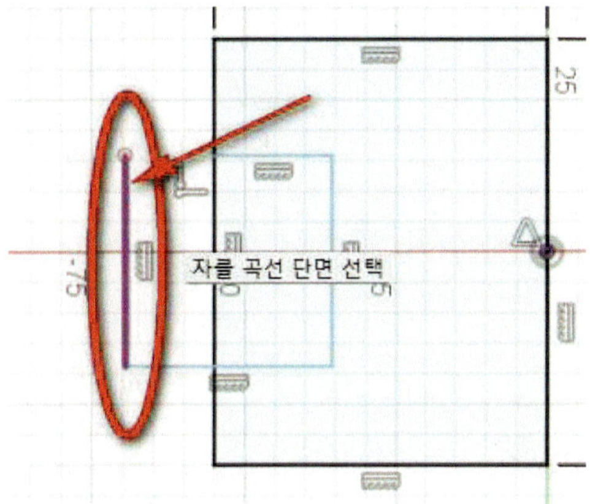

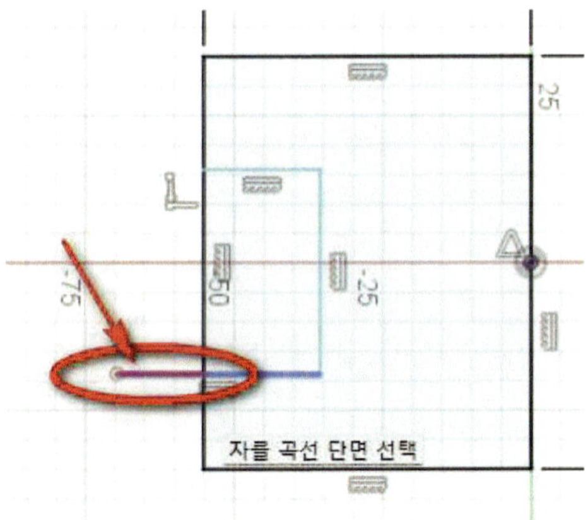

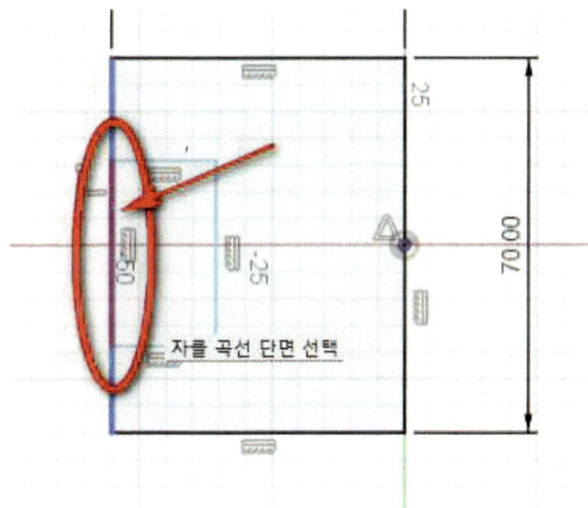

(11) 자르기가 완성된 스케치

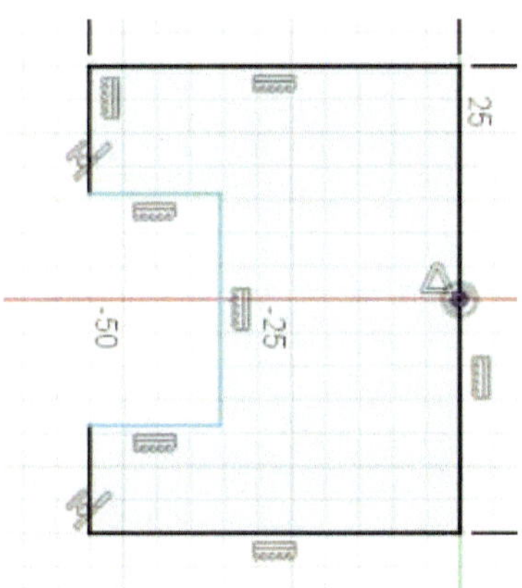

(12) 구속조건의 동일을 클릭하고 다음의 두 선을 클릭하면 두 선분의 길이가 같아진다.

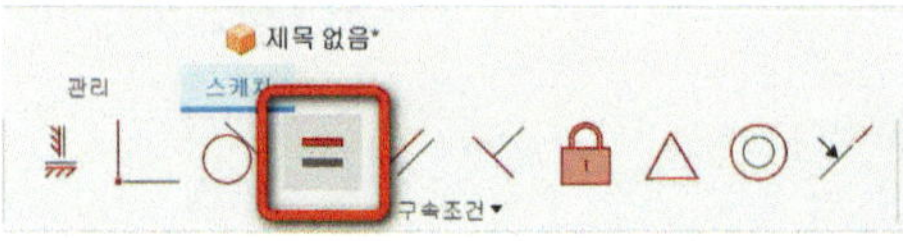

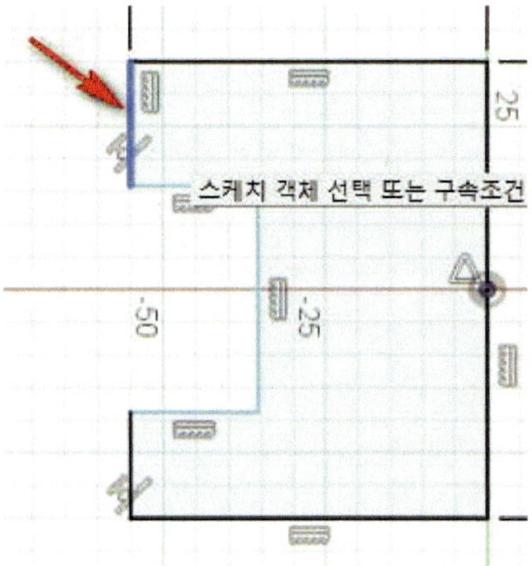

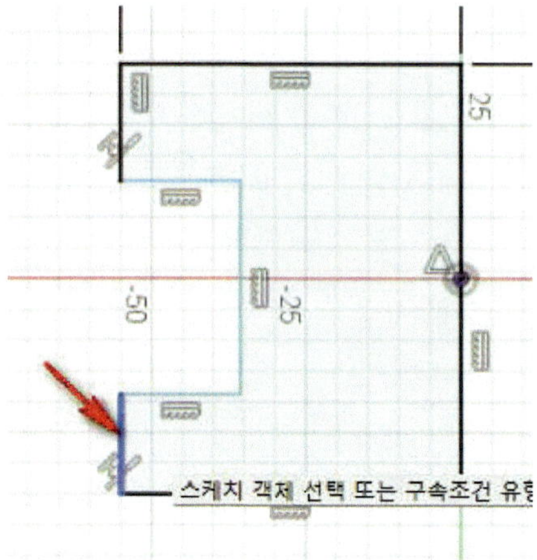

(13) 치수 기입 아이콘을 클릭하고 다음의 그림처럼 치수를 기입한다.

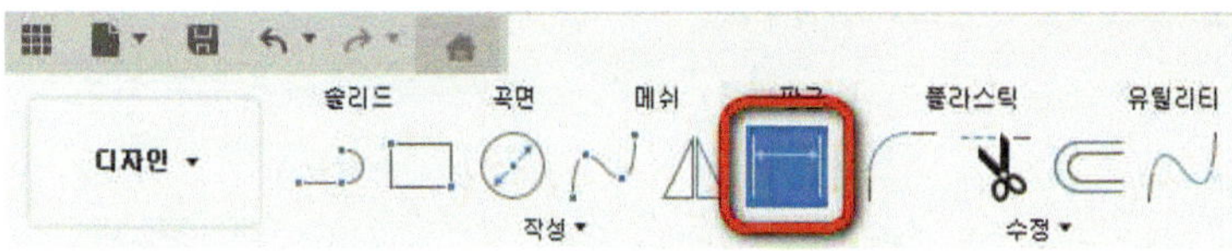

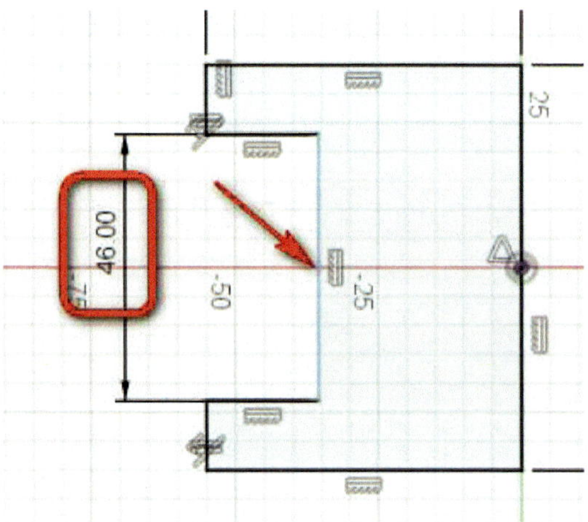

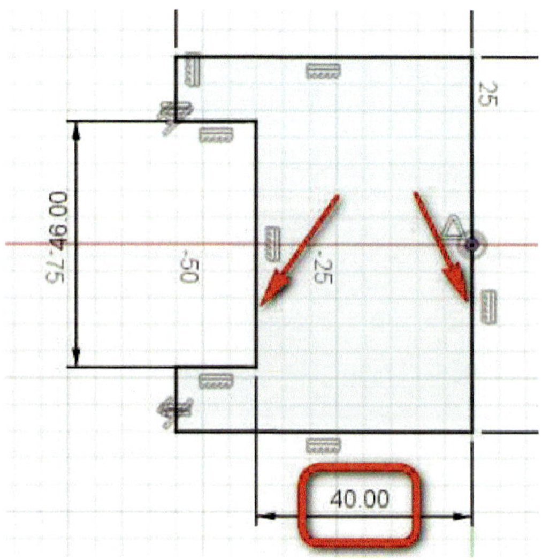

(14) 스케치 마무리를 클릭하여 스케치 환경을 종료한다.

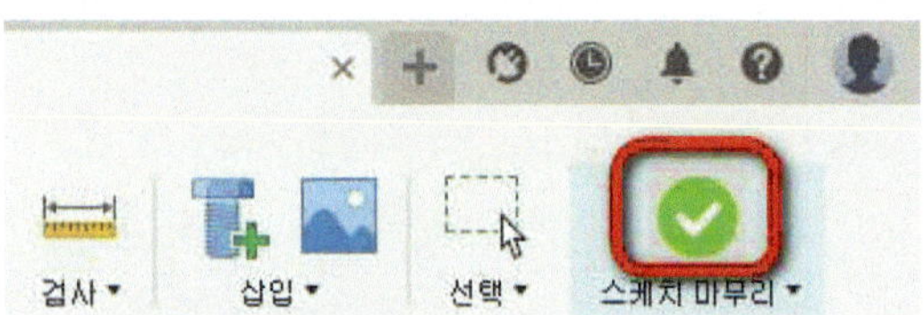

(15) 돌출 아이콘을 클릭하고 다음처럼 거리를 20으로 입력하고 확인을 클릭한다.

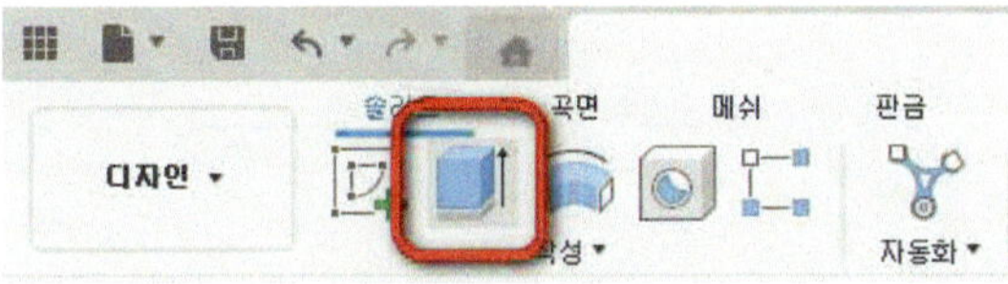

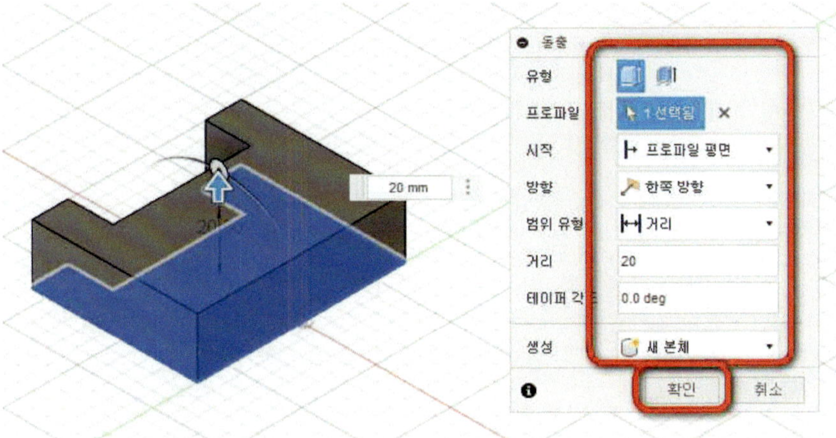

(16) 스케치 작성 아이콘을 클릭하고 돌출된 형상의 그림과 같은 부분을 클릭한다.

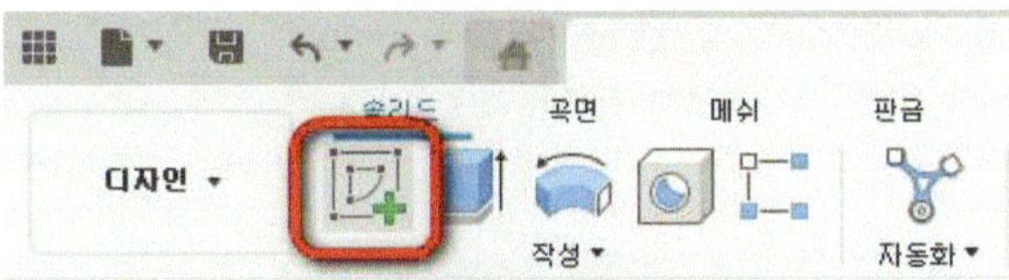

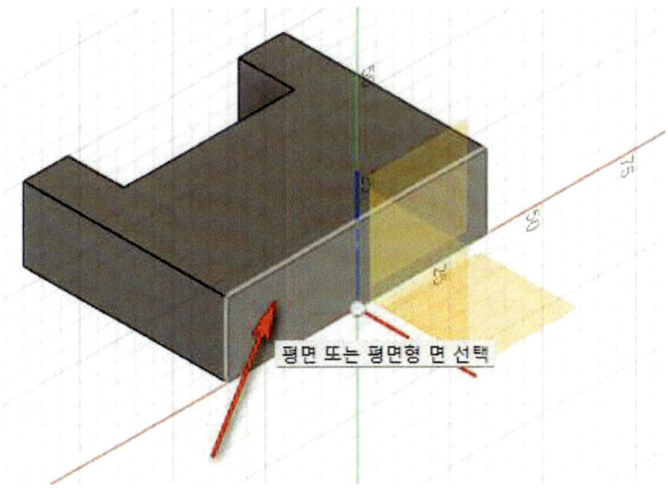

(17) 2점 직사각형 아이콘을 클릭한다.

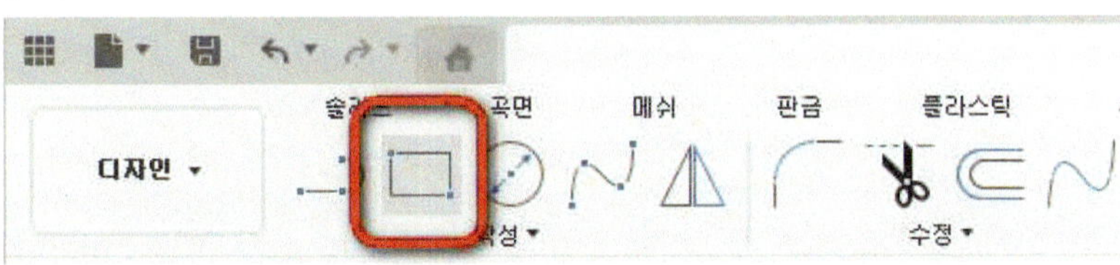

(18) 첫 번째 코너 점을 그림과 같은 점을 클릭하고 우측 상단으로 마우스를 이동하여 다른 한 점을 클릭한다.

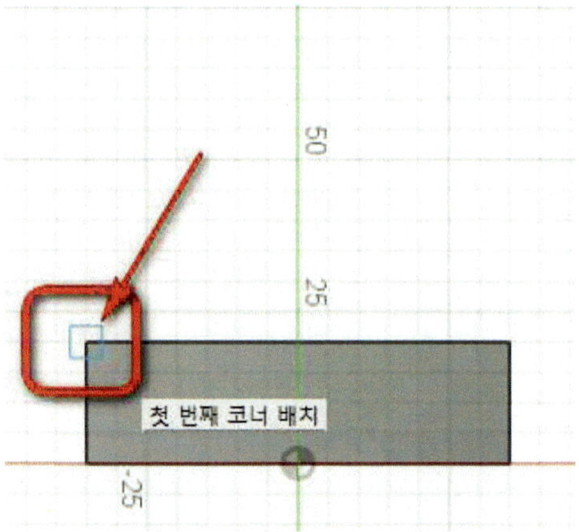

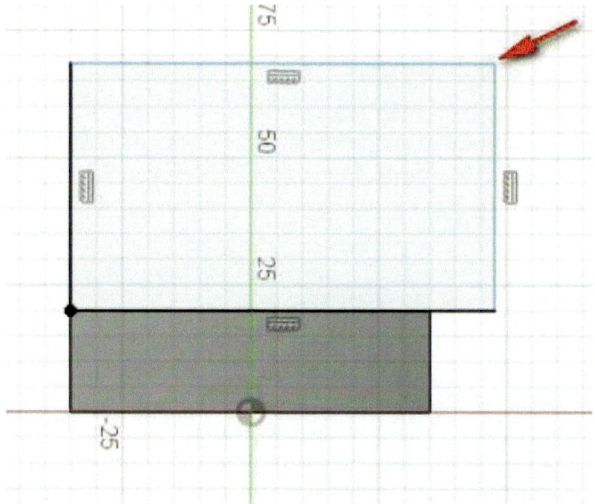

(19) 구속조건의 일치를 클릭하고 다음의 점을 클릭하면 두 점의 위치가 동일한 위치로 일치된다.

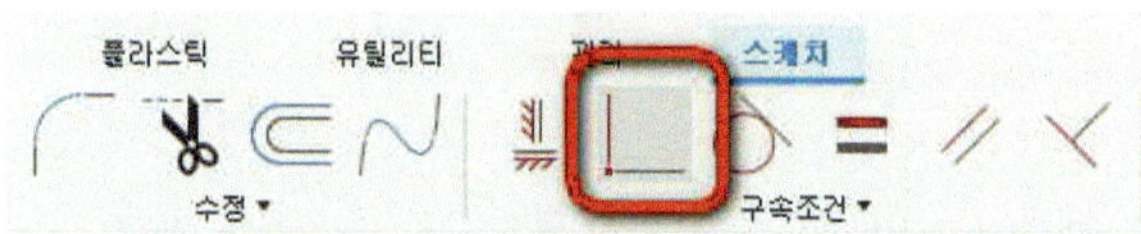

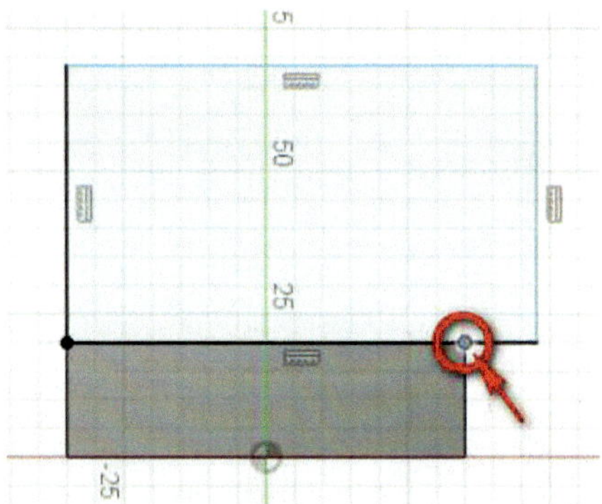

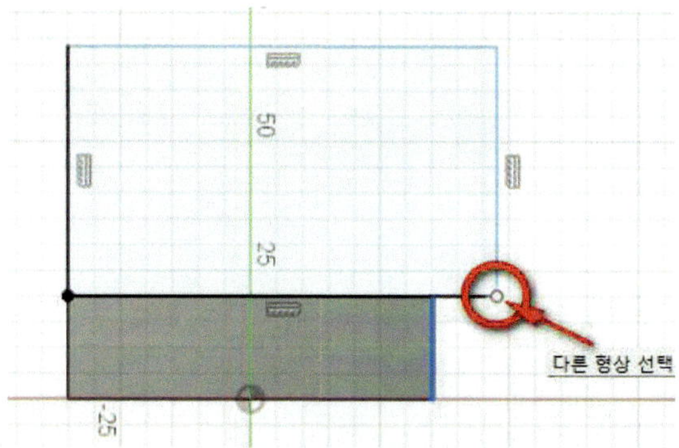

(20) 다음의 그림처럼 폭이 동일하게 된다.

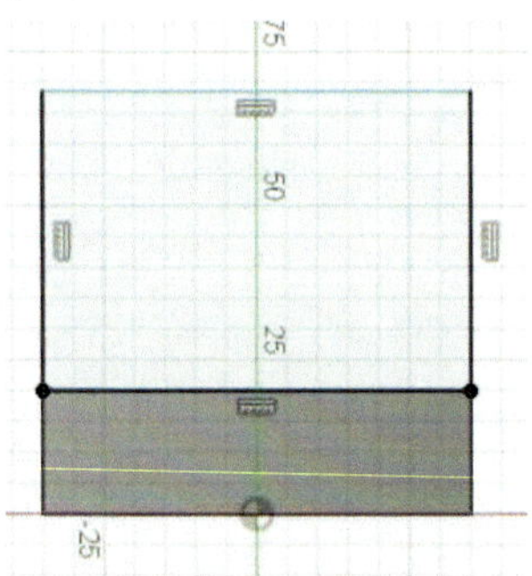

(21) 중심 지름 원 아이콘을 클릭한다.

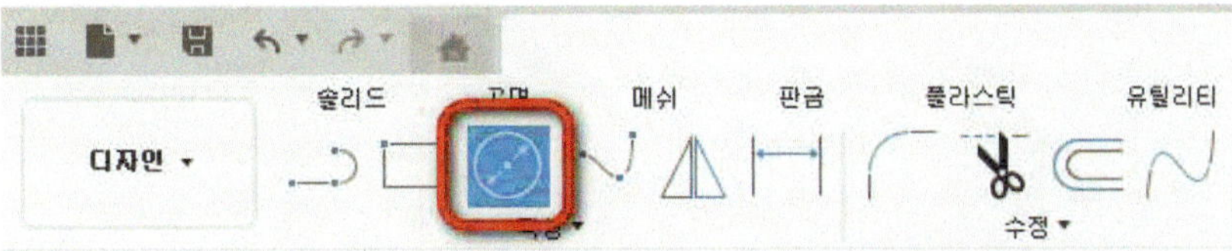

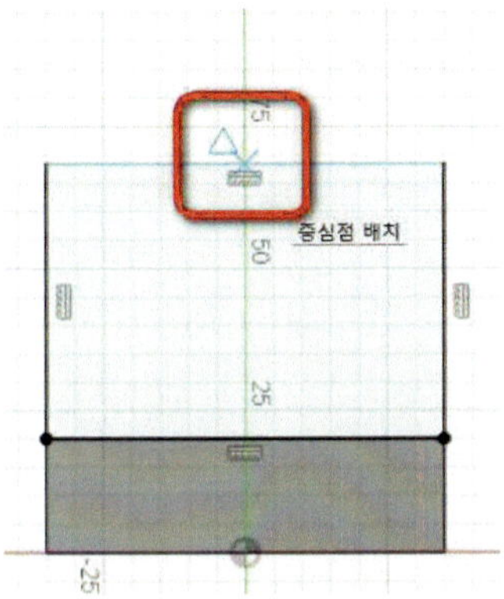

(22) 원의 중심점으로 그림처럼 윗선의 중간 점을 클릭한다.

참고
위선의 가운데에 마우스를 위치하면 삼각형(△)이 나타났을 때, 클릭하면 해당선의 중간 점이 자동으로 선택된다.

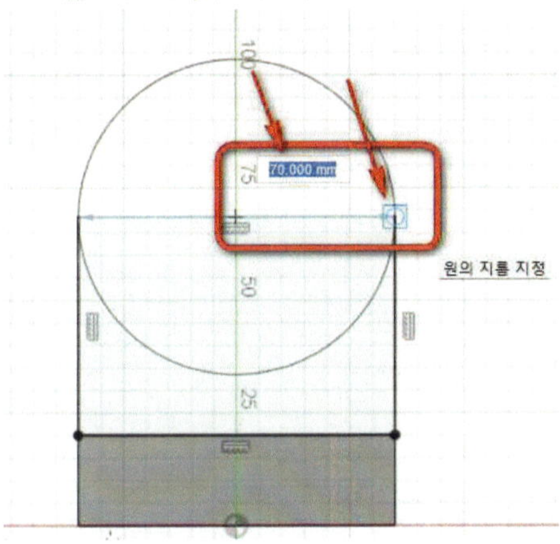

(23) 원의 지름(70)을 입력한다. 또는 그림처럼 윗선의 끝점을 클릭한다.

참고
위선의 끝부분에 마우스를 위치하면 정사각형(□)이 나타났을 때, 클릭하면 해당선의 끝점이 자동으로 선택된다.

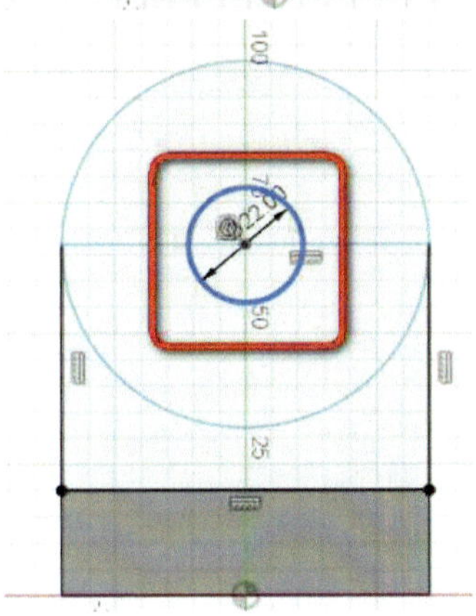

(24) 지름이 22인 원을 추가 작성한다.

(25) 스케치 치수(H)를 클릭하고 다음의 그림처럼 30의 치수를 기입한다.

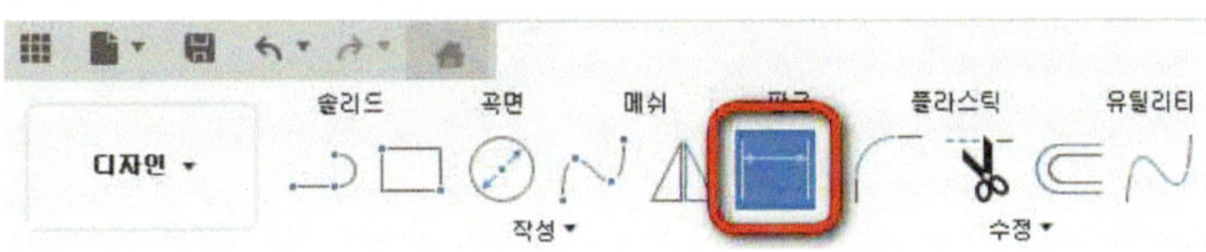

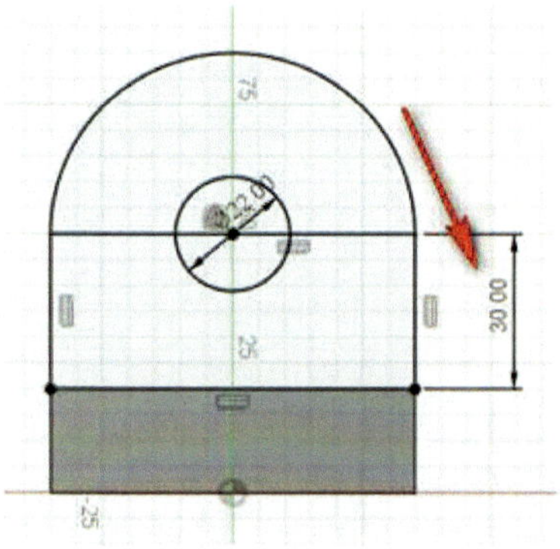

(26) 자르기 아이콘을 클릭하고 다음의 그림의 요소를 클릭하여 잘라버린다.

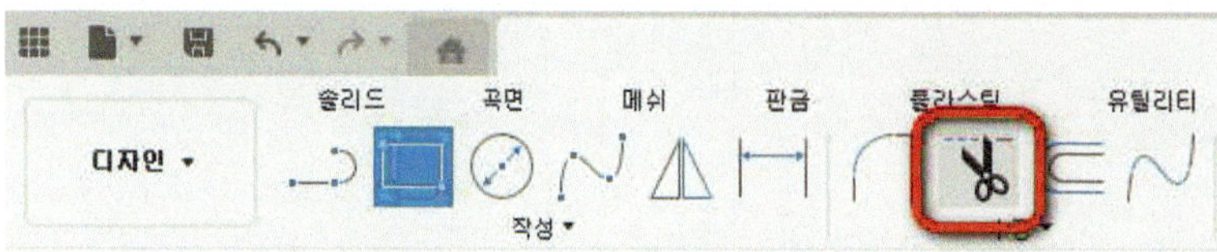

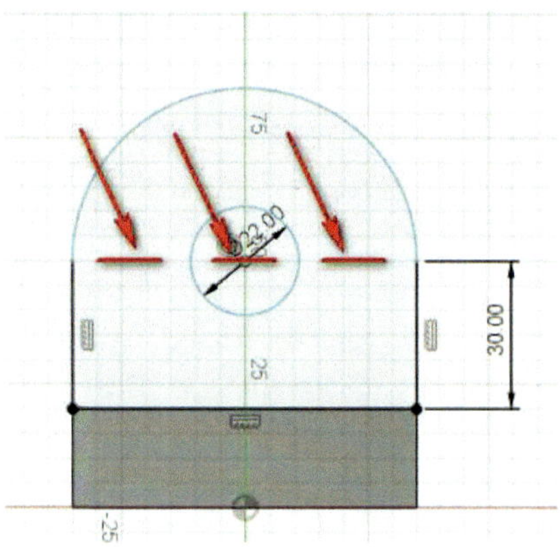

(27) 스케치 치수(H)를 클릭하고 다음 그림처럼 R35의 치수를 기입한다.

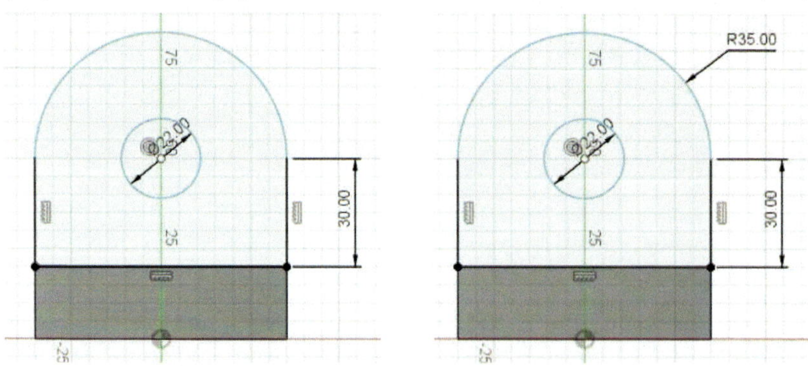

(28) 구속조건 영역에서 접선 아이콘을 클릭하고 다음의 그림처럼 선과 원호를 클릭하면 두 요소에 접선이 적용된다.

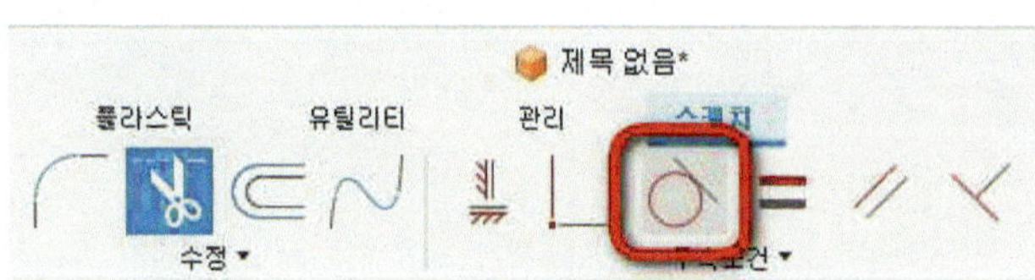

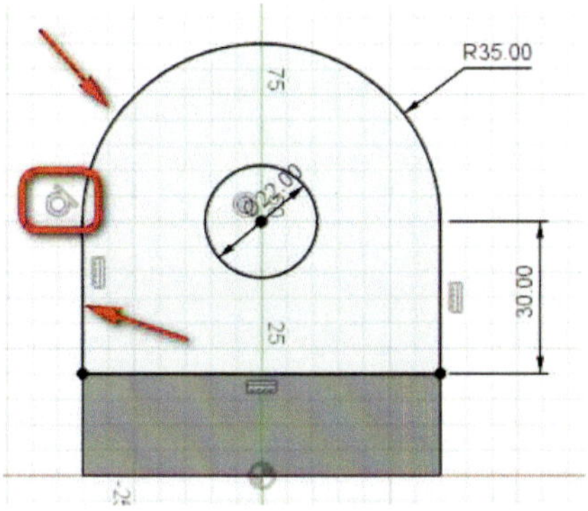

(29) 스케치 마무리를 클릭하여 스케치 환경을 종료한다.

참고
그래픽 영역이 등각으로 바뀌지 않으면 뷰큐브의 홈(Home)을 클릭하면 등각으로 디스플레이 된다.

(30) 돌출 아이콘을 클릭하고 다음의 그림의 방향으로 10을 돌출한다.

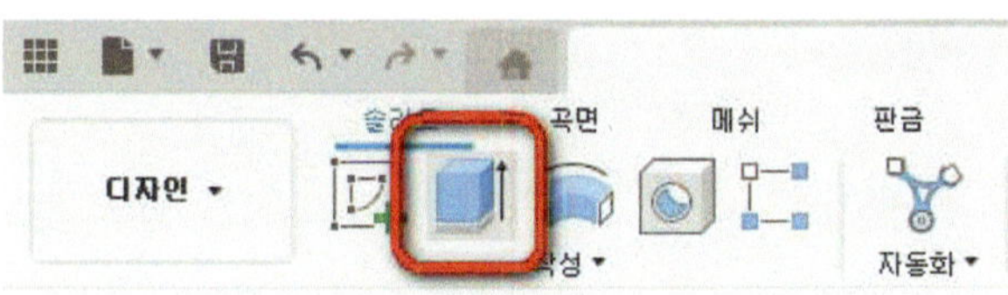

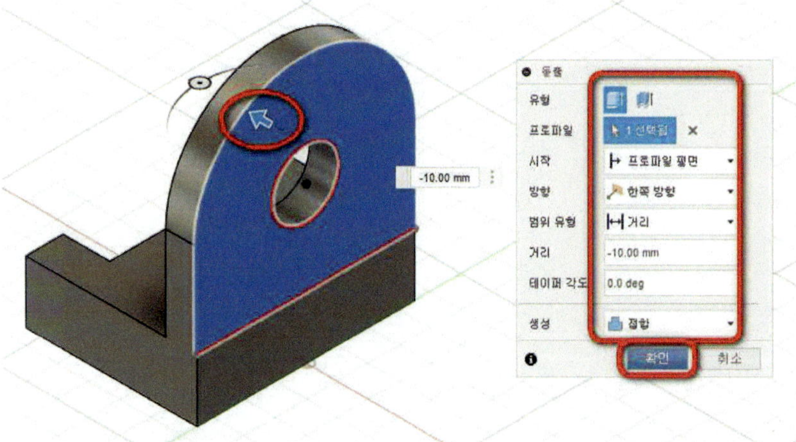

(31) 작성의 미러 아이콘을 클릭한다.

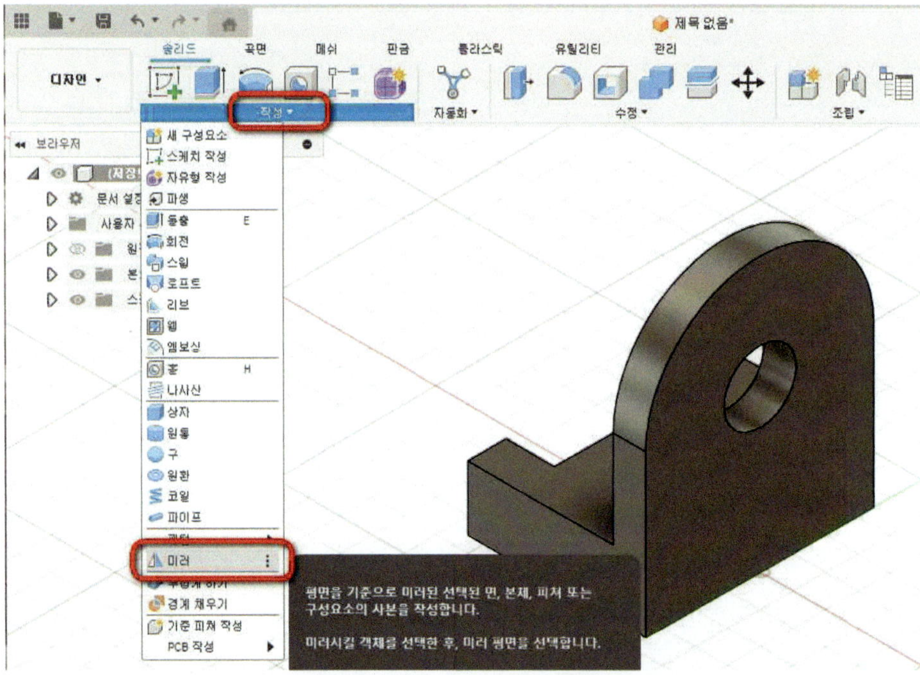

ⓐ 객체 유형을 본체로 설정하고 객체를 다음의 그림처럼 클릭한다.

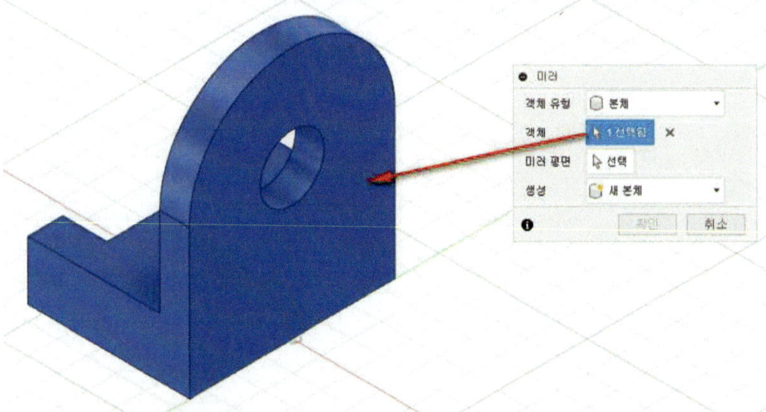

ⓑ 미러평면으로 다음의 그림처럼 측면을 클릭한다.

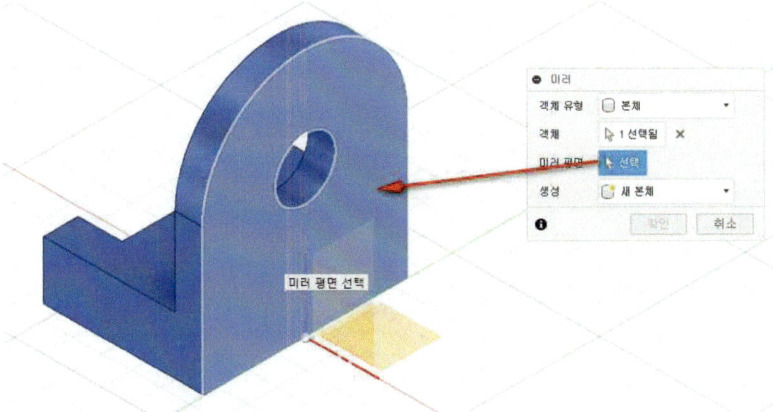

ⓒ 확인을 클릭한다.

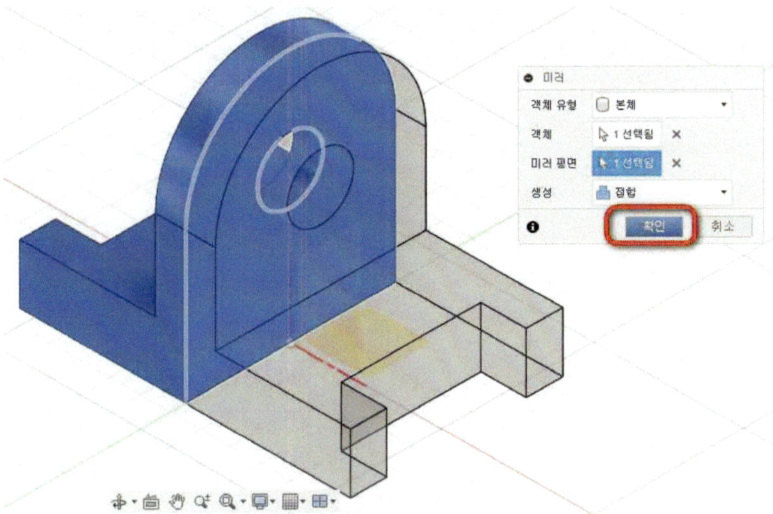

ⓓ 미러가 완성 형상은 다음과 같다.

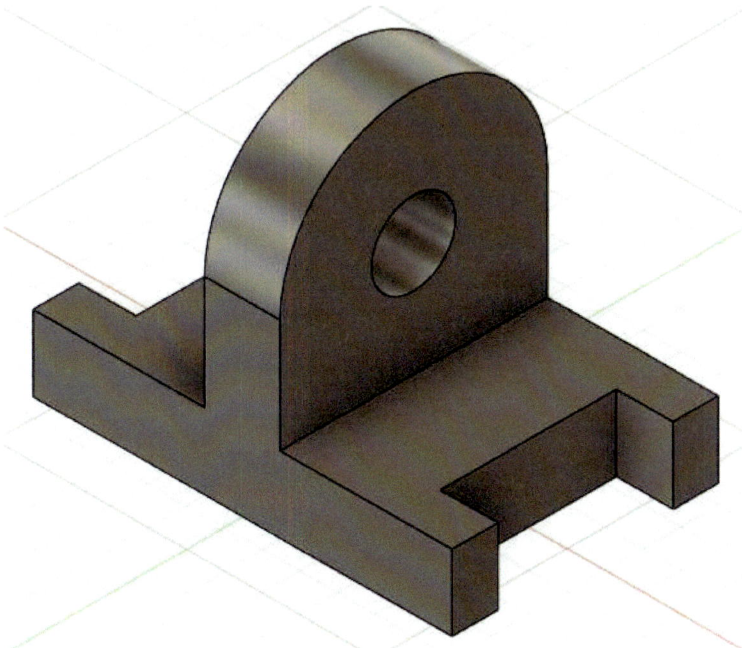

2-3 3D 모델링 – 3

(1) 스케치 작성 아이콘을 클릭하고 XY 평면을 선택한다.

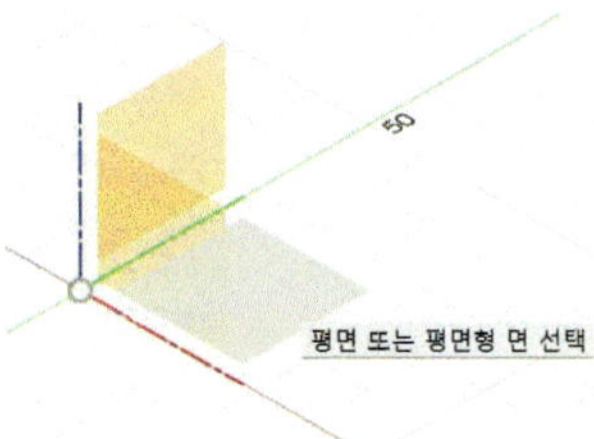

(2) 2점 직사각형 아이콘을 클릭한다.

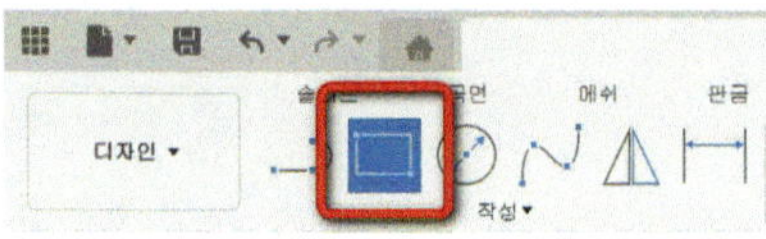

(3) 스케치 작성하기

ⓐ 2점 직사각형 아이콘을 클릭하고 다음 그림처럼 작성한다.

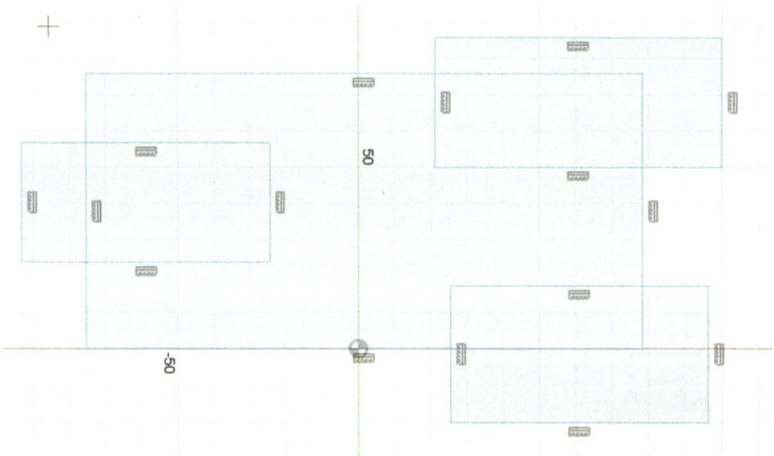

ⓑ 자르기 아이콘을 클릭하고 다음 그림처럼 자른다.

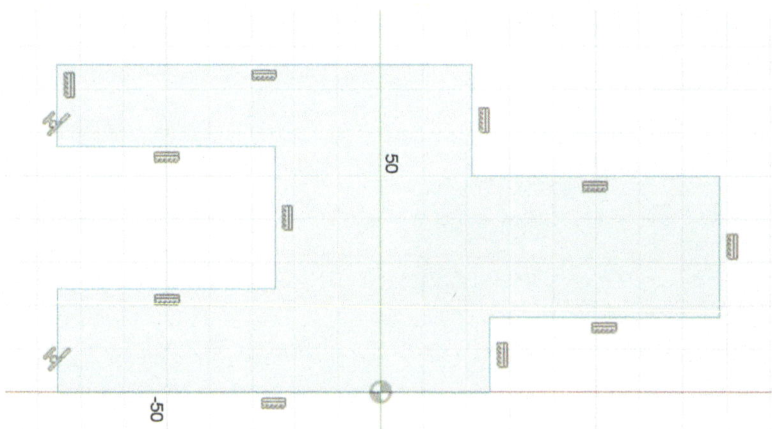

(4) 구속조건 적용하기

ⓐ 구속조건 영역에서 동일 아이콘을 클릭한다.

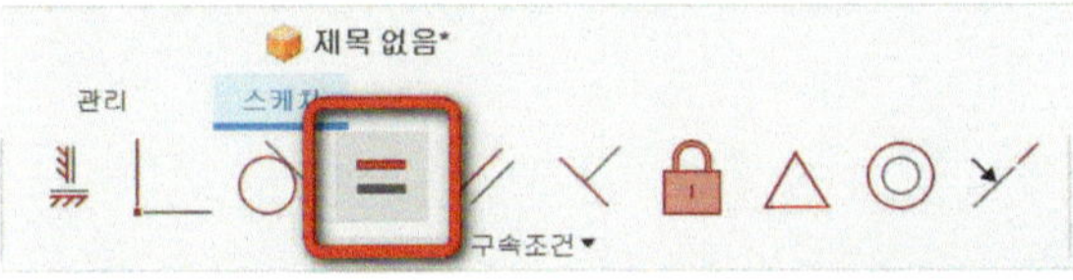

ⓑ 다음의 그림처럼 2개의 선을 클릭하여 길이를 동일하게 적용한다.

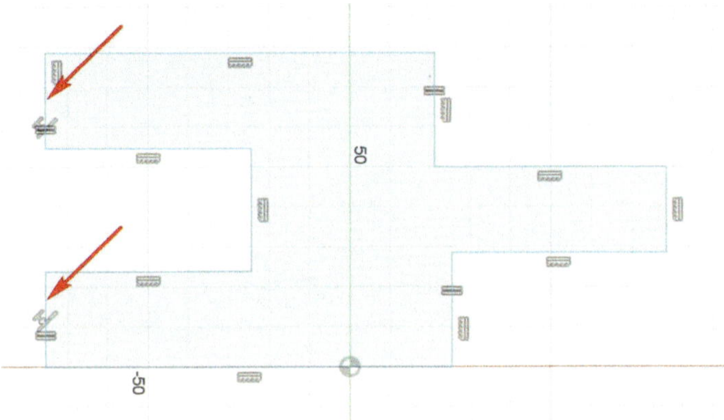

ⓒ 다음의 그림처럼 2개의 선을 클릭하여 길이를 동일하게 적용한다.

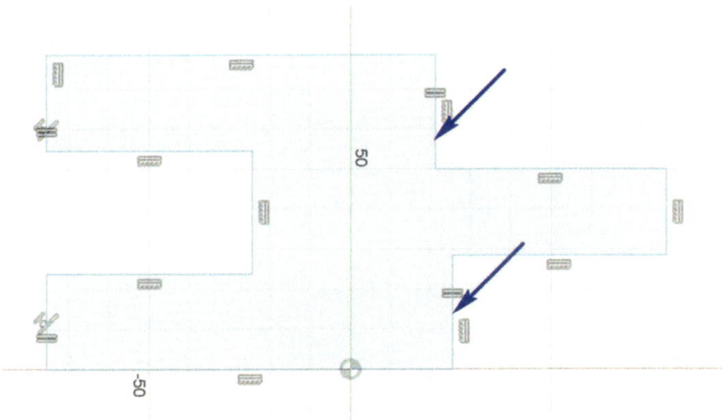

ⓓ 구속조건 영역에서 동일선상 아이콘을 클릭한다.

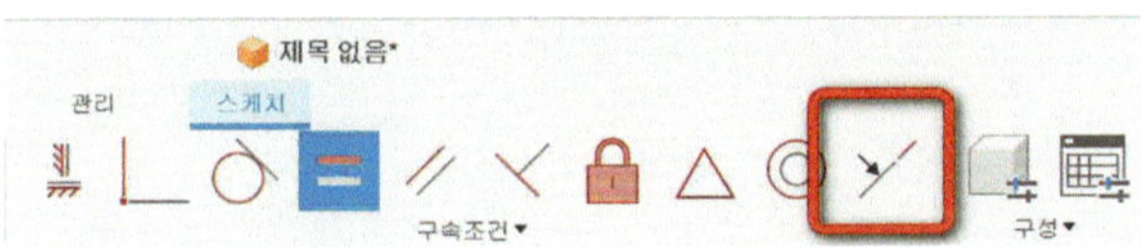

ⓔ 다음의 그림처럼 2개의 선을 클릭하여 동일선상에 위치하도록 적용한다.

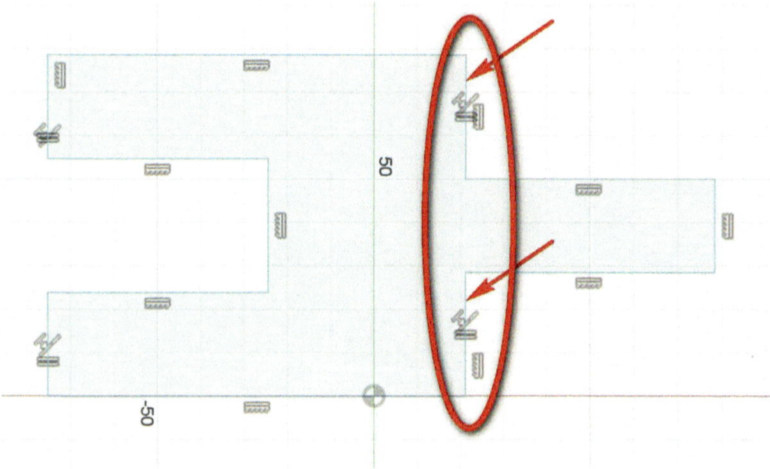

(5) 치수 적용하기

ⓐ 스케치 치수(H)를 클릭한다.

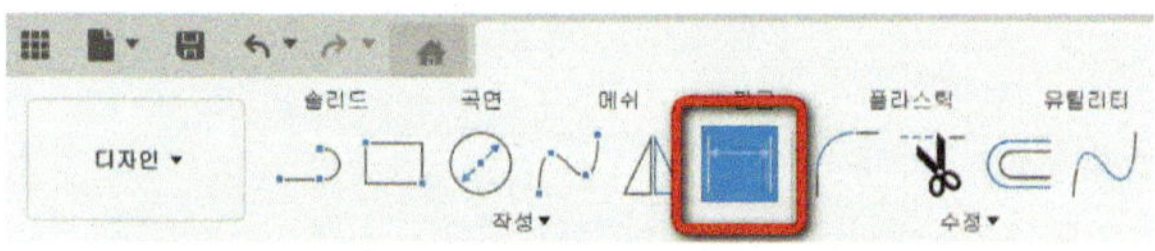

ⓑ 다음 그림과 같이 치수를 기입한다.

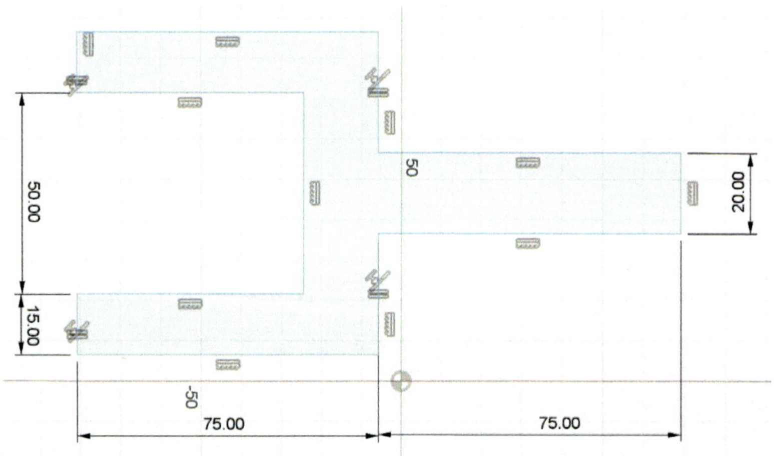

(6) 위치 고정하기

ⓐ 구속조건 영역에서 일치 아이콘을 클릭한다.

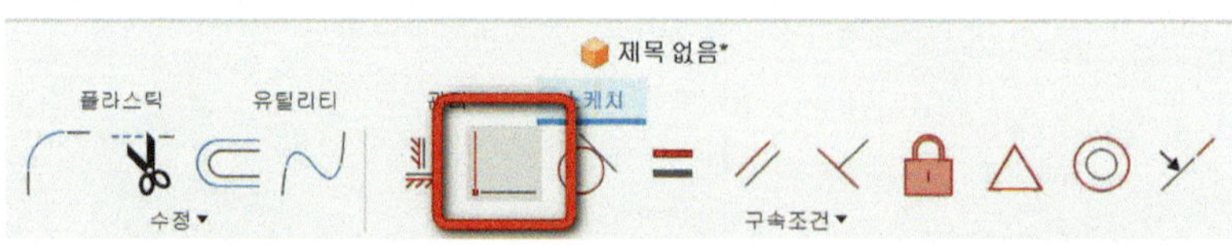

ⓑ 다음의 그림처럼 두 점을 클릭한다.

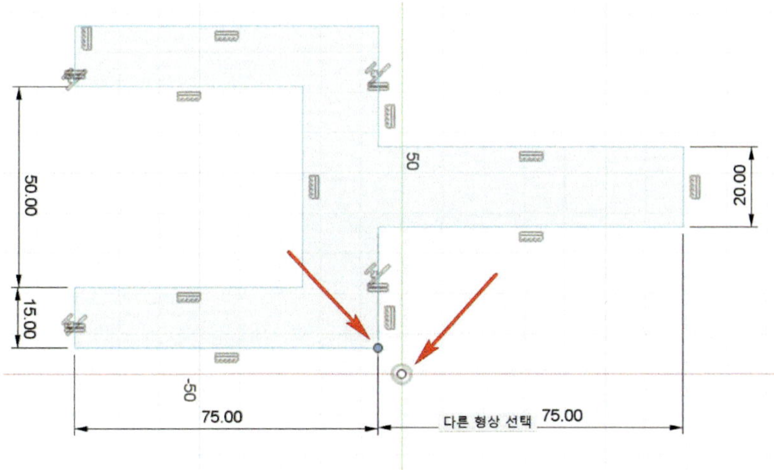

ⓒ 두 점이 일치된다.

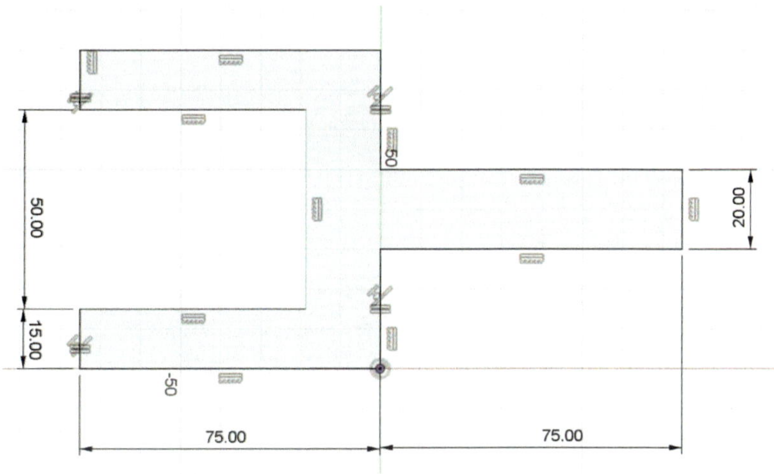

(7) 스케치 마무리를 클릭하여 스케치 환경을 종료한다.

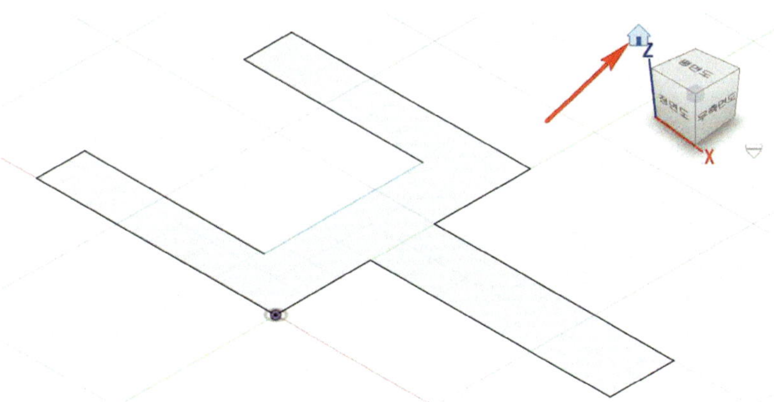

(8) 돌출 아이콘을 클릭한다.

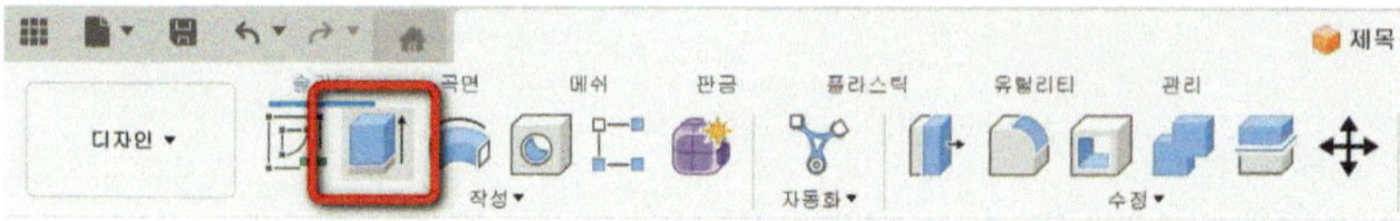

(9) 돌출거리를 60으로 입력, 다른 설정값을 확인하고 확인을 클릭한다.

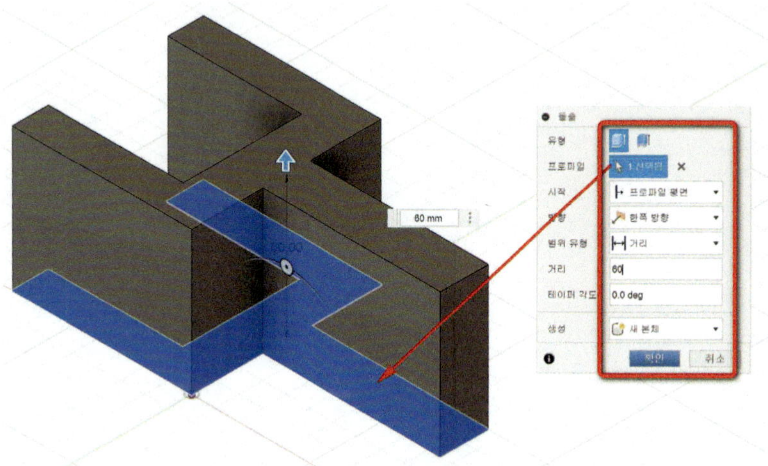

(10) 수정 영역에서 필렛 아이콘을 클릭한다.

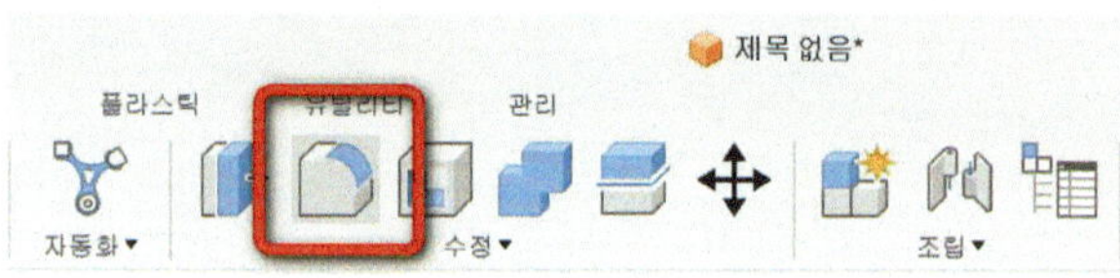

ⓐ 다음의 그림처럼 돌출된 객체의 모서리를 선택한다.

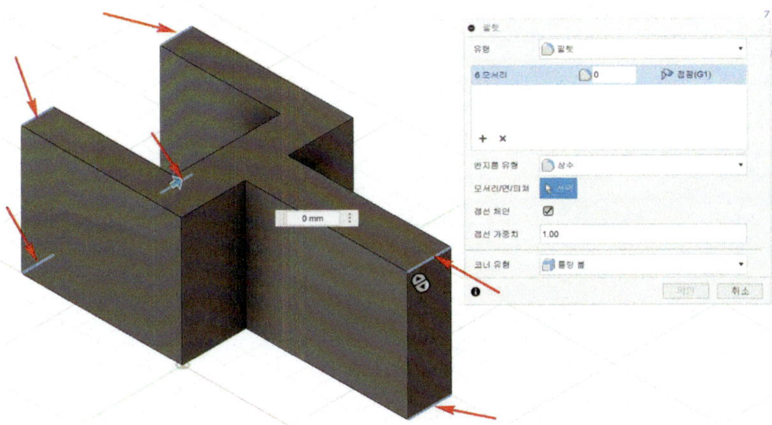

ⓑ 반지름을 30으로 입력하고 확인을 클릭한다.

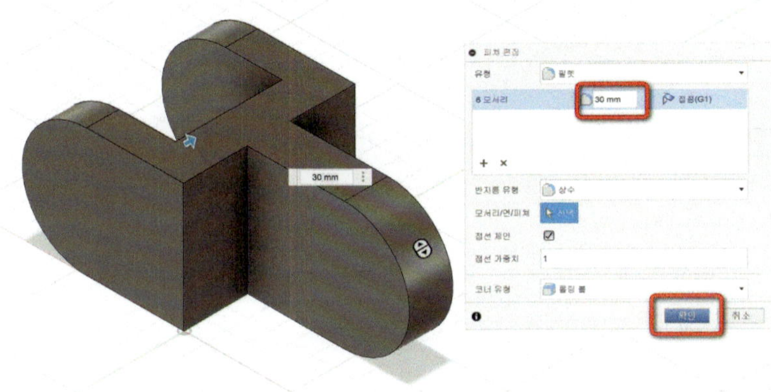

참고
모서리를 6개를 선택하고 반지름을 입력하지 않고 여러번에 나누어서 적용해도 무방하다.

(11) 스케치 작성 아이콘을 클릭하고 그림처럼 모델의 측면을 클릭한다.

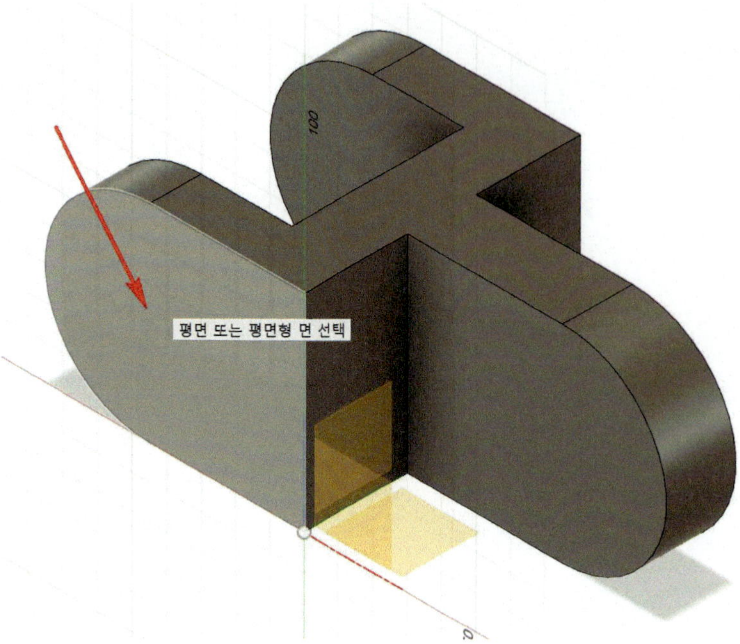

참고

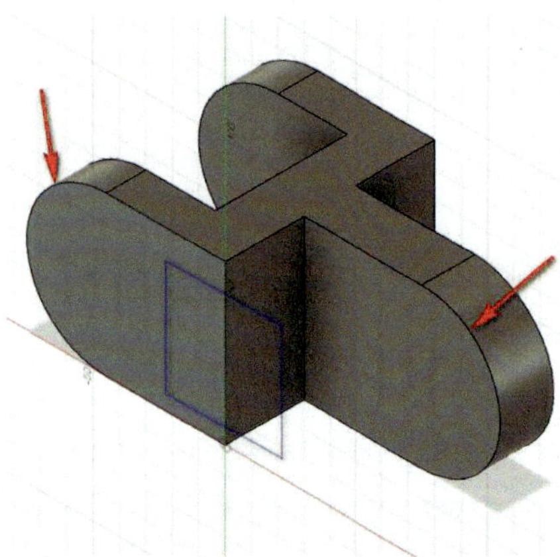

스케치 작성을 위해 선택한 스케치 평면에 왼쪽의 원호는 같은 평면이여서 중심점을 선택할 수 있으나, 오른쪽의 원호는 동일한 평면이 아니여서 중심점을 선택할 수 없다.

(12) 형상 투영하기

ⓐ 형상 → 투영/포함 → 형상 투영을 클릭한다.

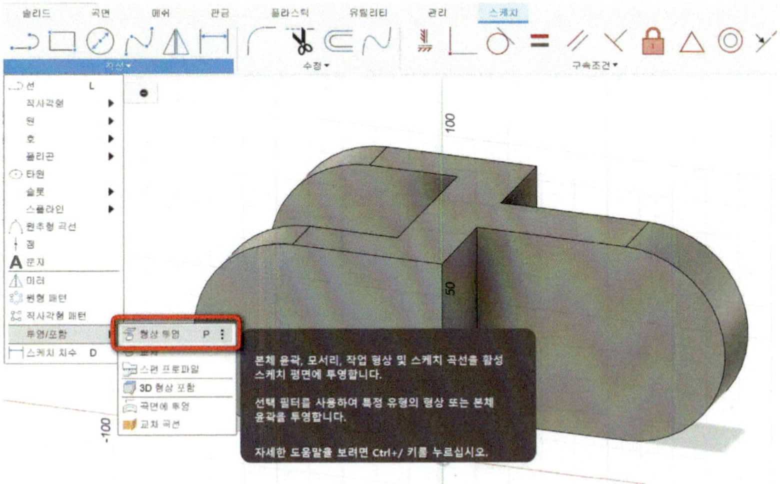

ⓑ 형상의 선택을 그림과 같이 우측 모서리 선을 클릭한다.

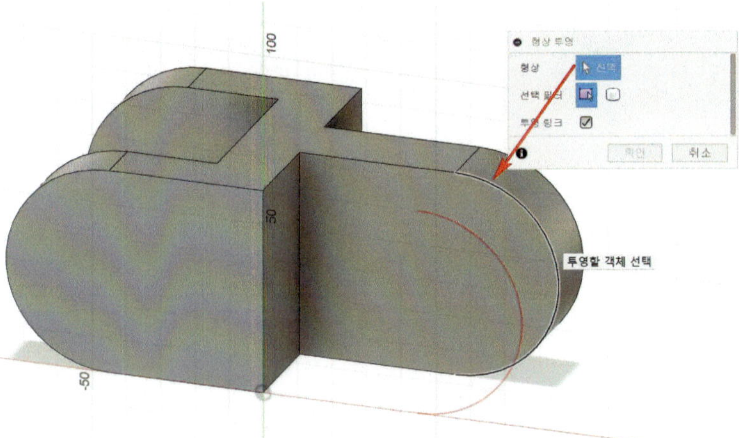

ⓒ 스케치 팔레트에서 생성 아이콘을 클릭하면 투영된 선이 실선에서 점선으로 바뀐 것을 확인하고 형상 투영 대화상자의 확인을 클릭한다.

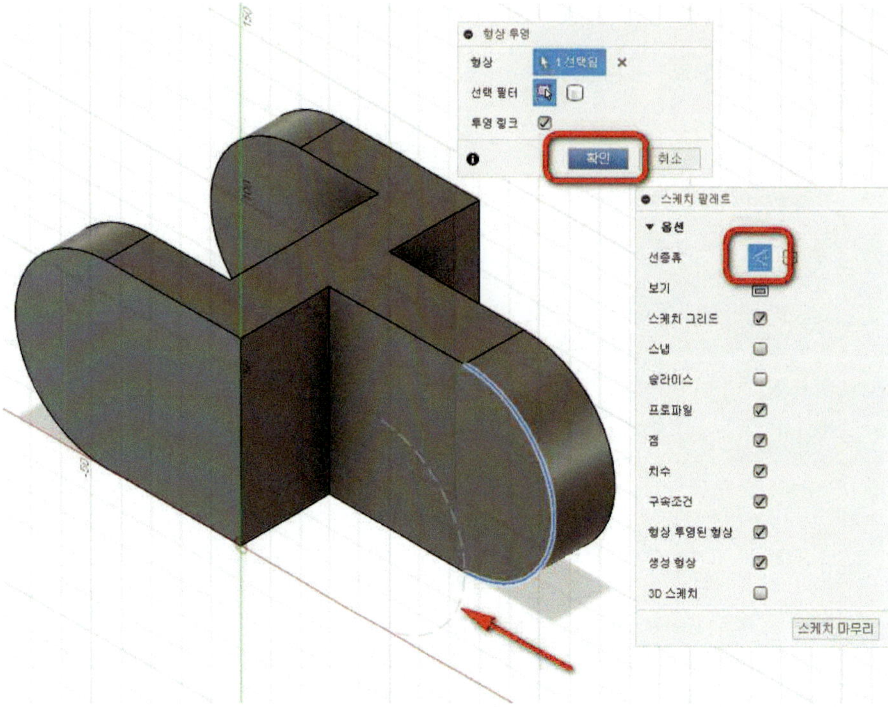

참고

형상 투영에서 모서리가 아닌 다음 그림처럼 면을 선택하면 선택한 면의 외곽선을 투영 곡선으로 생성한다.

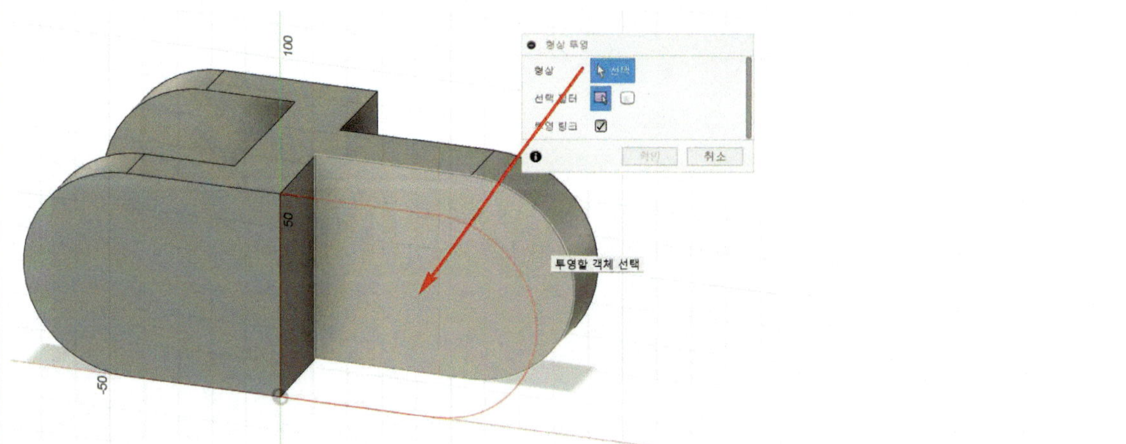

(13) 중심 지름 원 아이콘을 클릭한다.

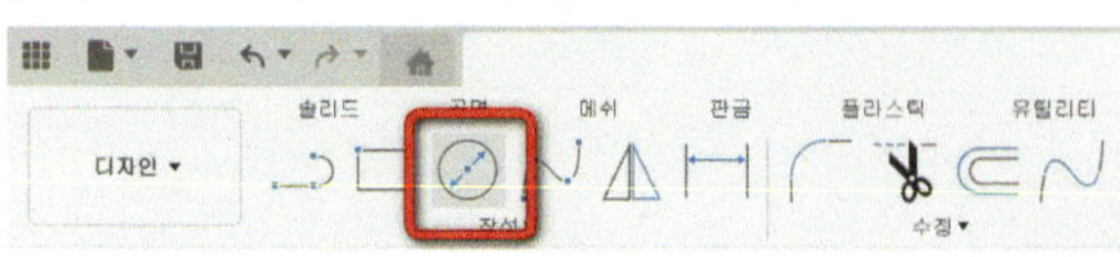

ⓐ 스케치 팔레트에서 생성 아이콘을 클릭하여 해제한다.

ⓑ 오른쪽 모서리의 원호의 중심을 클릭한다.

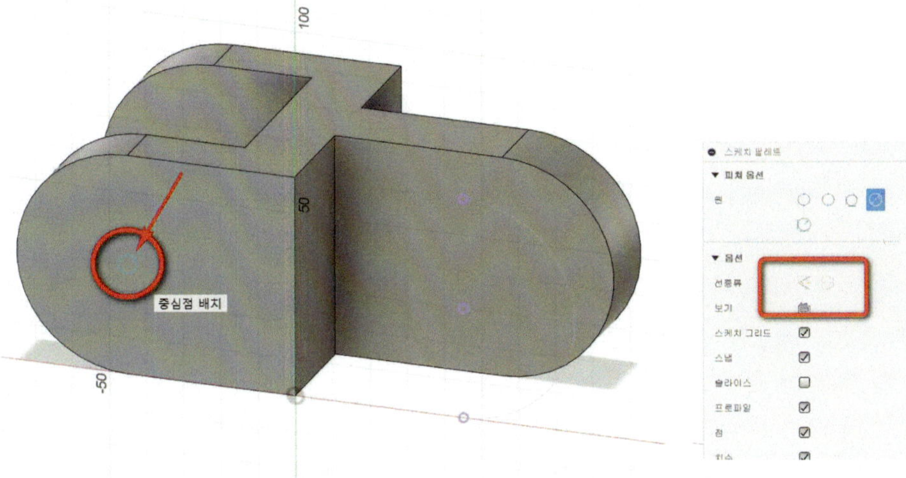

참고
중심 지름 원을 클릭하고 모서리 원호의 중심 부근으로 마우스를 이동시키면 원 호의 중심 표식(◎)이 나타나고 이를 클릭하면 모서리 원호의 중심이 선택된다.

ⓒ 원의 지름을 12로 입력한다.

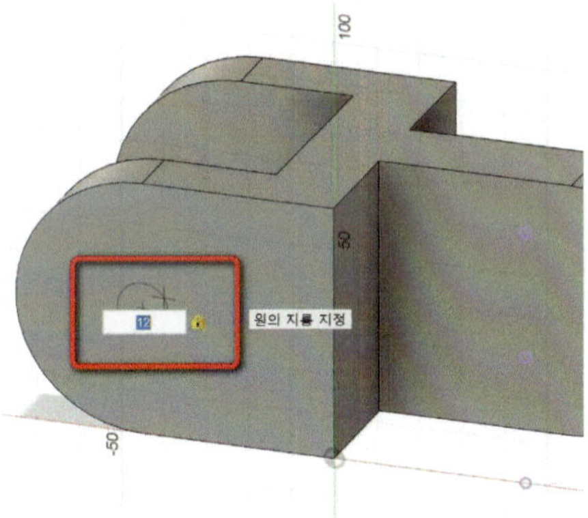

ⓓ 오른쪽 투영 곡선의 중심점을 선택하고 원의 지름을 12로 입력한다.

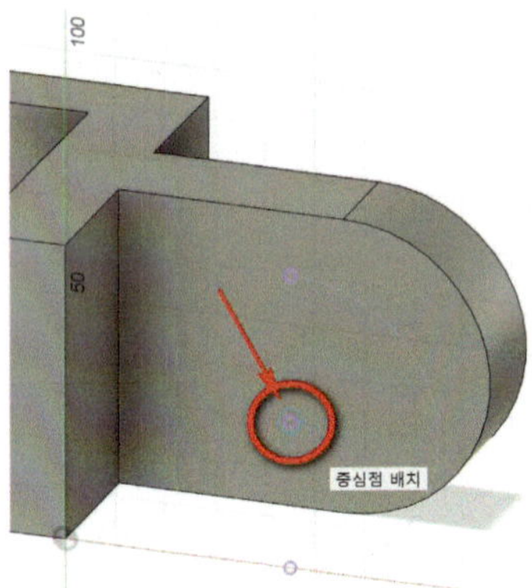

(14) 스케치 마무리를 클릭하여 스케치 환경을 종료한다.

(15) 돌출 아이콘을 클릭한다.

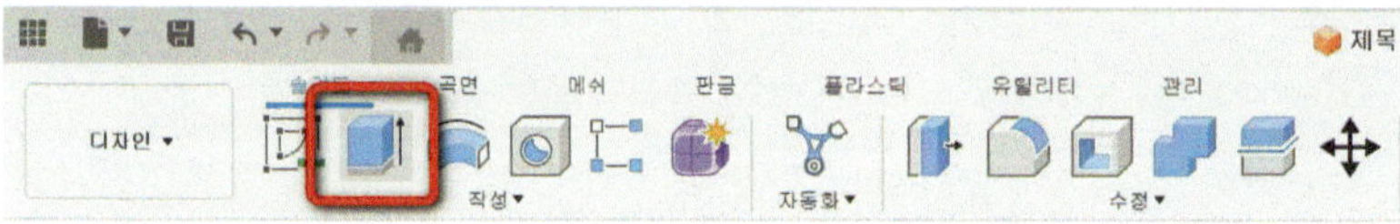

ⓐ 자름이 12인 두 개의 원을 선택하고 다음 그림의 방향으로 -80만큼 잘라내기를 적용한다.

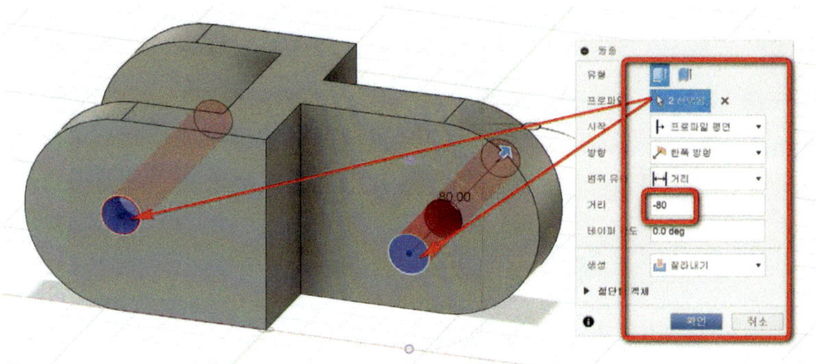

참고

잘라낼 거리가 모델을 관통하는 경우 범위 유형을 거리에서 모두로 변경하면 모델의 두께와 관계없이 관통하게 된다.

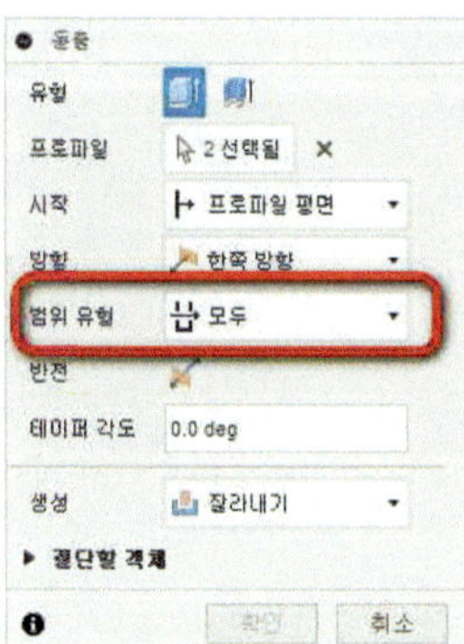

(16) 완성된 형상은 다음과 같고 저장한다.

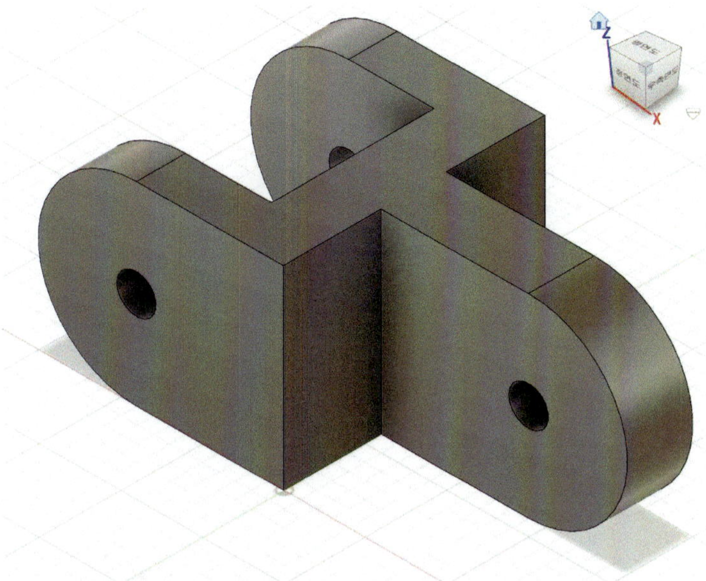

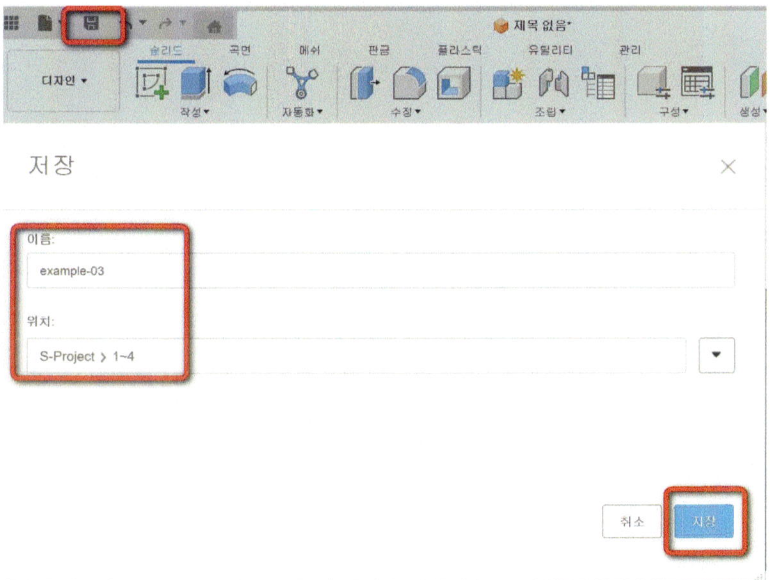
제목 없음*
솔리드
곡면
메쉬
판금
플라스틱
유틸리티
관리
디자인 ▾
작성 ▾
자동화 ▾
수정 ▾
조립 ▾
구성 ▾
저장
이름:
example-03
위치:
S-Project › 1~4
취소
저장

2-4 3D 모델링 – 4

(1) 스케치 작성하기

ⓐ 스케치 작성을 클릭하고 XY 평면을 선택하고 다음과 같이 스케치를 작성하고 스케치 종료를 클릭한다.

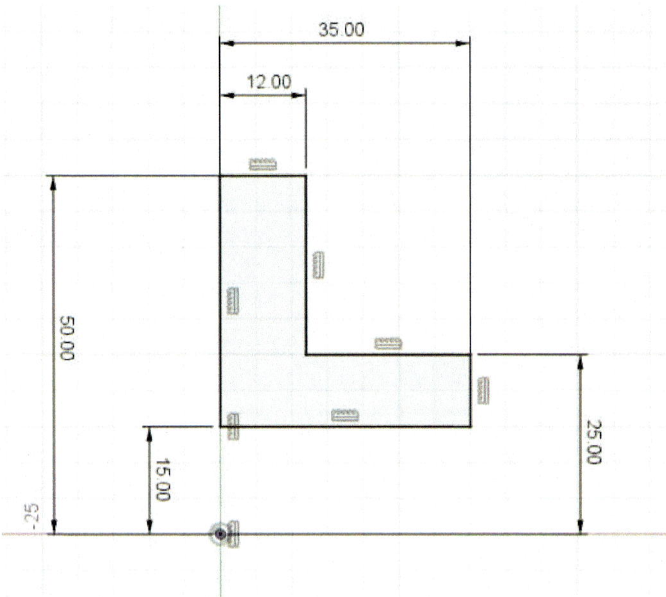

(2) 회전 아이콘을 클릭한다.

(3) 프로파일을 스케치 요소의 내부를 클릭하고, 축을 좌표계의 X축(Red 선)을 클릭한다.

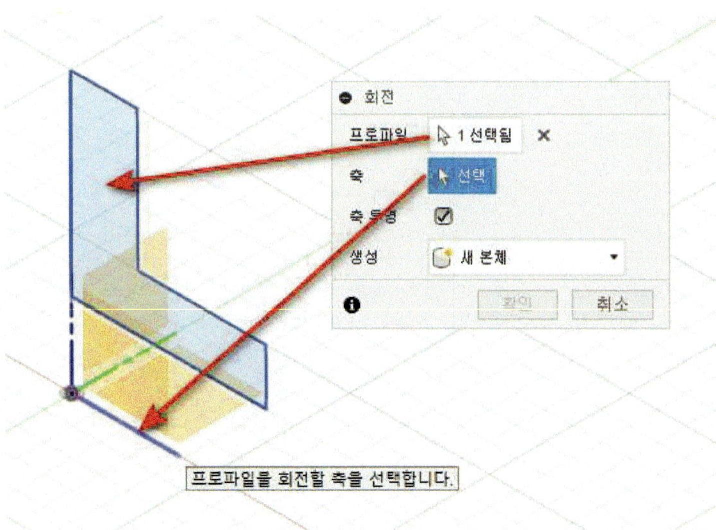

(4) 다음과 같이 설정하고 확인을 클릭한다.

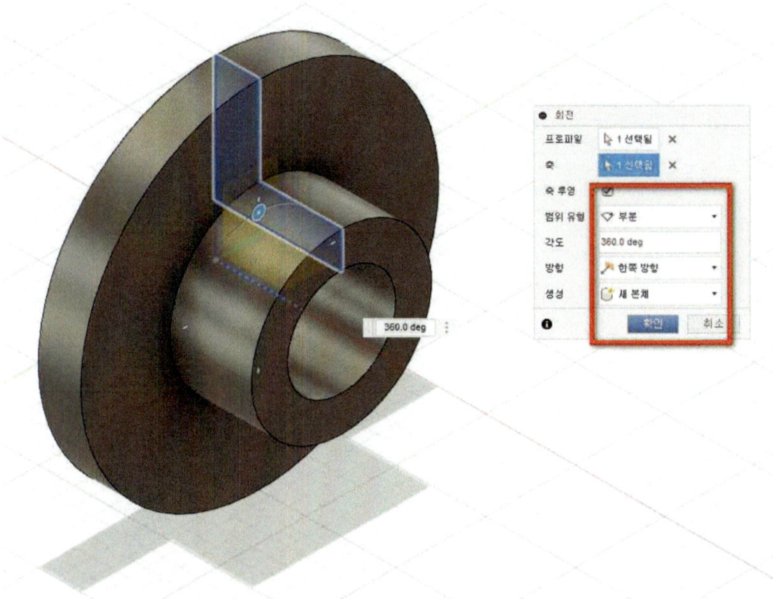

(5) 필렛 아이콘을 클릭한다.

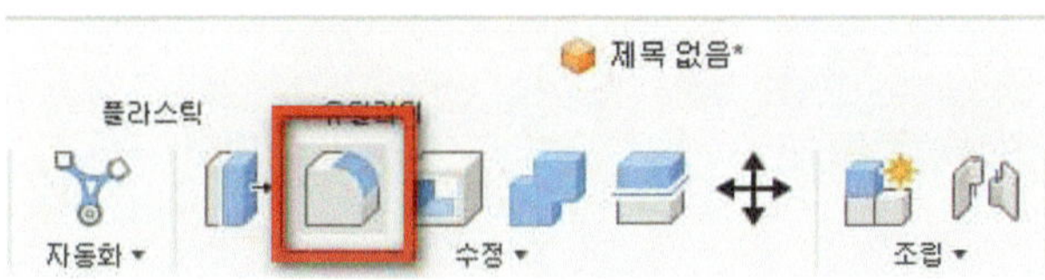

ⓐ 다음의 그림처럼 2개의 모서리를 클릭한다.

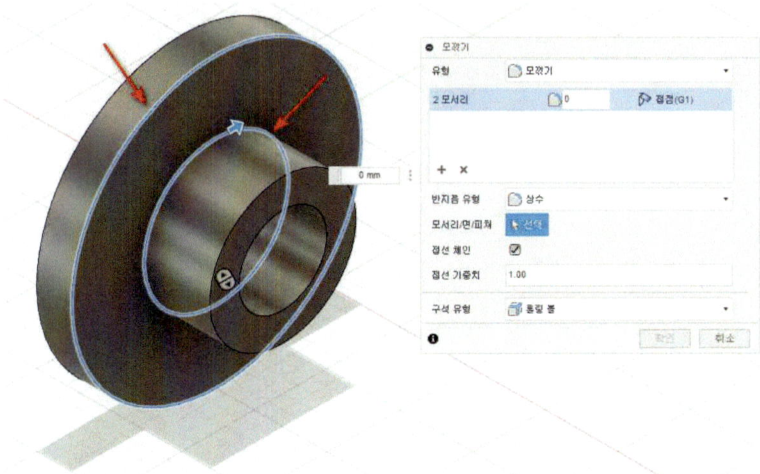

ⓑ 반지름을 3으로 입력하고 확인을 클릭한다.

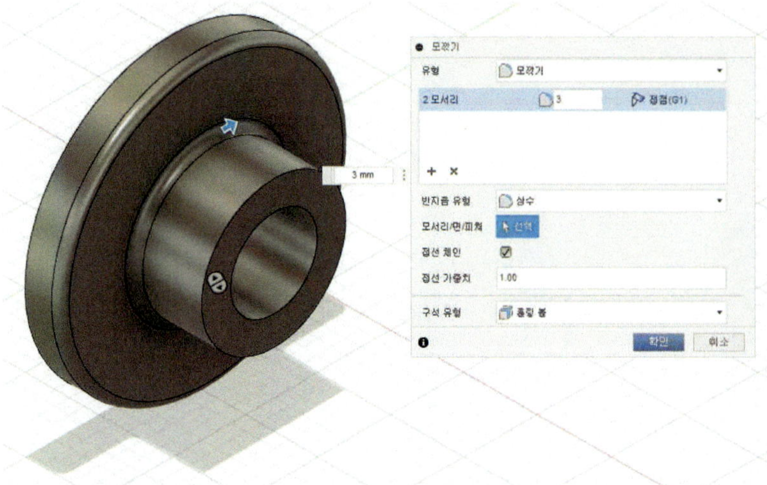

(6) 작성의 모따기 아이콘을 클릭한다.

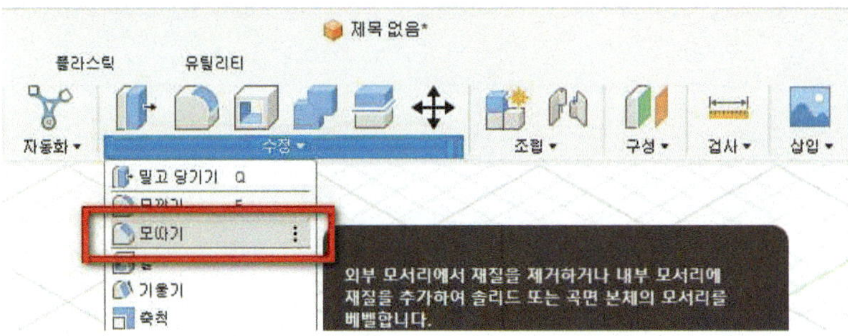

ⓐ 다음의 그림처럼 2개의 모서리를 클릭한다.

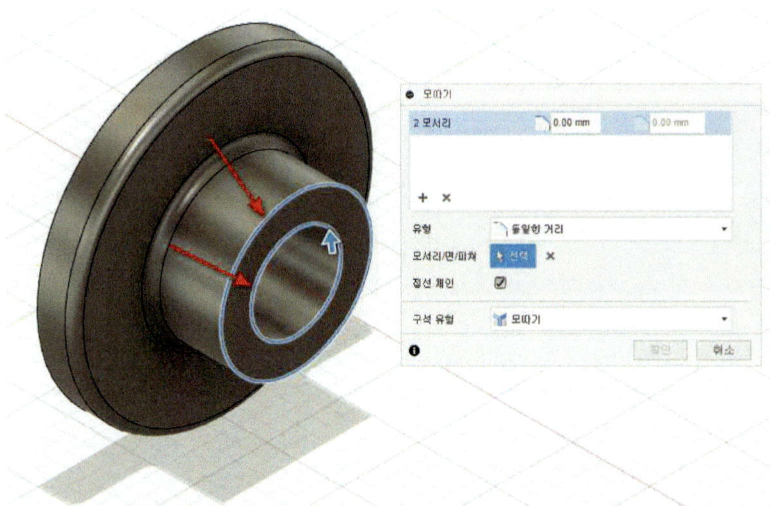

ⓑ 동일한 거리로 설정하고 모서리를 1로 입력하고 확인을 클릭한다.

(7) 스케치 작성 아이콘을 클릭하고 다음의 그림처럼 평면을 클릭한다.

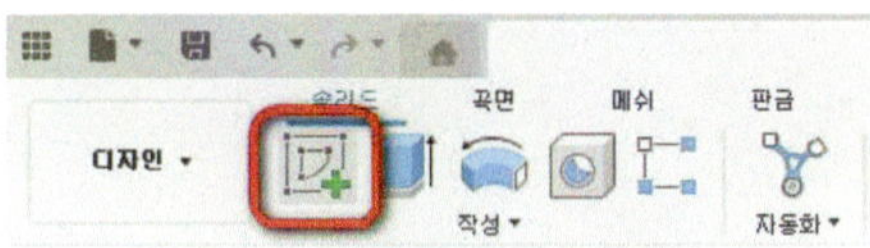

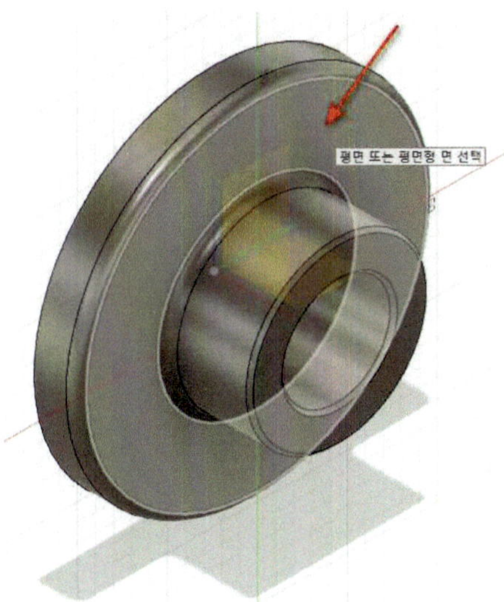

(8) 중심 지름원 아이콘을 클릭한다.

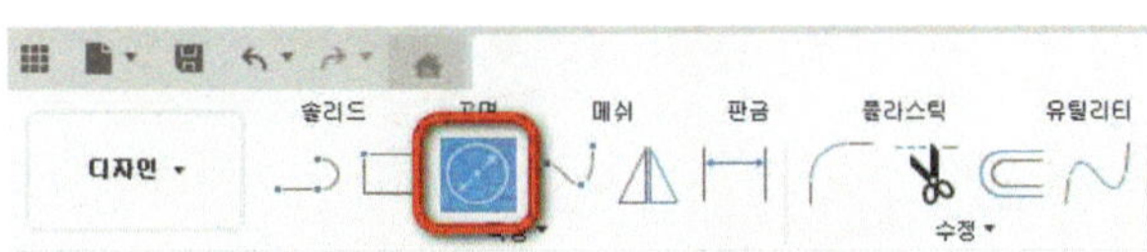

ⓐ 다음의 그림처럼 지름이 10인 원을 작성한다.

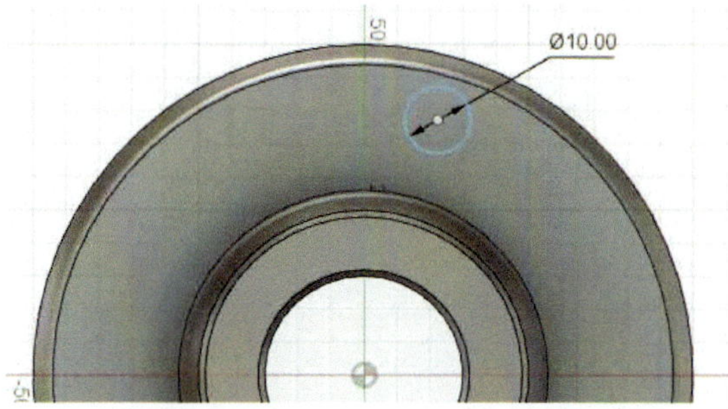

ⓑ 구속 조건에서 수직/수평 아이콘을 클릭한다.

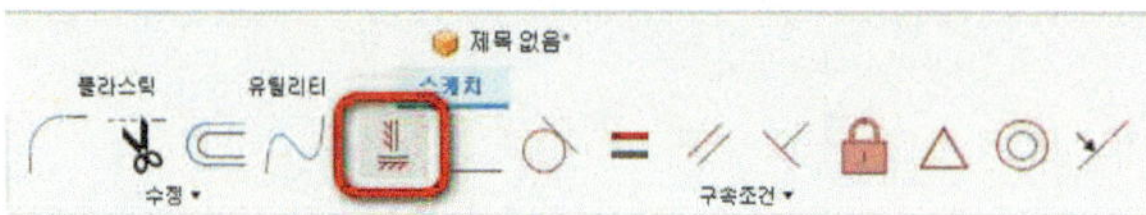

ⓒ 다음의 그림처럼 원점과 원의 중심점을 클릭한다.

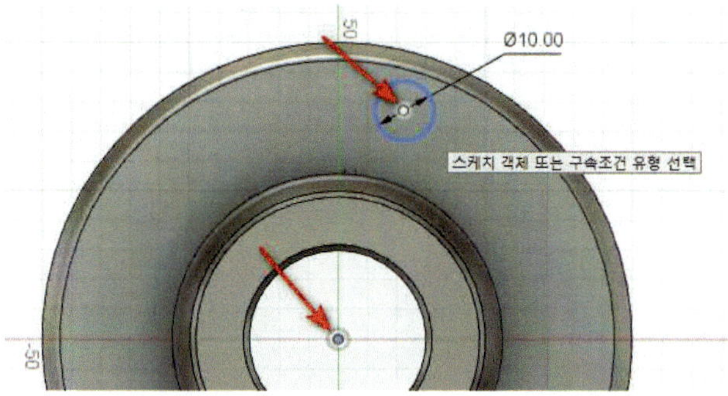

ⓓ 원점을 기준으로 원의 중심점이 수직한 위치로 구속한다.

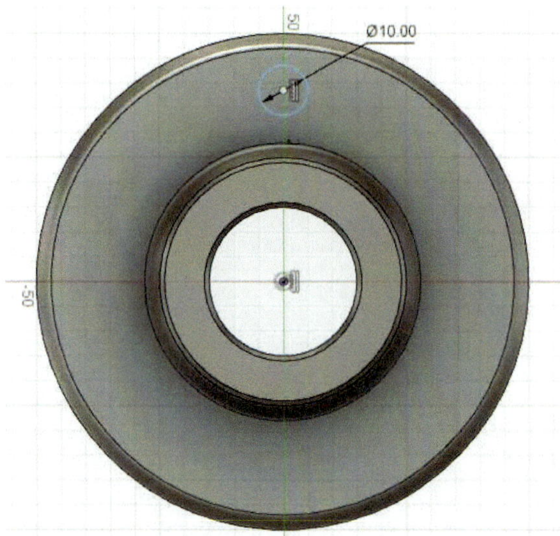

ⓔ 치수 기입 아이콘을 클릭하고 원점과 원의 중심점의 거리를 38로 적용한다.

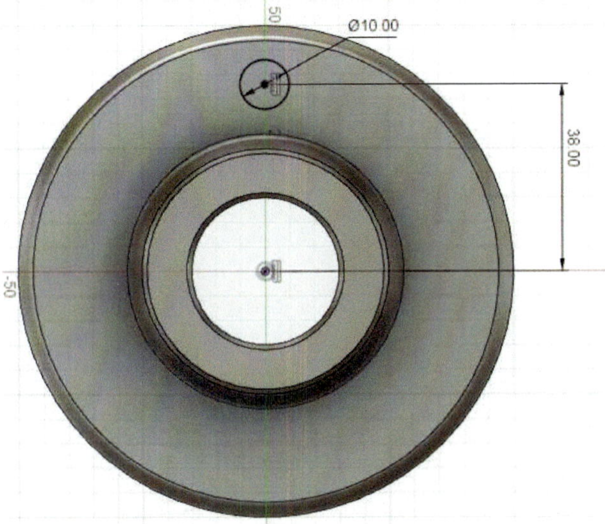

(9) 돌출 아이콘을 클릭하고 다음과 같이 잘라내기를 적용한다.

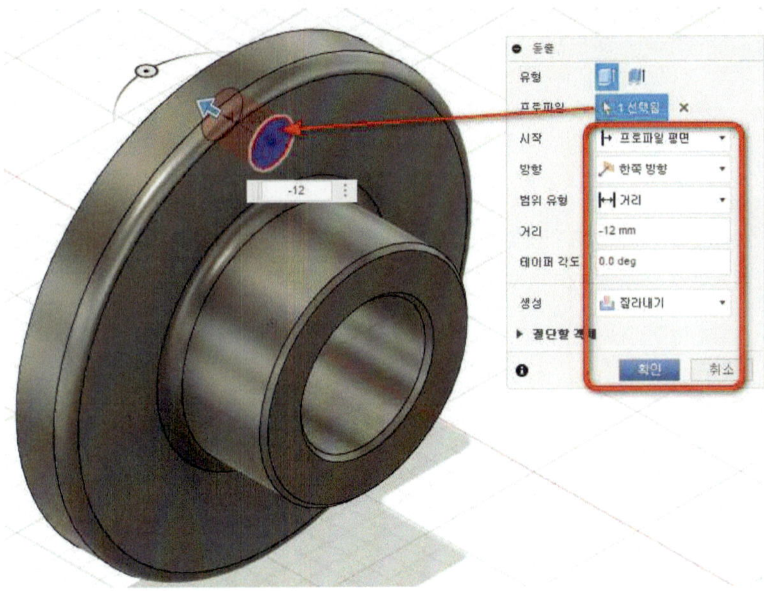

(10) 직사각형 패턴 아이콘을 클릭한다.

ⓐ 원형 패턴을 클릭, 다음과 같이 설정하고 확인을 클릭한다.

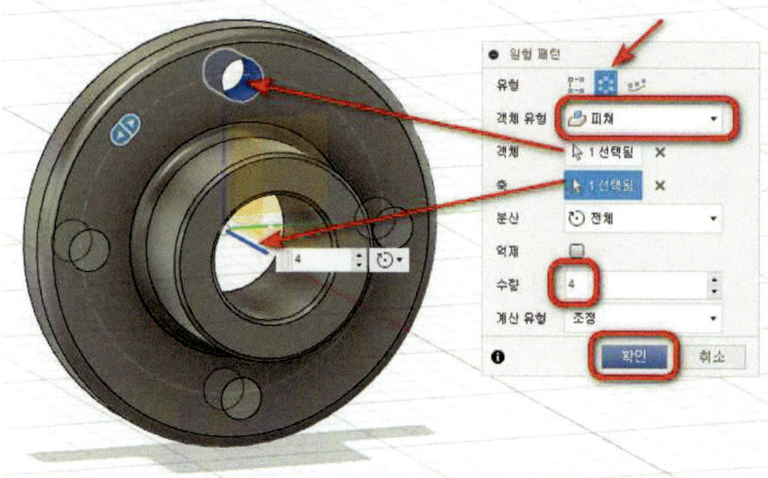

ⓑ 원형 패턴이 적용된 완성 형상이다.

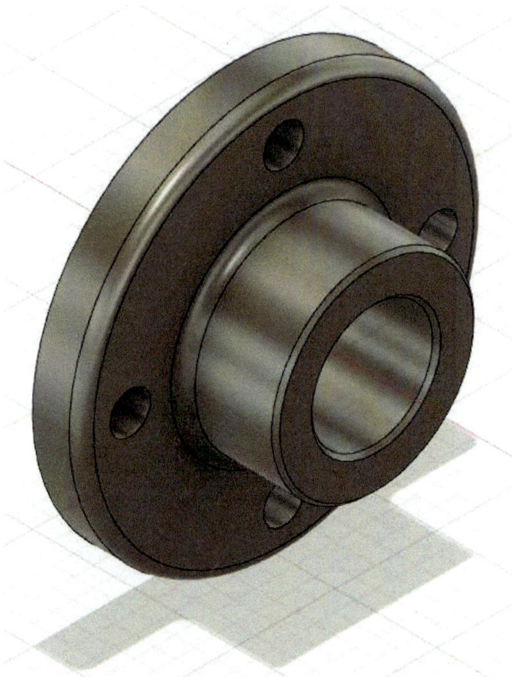

2-5 Base 모델링

(1) 스케치 작성을 클릭하고 다음과 같은 형상을 스케치한다.

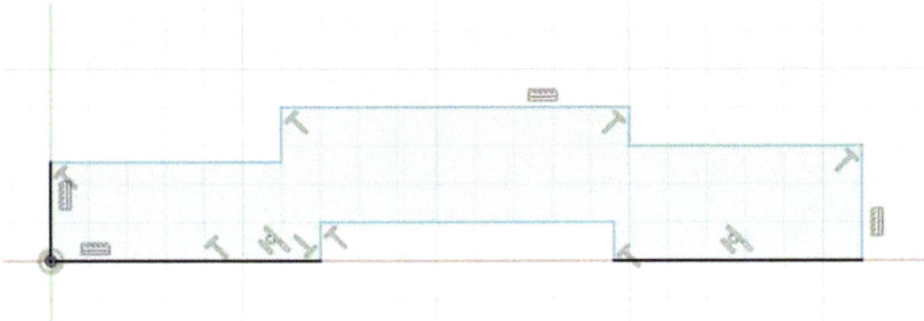

(2) 구속조건 영역에서 동일을 클릭한다.

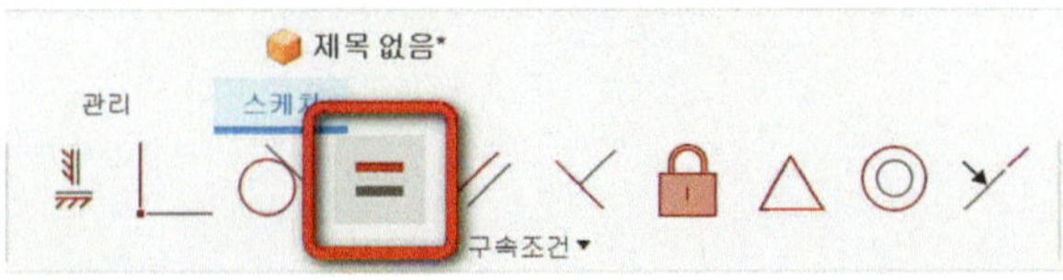

ⓐ 다음 그림의 두 선을 클릭하여 길이를 동일하게 적용한다.

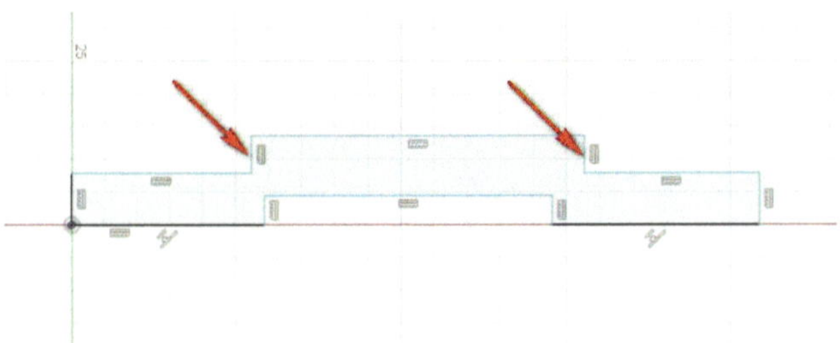

ⓑ 다음 그림의 두 선을 클릭하여 길이를 동일하게 적용한다.

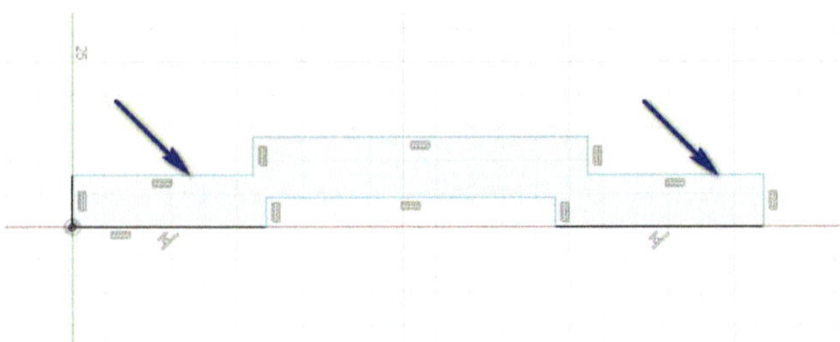

ⓒ 다음 그림의 두 선을 클릭하여 길이를 동일하게 적용한다.

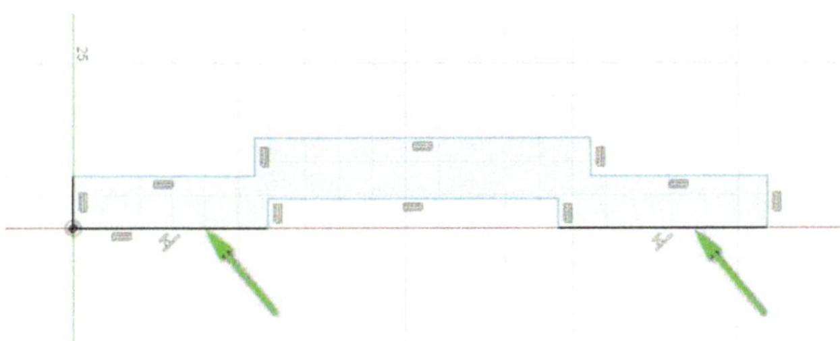

(3) 구속조건 영역에서 동일선상 아이콘을 클릭한다.

(4) 다음 그림의 두 선을 클릭하여 길이를 동일선상을 적용한다.

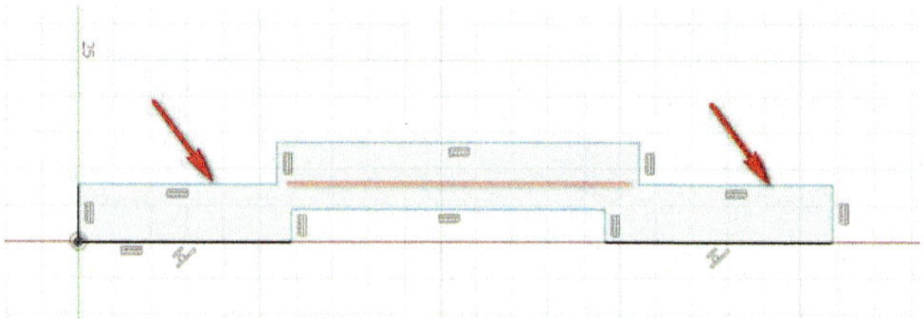

(5) 치수 기입 아이콘을 클릭한다.

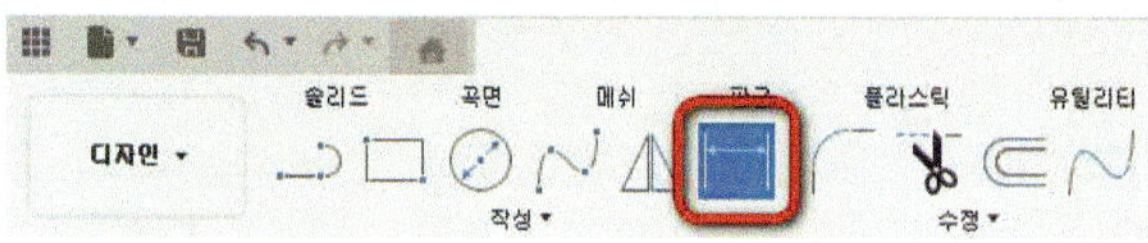

(6) 다음의 그림과 같이 치수 기입을 한다.

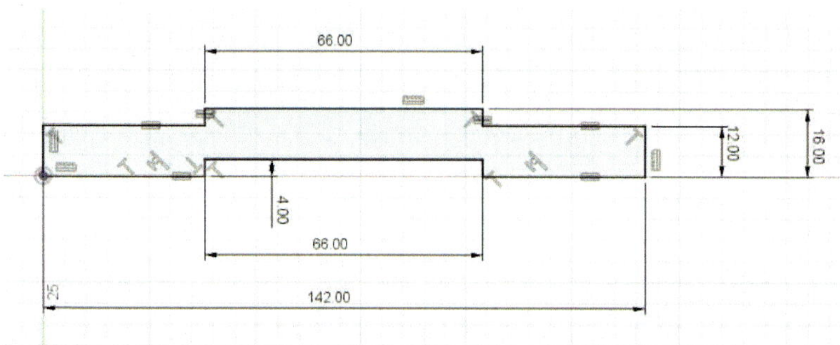

(7) 스케치 종료를 클릭하고 돌출 아이콘을 클릭한다.

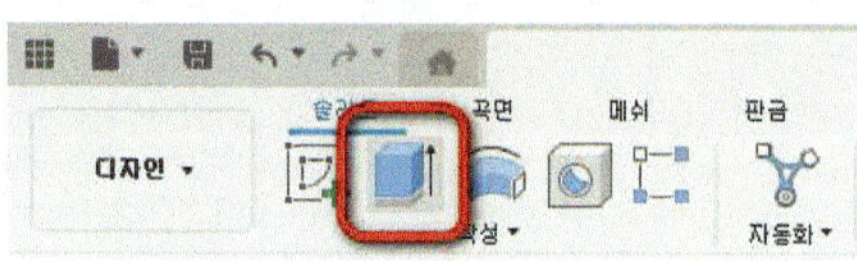

ⓐ 다음의 그림을 프로파일로 지정하고 거리를 60으로 입력하고 확인을 클릭한다.

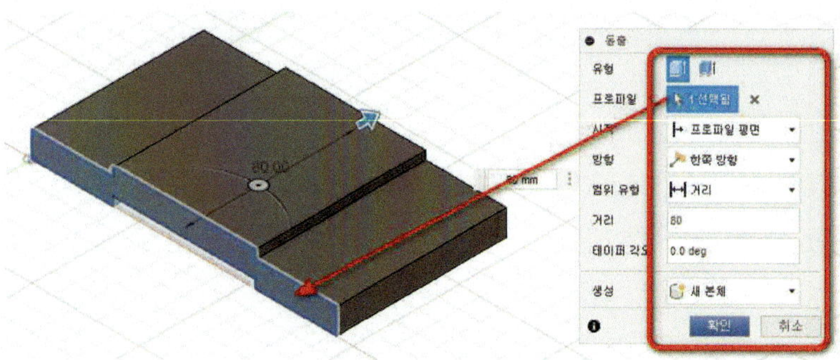

ⓑ 돌출이 완성된 모델이다.

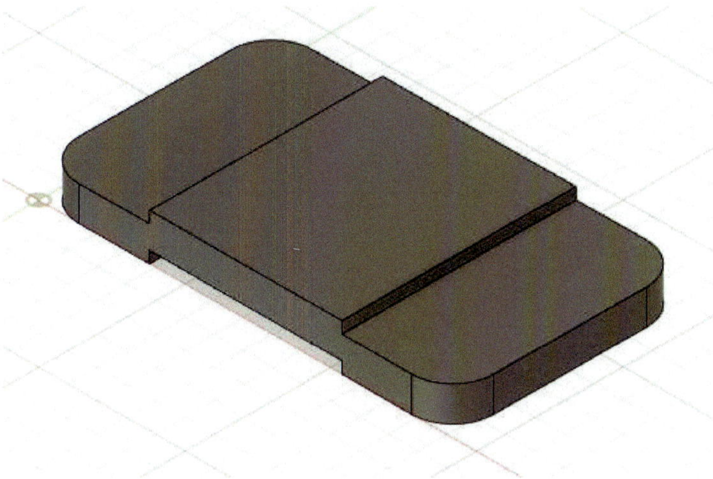

(8) 스케치 작성 아이콘을 클릭한다.

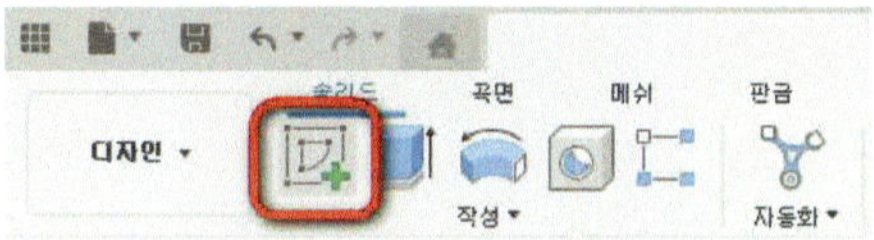

ⓐ 그림과 같은 평면을 클릭한다.

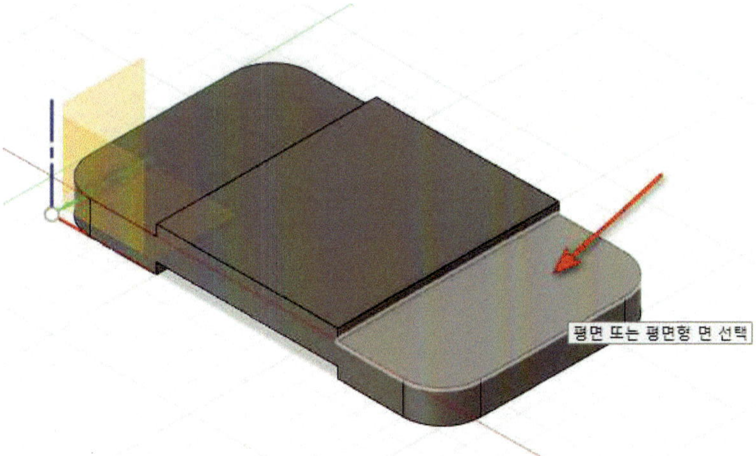

ⓑ 작성에서 점을 클릭한다.

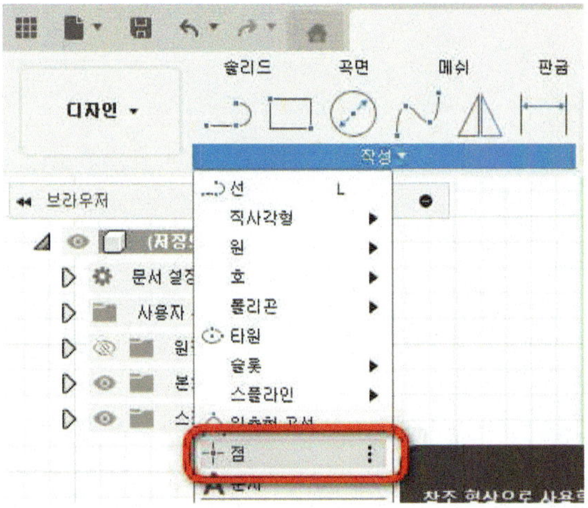

ⓒ 그림과 같이 모서리인 두 개의 원호의 중심을 클릭하고 스케치 종료를 클릭한다.

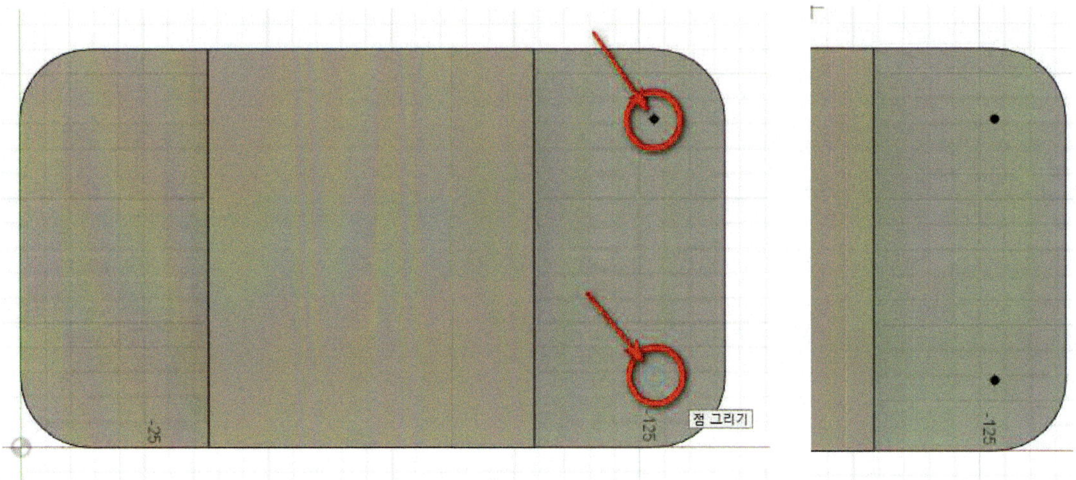

(9) 홀 아이콘을 클릭한다.

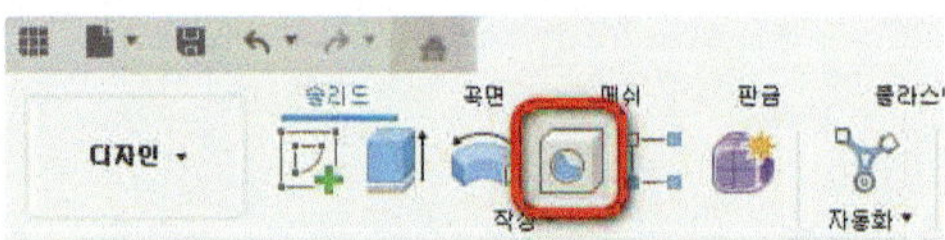

ⓐ 스케치 점으로 앞에서 작성한 2개의 점을 클릭한다.
ⓑ 범위를 모두, 홀의 유형을 단순으로 클릭한다.
ⓒ 홀 탭 유형을 탭으로 클릭한다.
ⓓ 크기를 10으로 설정하고 지정을 M10×1.5로 설정하고 확인을 클릭한다.

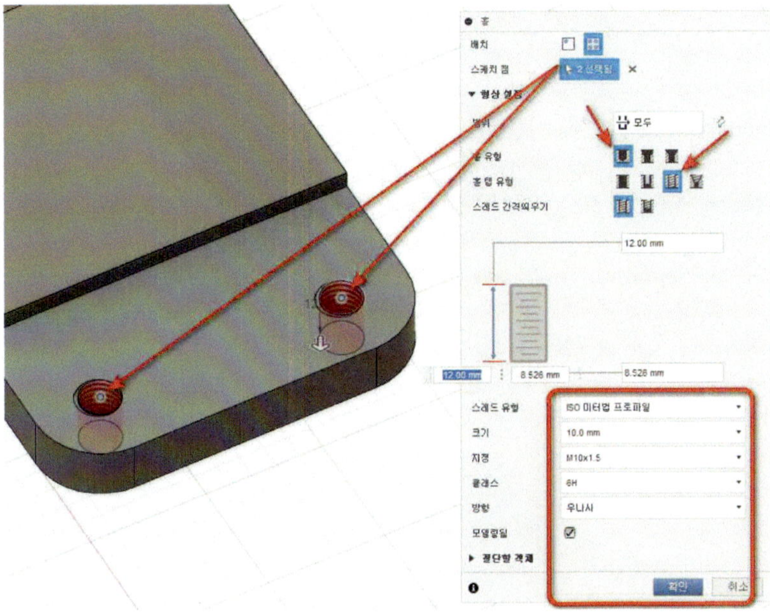

(10) 생성의 중간 평면을 클릭한다.

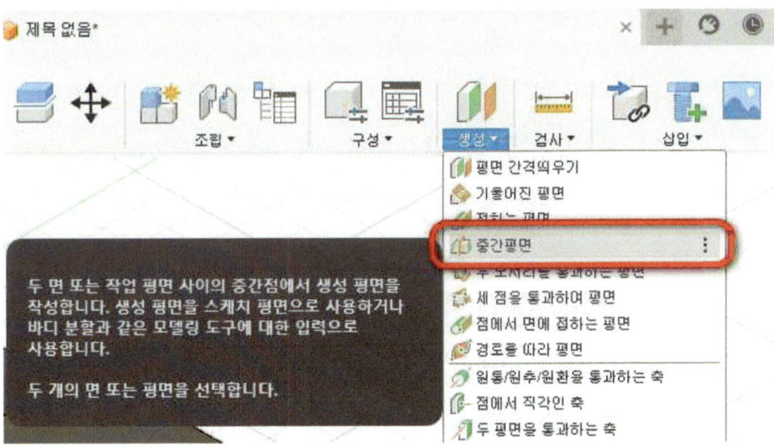

ⓐ 다음의 그림처럼 모델의 앞면과 뒷면을 클릭한다.
ⓑ 두 면의 중간에 새로운 평면이 생성된다.

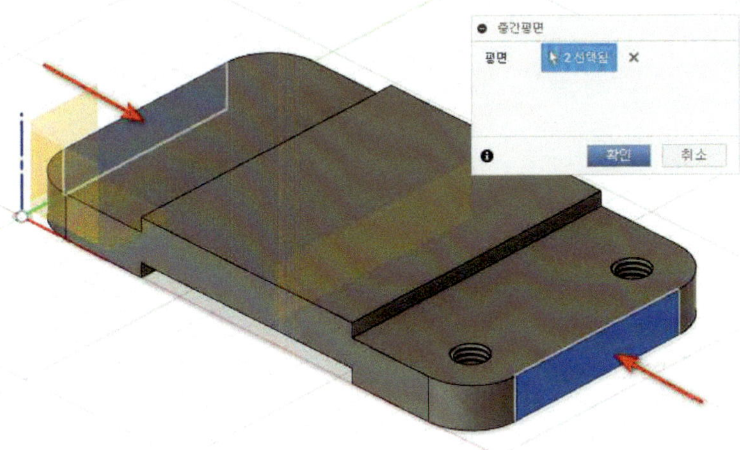

(11) 작성의 미러를 클릭한다.

ⓐ 객체를 홀로 생성한 탭 구멍을 선택하고 미러 평면으로 중간 면에 생성된 평면을 클릭한다.

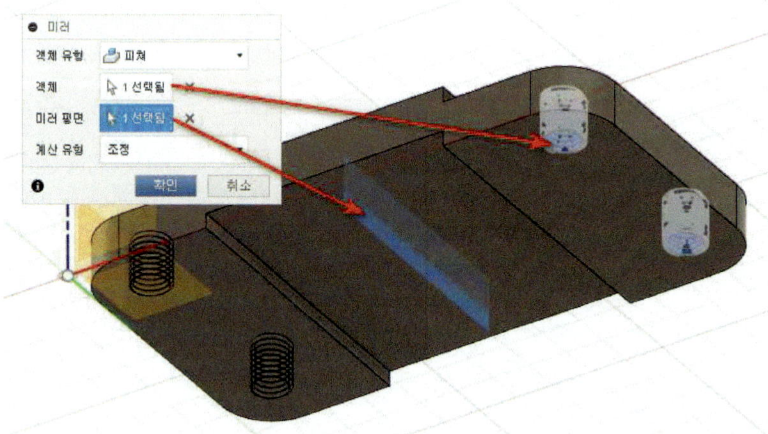

ⓑ 미러가 완성된 형상은 다음과 같다.

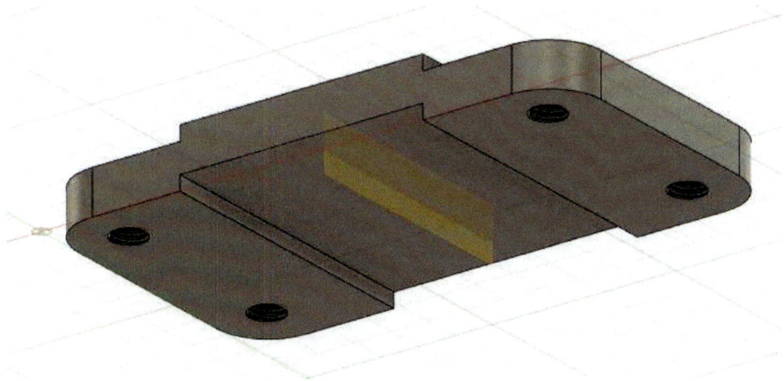

(12) 중간 면에 생성된 평면을 클릭하고 마우스 우측 버튼을 클릭하면 나타나는 표시/숨기기를 클릭한다.

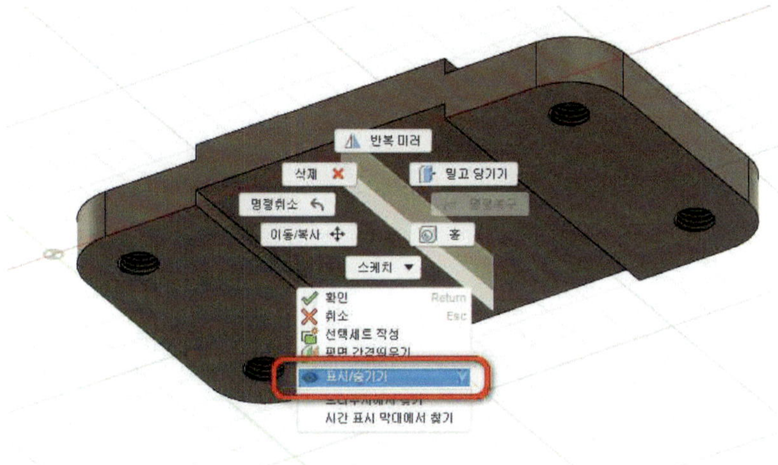

(13) 중간 평면이 숨겨진 모델의 형상을 base로 저장한다.

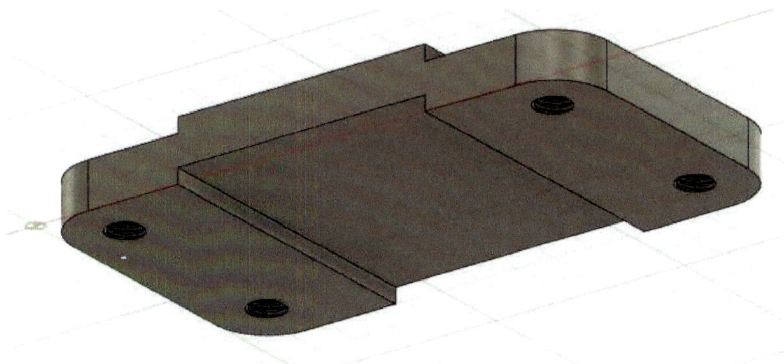

2-6 Body 모델링

(1) 새 설계에서 스케치 작성 아이콘을 클릭한다.

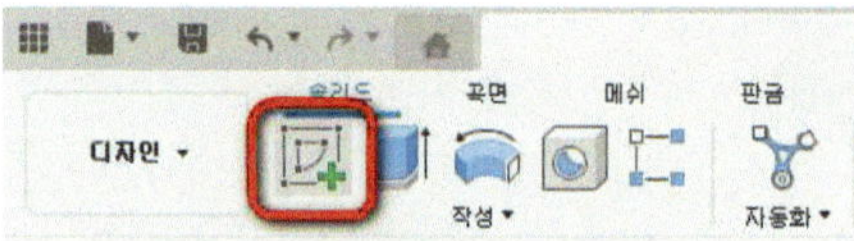

(2) 다음의 그림처럼 원점을 기준으로 38, 80의 직사각형을 작성하고 스케치 종료를 클릭한다.

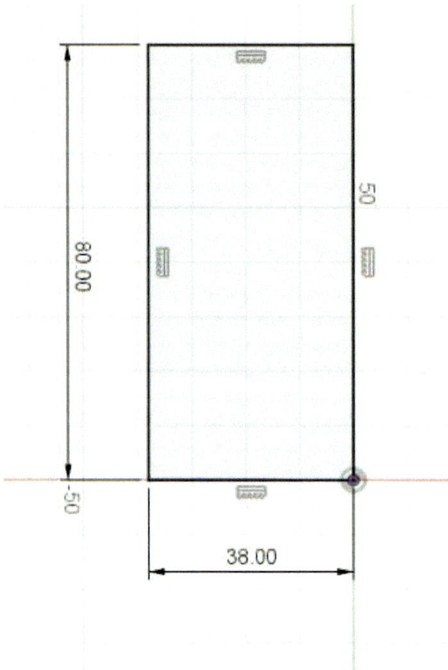

(3) 돌출 아이콘을 클릭하고 거리를 8로 돌출한다.

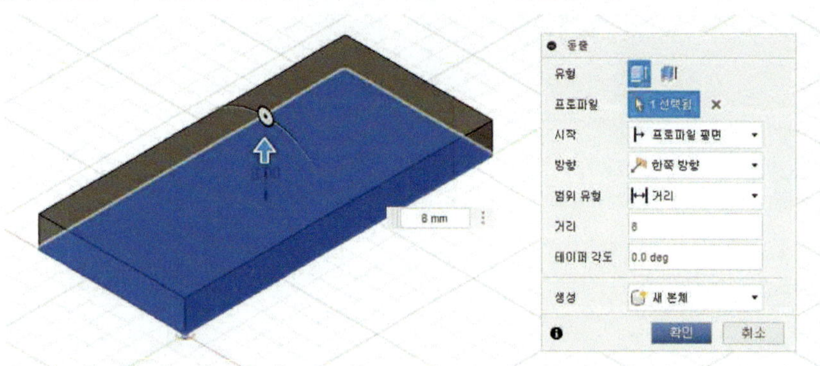

(4) 스케치 작성 아이콘을 클릭한다.

ⓐ 돌출된 모델의 측면을 클릭한다.

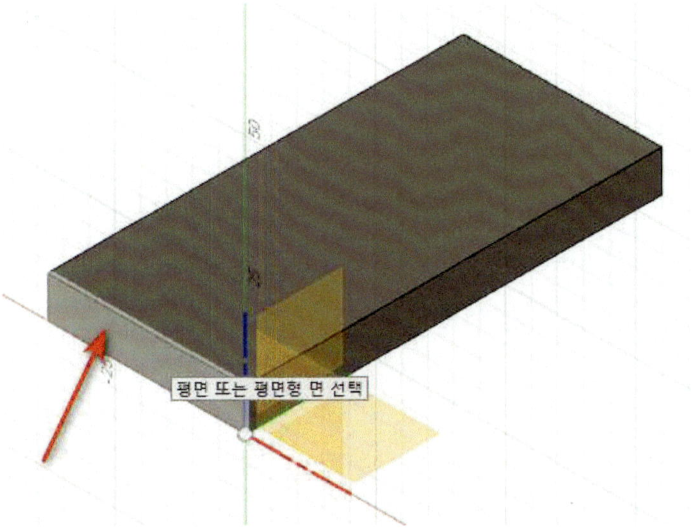

ⓑ 원 아이콘을 클릭한다.

ⓒ 돌출 모델의 오른쪽 상단의 모서리 점을 선택하고 지름을 6으로 입력한다.

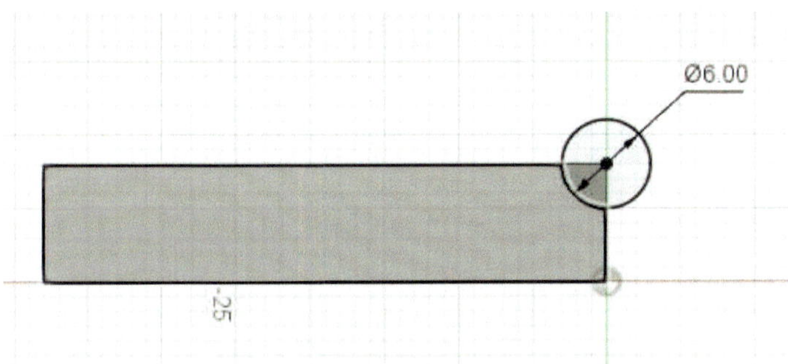

ⓓ 스케치 종료를 클릭한다.

ⓔ 돌출을 클릭하고 지름이 6인 원을 모두 잘라내기를 한다.

(5) 필렛 아이콘을 클릭한다.

ⓐ 그림과 같이 2개의 모서리를 클릭한다.

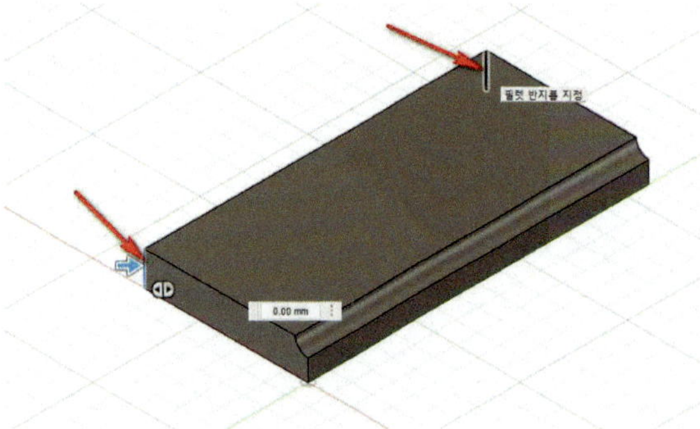

ⓑ 반지름을 14로 입력하고 확인을 클릭한다.

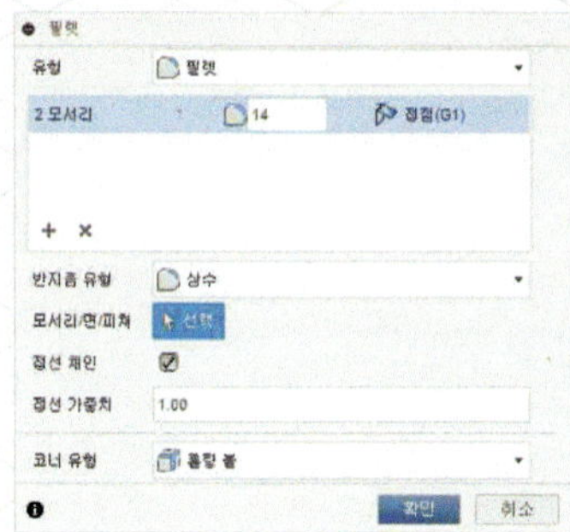

(6) 스케치 작성 아이콘을 클릭한다.

ⓐ 돌출된 모델의 윗면을 클릭한다.

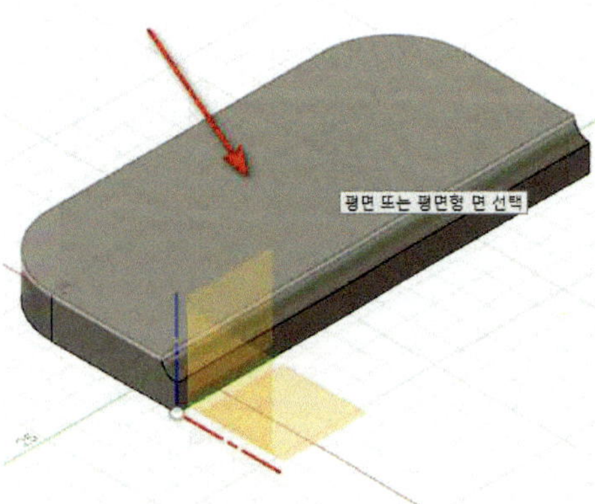

ⓑ 다음 그림처럼 스케치를 작성한다.

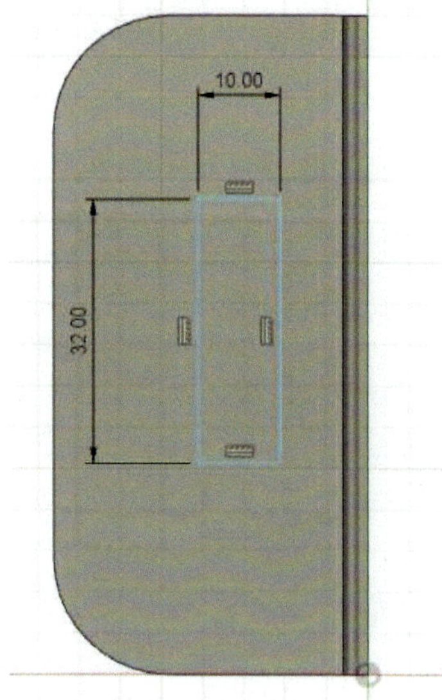

(7) 구속조건 영역에서 중간 점을 클릭한다.

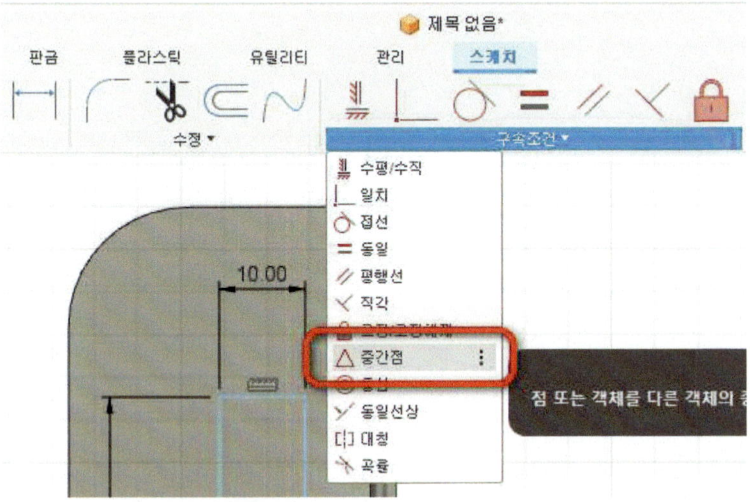

ⓐ 다음처럼 스케치 선과 모서리를 클릭한다.

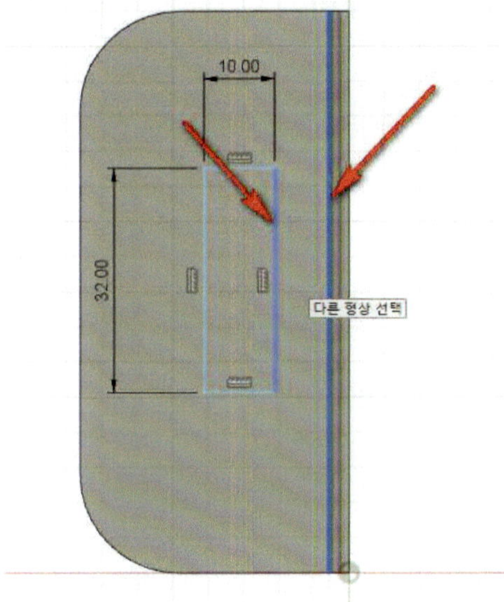

ⓑ 두 선의 중간 점이 일치 적용된다.

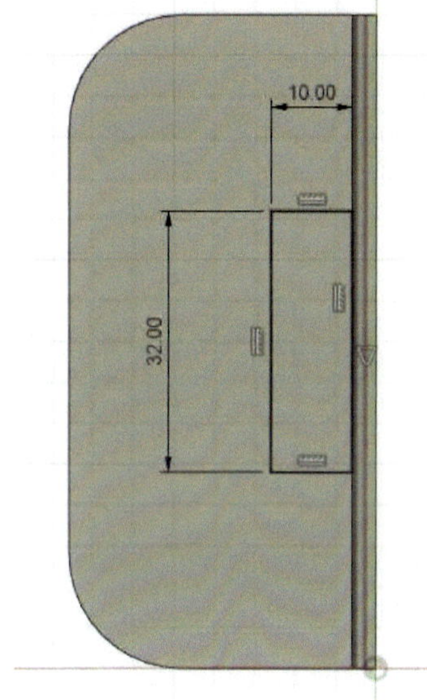

(8) 돌출 아이콘을 클릭하고 거리를 85로 돌출한다.

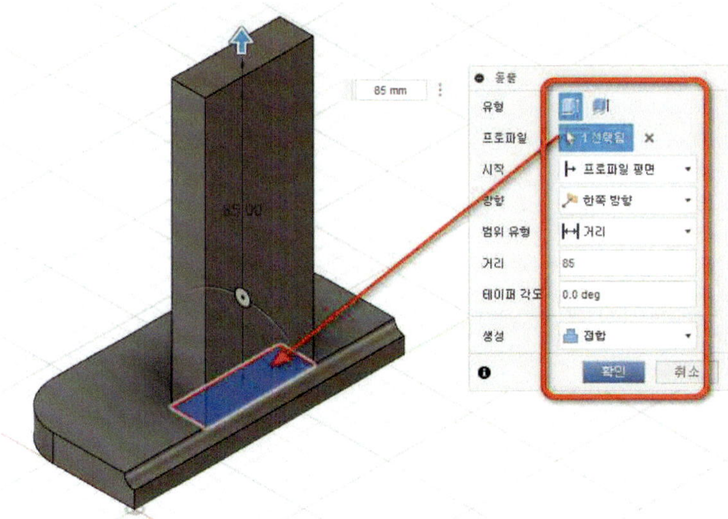

(9) 필렛 아이콘을 클릭한다.

ⓐ 그림과 같이 2개의 모서리를 클릭한다.

ⓑ 반지름을 16으로 입력하고 화인을 클릭한다.

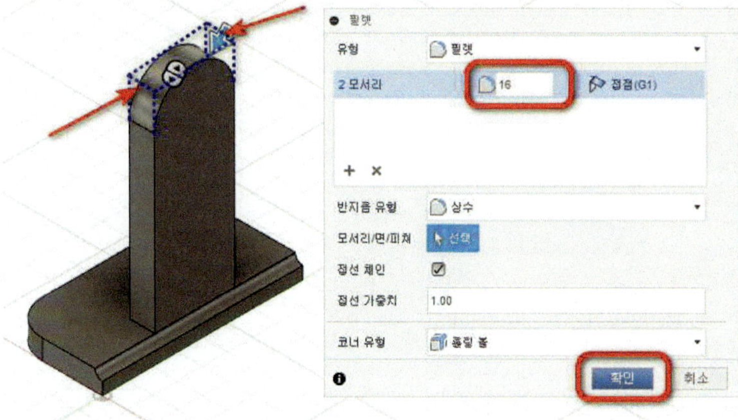

(10) 스케치 작성 아이콘을 클릭한다.

ⓐ 돌출된 모델의 평면을 클릭한다.

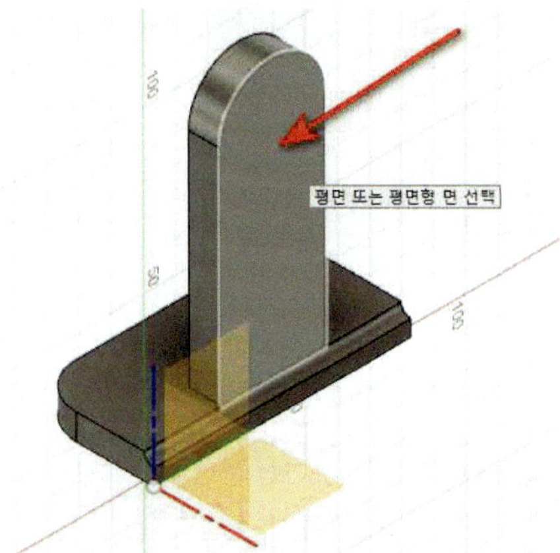

ⓑ 상단 모서리 원호의 중심점을 클릭한다.

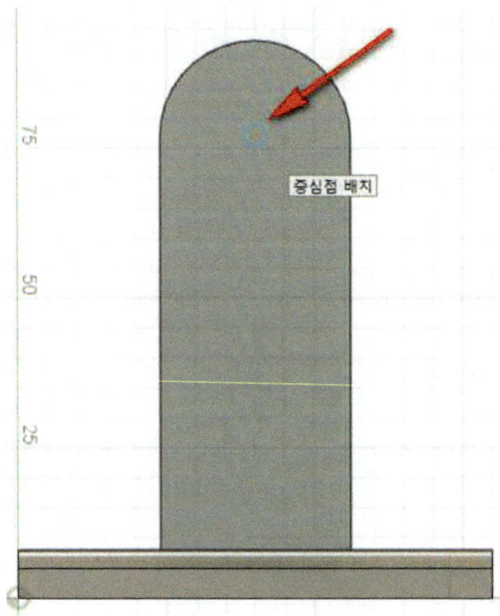

ⓒ 원의 지름을 32로 입력한다.

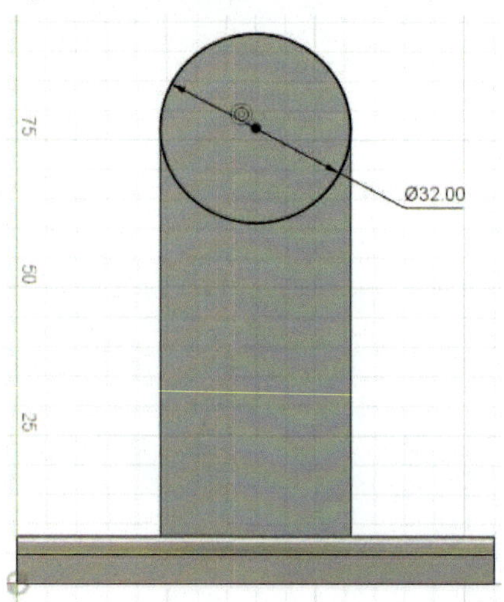

(11) 돌출 아이콘을 클릭하고 거리를 4로 돌출한다.

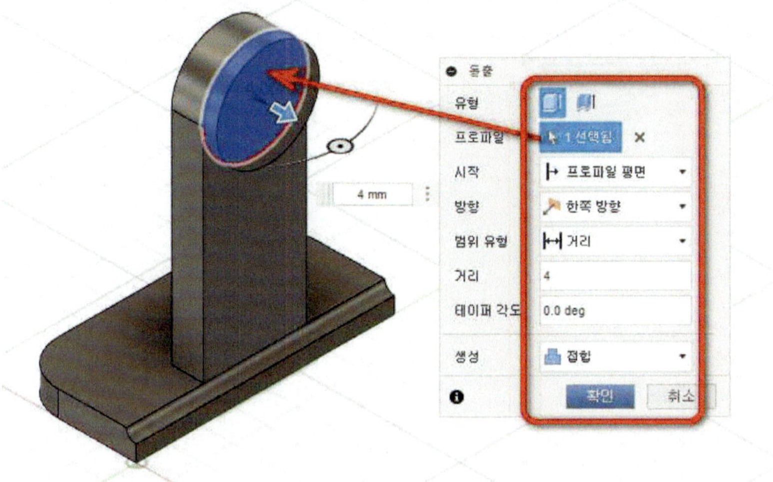

(12) 스케치 작성 아이콘을 클릭한다.

ⓐ 돌출된 모델의 평면을 클릭한다.

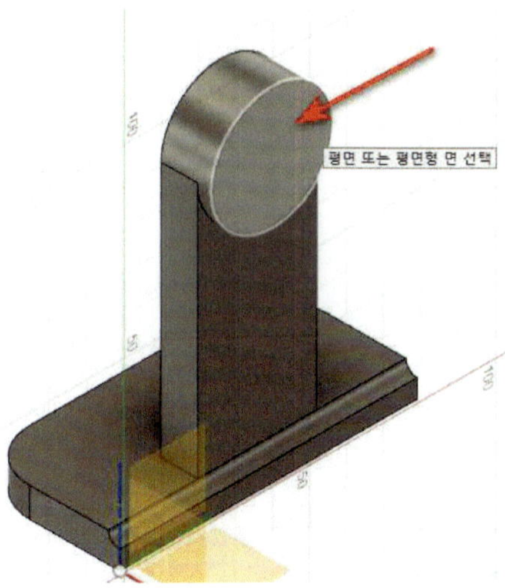

ⓑ 모서리 원의 중심을 클릭하고 반지름을 12로 입력한다.

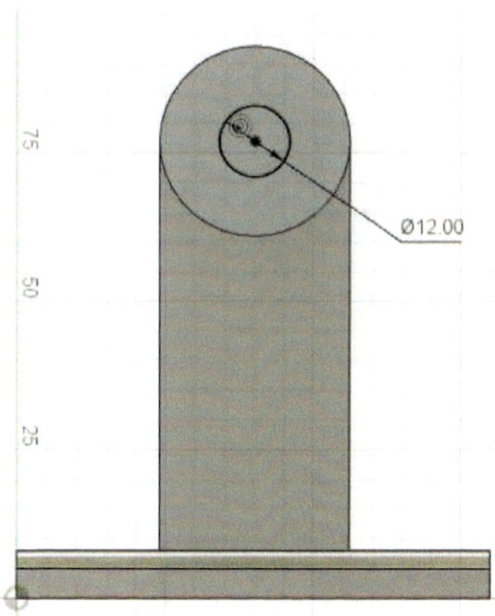

(13) 돌출 아이콘을 클릭하고 거리를 –14로 잘라내기를 적용한다.

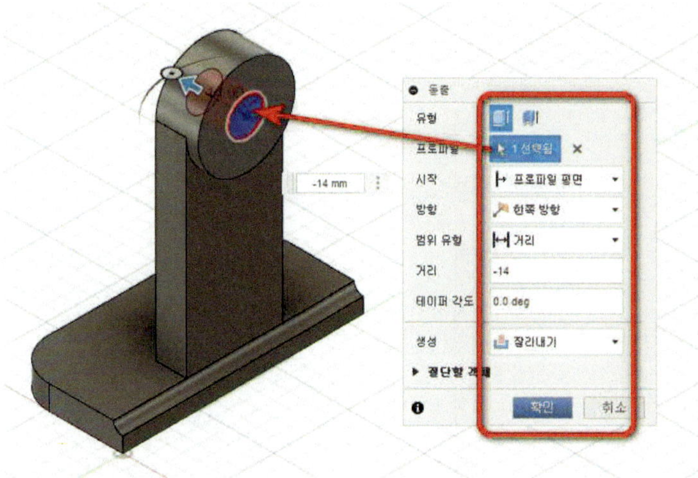

(14) 스케치 작성 아이콘을 클릭한다.

ⓐ 다음 그림처럼 돌출된 모델의 평면을 클릭한다.

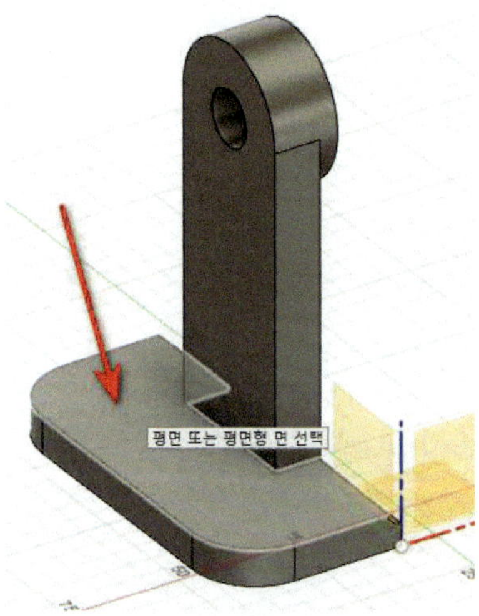

ⓑ 점 아이콘을 클릭하고 두 개의 모서리 원의 중심을 클릭한다.

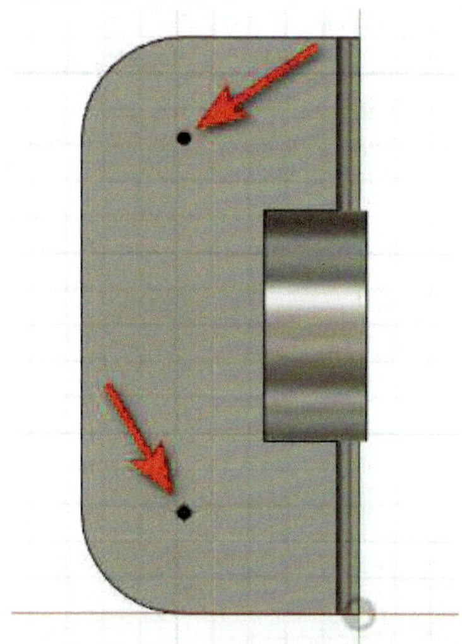

(15) 홀 아이콘을 클릭한다.

ⓐ 스케치 점으로 앞에서 작성한 2개의 점을 클릭한다.

ⓑ 범위를 모두, 홀의 유형을 단순으로 클릭한다.

ⓒ 홀 탭 유형을 틈새로 클릭한다.

ⓓ 크기를 10으로 설정하고 지정을 M10으로 설정하고 확인을 클릭한다.

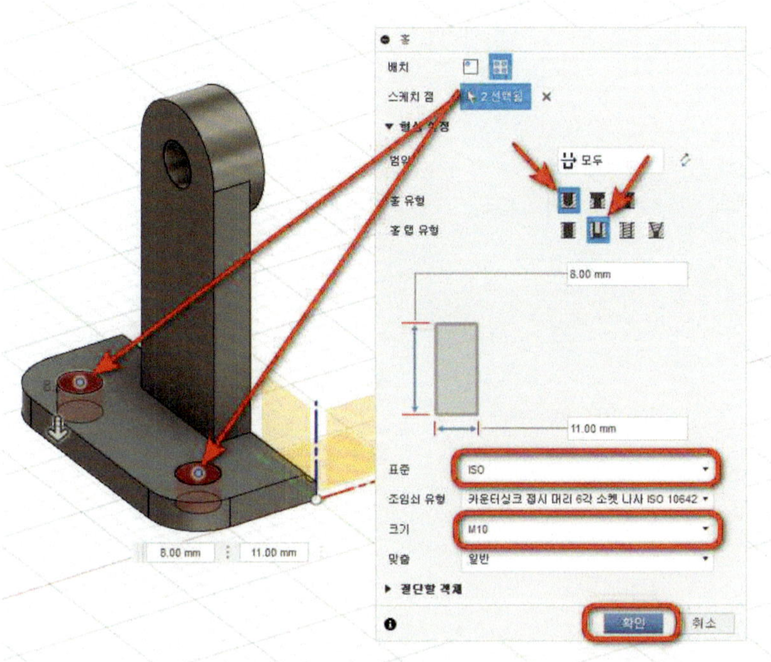

(16) 생성의 중간 평면을 클릭한다.

ⓐ 다음의 그림처럼 모델의 앞면과 뒷면을 클릭한다.

ⓑ 두 면의 중간에 새로운 평면이 생성된다.

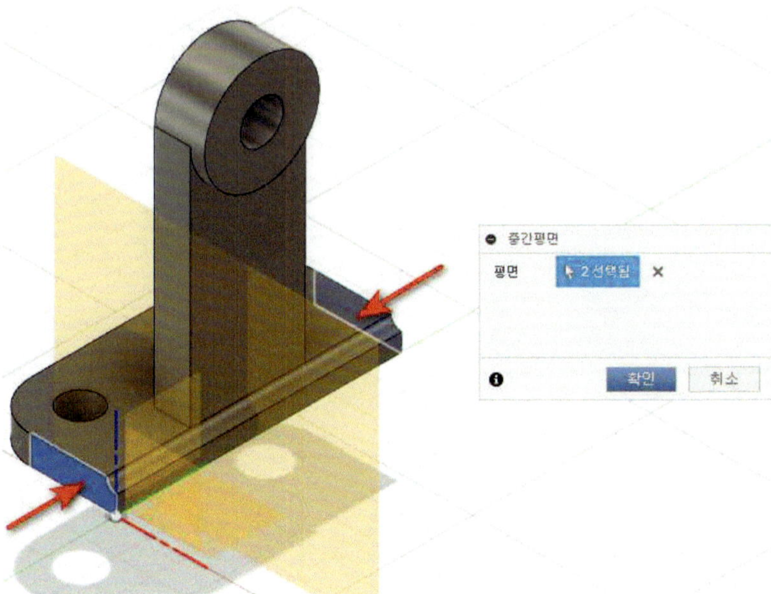

(17) 스케치 작성 아이콘을 클릭한다.

ⓐ 앞에서 생성한 중간 평면을 클릭한다.

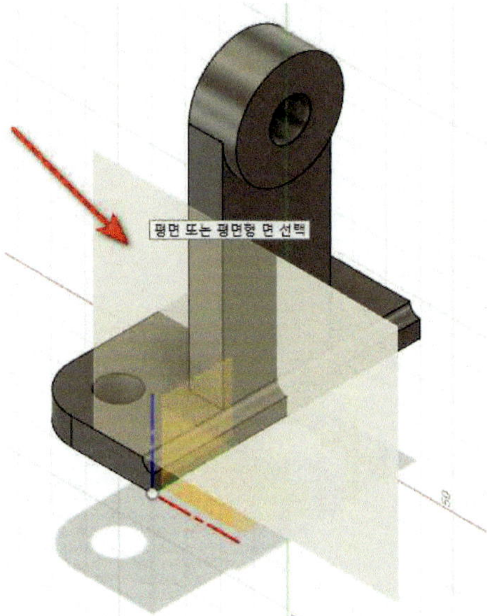

ⓑ 작성에서 형상 투영을 클릭한다.
ⓒ 그림처럼 두 개의 모서리 선을 클릭한다.
ⓓ 스케치 팔레트 대화상자에서 생성을 클릭한다.
ⓔ 형상 투영 대화상자에서 확인을 클릭한다.

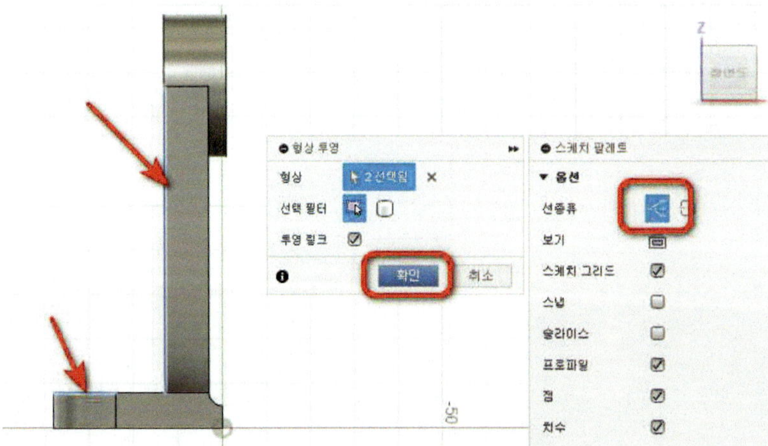

ⓕ 선 아이콘을 클릭한다.
ⓖ 그림처럼 아래의 형상 투영된 선의 끝점과 수직한 선의 임의 위치를 클릭한다.
ⓗ 작성된 선의 수직한 치수 50을 기입한다.

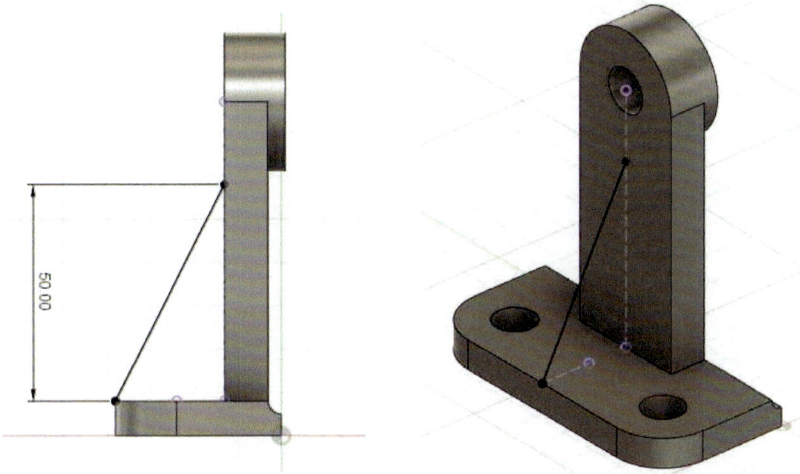

(18) 작성 영역에서 리브를 클릭한다.

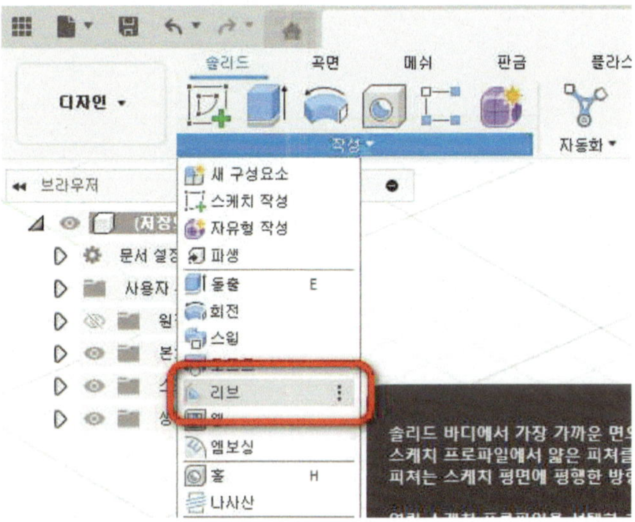

ⓐ 프로파일에서 그림과 같이 선을 클릭한다.
ⓑ 두께를 8로 입력한다.
ⓒ 두께 방향에서 대칭을 클릭하고 확인을 클릭한다.

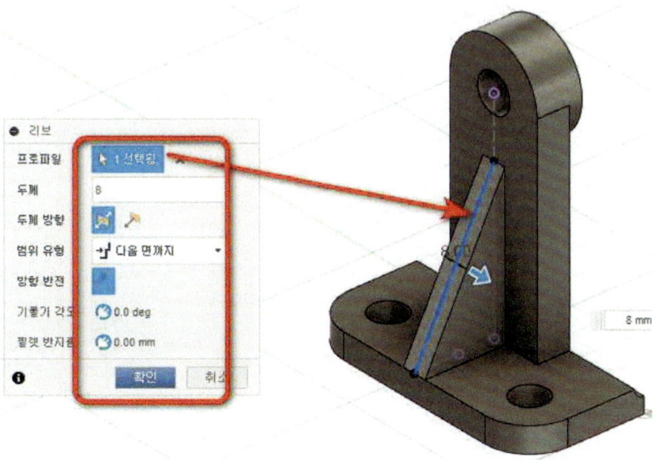

(19) 완성된 형상을 body로 저장한다.

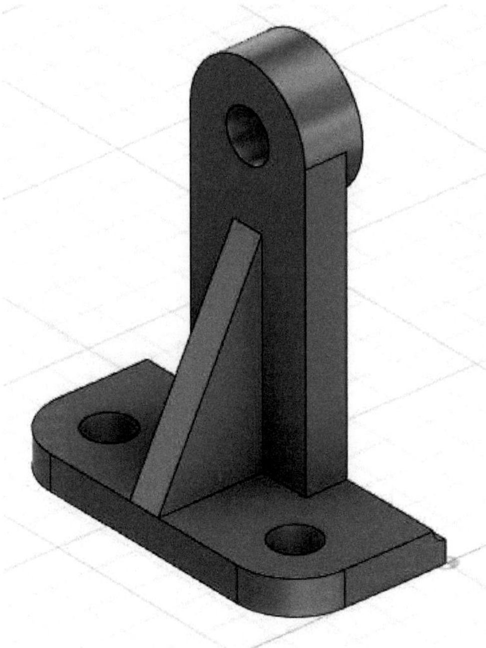

2-7 Bush 모델링

(1) 스케치 작성 아이콘을 클릭한다.

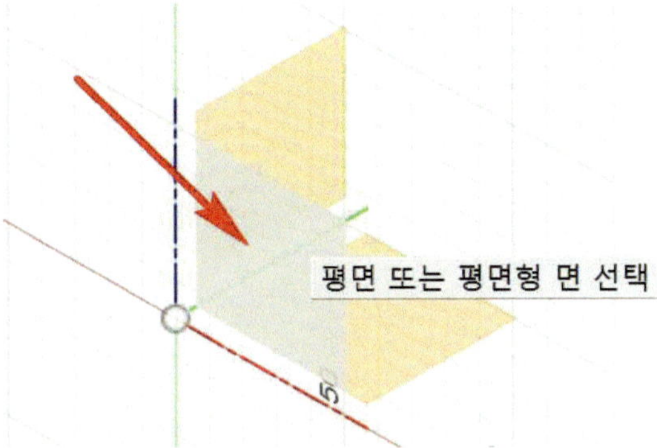

(2) 다음 그림처럼 스케치를 작성하고 치수를 기입한다.

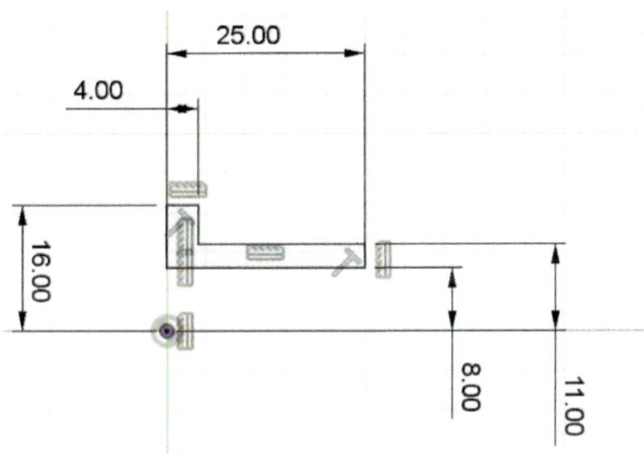

(3) 회전 아이콘을 클릭한다.
ⓐ 프로파일을 앞에서 작성한 스케치 내부의 점을 클릭한다.
ⓑ 축으로 그림처럼 X축(Red 선)을 클릭한다.
ⓒ 각도를 360으로 입력하고 확인을 클릭한다.

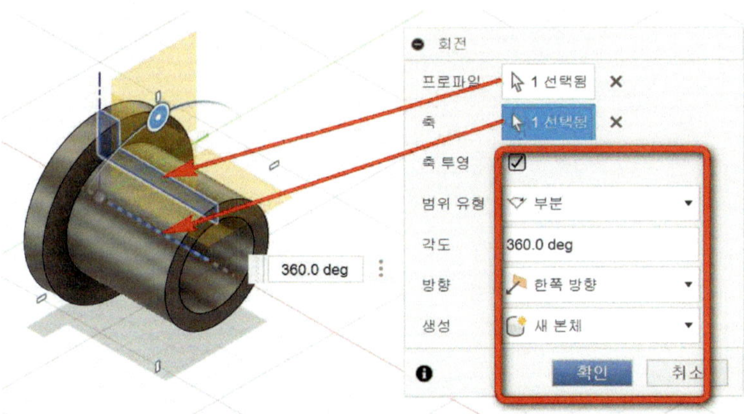

(4) 수정에서 챔퍼를 클릭한다.
ⓐ 다음 그림처럼 모서리 원 두 개를 클릭한다.

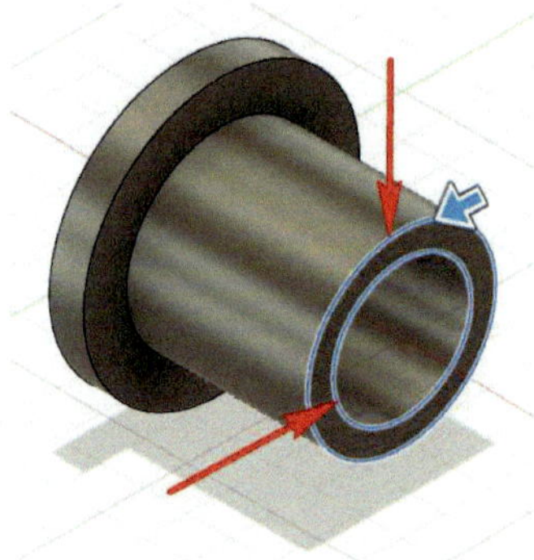

ⓑ 유형을 동일거리, 치수를 1로 입력한다.
ⓒ 확인을 클릭한다.

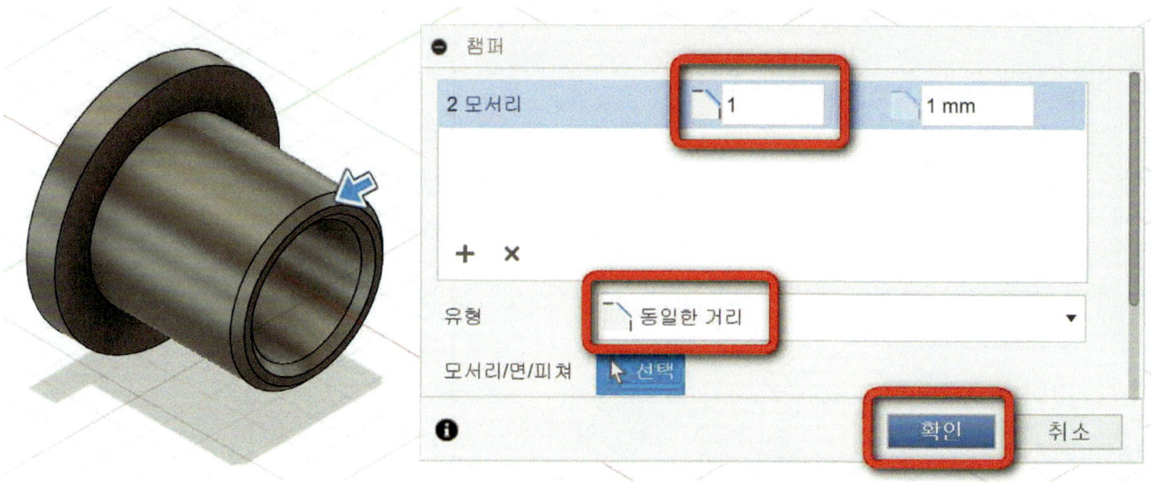

(5) 완성된 형상을 bush로 저장한다.

2-8 Shaft 모델링

(1) 스케치 작성 아이콘을 클릭한다.

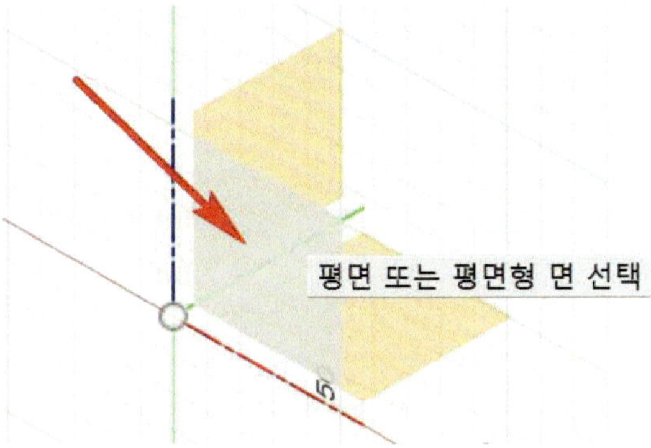

(2) 다음 그림처럼 스케치를 작성한다.

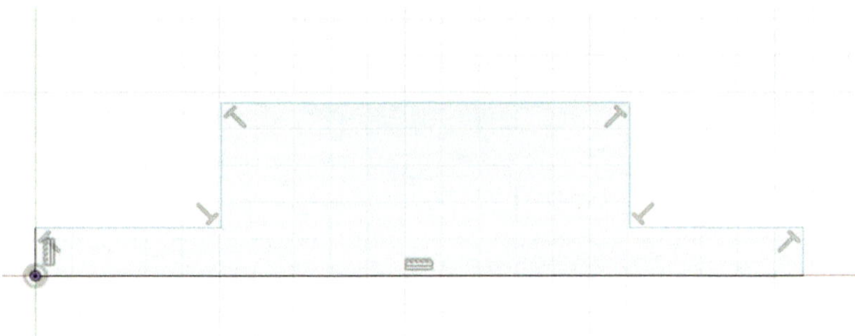

(3) 다음 그림처럼 구속조건과 치수를 기입한다.

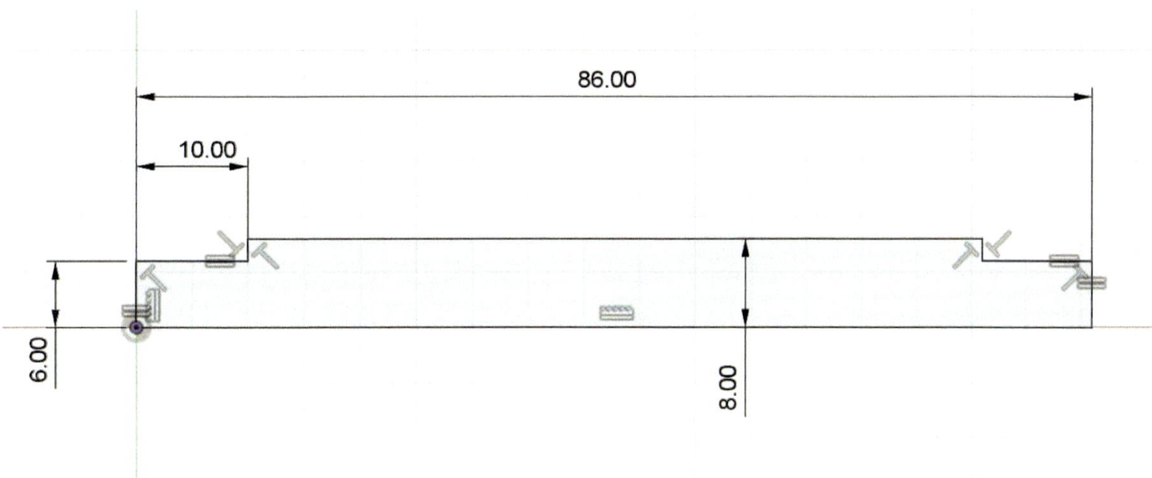

(4) 회전 아이콘을 클릭한다.

ⓐ 프로파일을 앞에서 작성한 스케치 내부의 점을 클릭한다.

ⓑ 축으로 그림처럼 X축(Red 선)을 클릭한다.

ⓒ 각도를 360으로 입력하고 확인을 클릭한다.

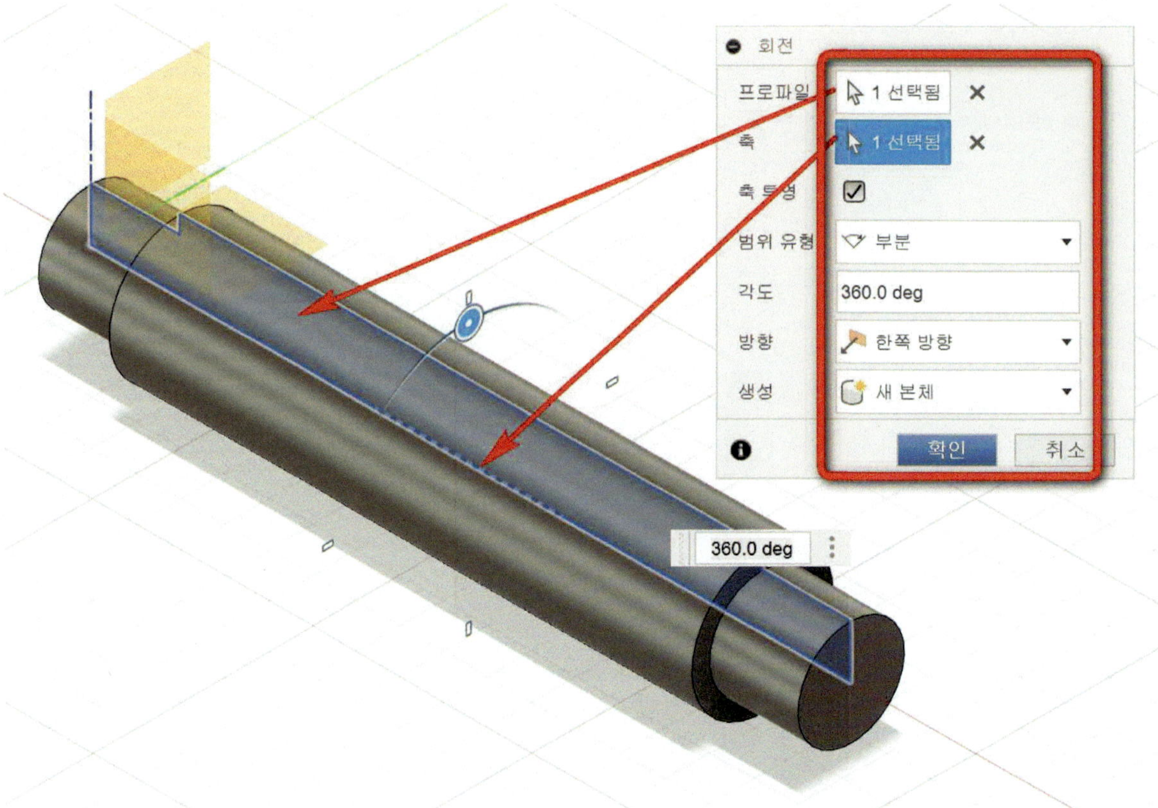

(5) 수정에서 챔퍼를 클릭한다.

ⓐ 다음 그림처럼 모서리 원 4개를 클릭한다.

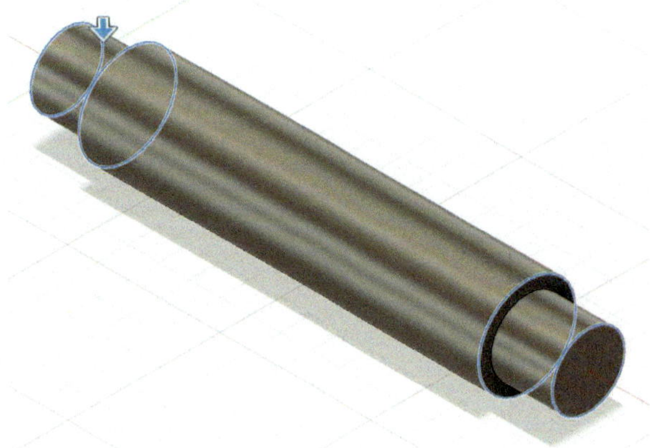

ⓑ 유형을 동일거리, 치수를 1로 입력한다.

ⓒ 확인을 클릭한다.

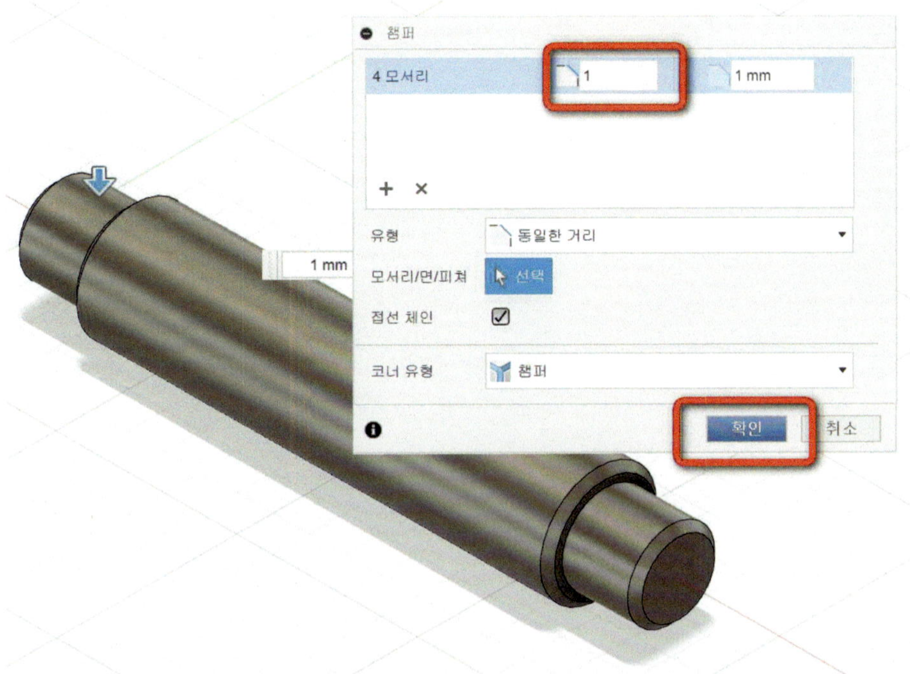

(6) 완성된 형상을 shaft로 저장한다.

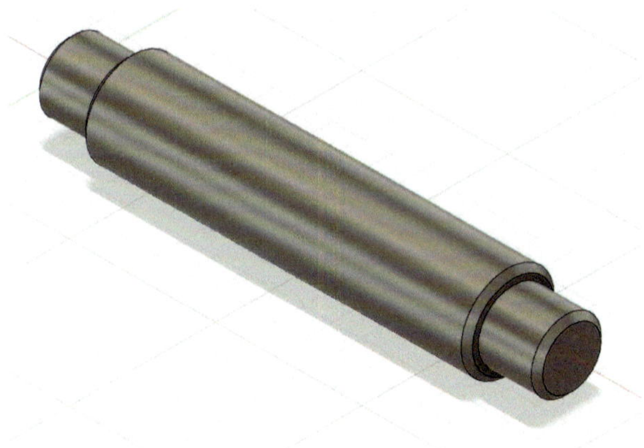

2-9 Roller 모델링

(1) 스케치 작성 아이콘을 클릭한다.

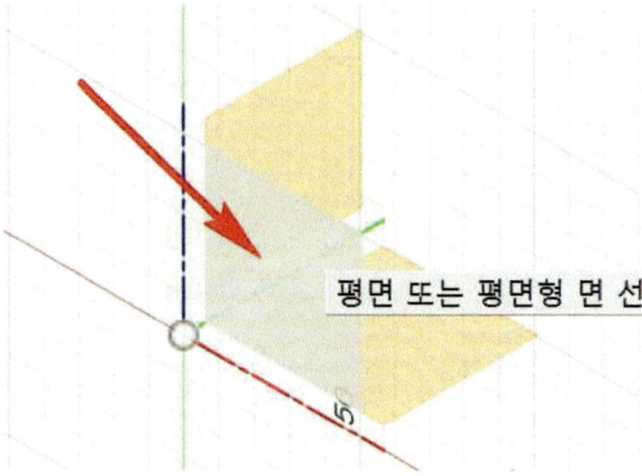

(2) 다음 그림처럼 스케치를 작성하고 치수를 기입한다.

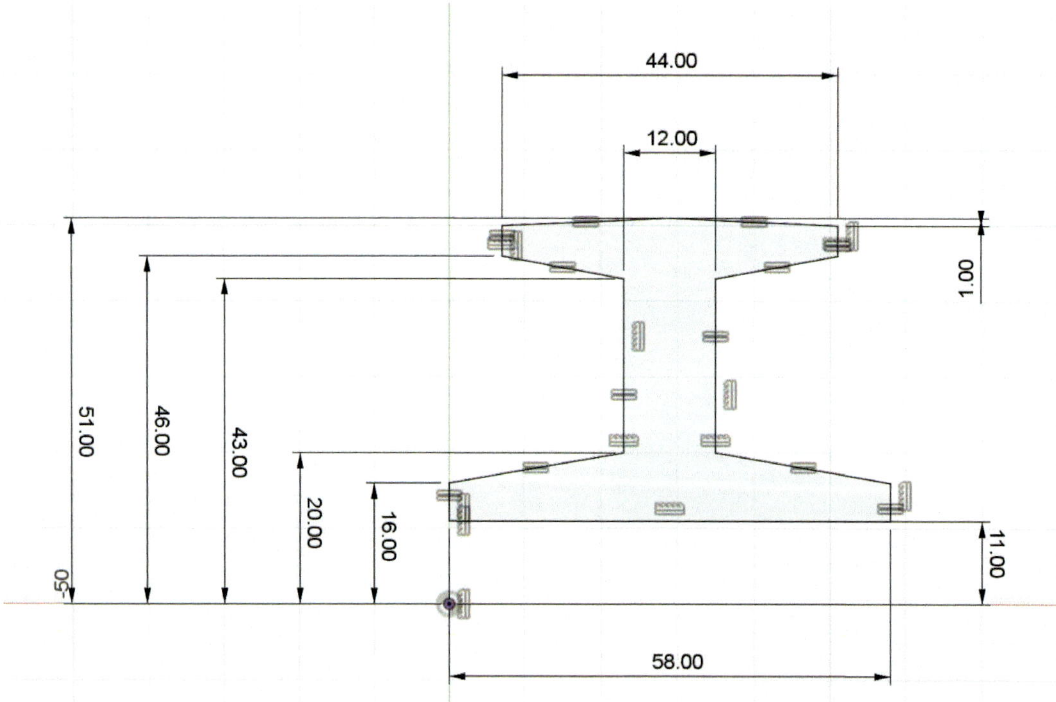

참고
다음의 선은 수평 구속하였다.

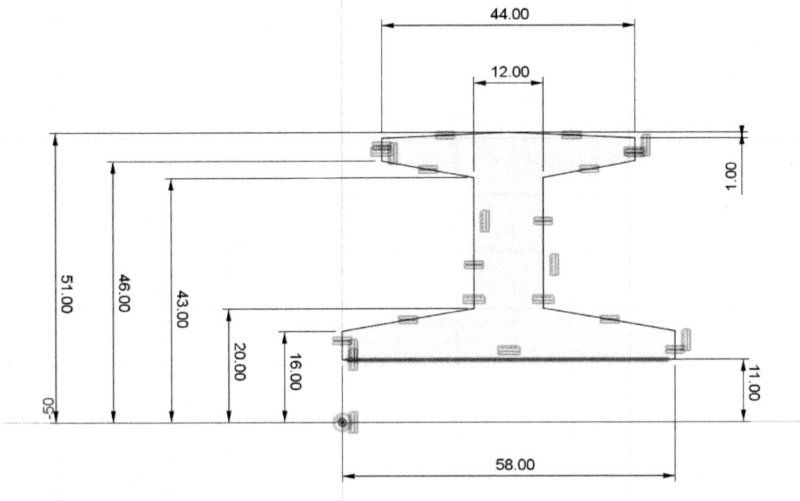

다음의 선들은 수직 구속하였다.

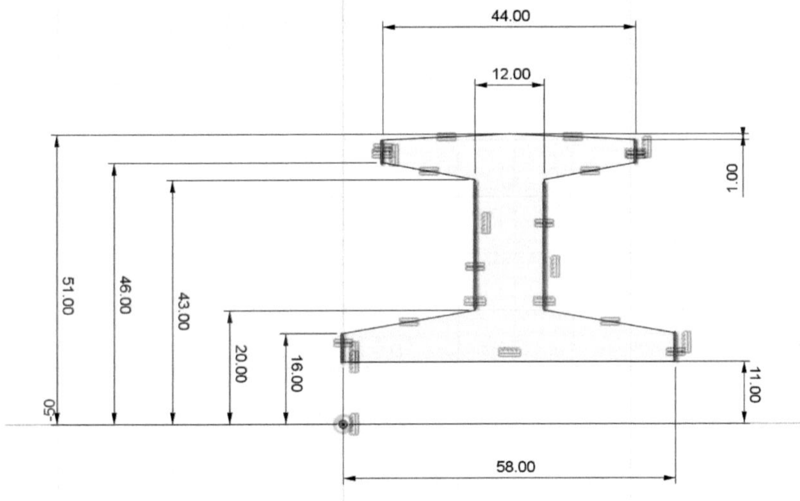

다음의 선들은 각각 동등 구속하였다.

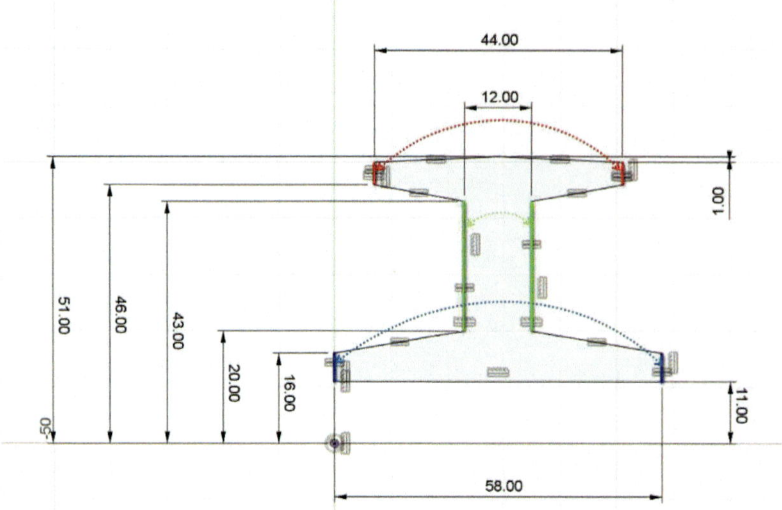

다음의 선들은 각각 동등 구속하였다.

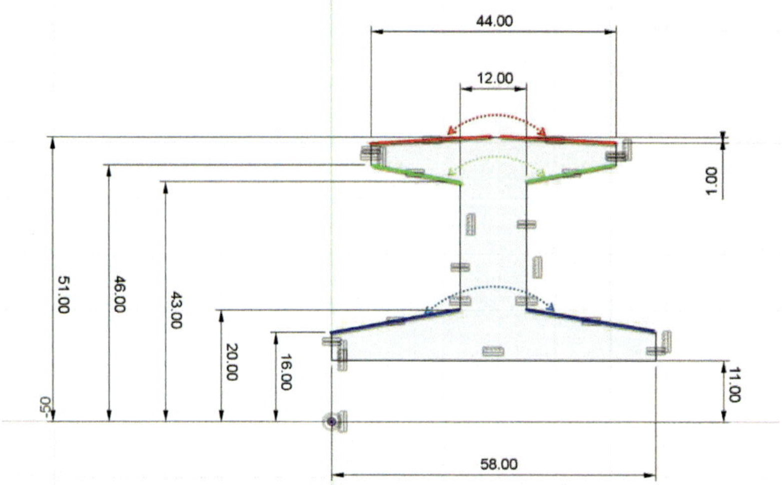

치수 기입과 다른 구속의 적용에 따라 구속조건은 달라진다.

수평 구속과 수직 구속을 각각 적용 가능

수평 구속과 직각 구속이 적용되었다면 수직 구속이 적용 안 됨

(3) 회전 아이콘을 클릭한다.

ⓐ 프로파일을 앞에서 작성한 스케치 내부의 점을 클릭한다.

ⓑ 축으로 그림처럼 X축(Red 선)을 클릭한다.

ⓒ 각도를 360으로 입력하고 확인을 클릭한다.

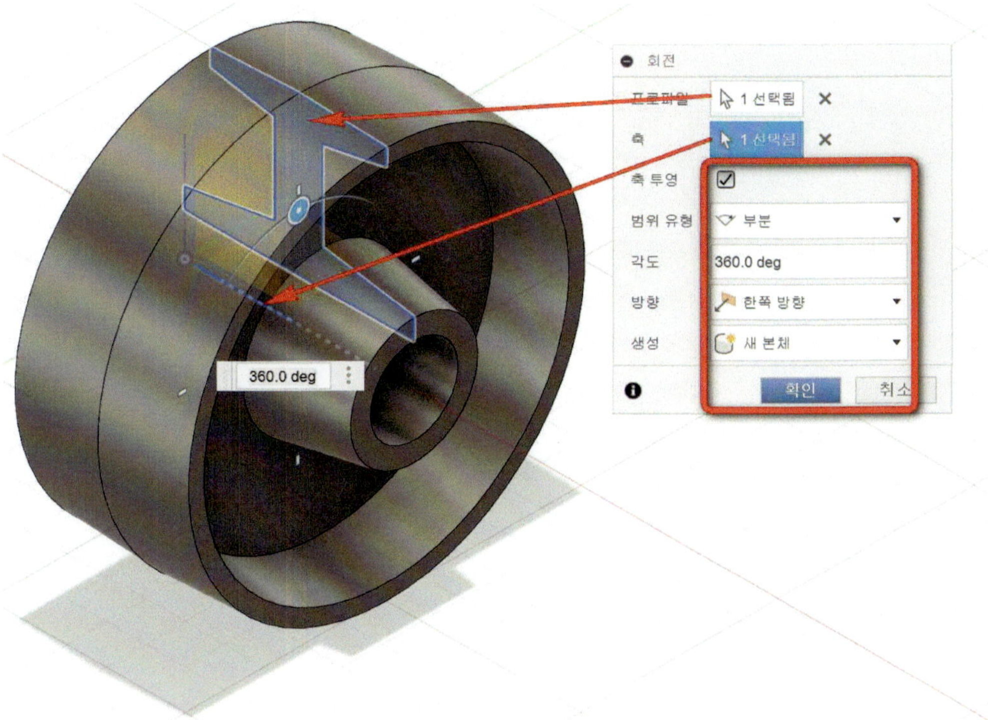

(4) 수정에서 챔퍼를 클릭한다.

ⓐ 다음 그림처럼 모서리 원 두 개를 클릭한다.

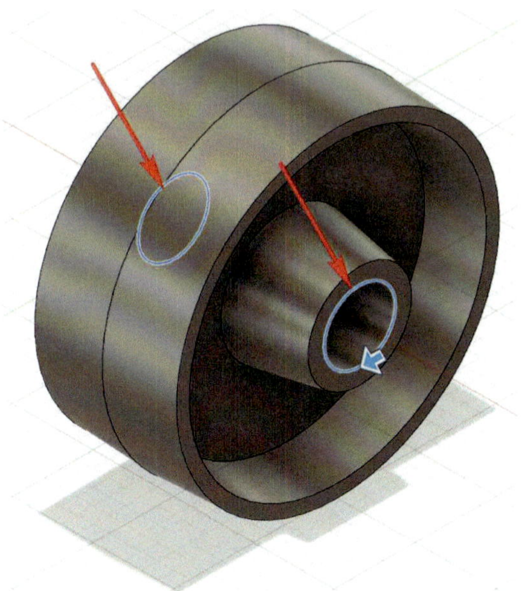

ⓑ 유형을 동일거리, 치수를 1로 입력한다.

ⓒ 확인을 클릭한다.

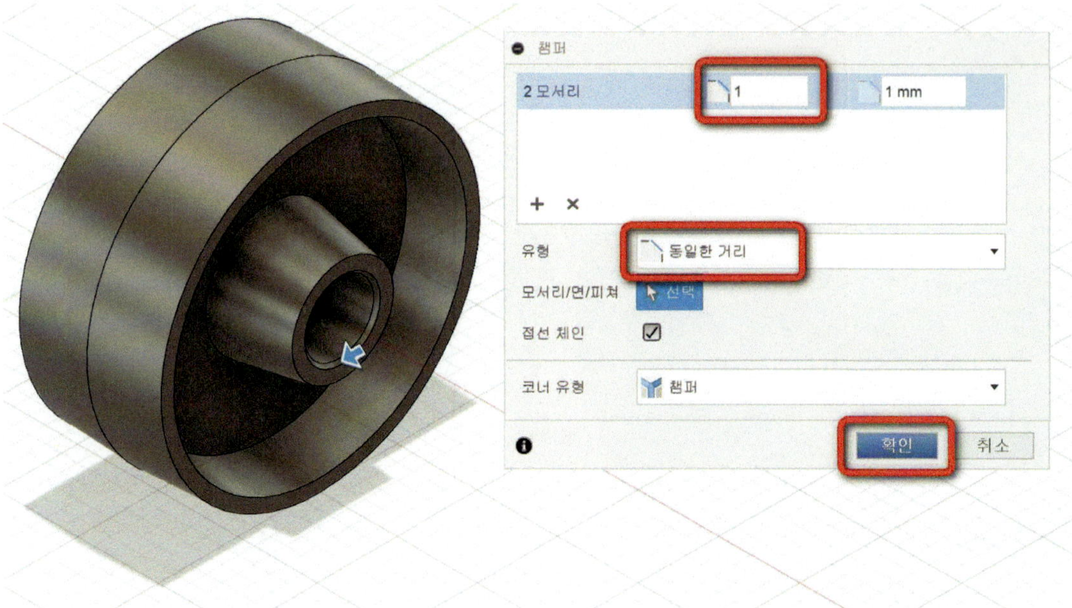

(5) 완성된 형상을 roller로 저장한다.

2-10 널링 모델링

(1) 3D 모델 작성

ⓐ 새 설계 → 스케치 작성 → XZ평면(Red축과 Blue축이 이루는 평면)을 선택하고 다음과 같이 스케치를 작성한다.

ⓑ 스케치 종료를 클릭한다.

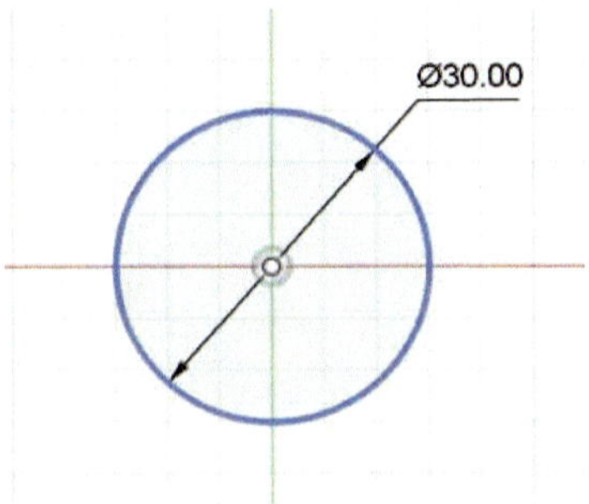

ⓒ 돌출 아이콘을 클릭하고 다음과 같이 15mm로 입력한다.

ⓓ 확인을 클릭한다.

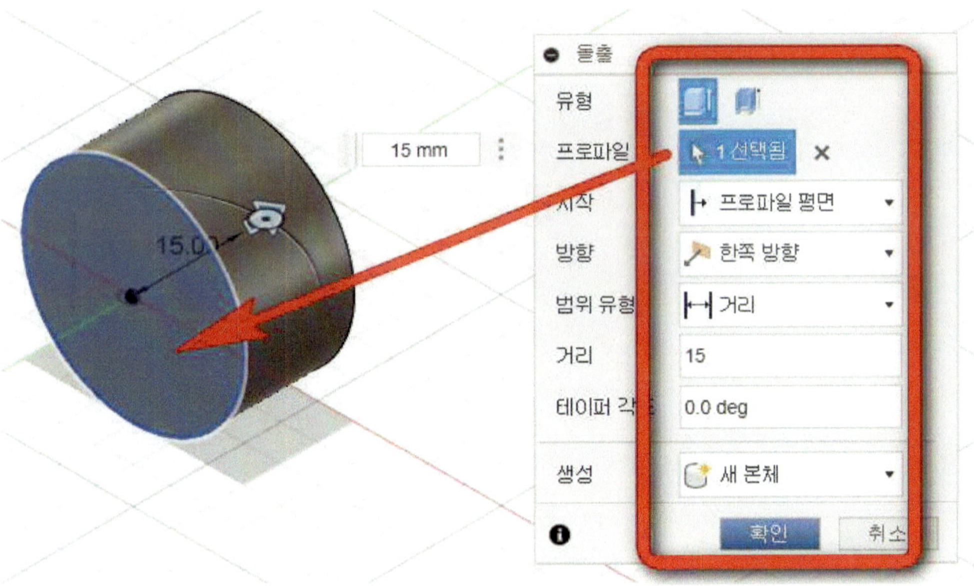

ⓔ 수정에서 챔퍼를 클릭한다.

ⓕ 다음의 그림처럼 2개의 모서리를 선택, 동일거리, 1mm로 입력하고 확인을 클릭한다.

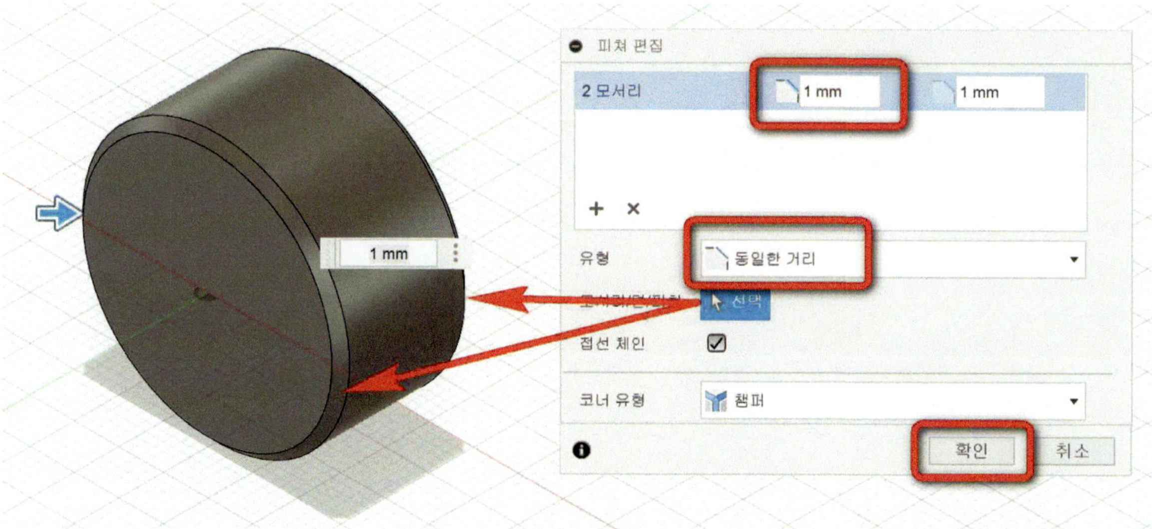

(2) 널링 생성

ⓐ 작성 영역에서 코일을 클릭한다.

ⓑ 평면을 선택한다.

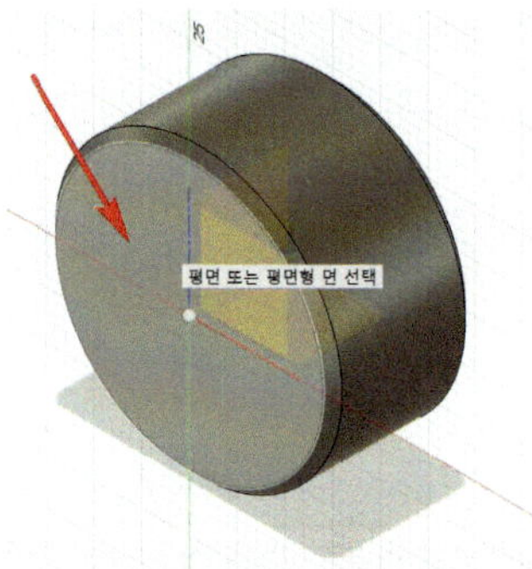

ⓒ 중심점을 선택한다.

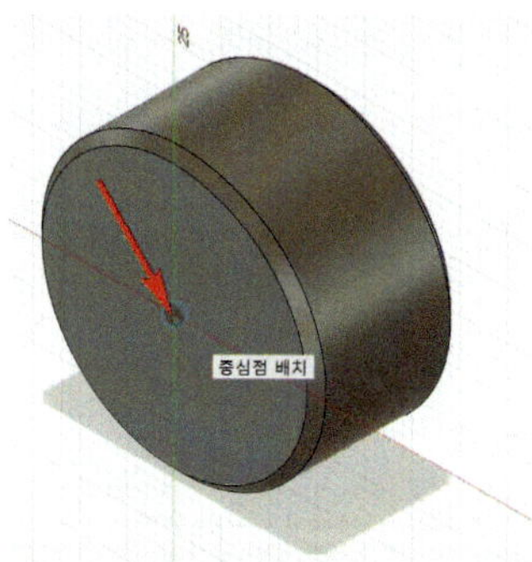

ⓓ 지름을 30으로 입력하고 Enter 키를 누른다.

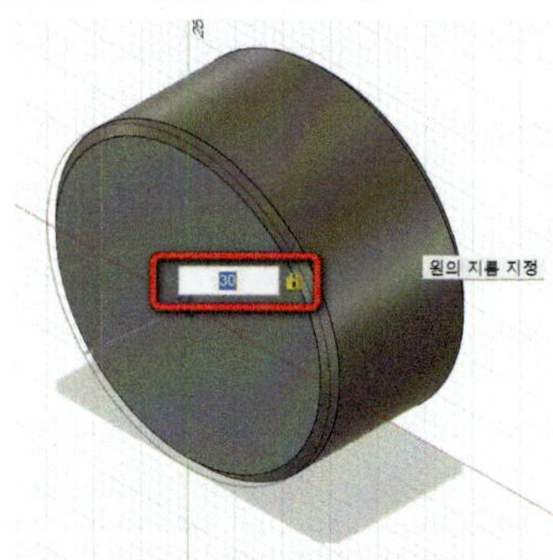

ⓔ 코일 대화상자를 다음 그림처럼 설정하고 확인을 클릭한다.

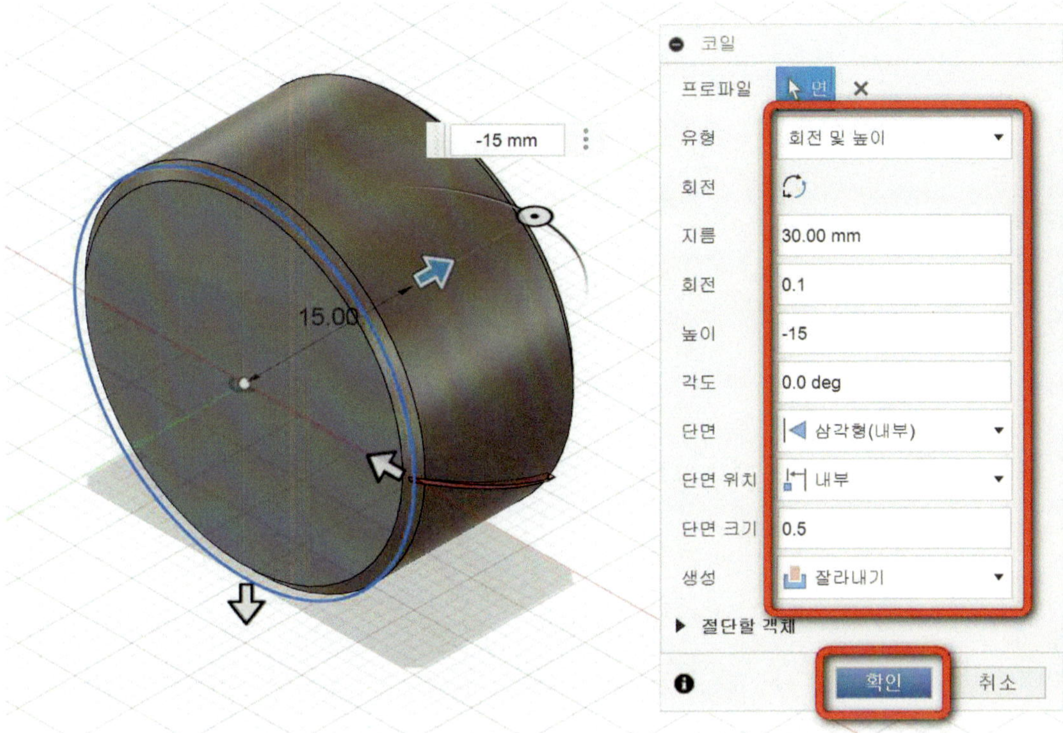

참고
코일은 용수철을 생성하는 명령이다.

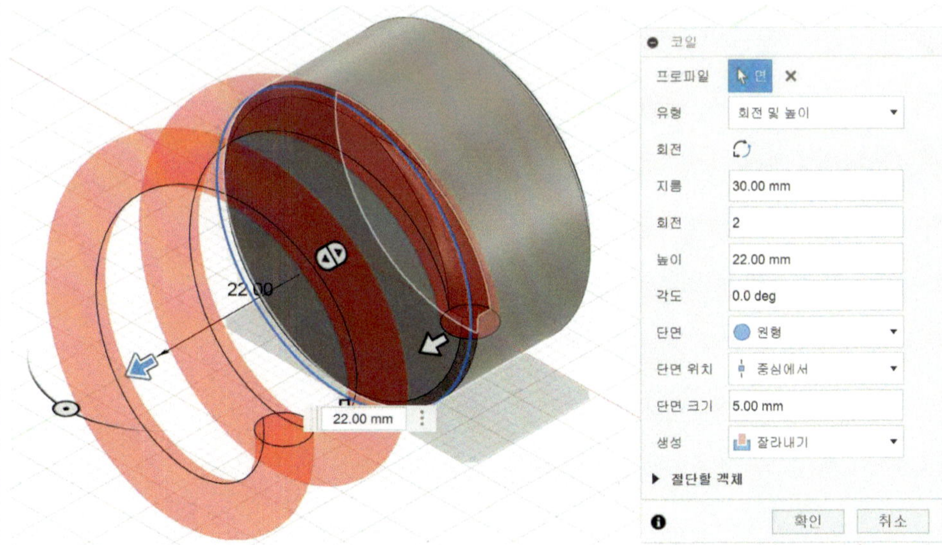

ⓕ 원형 패턴을 클릭한다.

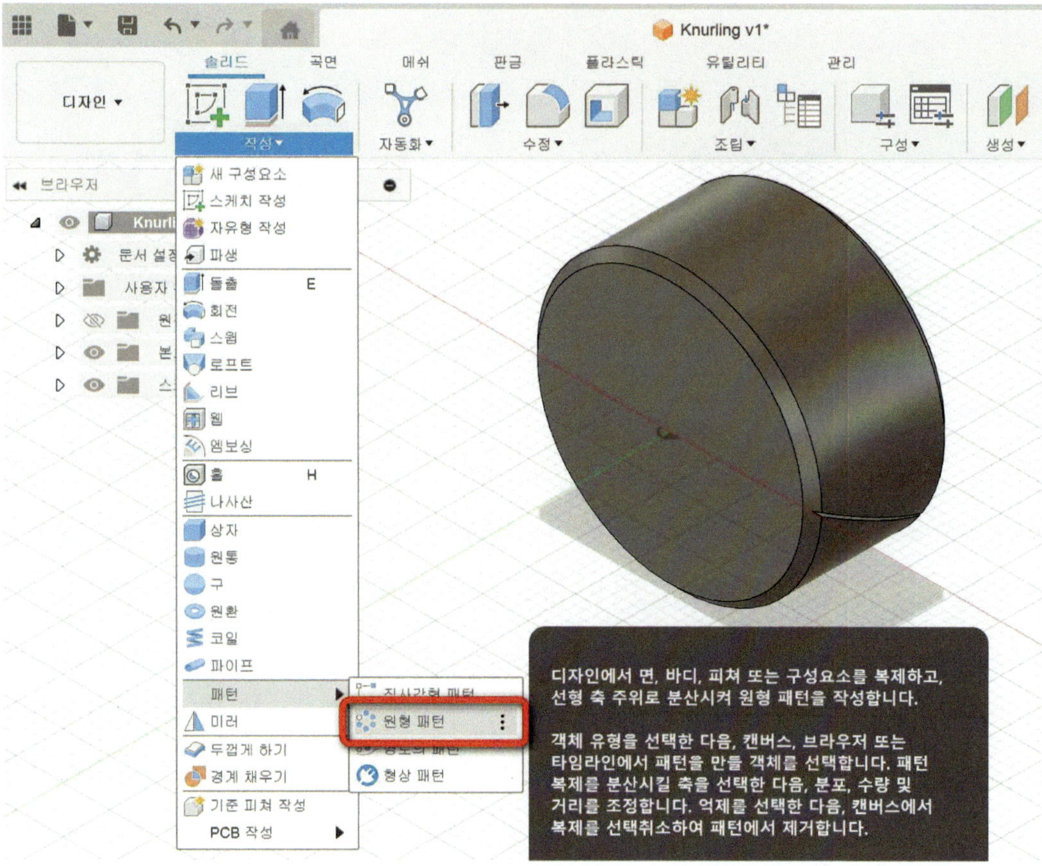

ⓖ 원형패턴 대화상자를 다음 그림처럼 설정하고 확인을 클릭한다.

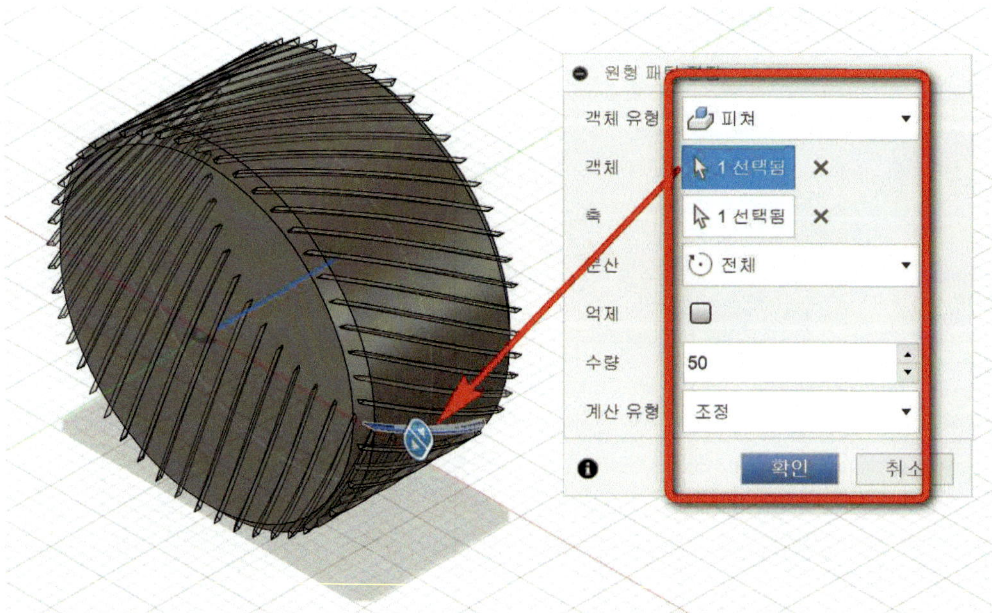

ⓗ 미러를 클릭한다.

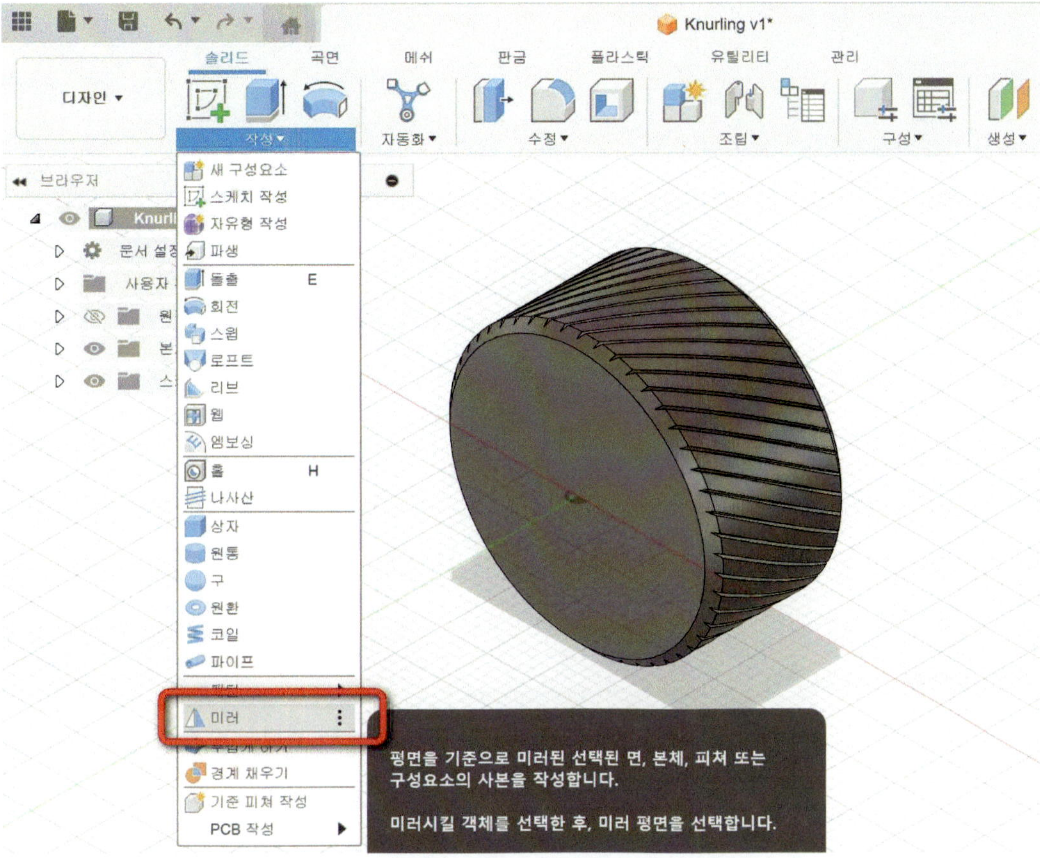

ⓘ 미러 대화상자를 다음 그림처럼 설정하고 확인을 클릭한다.

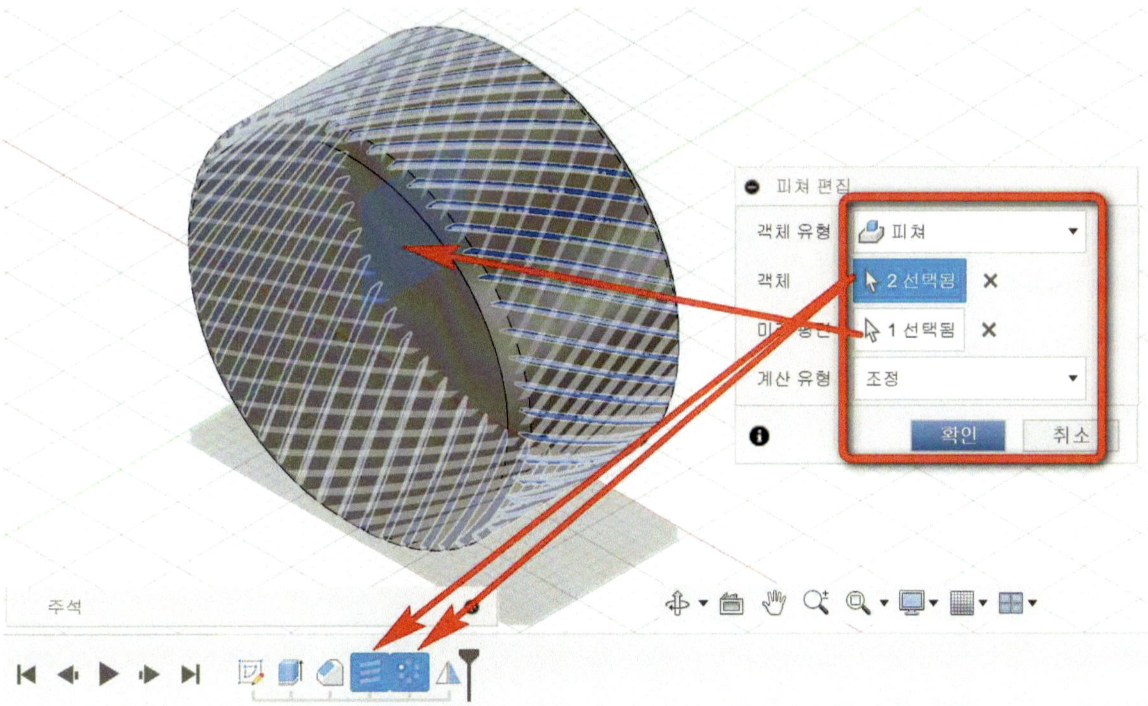

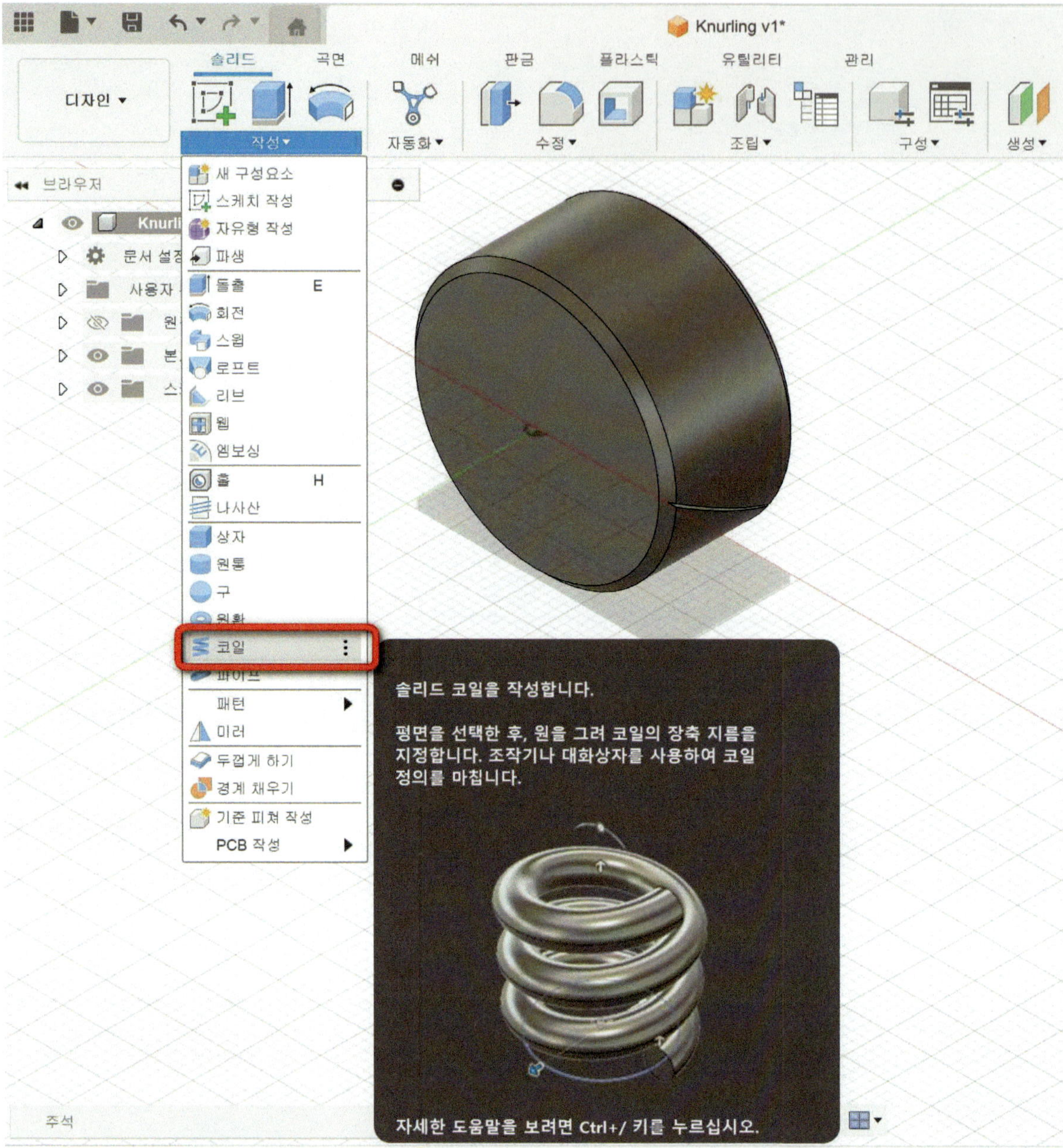

(3) 담음과 같이 빗줄형 널링이 생성된다.

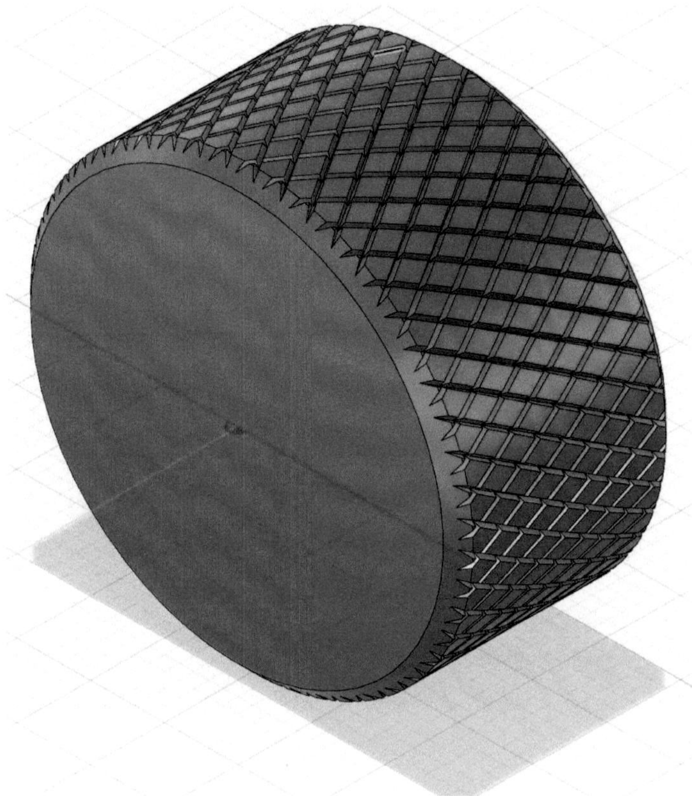

2-11 기어 모델링

(1) 기어 스크립트

ⓐ 다음 그림처럼 유틸리티에 기어 스크립트를 선택한다.

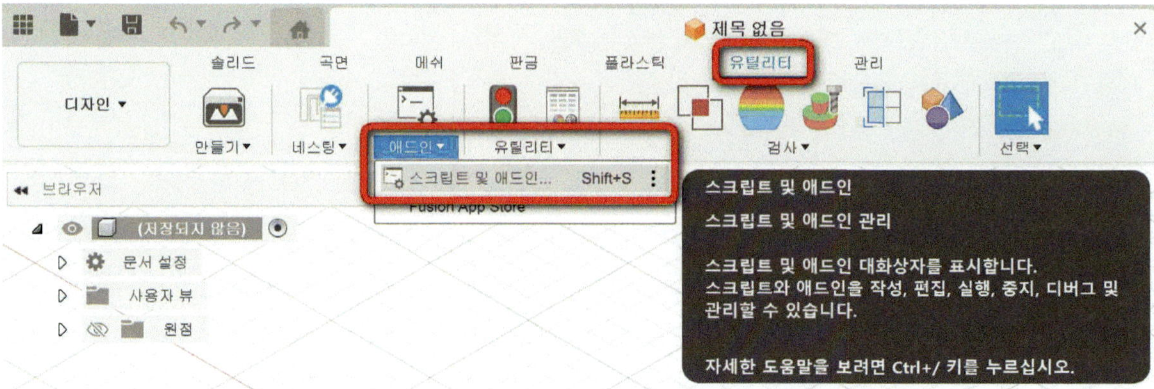

ⓑ 스크립트 및 애드인 대화상자에서 Spur Gear를 선택하고 실행을 클릭한다.

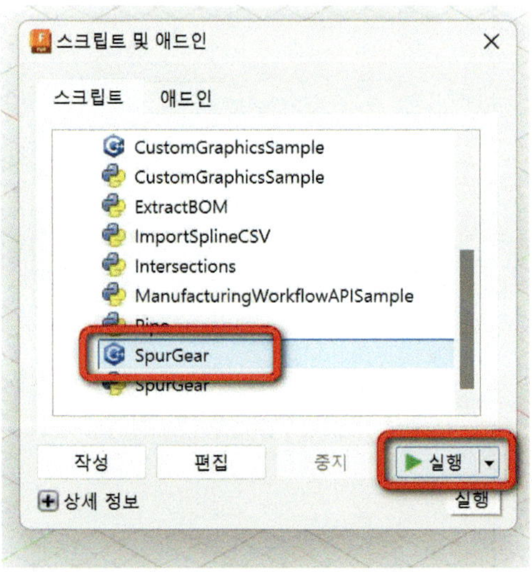

ⓒ SPUR GEAR 대화상자가 나타난다.

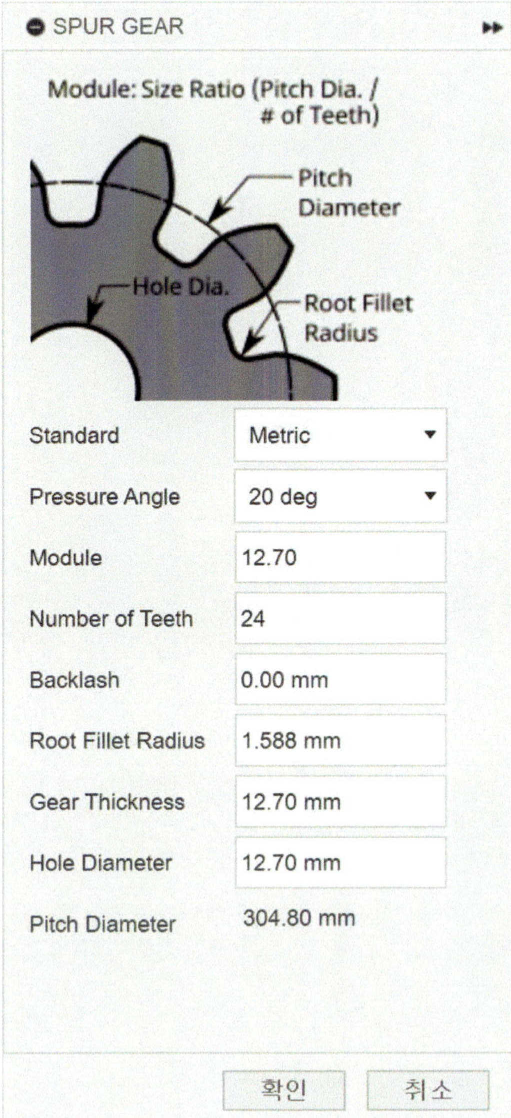

ⓓ 다음 그림처럼 입력한다.

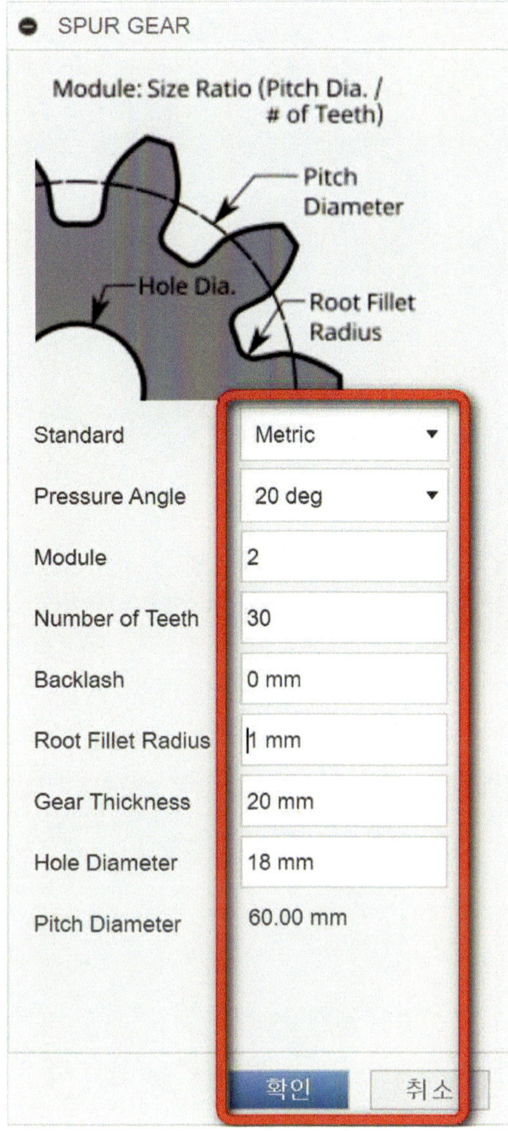

참고

- Standard : 단위를 설정한다(Metric은 미터법, English는 인치).
- Pressure Angle : 압력각을 입력한다.
- Module : 모듈을 입력한다.
- Number of Teeth : 기어의 잇수를 입력한다.
- Backlash : 기어의 백레쉬를 입력한다.
- Root Fillet Radius : 기어뿌리 필렛의 반지름을 입력한다.
- Gear Thickness : 기어의 두께를 입력한다.
- Hole Diameter : 기어의 보스 구멍의 지름을 입력한다.
- Pitch Diameter : 기어의 피치원 지름으로 모듈과 잇수의 곱으로 자동으로 연산된다.

ⓔ SPUR GEAR 대화상자의 확인을 클릭하면 기어가 생성된다.

참고

하단의 타임라인에 스케치, 돌출 ~ 원형 패턴, 스케치가 자동으로 생성된다.
일부 수정도 가능하지만, 다음의 타임라인과 연관되어 있다.

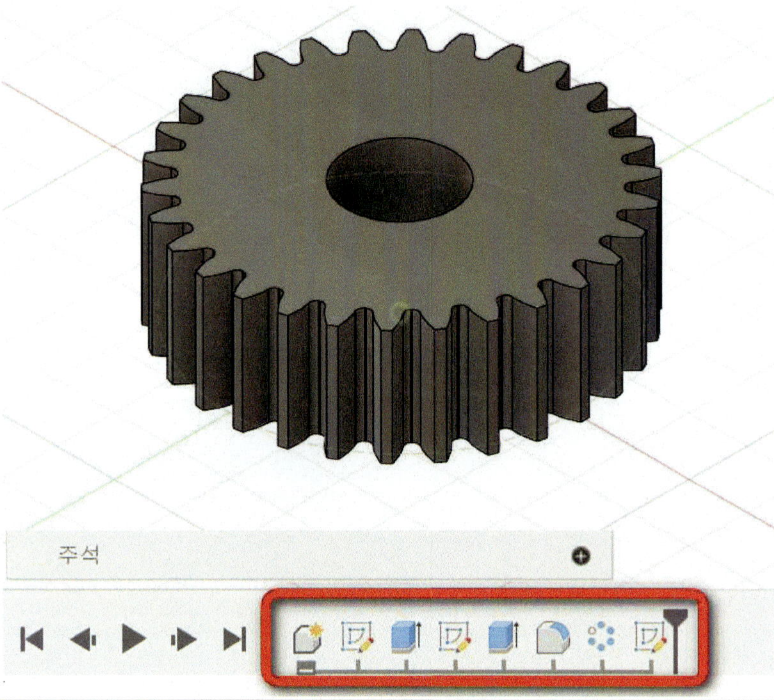

(2) 키홈 생성

ⓐ 스케치 작성을 선택하고 다음의 그림처럼 평면을 클릭한다.

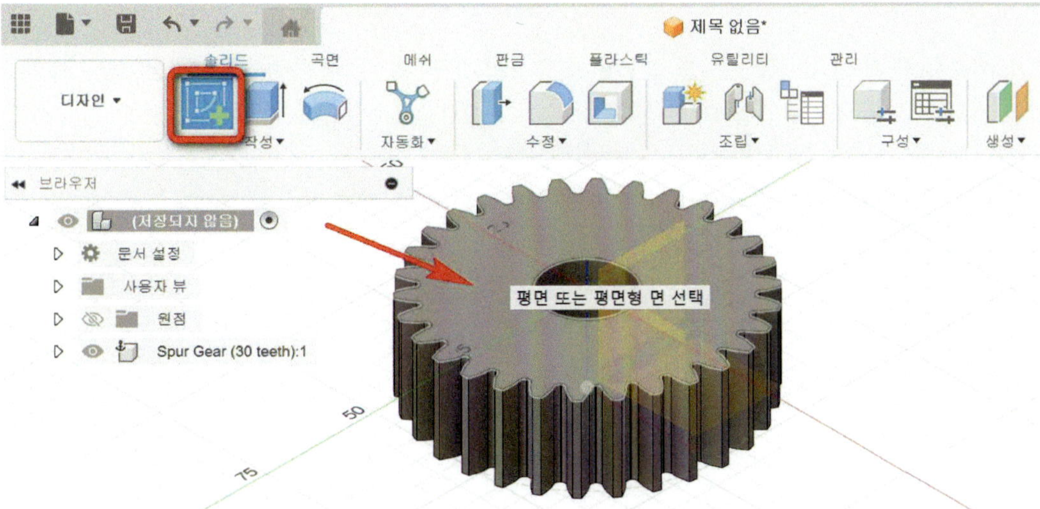

ⓑ 다음의 그림처럼 직사각형을 작성하고 치수를 기입한다.

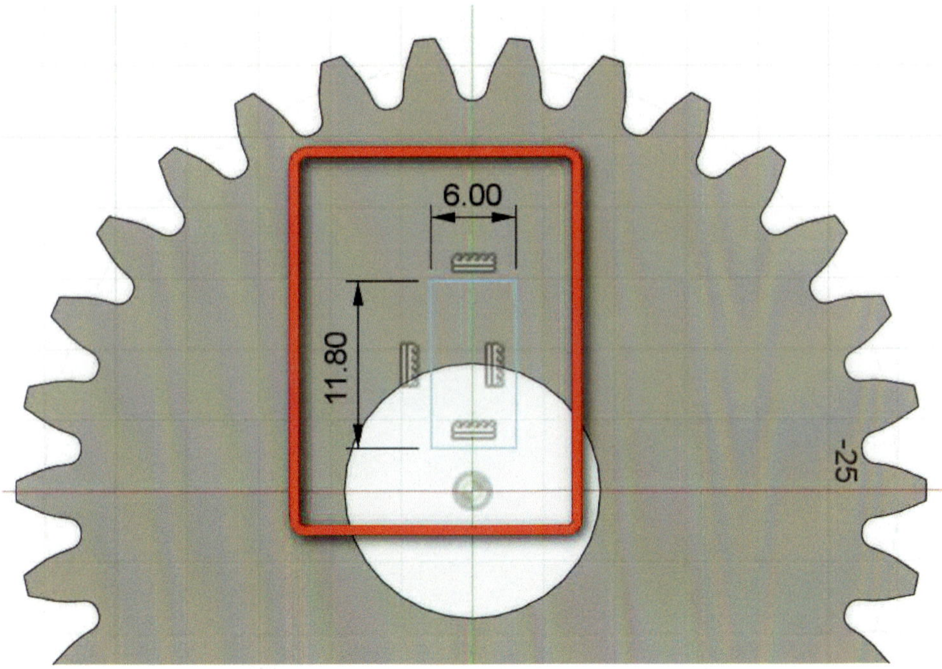

참고

- Hole Diameter(축에 조립이되는 보스구멍)을 18로 입력하여 적용하는 축지름 17~22에 해당하는 b2의 기준치수를 6으로 적용한다.
- t2의 기준치수를 2.8을 적용한다.

※ 9(보스구멍의 반지름)+2.8=11.8로 적용했다.

21. 평행 키 (키 홈)

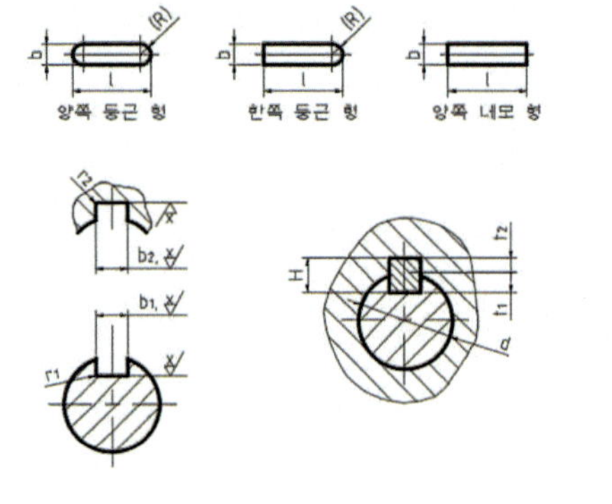

b1 및 b2 기준치수	키 홈의 치수: 활동형 b1 허용차	활동형 b2 허용차	보통형 b1 허용차	보통형 b2 허용차	t1의 기준치수	t2의 기준치수	t1및t2의 허용차	적용하는 축지름 d (초과~이하)
2					1.2	1.0		6~8
3					1.8	1.4		8~10
4					2.5	1.8	+0.1 0	10~12
5					3.0	2.3		12~17
6	H9	D10	N9	JS9	3.5	2.8		17~22
7					4.0	3.3		20~25
8					4.0	3.3	+0.2 0	22~30
10					5.0	3.3		30~38

ⓒ 구속조건 영역에서 중간 점을 클릭한다.

ⓓ 다음의 그림처럼 직사각형의 아래선과 중심 점을 클릭한다.

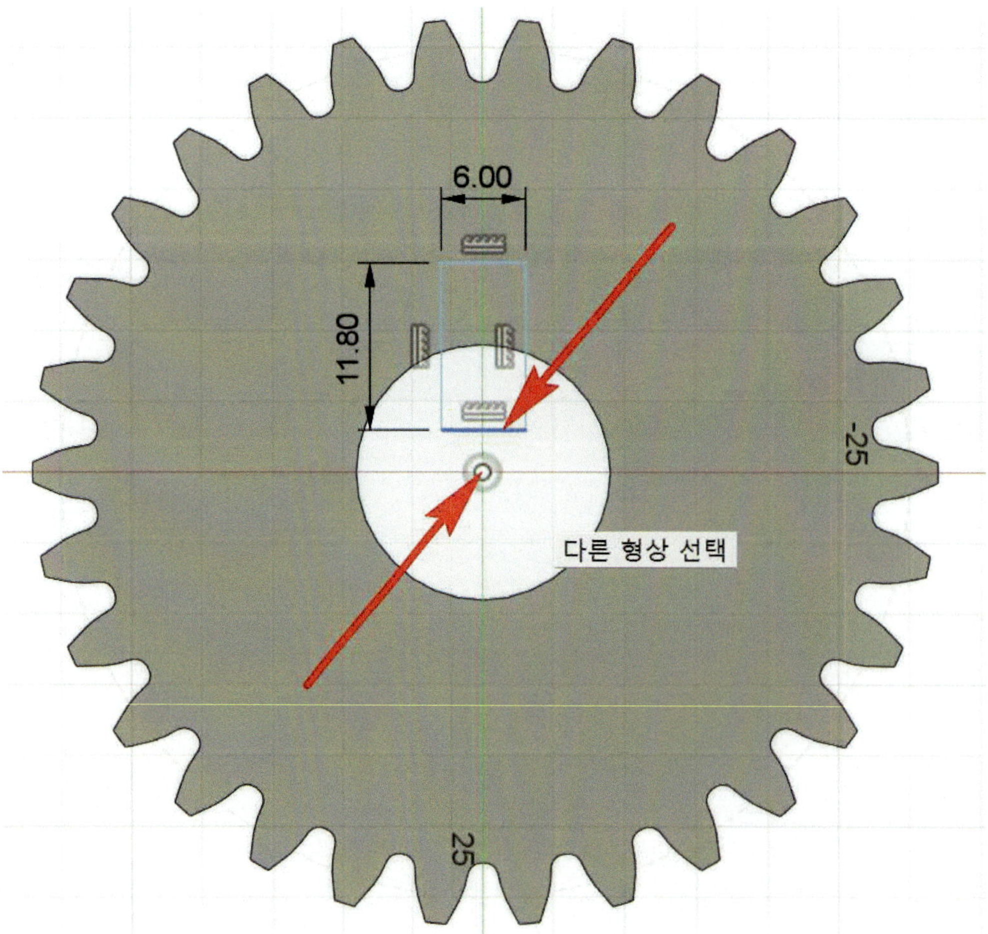

ⓔ 다음의 그림처럼 직사각형의 아래선과 중심 점이 일치된다.

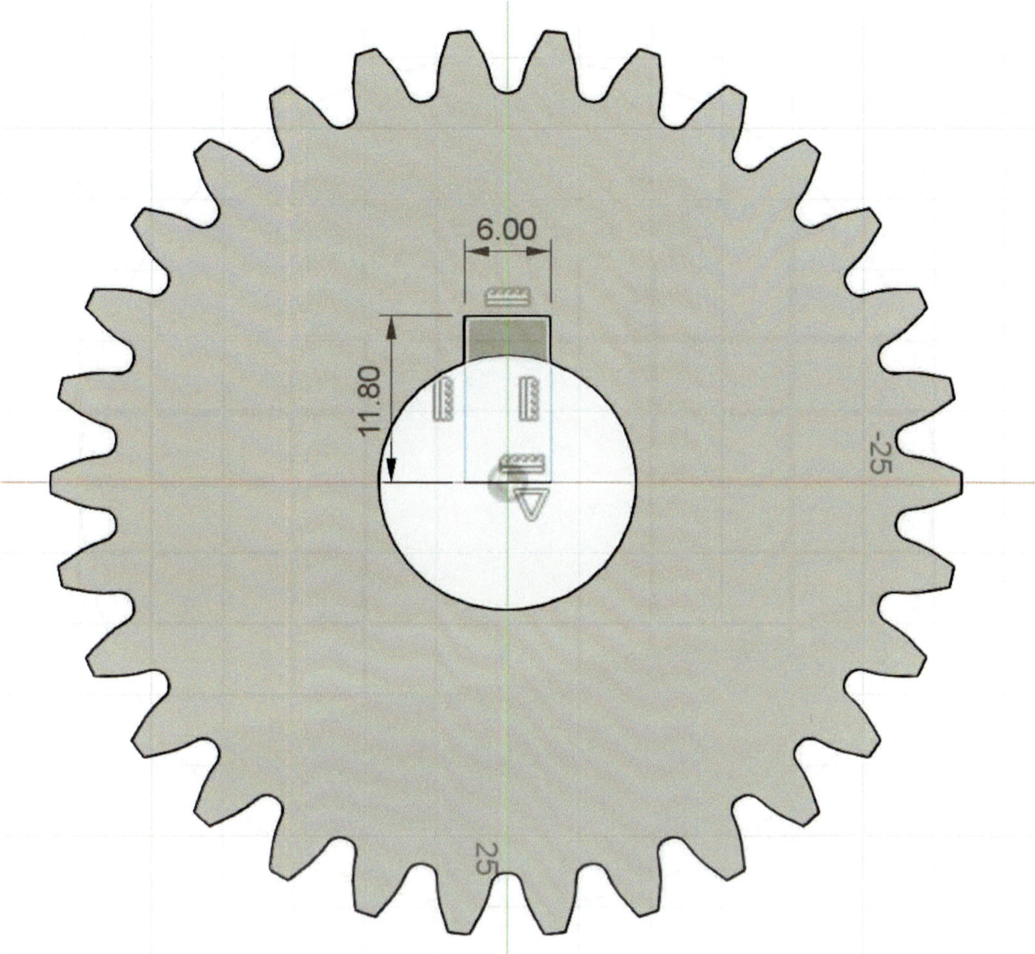

ⓕ 스케치 마무리를 클릭한다.
ⓖ 돌출 아이콘을 클릭한다.
ⓗ 돌출 대화상자를 다음처럼 설정하고 확인을 클릭한다.

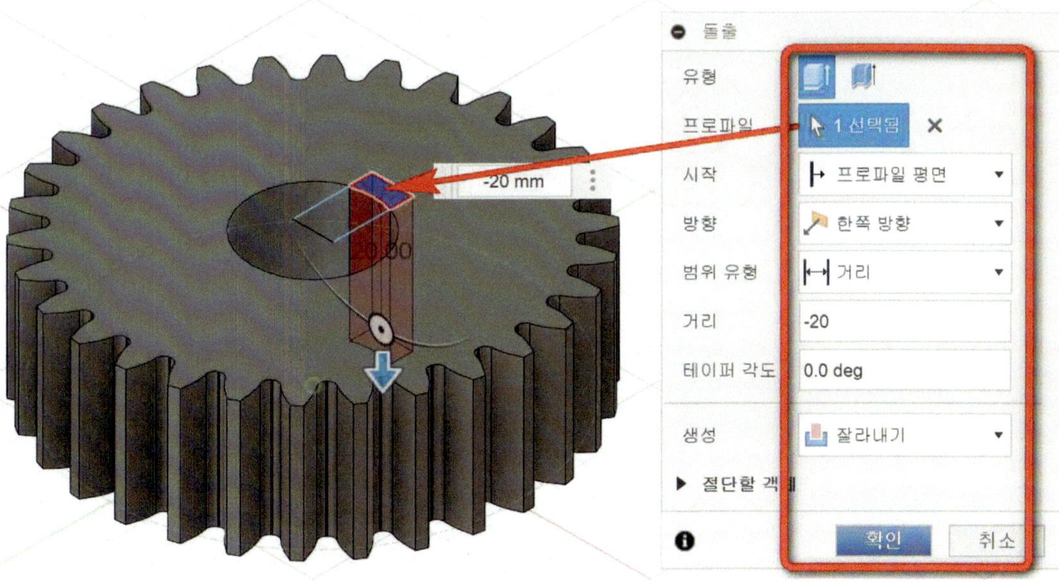

(3) 모따기 생성

ⓐ 챔퍼를 클릭한다.

ⓑ 챔퍼 대화상자를 다음처럼 설정하고 확인을 클릭한다.

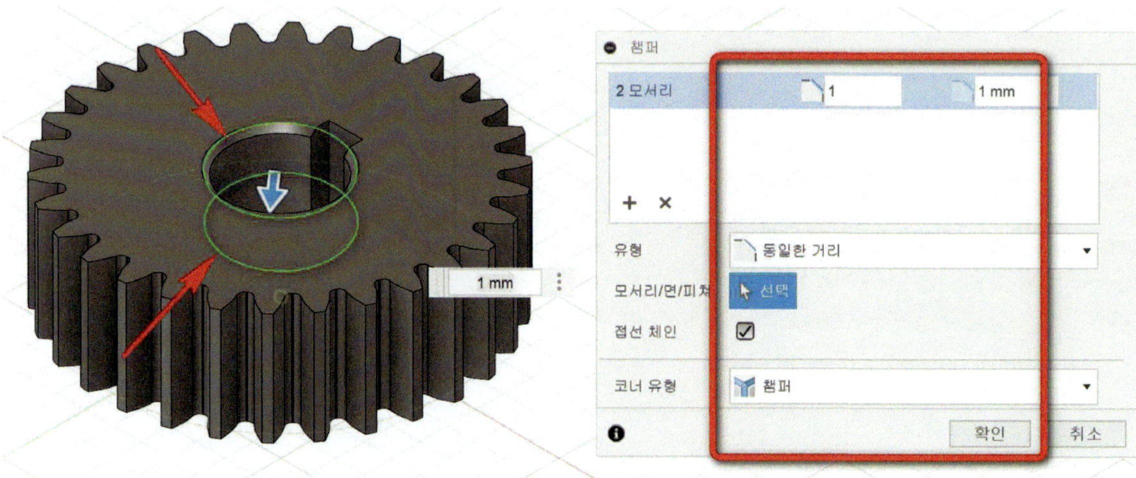

(4) 다음처럼 기어가 완성된다.

3장

Aseembly

> 참고
> 어셈블리에서는 2-5 Base 모델링, 2-6 Body 모델링, 2-7 Bush 모델링, 2-8 Shaft 모델링, 2-9 Roller 모델링에서 저장한 파트 파일을 조립한다.

(1) 어셈블리 시작하기

ⓐ 데이터 패널 아이콘을 클릭하면 데이터 창을 숨기거나 표시가 반복된다.

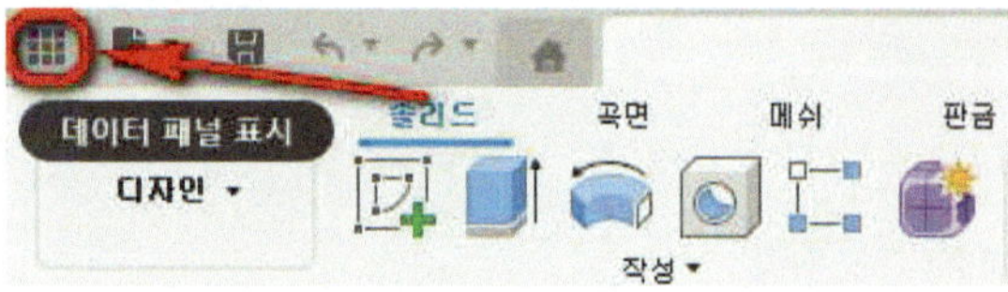

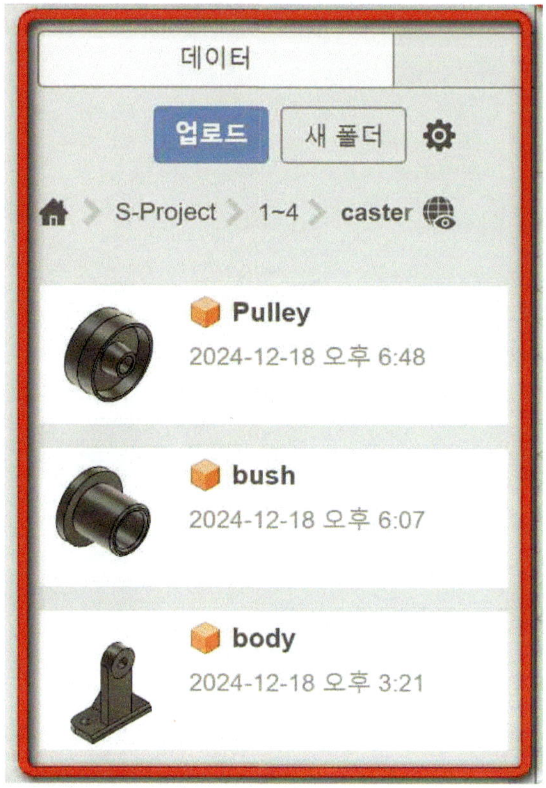

ⓑ 새 설계를 클릭하고 저장(여기서는 파일이름을 caster ass'y) 한다.

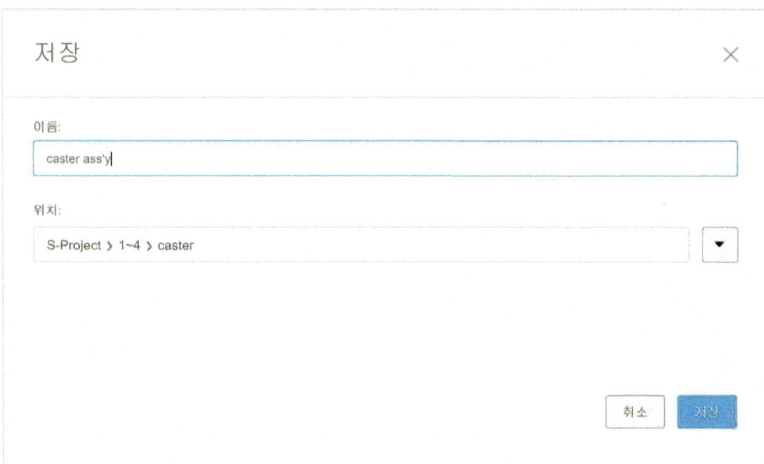

ⓒ 다음 그림처럼 데이터 패널에서 base를 그래픽 영역으로 드래그하여 삽입 한다.

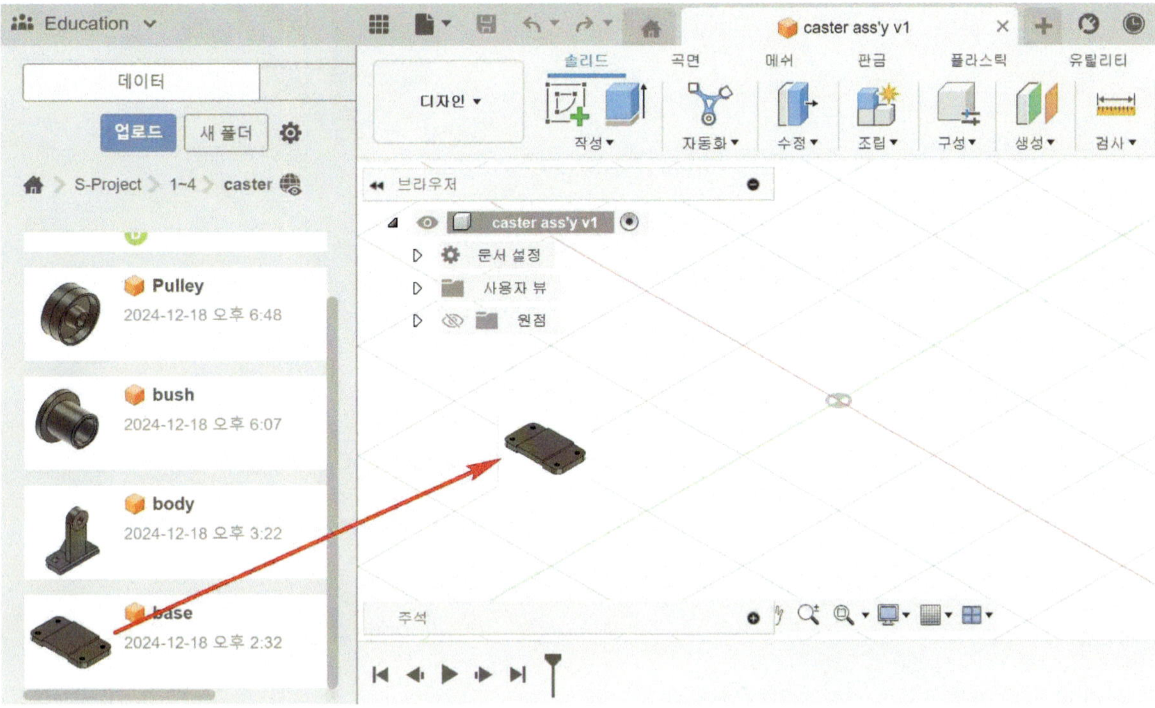

참고
각 파트를 조립하는 경우 기초가 되는 파트를 먼저 삽입한다.

ⓓ 초기 위치 대화상자의 '상위 항목으로 고정'을 클릭하고 확인을 클릭한다.

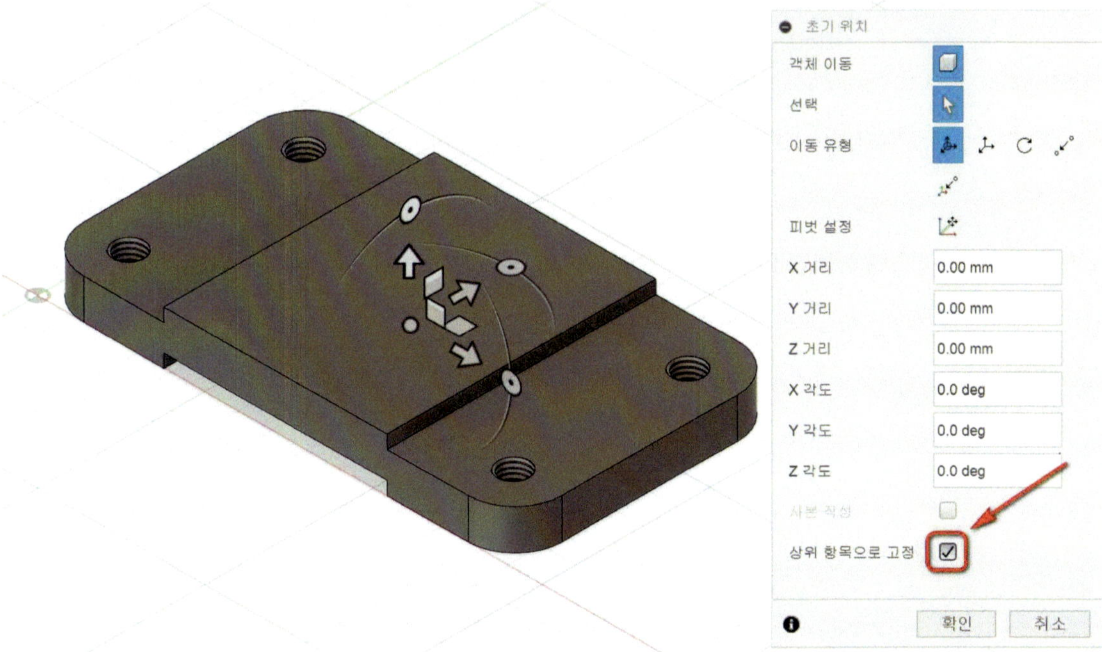

참고

파트를 모델링할 때의 원점이 기준이 되어 삽입이되며 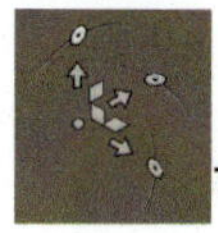을 이용하여 X, Y, Z축으로 이동하거나 각도를 입력하여 회전시킬 수 있다.

 : 기준점을 새롭게 지정할 수 있다.

 : 선택하는 축으로 이동시킬 수 있다.

 : 선택하는 평면으로 이동시킬 수 있다.

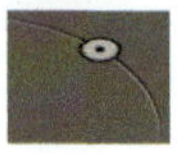 : 선택하는 축으로 회전시킬 수 있다.

ⓔ base가 그래픽 영역에 추가 되었다.

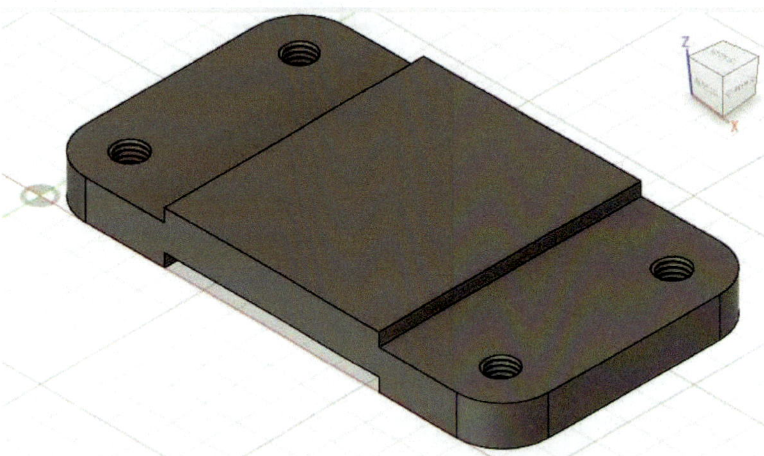

(2) body 조립하기

ⓐ 파트 body를 그래픽 영역으로 드래그한다.

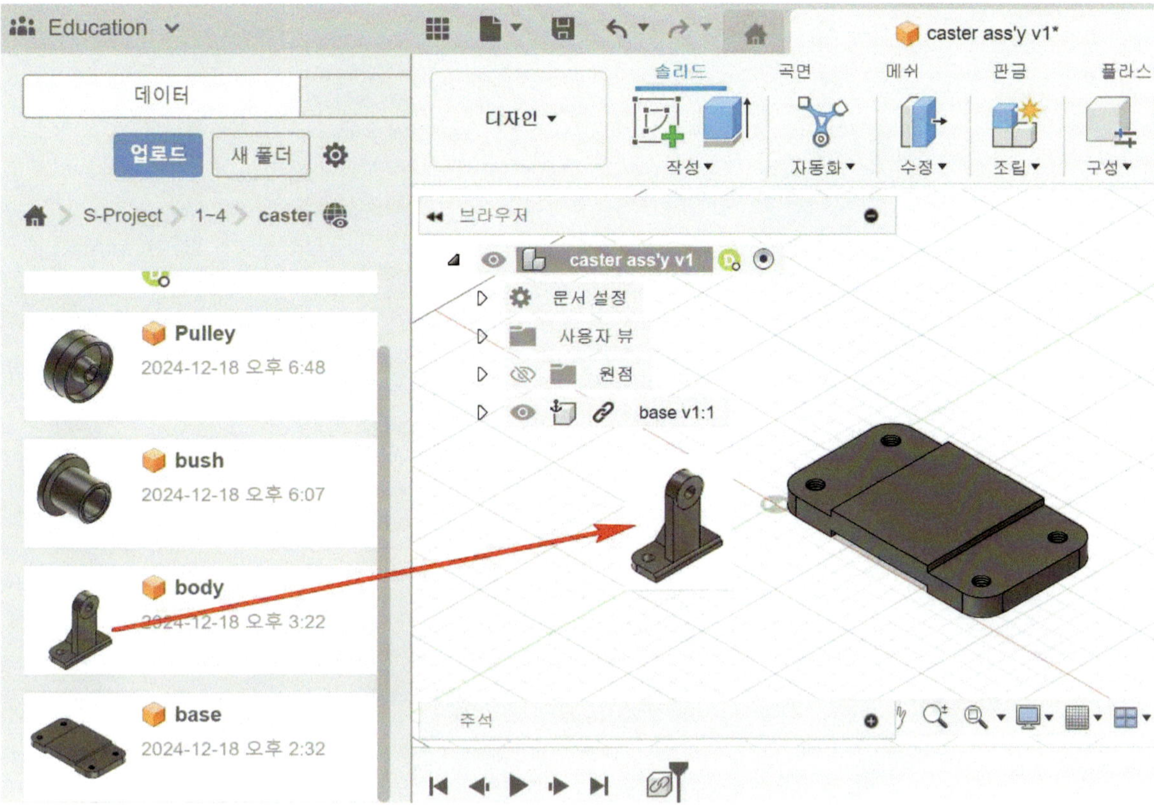

ⓑ body를 파트 모델링할 때의 원점을 기준으로 삽입된다.

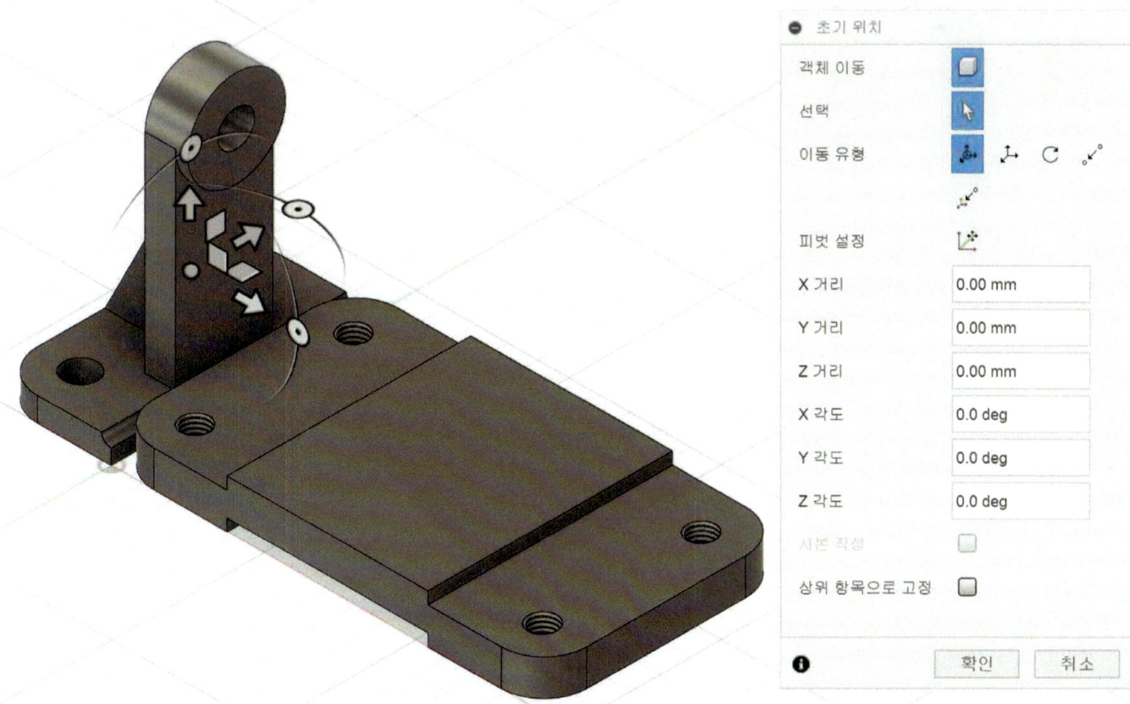

ⓒ 초기 위치 대화상자에서 이동 유형을 '점 대 점'으로 지정한다.
ⓓ 그림처럼 초기 위치 대화상자에서 원점과 대상점을 각각 클릭한다.

ⓔ 확인을 클릭한다.

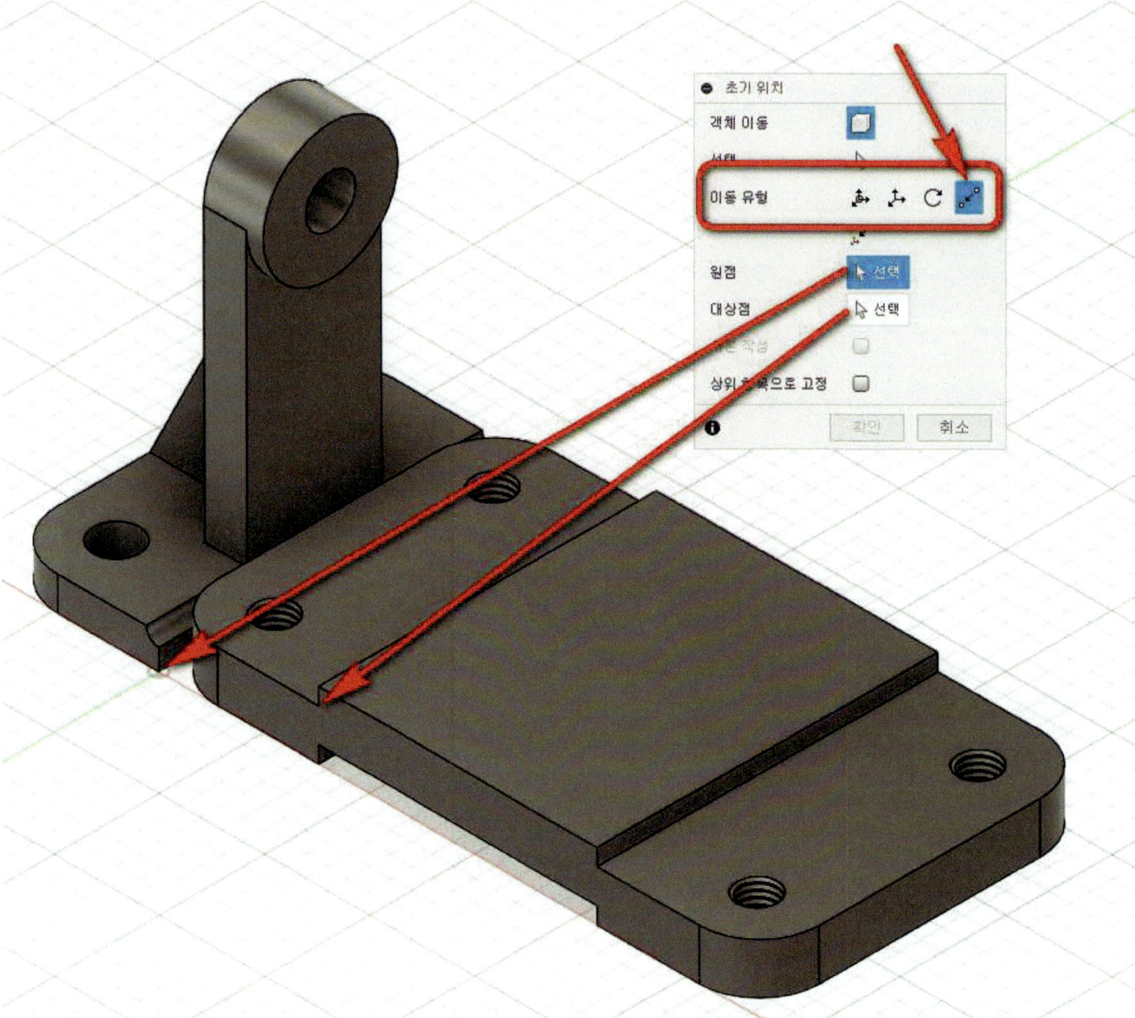

참고
원점은 이동할 파트의 기준 점이고 대상점은 이동할 위치 점이다. 즉, 삽입한 파트에서 먼저 선택한 점이 나중에 선택한 점으로 일치되어 이동하게 된다.

ⓕ 다음의 그림처럼 파트 body가 파트 base 위에 조립되었다.

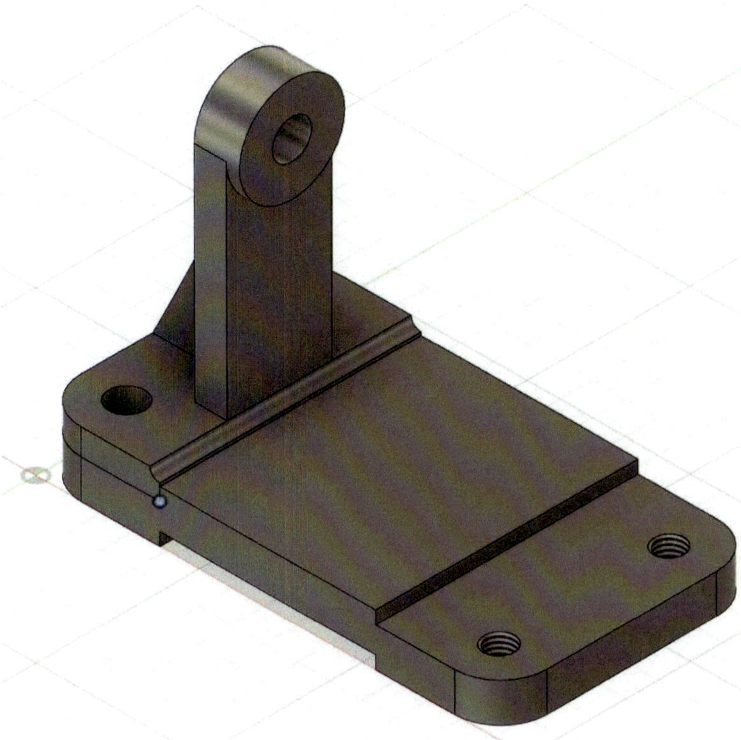

(3) body 추가 조립하기

ⓐ 파트 body를 그래픽 영역으로 드래그한다.

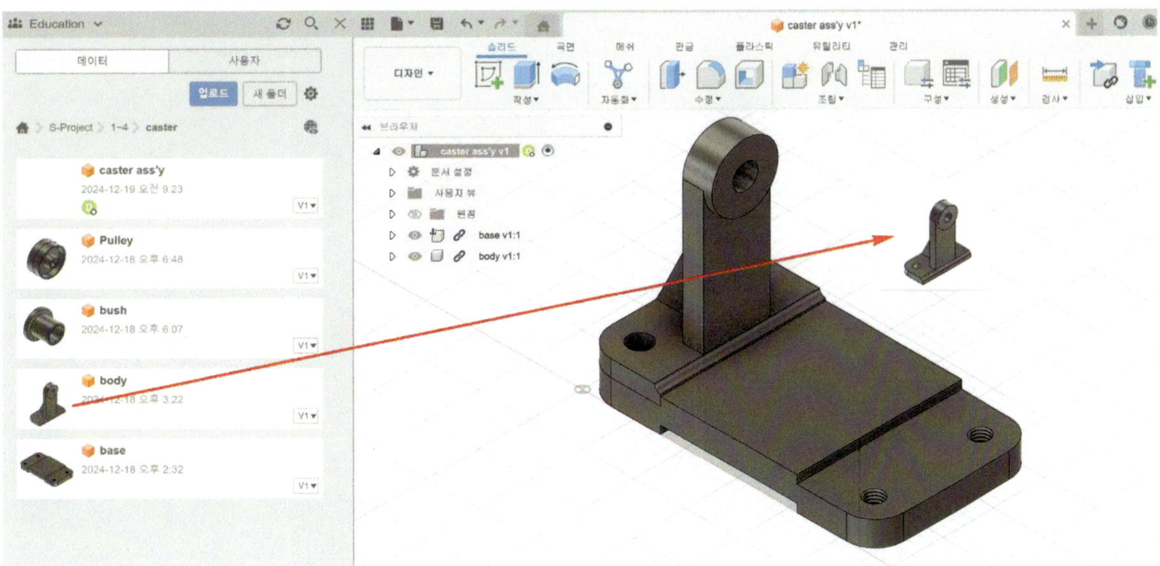

ⓑ 다음의 그림처럼 을 천천히 드래그하여 180도 회전하여 먼저 조립된 body와 마주 보게 한다.

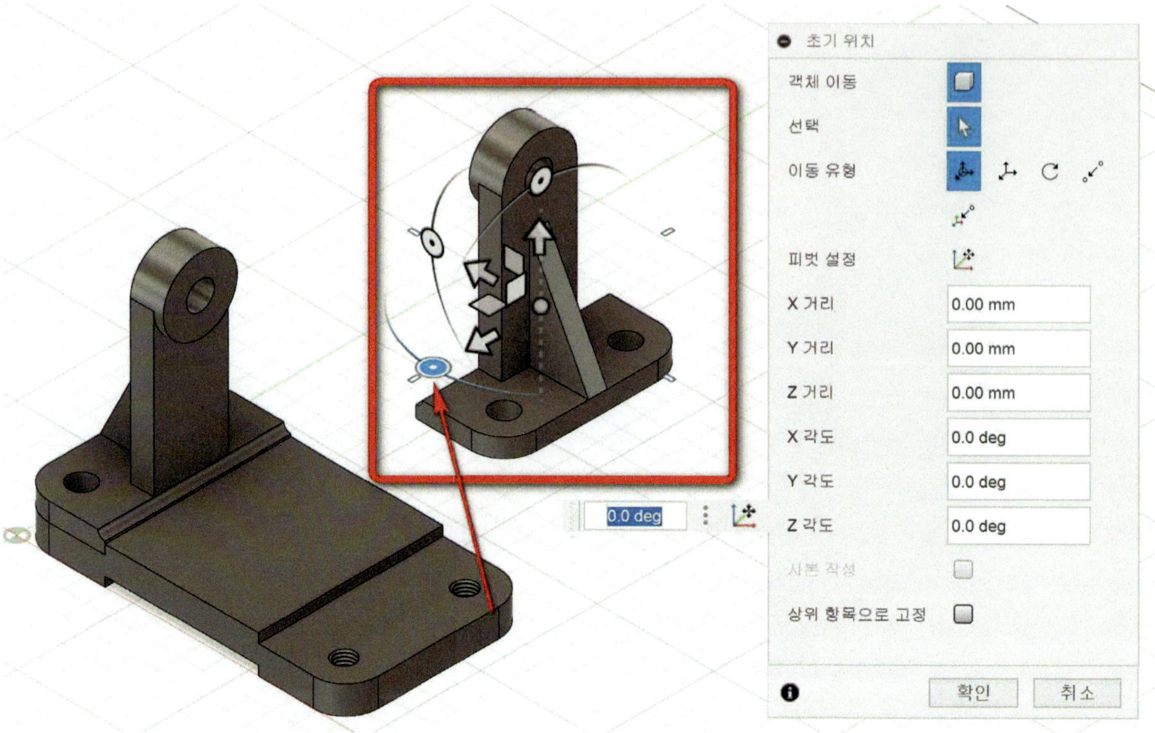

ⓒ 초기 위치 대화상자에서 이동 유형을 '점 대 점'으로 지정한다.
ⓓ 그림처럼 초기 위치 대화상자에서 원점과 대상점을 각각 클릭한다.
ⓔ 확인을 클릭한다.

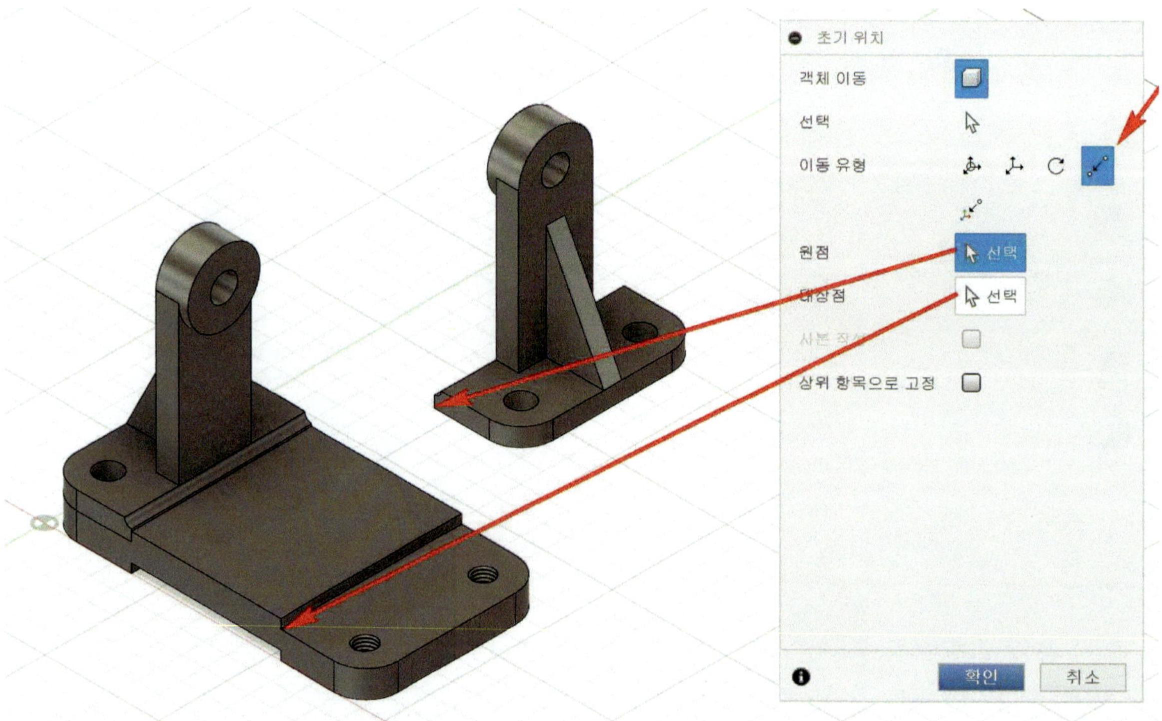

ⓕ 다음의 그림처럼 파트 body가 파트 base 위에 추가 조립이 되었다.

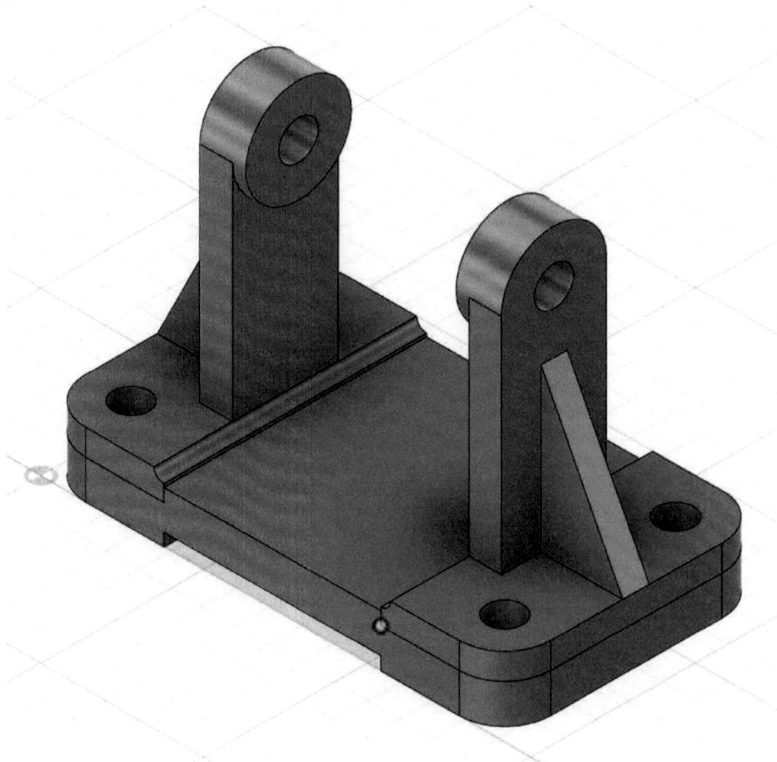

(4) shaft 조립하기

ⓐ 파트 shaft를 그래픽 영역으로 드래그한다.

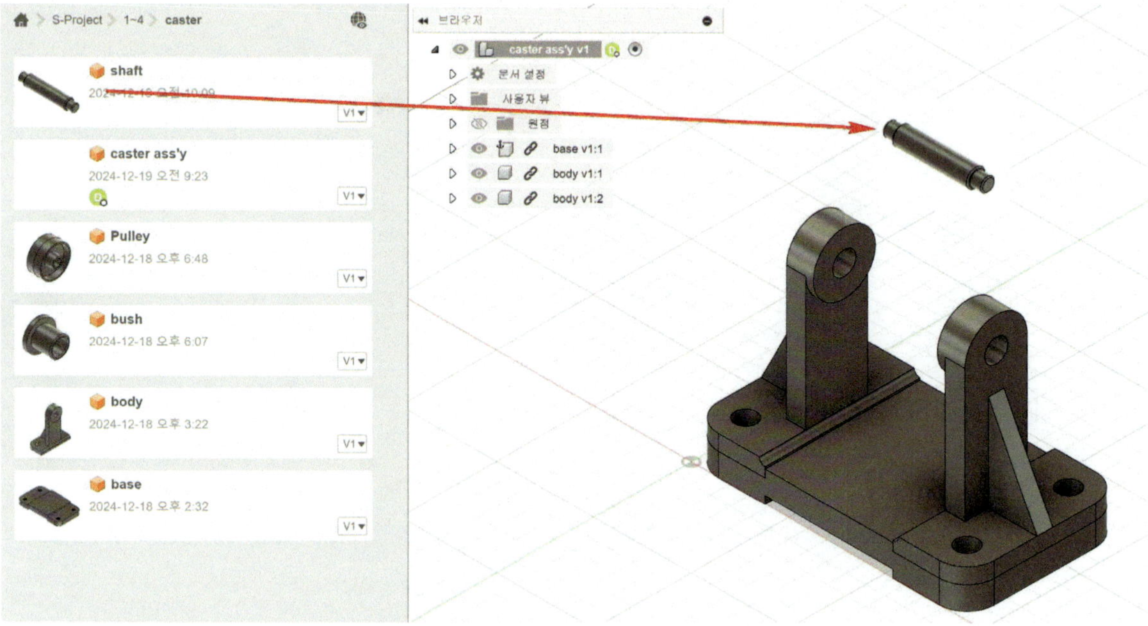

ⓑ 다음의 그림처럼 파트 shaft 기존 파트와 겹치지 않는 위치도 천천히 드래그한다.

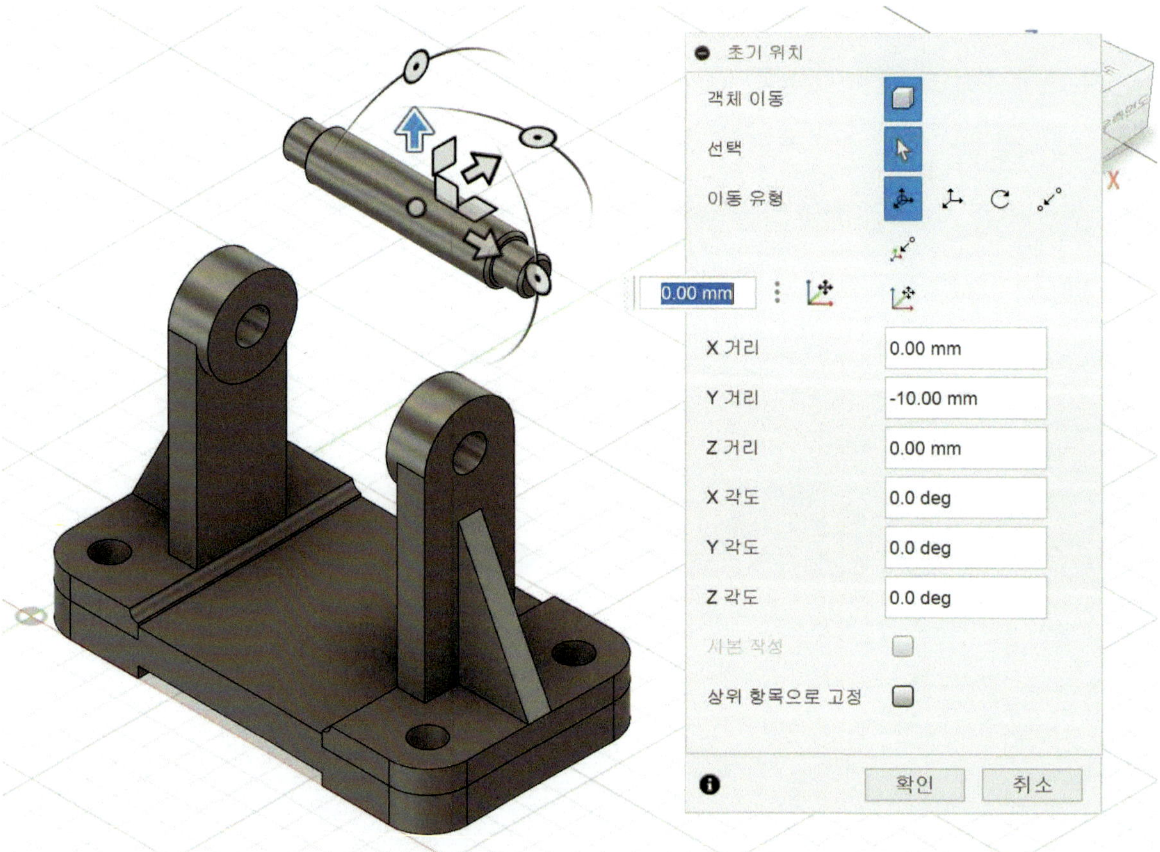

ⓒ 초기 위치 대화상자에서 이동 유형을 '점 대 점'으로 지정한다.
ⓓ 그림처럼 초기 위치 대화상자에서 원점과 대상점을 각각 클릭한다.
ⓔ 확인을 클릭한다.

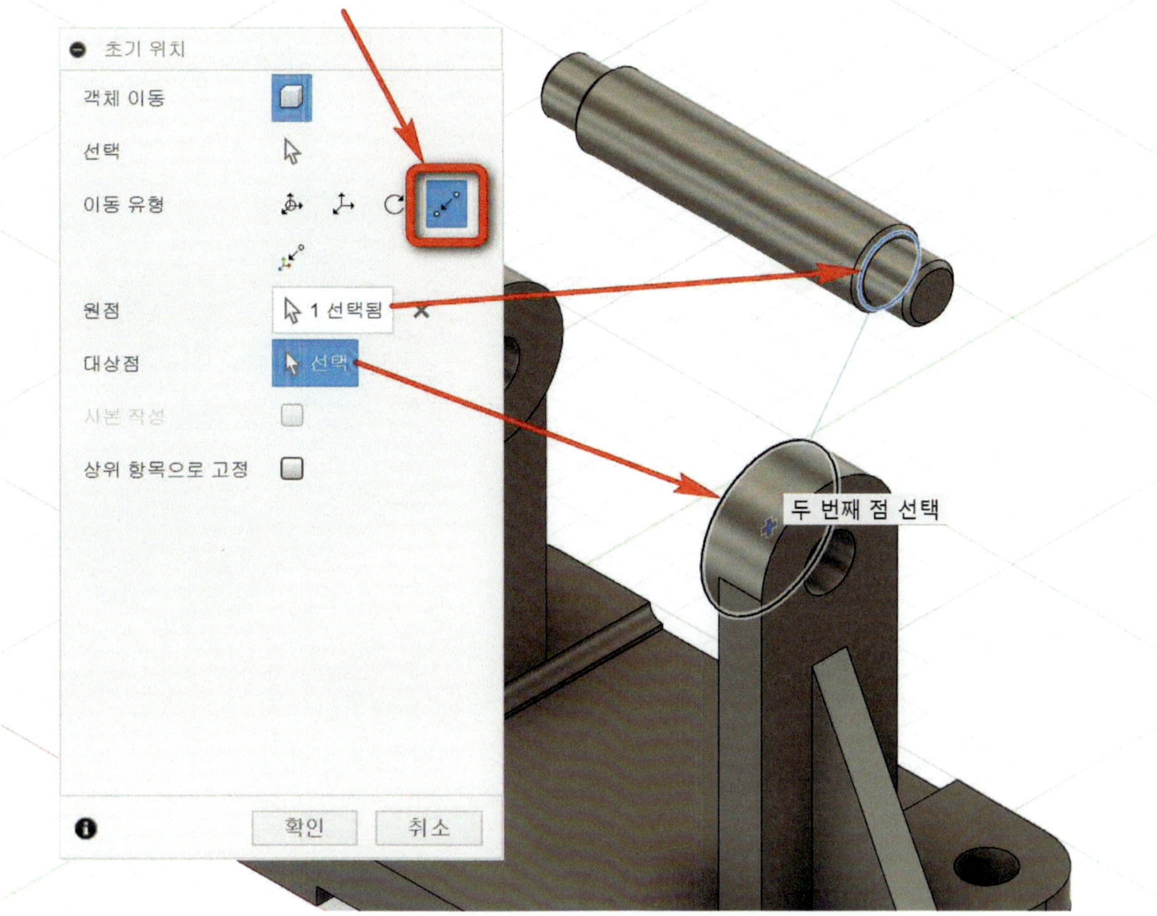

ⓕ 다음의 그림처럼 파트 shaft가 파트 body 사이에 조립이 되었다.

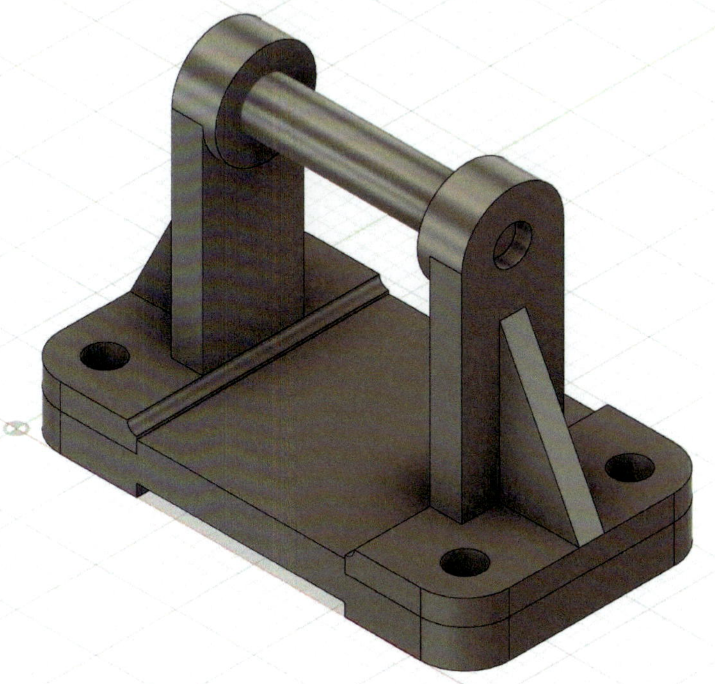

(5) bush 조립하기

ⓐ 파트 bush를 그래픽 영역으로 드래그한다.

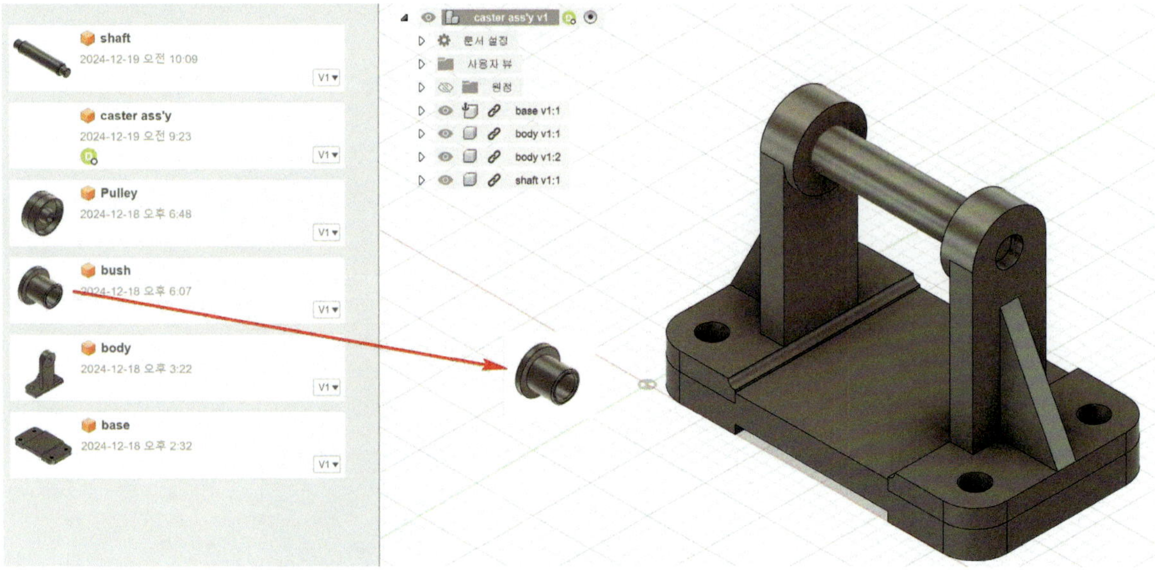

ⓑ 초기 위치 대화상자에서 이동 유형을 '점 대 점'으로 지정한다.

ⓒ 그림처럼 초기 위치 대화상자에서 원점과 대상점을 각각 클릭한다.

ⓓ 확인을 클릭한다.

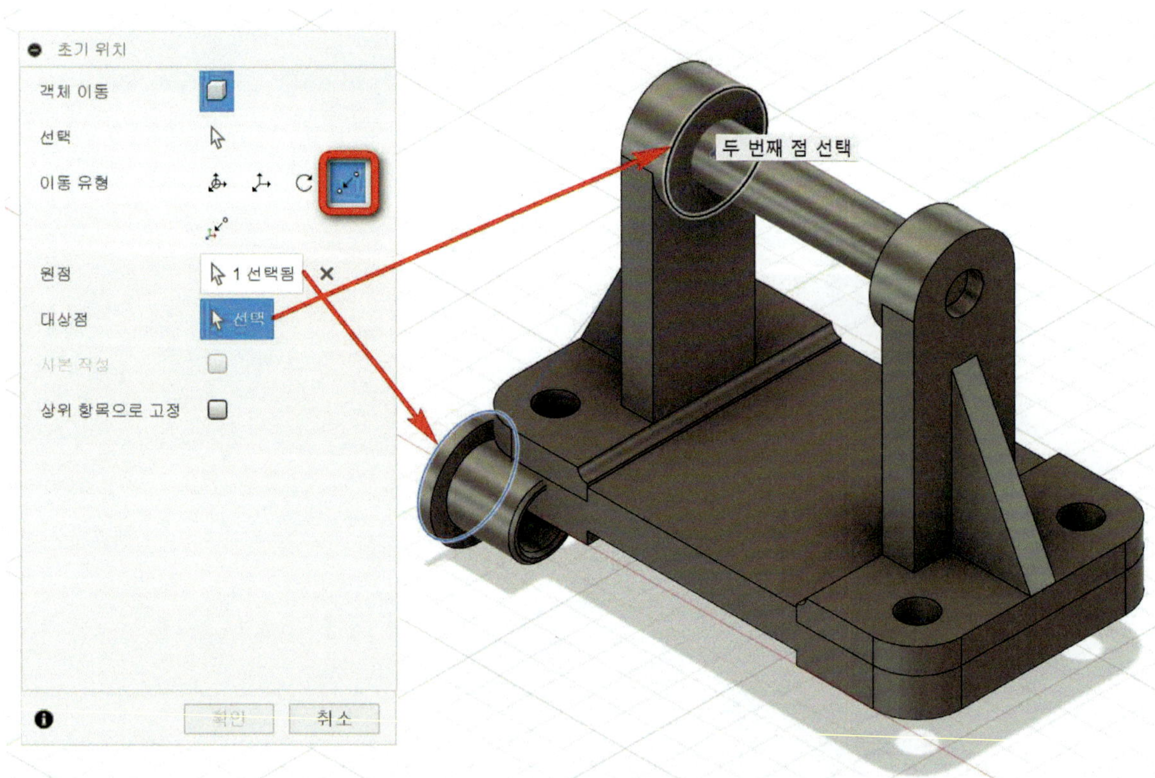

(6) bush 추가 조립하기

ⓐ 파트 bush를 그래픽 영역으로 드래그한다.

ⓑ 다음의 그림처럼 파트 bush 기존 파트와 겹치지 않는 위치도 천천히 드래그한다.

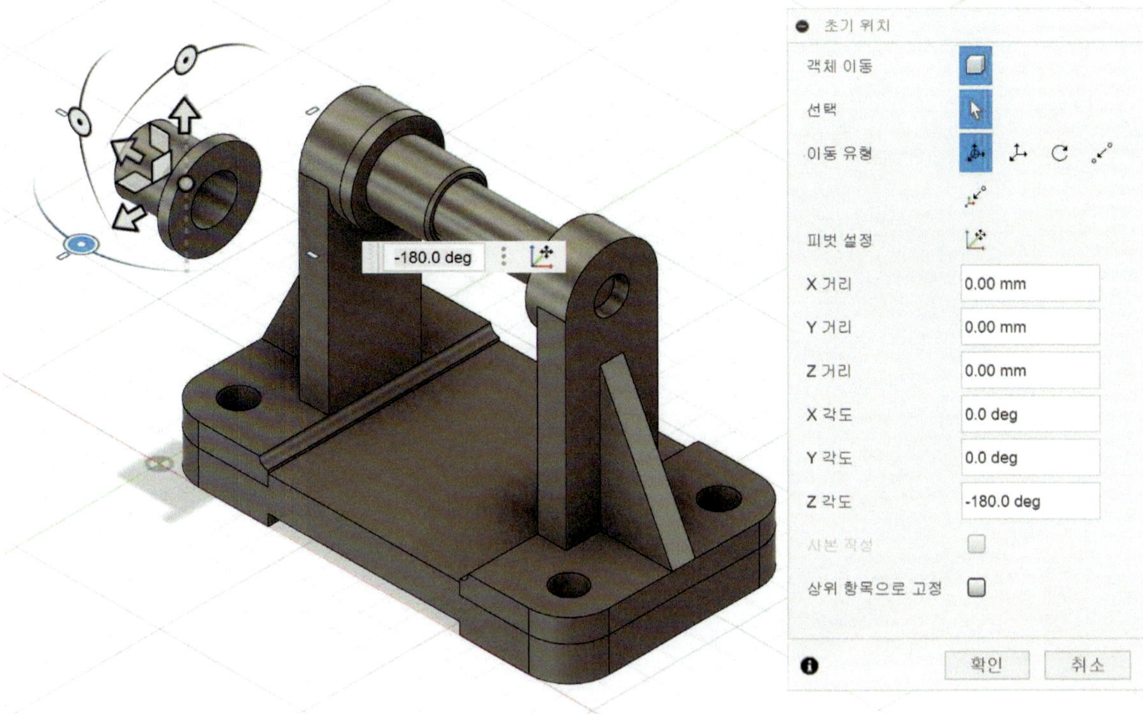

ⓒ 초기 위치 대화상자에서 이동 유형을 '점 대 점'으로 지정한다.
ⓓ 그림처럼 초기 위치 대화상자에서 원점과 대상점을 각각 클릭한다.
ⓔ 확인을 클릭한다.

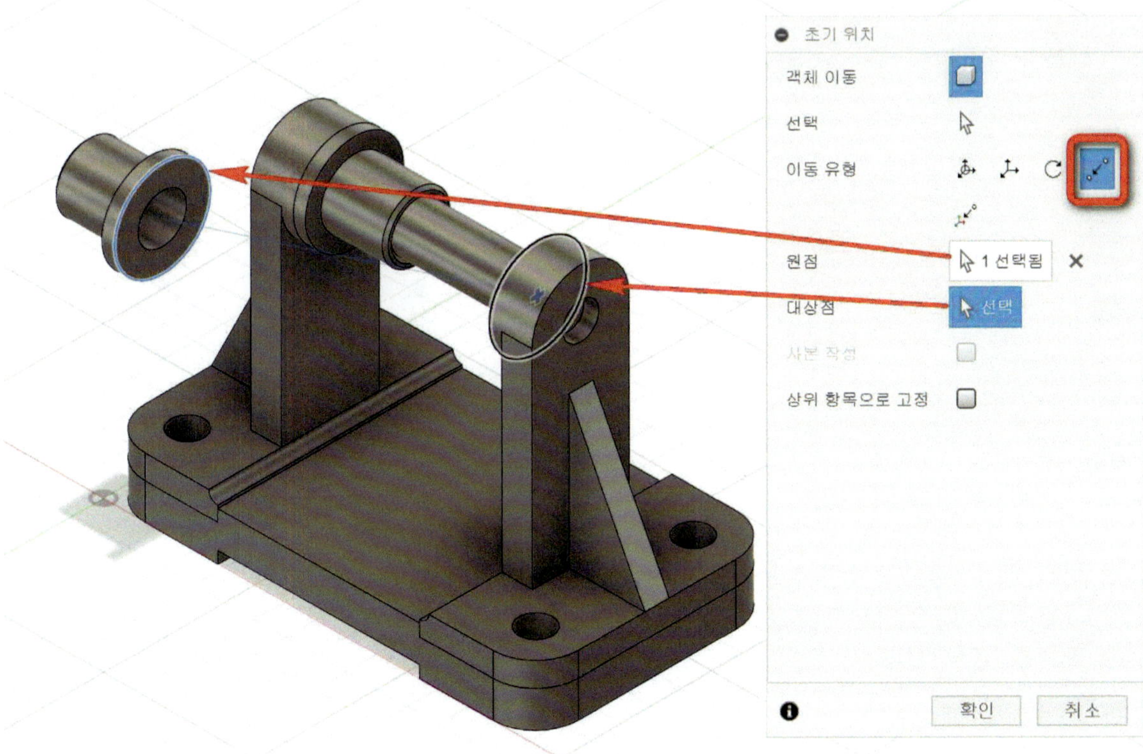

ⓕ 다음의 그림처럼 파트 bush가 파트 shaft 위에 조립이 되었다.

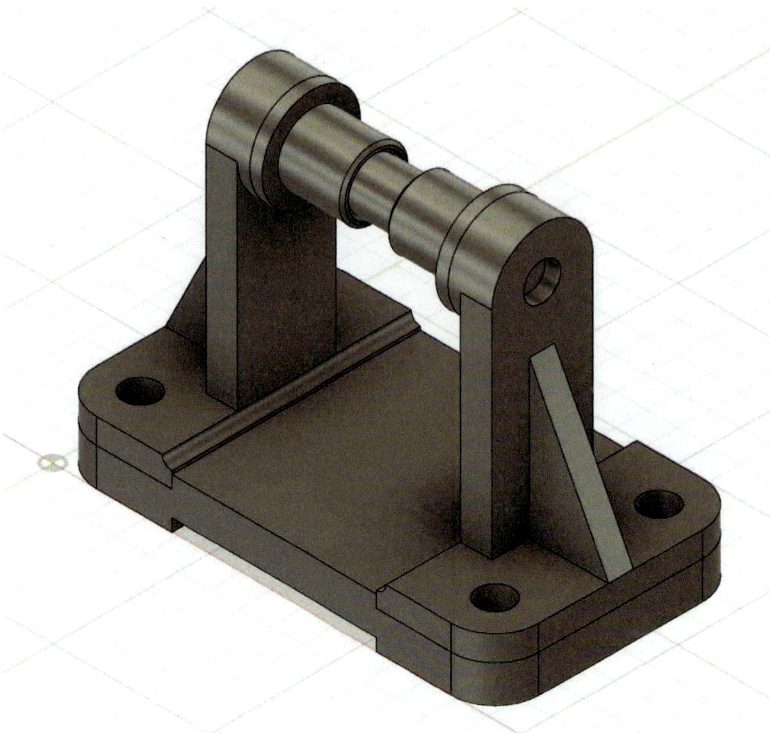

(7) pulley 조립하기

ⓐ 파트 pulley를 그래픽 영역으로 드래그한다.

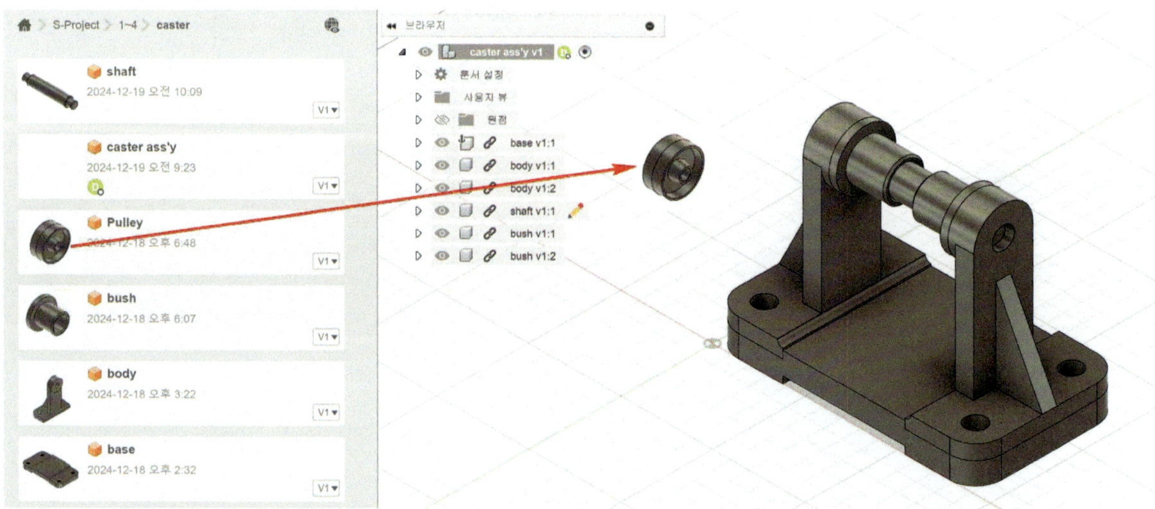

ⓑ 초기 위치 대화상자에서 이동 유형을 '점 대 점'으로 지정한다.

ⓒ 그림처럼 초기 위치 대화상자에서 원점과 대상점을 각각 클릭한다.

ⓓ 확인을 클릭한다.

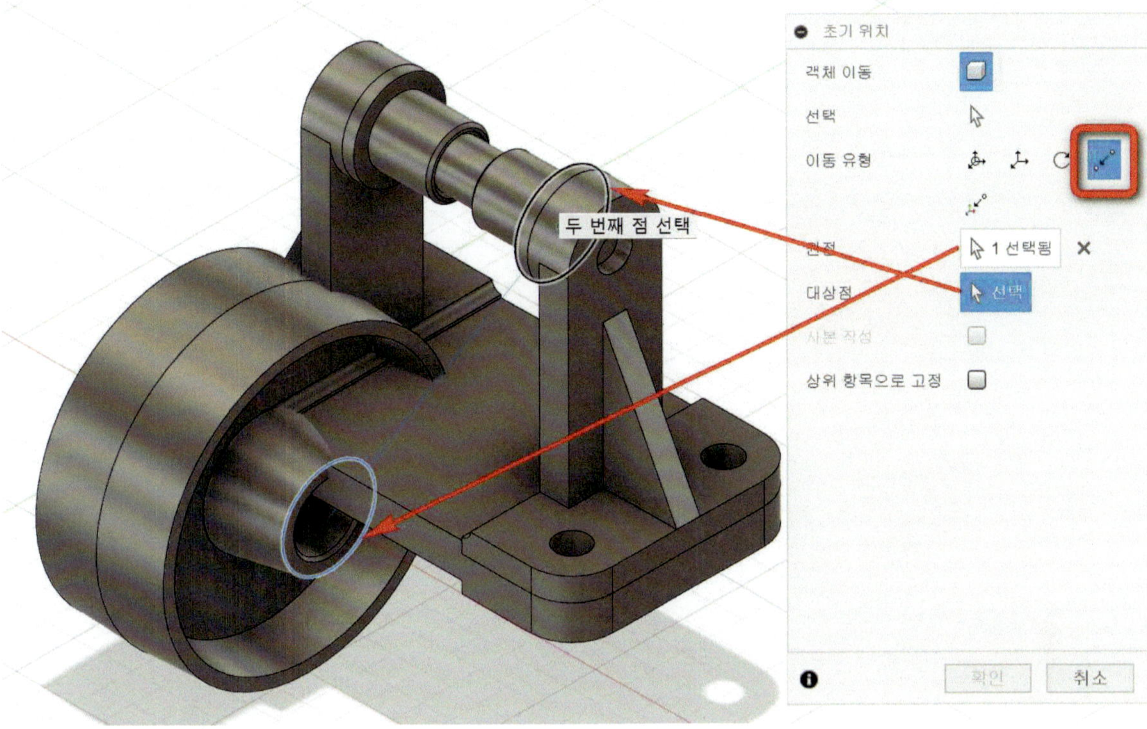

ⓔ 다음의 그림처럼 파트 pulley가 파트 bush 위에 조립이 되었다.

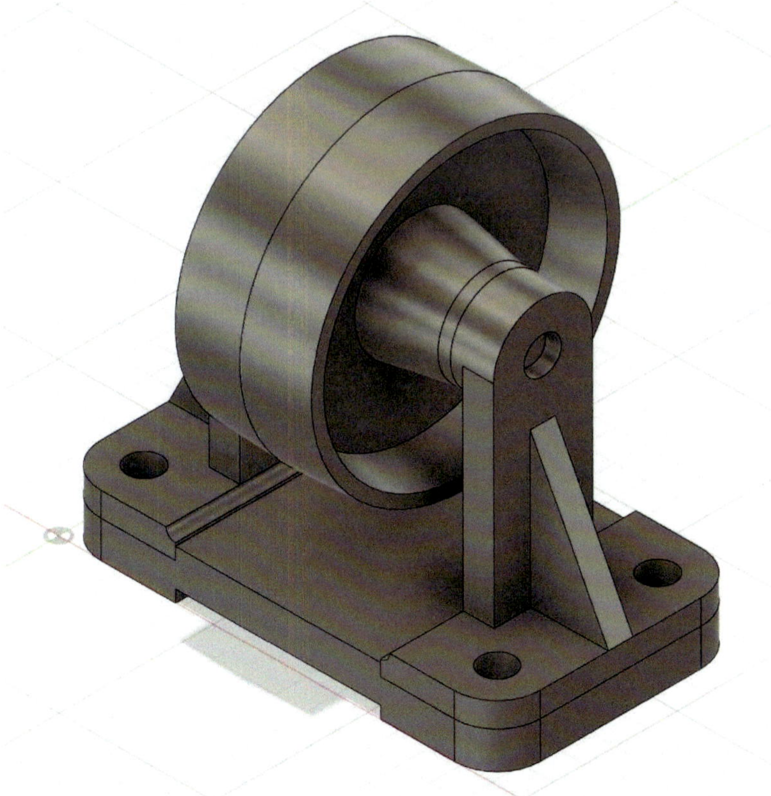

(8) 유틸리티에 '화면표시 구성요소 색상 적용'을 클릭하면 다음과 같이 파트의 색상이 적용된다.

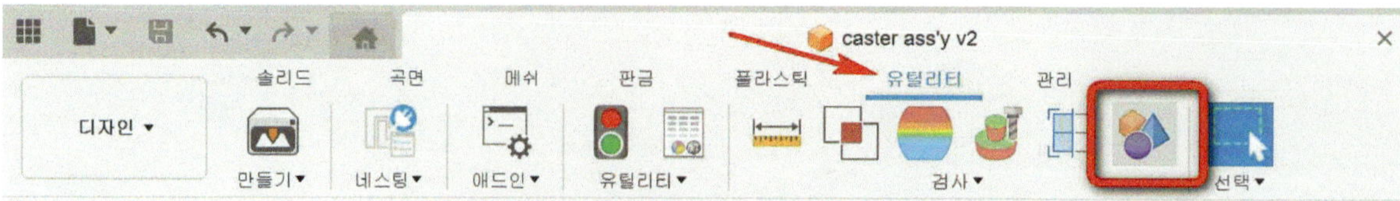

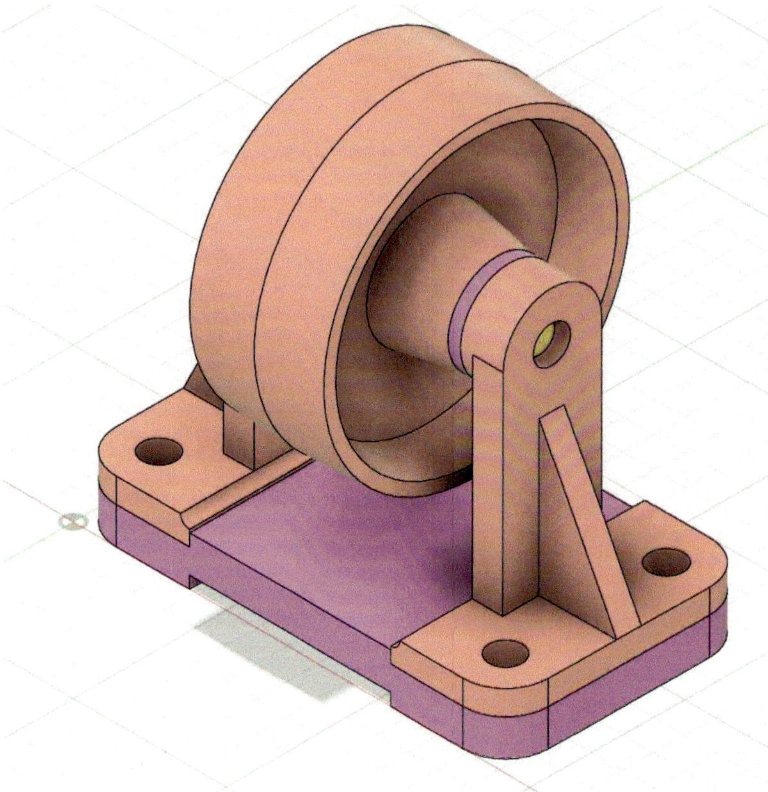

(9) 유틸리티에 '단면 분석'을 클릭한다.

ⓐ 그림과 같이 절단 평면을 클릭하고 화살표를 드래그하여 절단 위치를 조절할 수 있다.

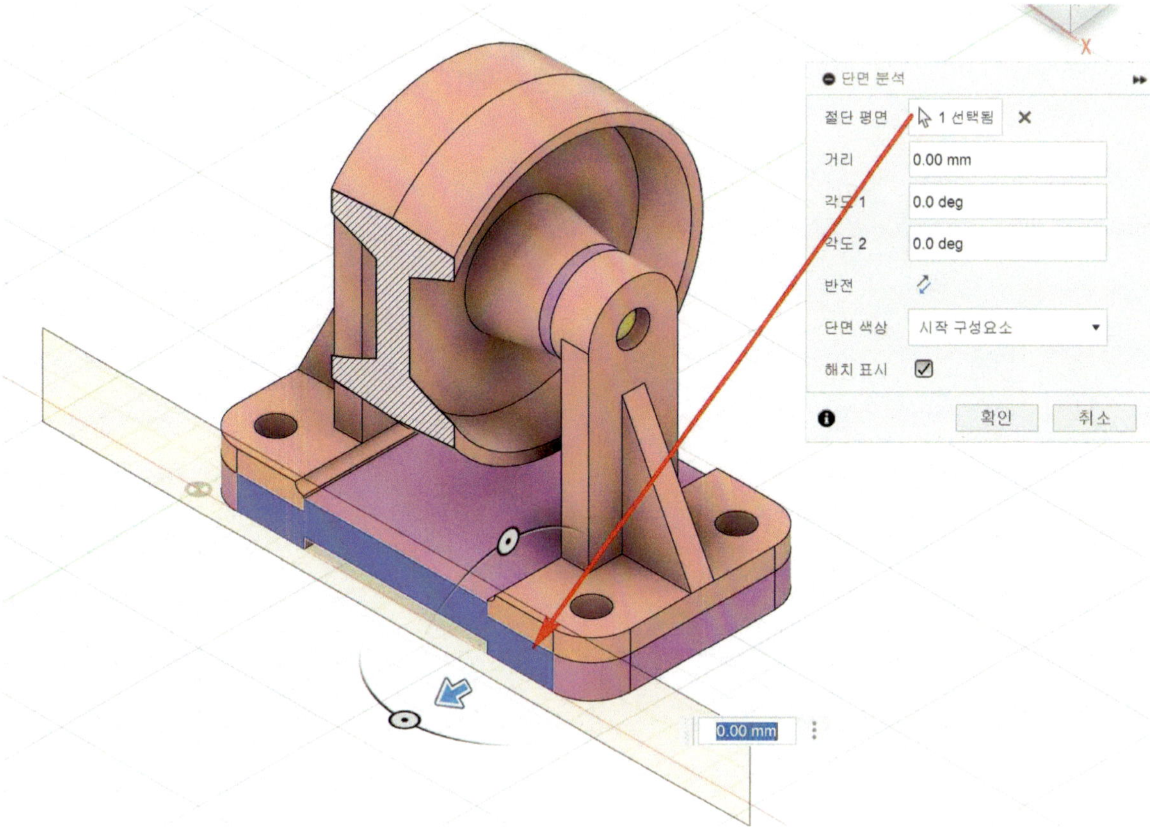

ⓑ 선택한 외곽 평면을 기준으로 거리 –40을 입력하여 절단 평면을 지정할 수 있다.

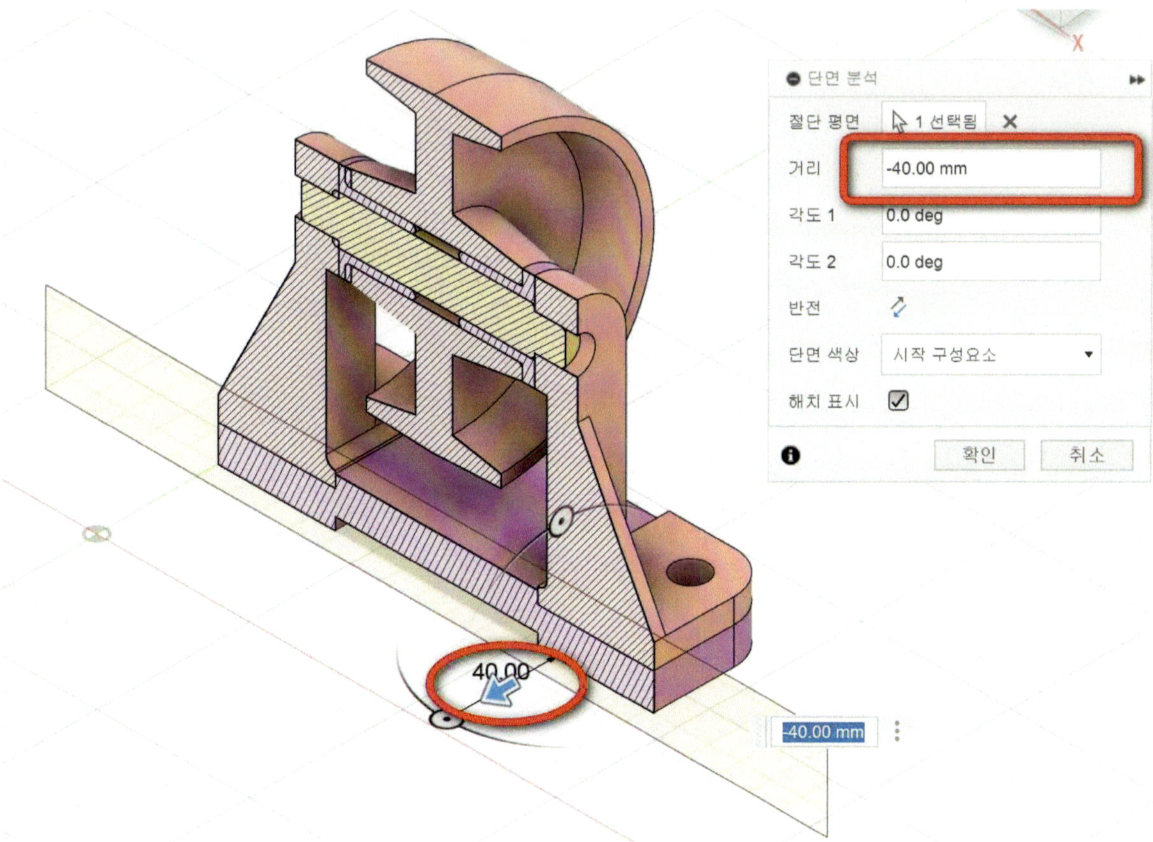

ⓒ 단면 분석 대화상자의 확인을 클릭하면 다음과 같이 나타난다.

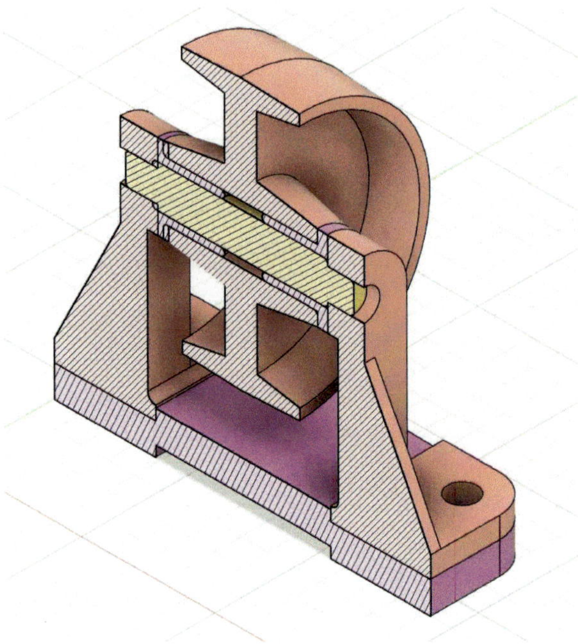

ⓓ 다음의 그림처럼 브라우저의 분석 → 단면에서 마우스 오른쪽 버튼을 클릭하여 삭제할 수 있다.

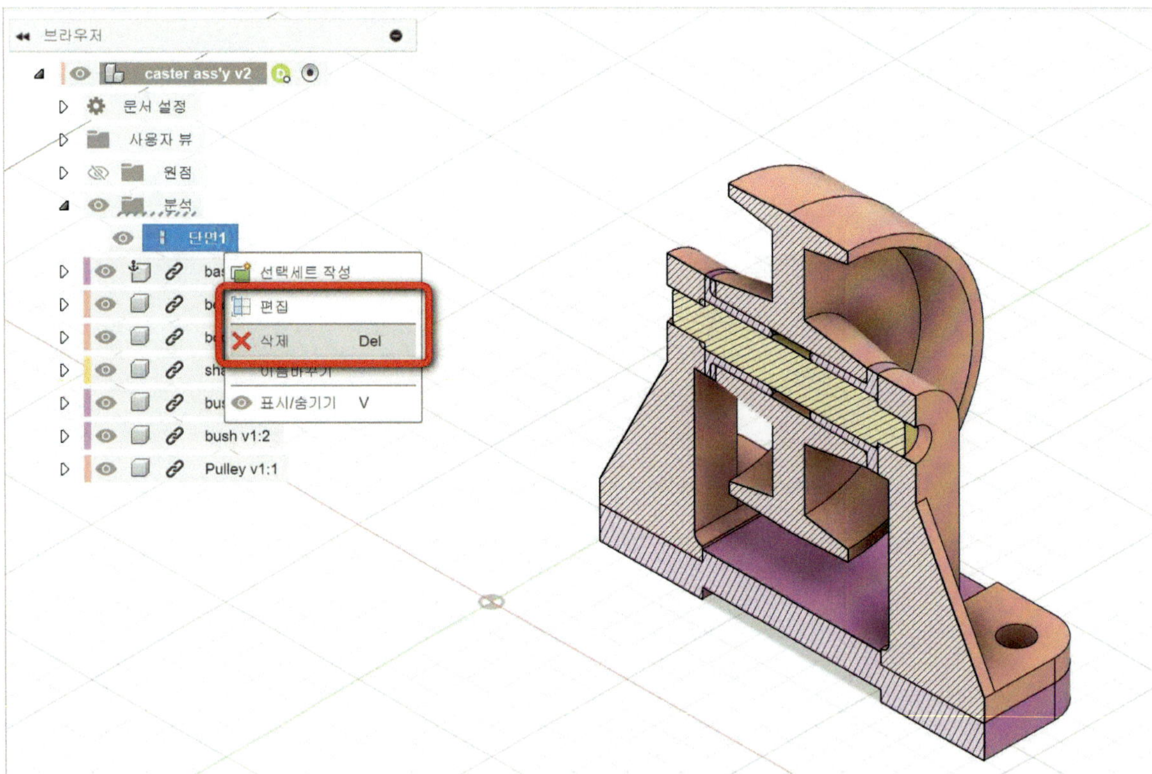

ⓔ 다음의 그림처럼 분석 → 단면 앞에 눈동자 형상의 아이콘을 클릭하여 절단면을 보이게 하거나 숨길 수도 있다.

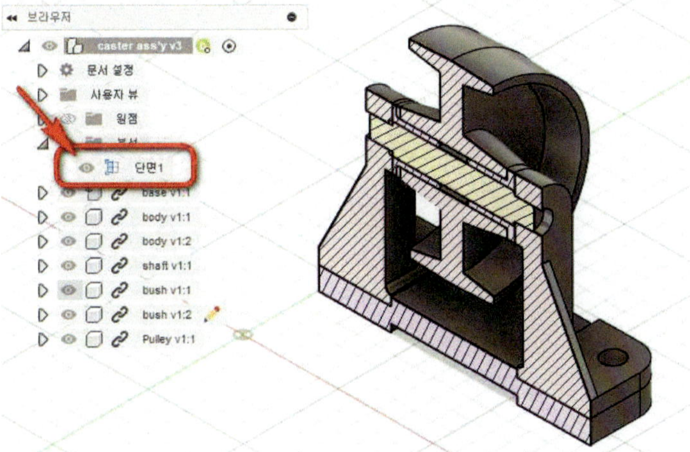
브라우저
caster ass'y v3
문서 설정
사용자 뷰
원점
단면1
body v1:1
body v1:2
shaft v1:1
bush v1:1
bush v1:2
Pulley v1:1

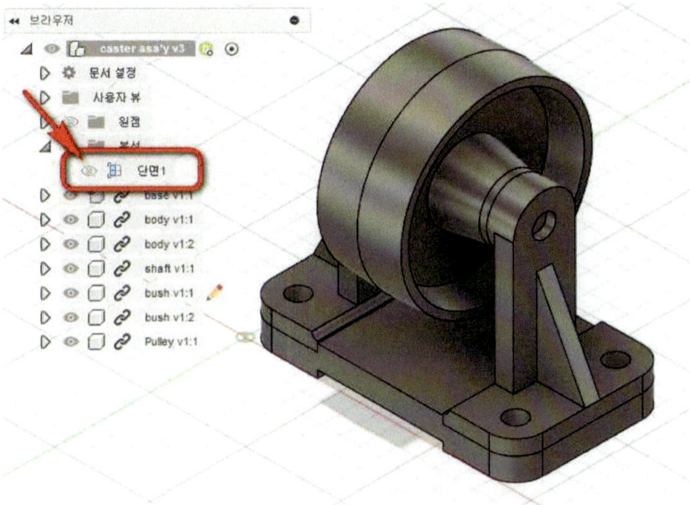
브라우저
caster ass'y v3
문서 설정
사용자 뷰
원점
단면1
body v1:1
body v1:2
shaft v1:1
bush v1:1
bush v1:2
Pulley v1:1

4장

Drafting

(1) 도면작성 시작하기

ⓐ 파트 body를 불러온다.

ⓑ 디자인에서 도면의 '설계에서'를 클릭한다.

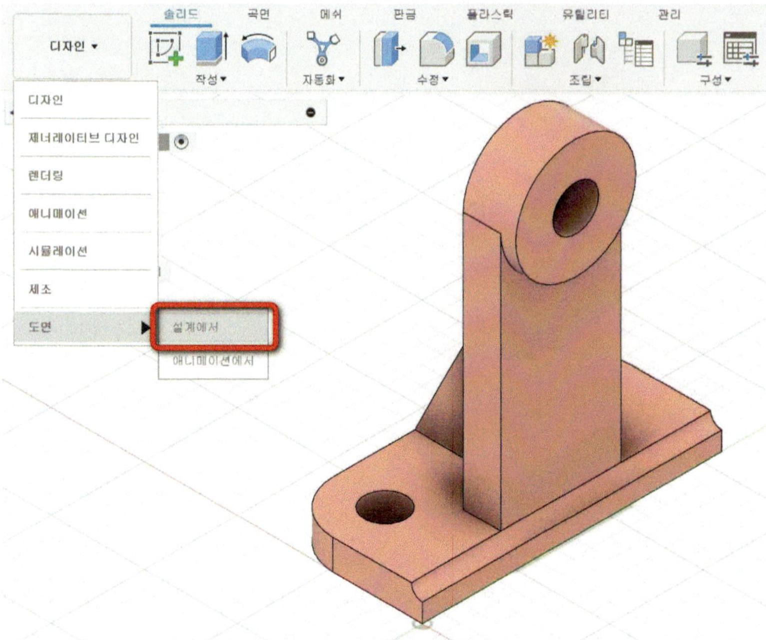

ⓒ 도면 작성 대화상자가 나타난다.

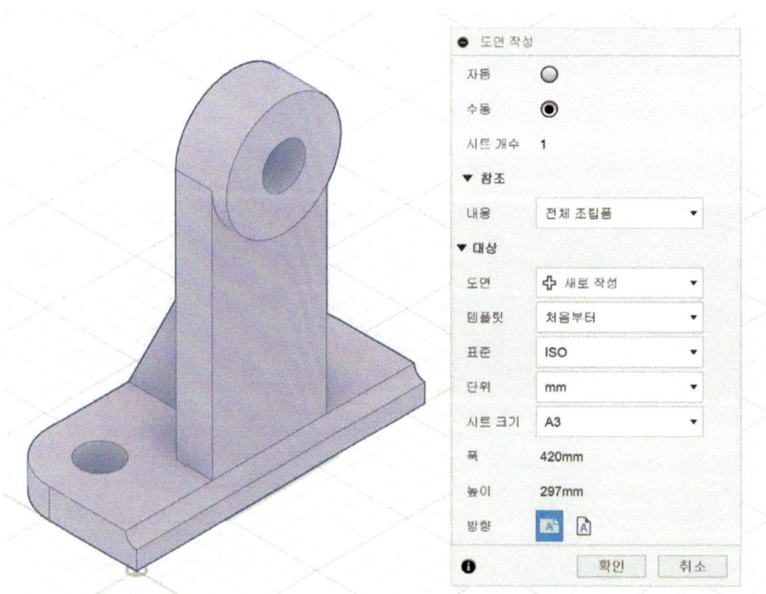

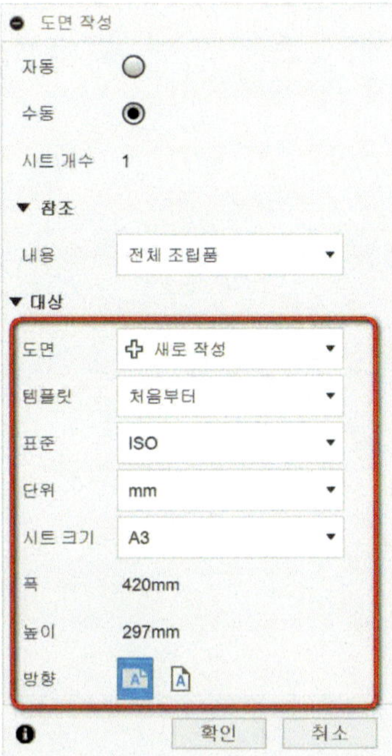

참고
표준은 ISO
단위는 mm
시트 크기는 A3

ⓓ 확인을 클릭하면 다음과 같이 나타난다.

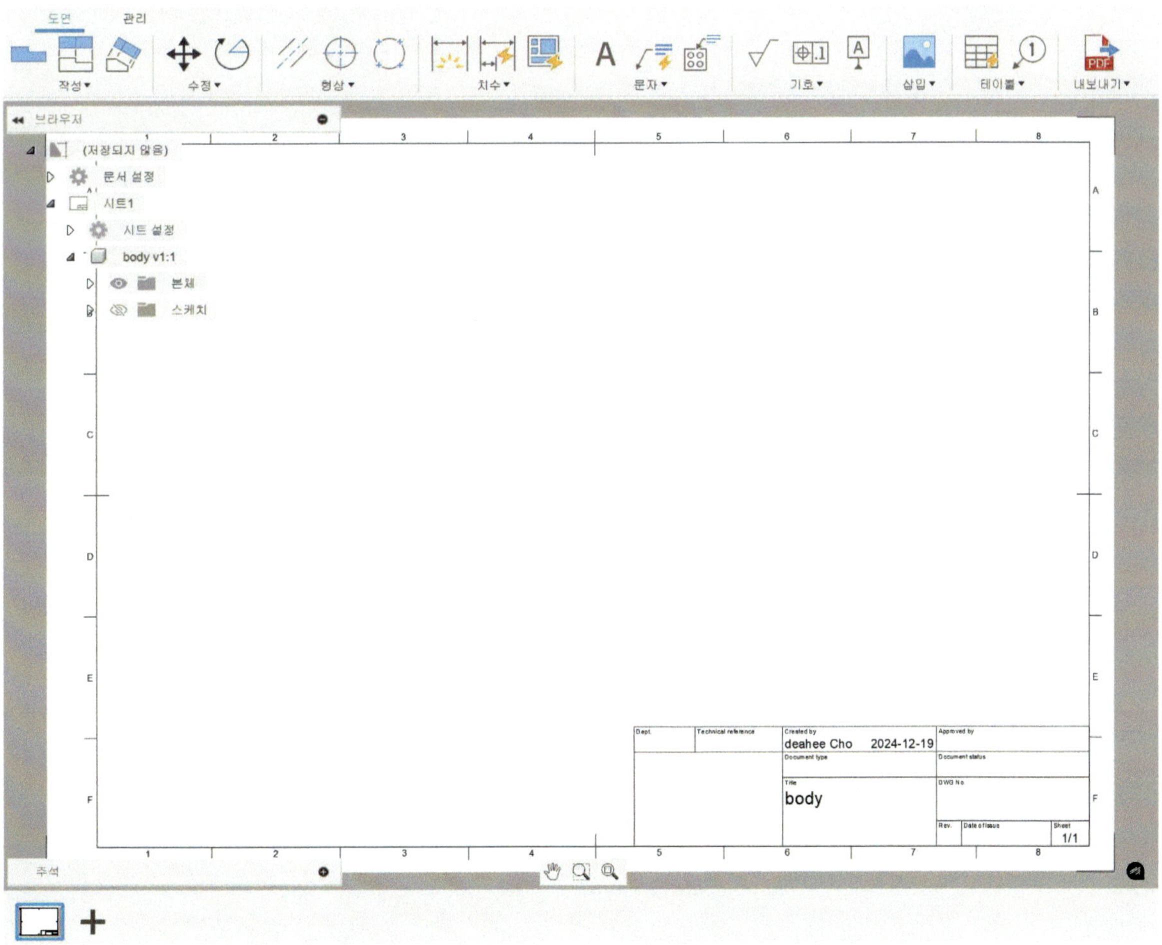

(2) 기준 뷰 아이콘을 클릭한다.

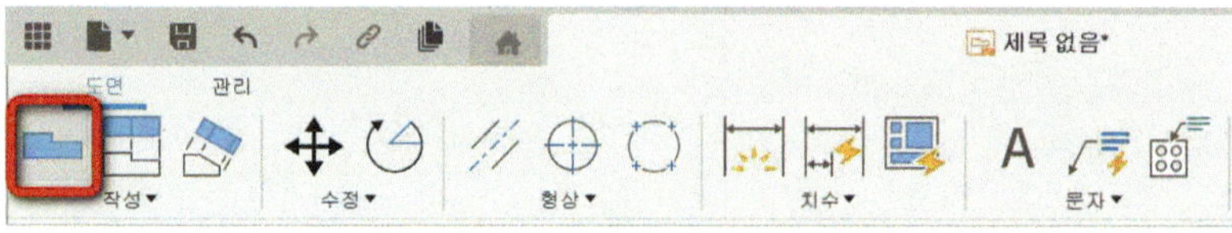

ⓐ 도면 뷰 대화상자가 나타난다.

ⓑ 축척을 1:1로 변경한다.

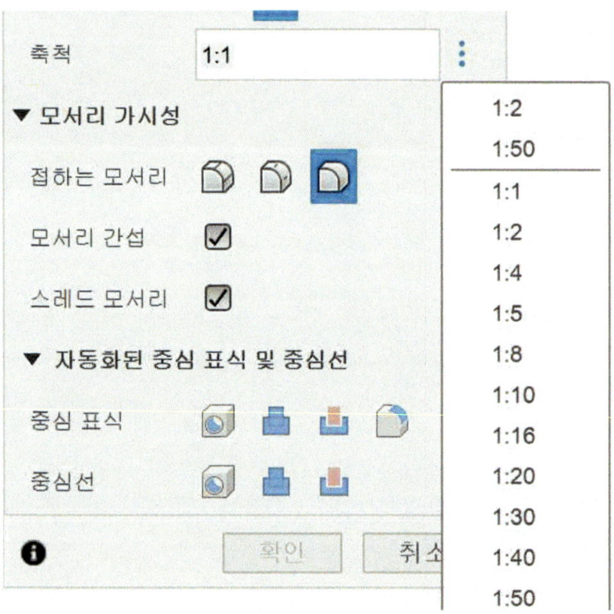

ⓒ 도면 뷰 대화상자의 확인을 클릭한다.

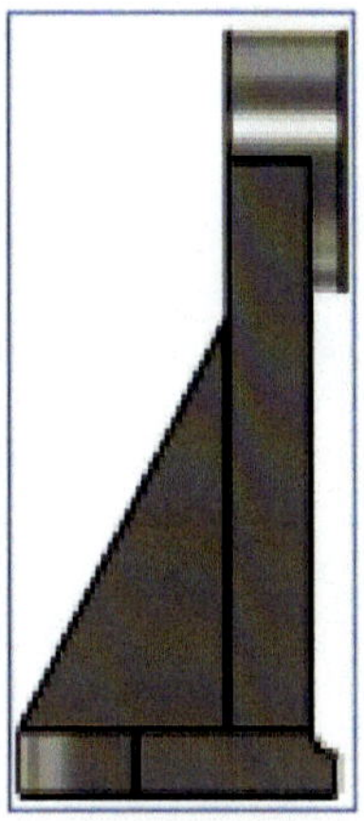

(3) 투영된 뷰 아이콘을 클릭한다.

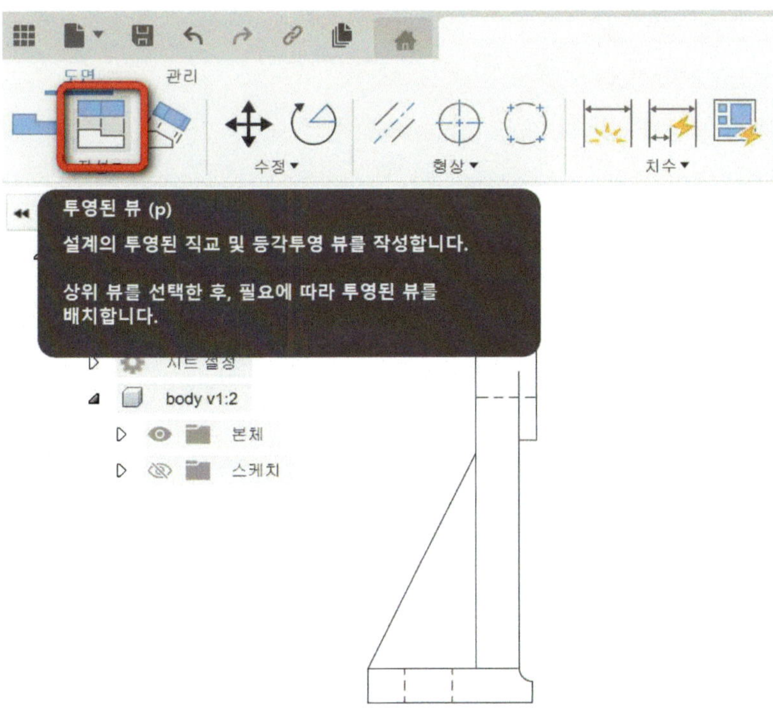

ⓐ 기준뷰을 중심으로 마우스를 우측으로 이동하여 우측면도가 나타나면 마우스를 클릭한다.

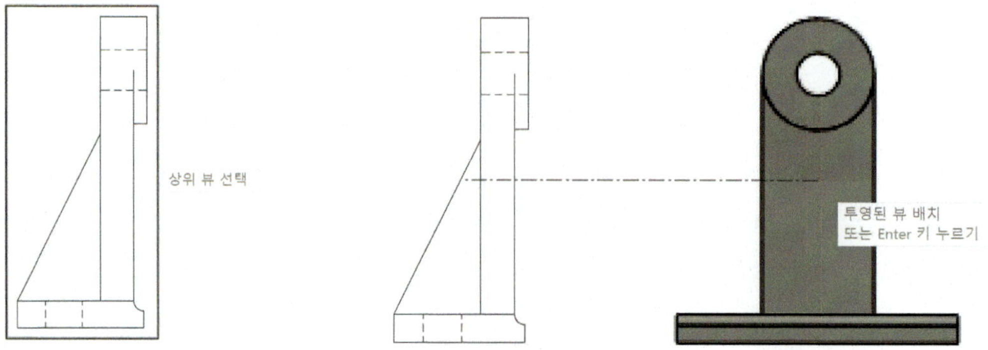

참고
우측면도 형상이 나타나지 않으면 정면도로 적용될 기준뷰를 한번 클릭하면 우측면도 형상이 나타난다.

ⓑ 기준뷰을 중심으로 마우스를 위로 이동하여 평면도가 나타나면 마우스를 클릭한다.

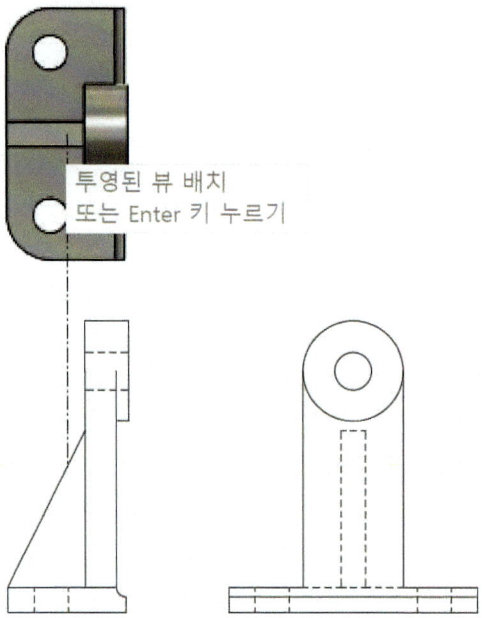

(4) 보조 뷰 아이콘을 클릭한다.

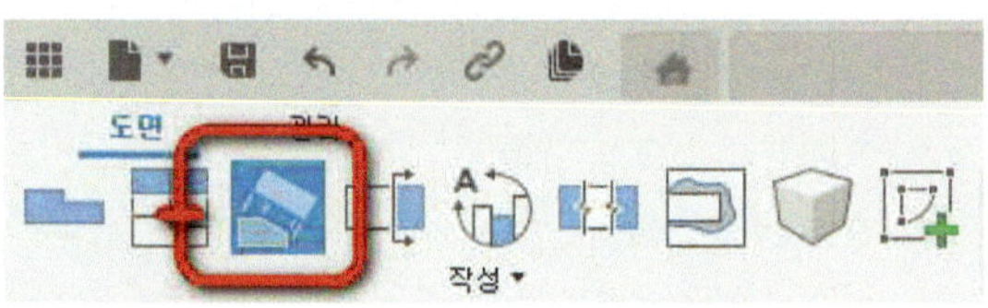

ⓐ 경사진 모서리 선을 클릭한다.

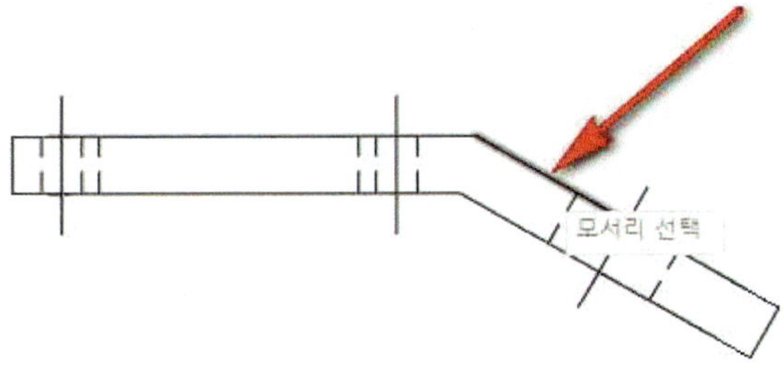

ⓑ 보조 투상도(보조 뷰)의 위치를 마우스로 지정하고 확인을 클릭한다.

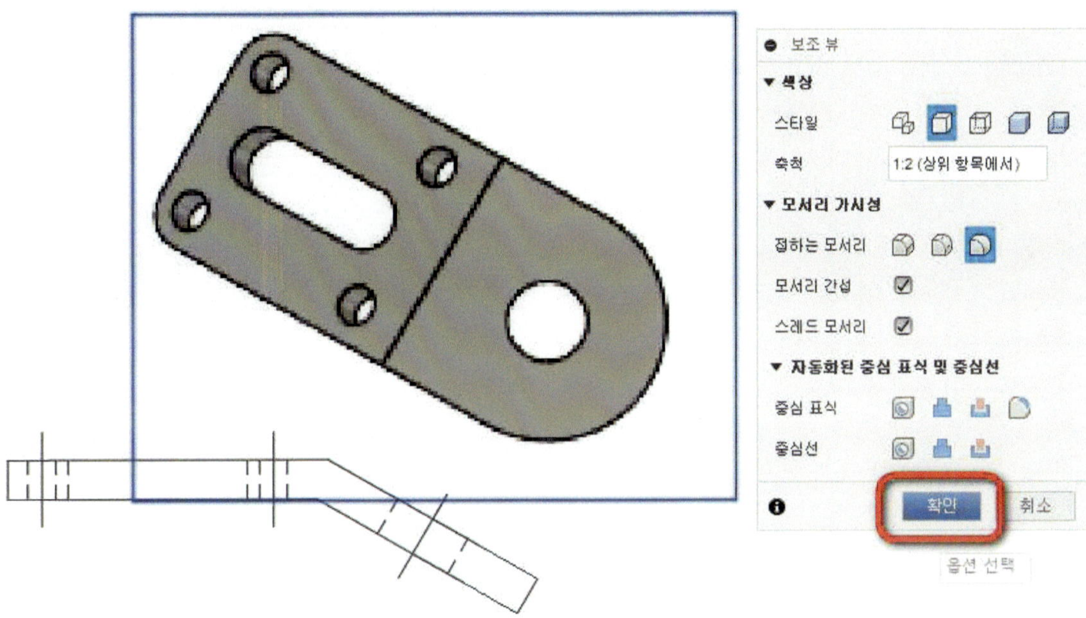

ⓒ 보조 투상도(보조 뷰)가 생성된다.

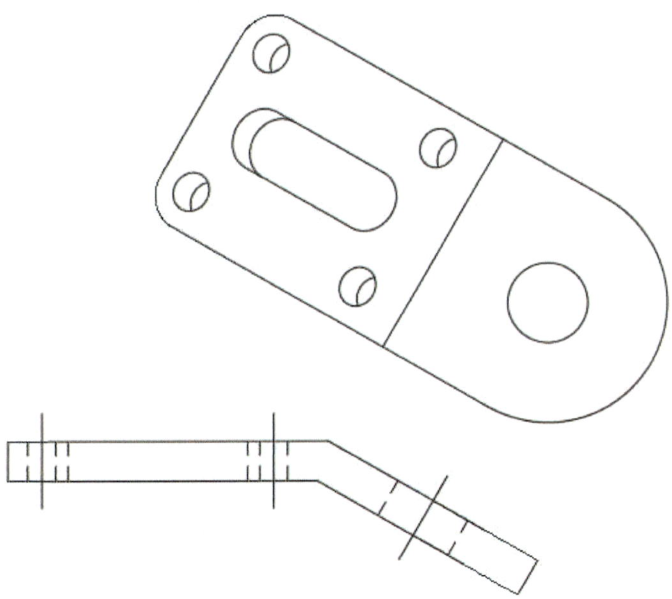

(5) 단면도 아이콘을 클릭한다.

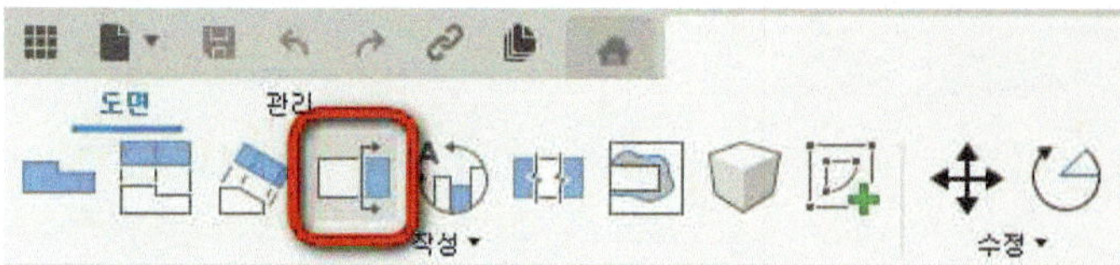

ⓐ 단면의 위치를 지정할 뷰를 선택한다.

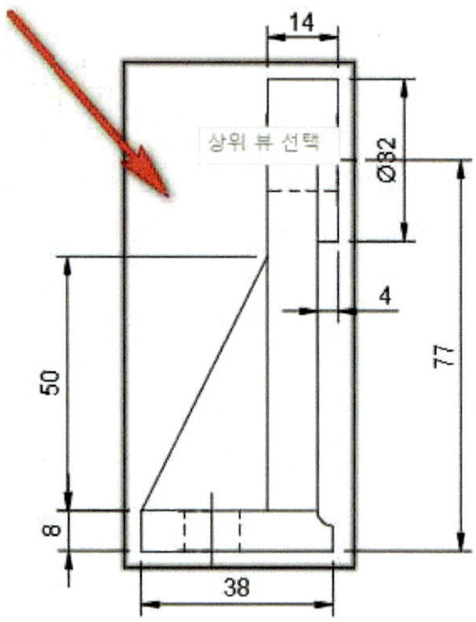

ⓑ 다음의 그림처럼 중심선의 양 끝점을 클릭한다.

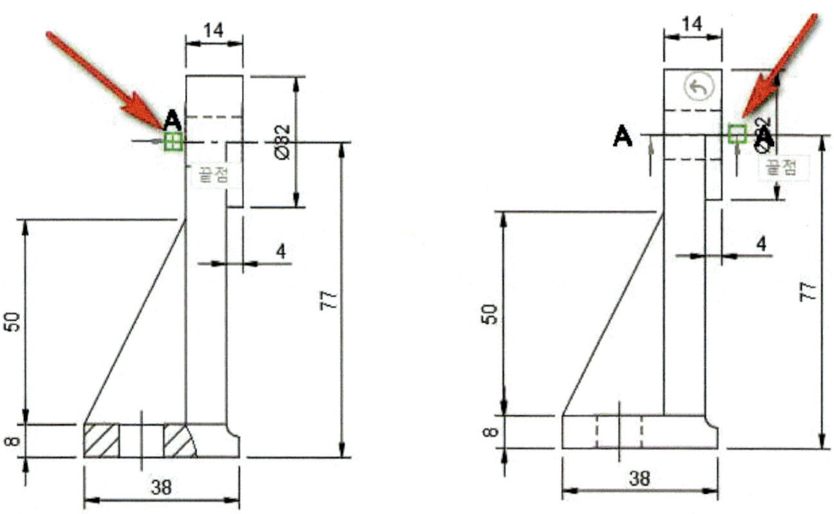

ⓒ 마우스를 움직이면 단면도를 배치할 위치를 지정하고 확인을 클릭한다.

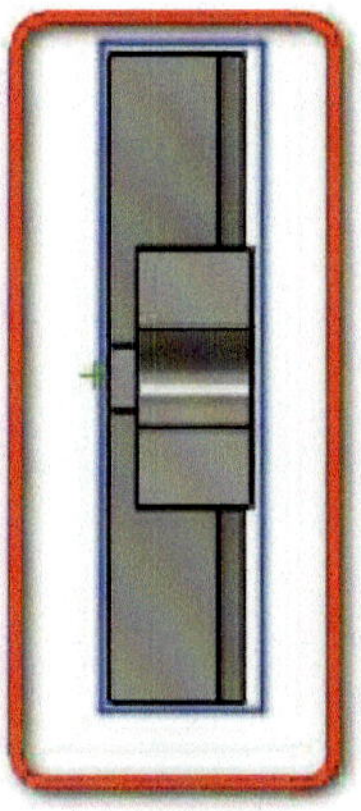

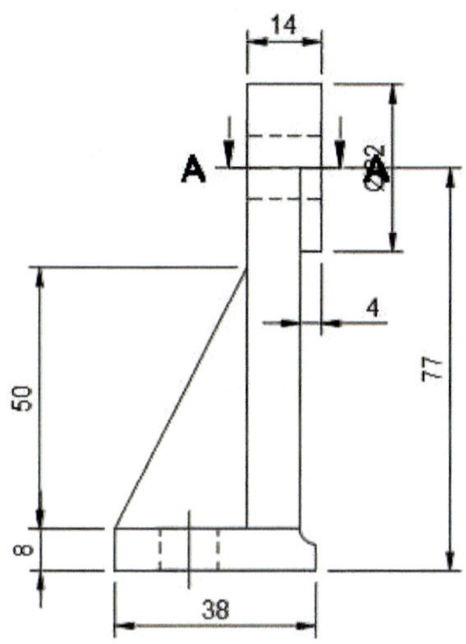

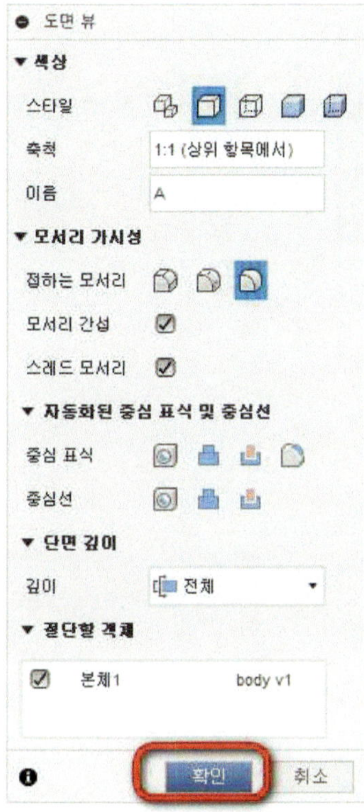

ⓓ 단면도가 생성된다.

A-A (1:1)

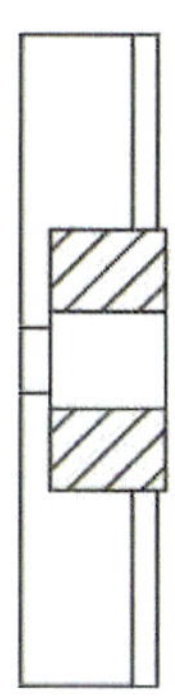

(6) 상세 뷰(상세도) 아이콘을 클릭한다.

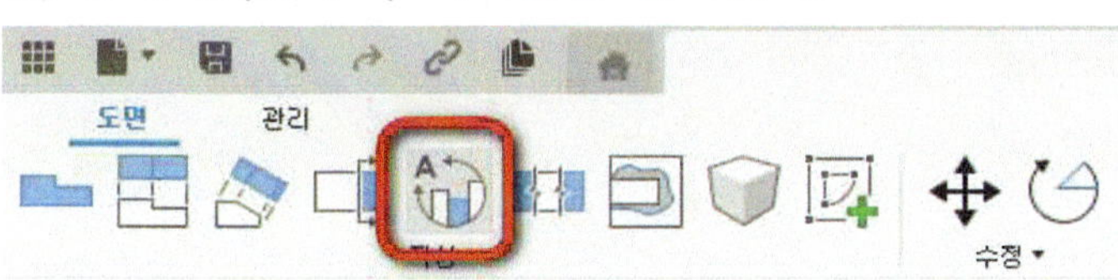

ⓐ 상세 뷰(상세도)를 생성할 뷰를 클릭한다.

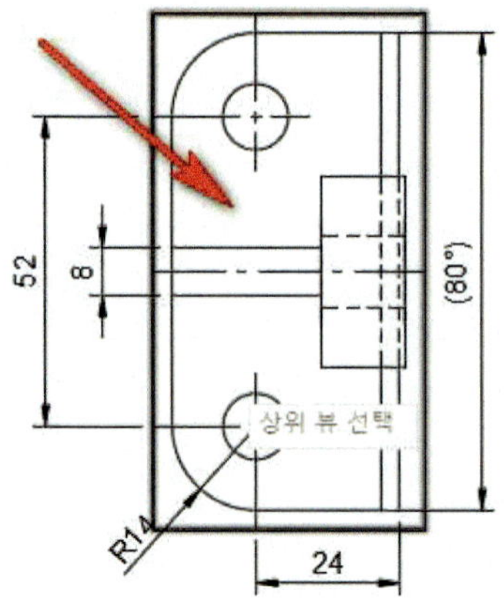

ⓑ 다음의 그림처럼 상세 뷰(상세도)의 범위를 적용할 원을 작성한다.

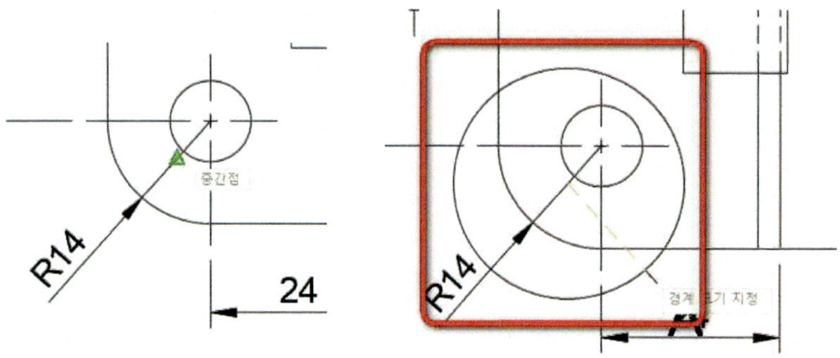

ⓒ 마우스를 움직여 상세 뷰(상세도)를 배치하고 확인을 클릭한다.

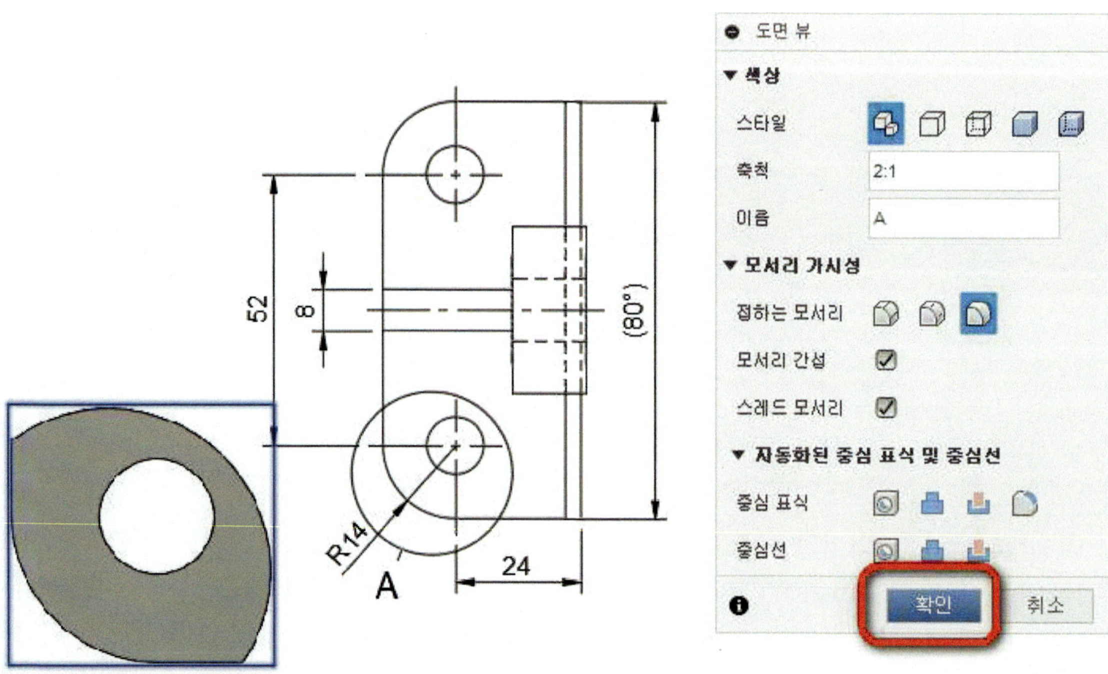

ⓓ 상세 뷰(상세도)가 생성된다.

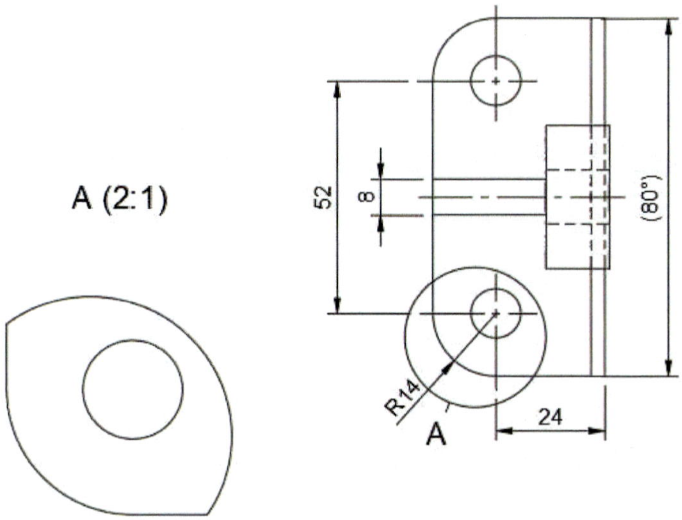

(7) 뷰 끊기 아이콘을 클릭한다.

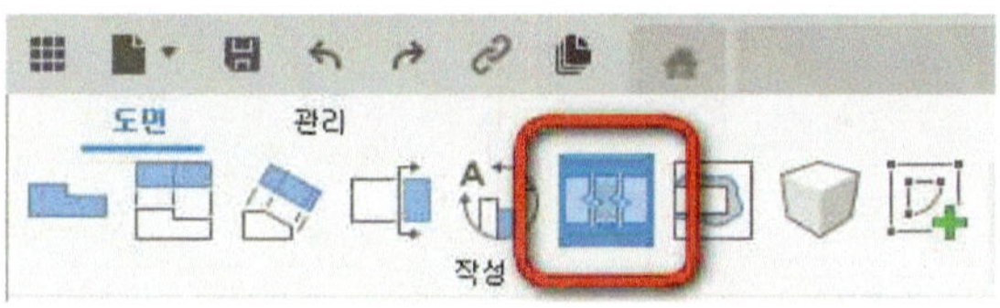

ⓐ 뷰 끊기를 적용할 뷰를 클릭한다.

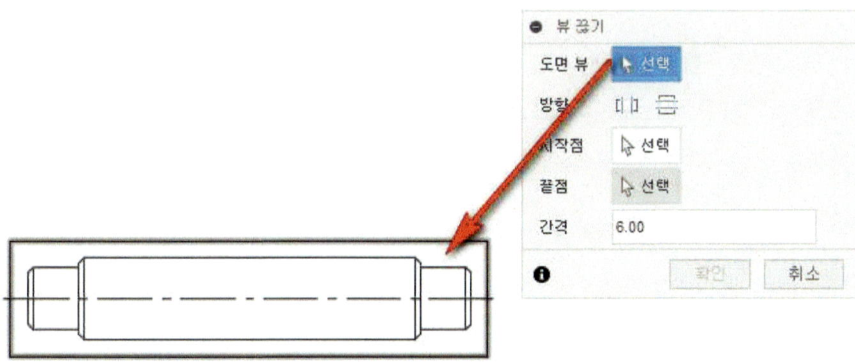

ⓑ 다음의 그림처럼 뷰 끊기의 시작 점과 끝점을 지정하고 확인을 클릭한다.

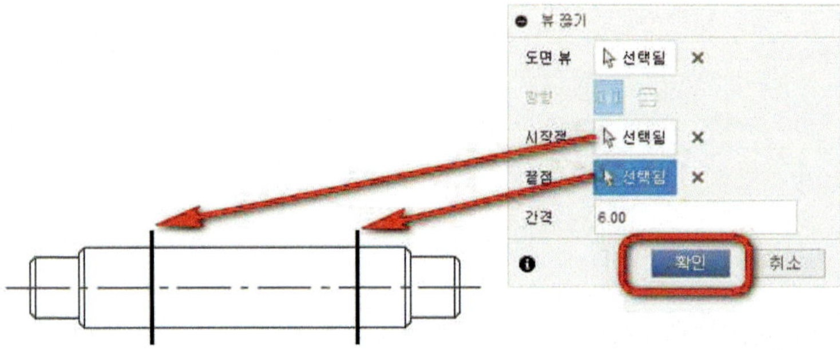

ⓒ 뷰 끊기가 생성된다.

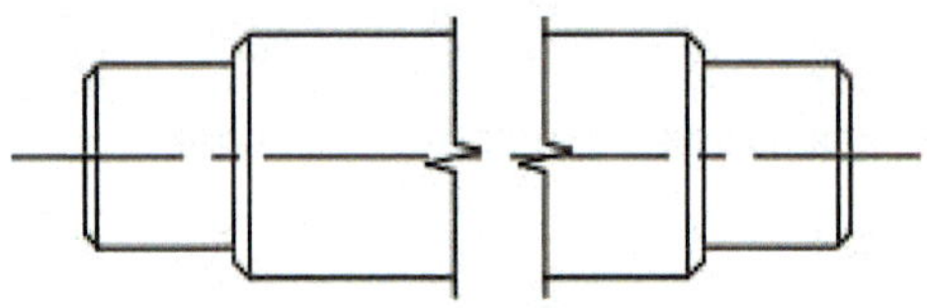

(8) 브레이크 아웃 단면 뷰(부분 단면도) 아이콘을 클릭한다.

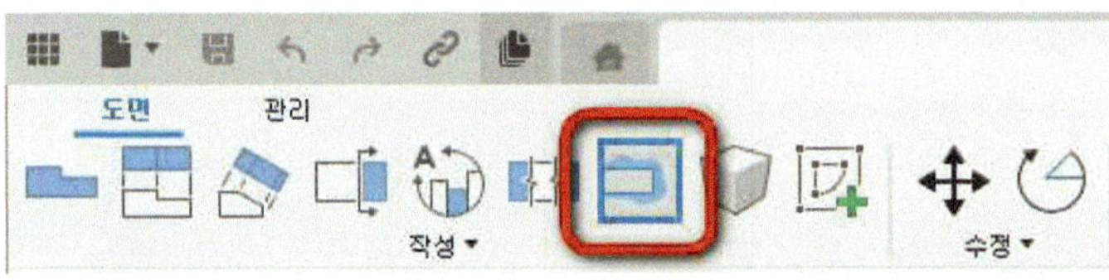

ⓐ 브레이크 아웃 단면 뷰(부분 단면도)를 적용할 뷰를 클릭한다.

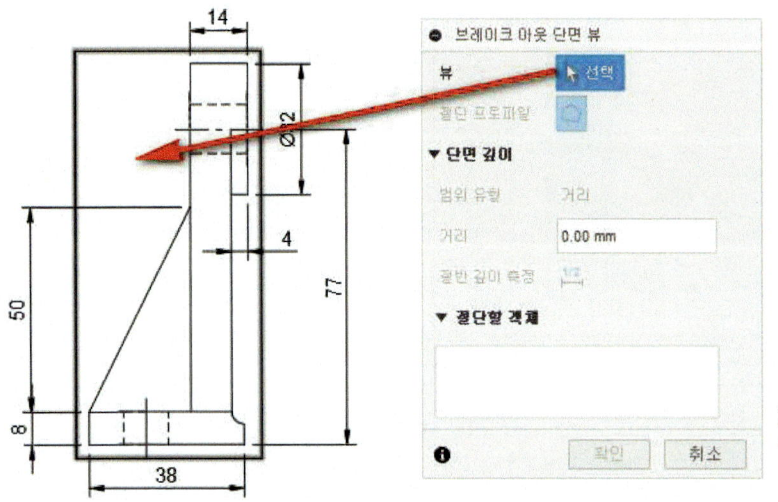

ⓑ 브레이크 아웃 단면 뷰(부분 단면도)를 생성한 절단 프로파일(닫힌 스프라인)을 마우스로 클릭한다.

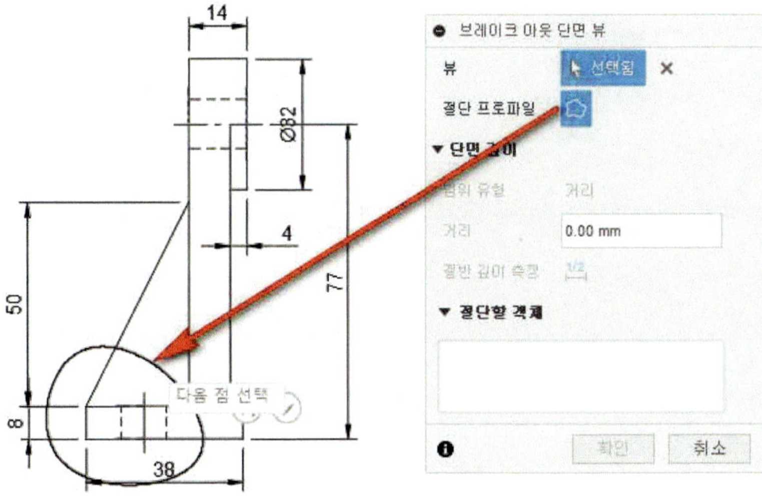

ⓒ 절단 프로파일(닫힌 스프라인)을 적당히 생성되면 '작성 및 계속' 아이콘을 클릭하거나 마우스 오른쪽 버튼을 누르고 '계속' 아이콘을 클릭한다.

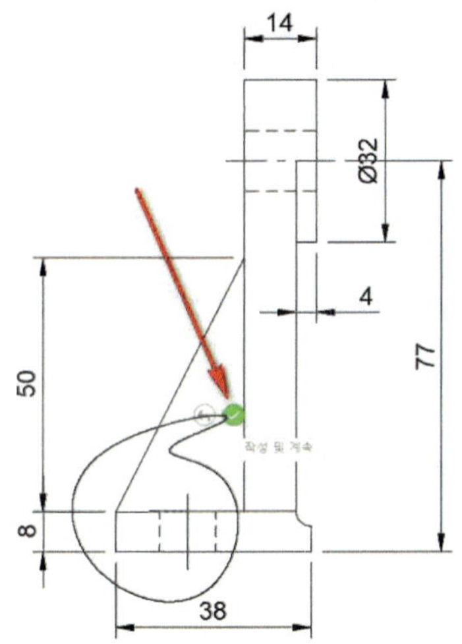

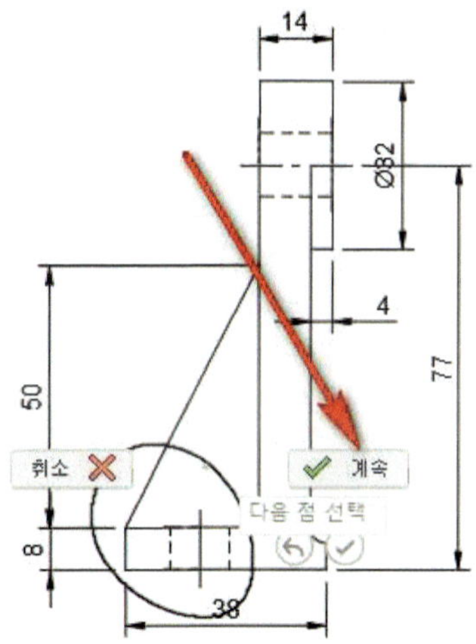

ⓓ 브레이크 아웃 단면 뷰(부분 단면도) 대화상자에 자동으로 해당 부분의 폭이 1/2로 연산되어 단면이 적용되고 있다.

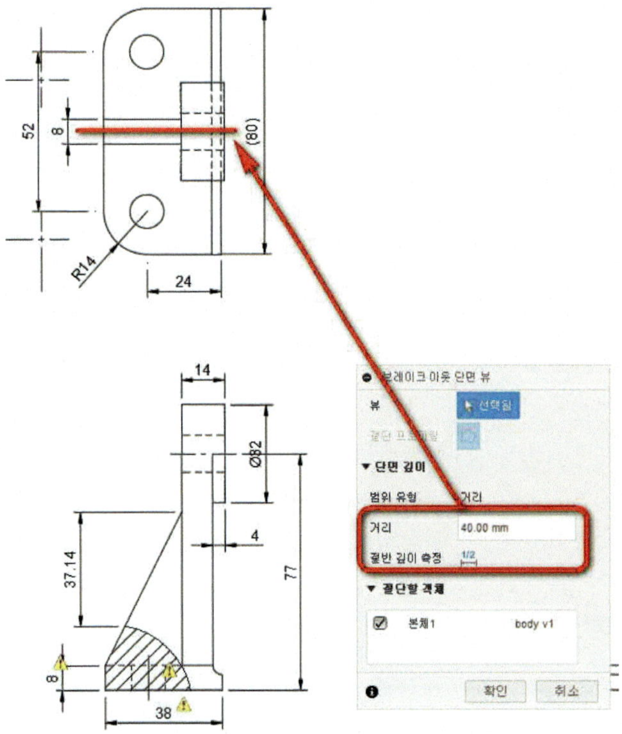

ⓔ 다음의 그림처럼 브레이크 아웃 단면 뷰(부분 단면도)으로 표시하고 하려는 위치의 수치를 입력하고 확인을 클릭한다.

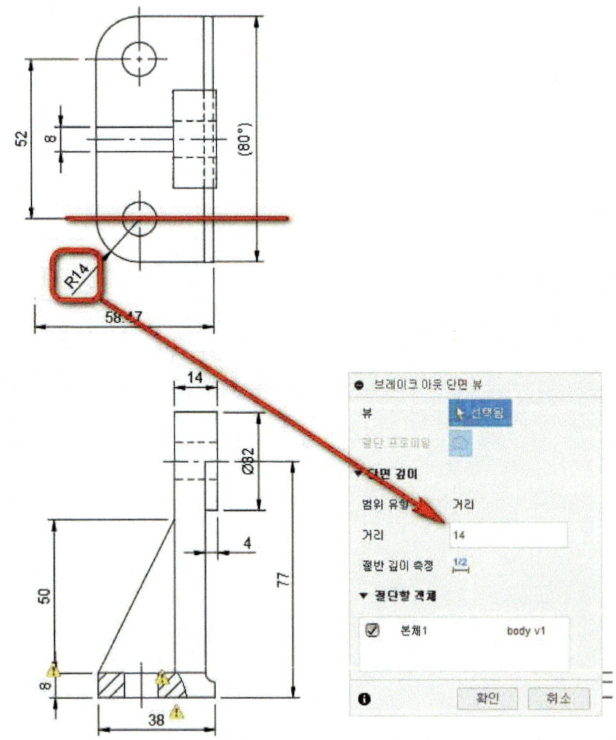

ⓕ 브레이크 아웃 단면 뷰(부분 단면도)가 생성된다.

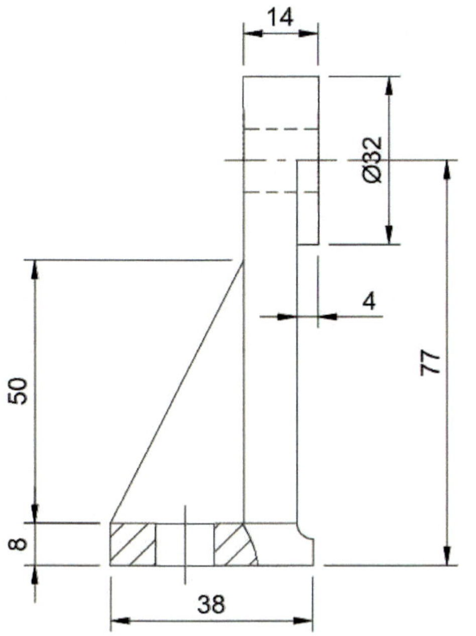

참고

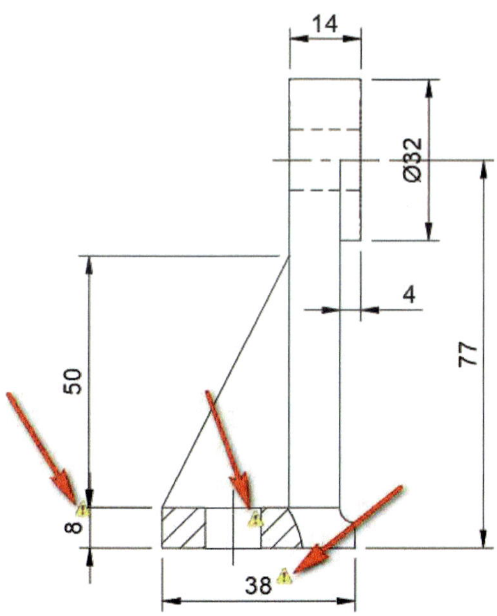

치수를 기입하고 브레이크 아웃 단면 뷰(부분 단면도)를 적용하면 그림처럼 노란 느낌표가 나타날 수 있다.

이는 치수를 기입할 때, 선택한 모서리선이 단면의 적용으로 달라졌기 때문이다.

결국 브레이크 아웃 단면 뷰(부분 단면도)를 먼저 적용하고 차수나 중심선을 기입한다.

(9) 중심선 아이콘을 클릭한다.

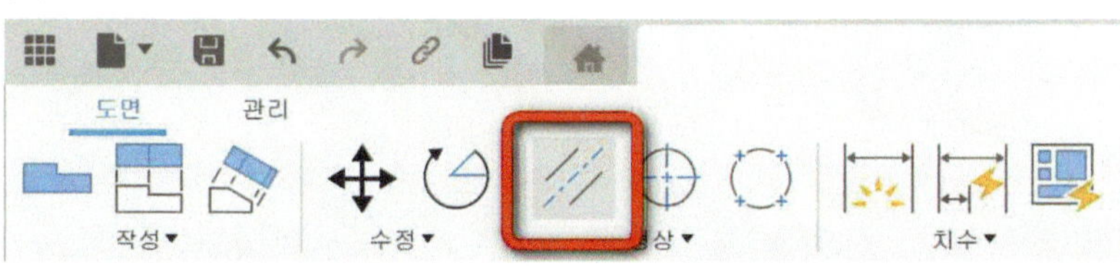

ⓐ 다음의 그림처럼 두 선을 클릭하면 두 선 사이에 중심선이 나타난다.

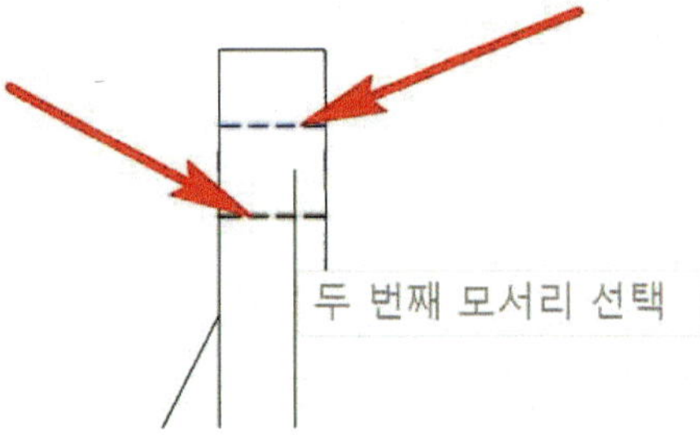

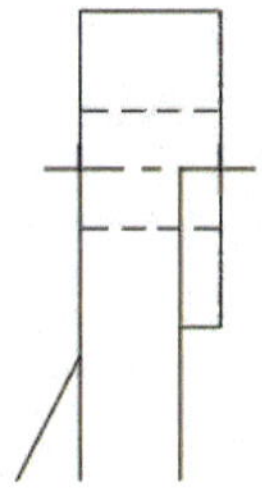

ⓑ 다음의 그림처럼 두 선을 클릭하여 중심선의 길이가 짧은 경우

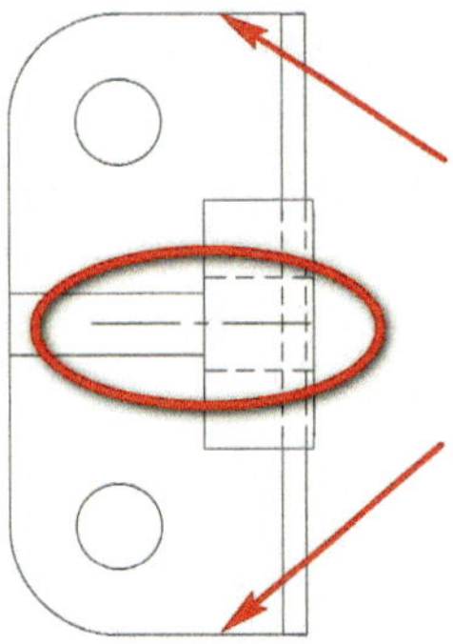

ⓒ 키보드의 ESC 키를 눌러 적용하던 명령을 해제하고 중심선을 클릭한다.

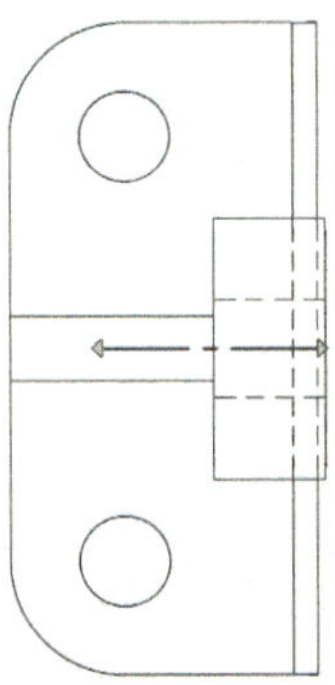

ⓓ 중심선의 끝에 표시된 화살표를 드래그하여 원하는 길이로 늘이거나 줄일 수 있다.

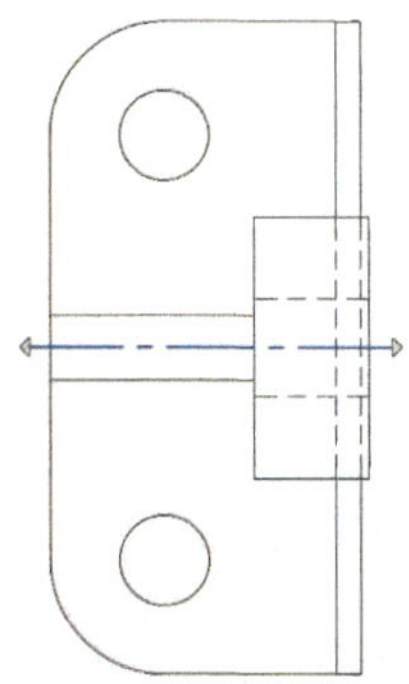

(10) 중심 표식 아이콘을 클릭한다.

ⓐ 기준 뷰, 투영된 뷰에 보이는 원 또는 원호를 클릭하면 중심선이 표시된다.

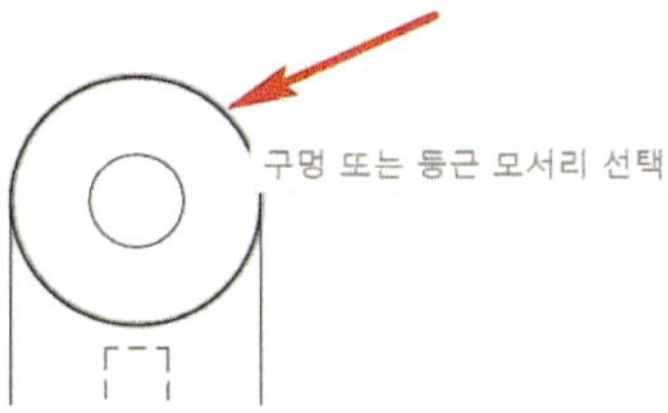

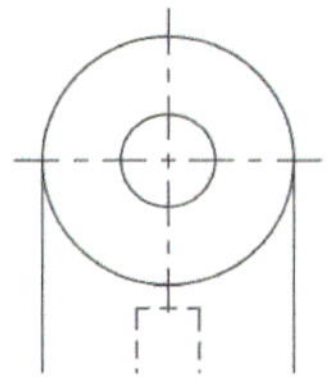

ⓑ 키보드의 ESC 키를 눌러 적용하던 명령을 해제하고 중심선을 클릭한다.

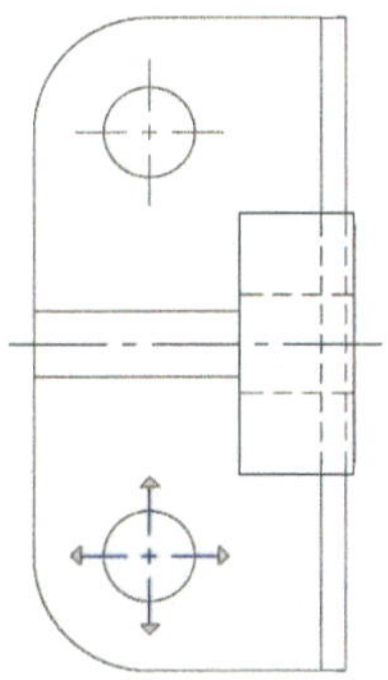

ⓒ 중심선의 끝에 표시된 화살표를 드래그하여 원하는 길이로 늘이거나 줄일 수 있다.

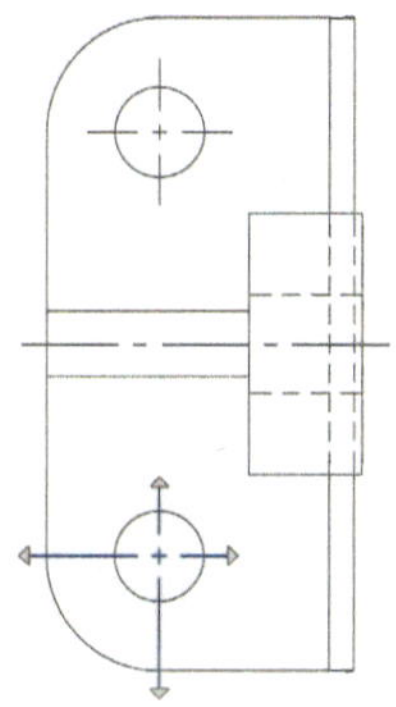

ⓓ 다음 그림처럼 중심선을 작성한다.

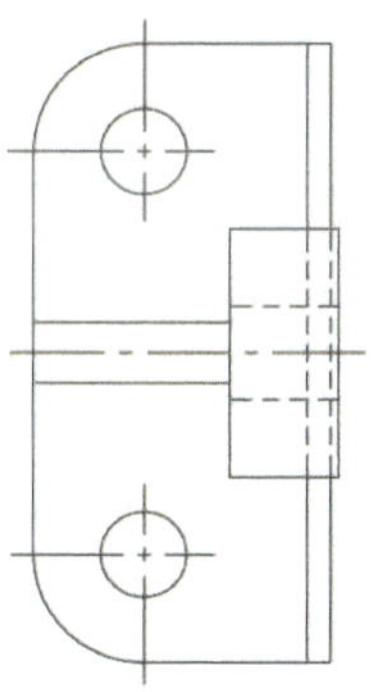

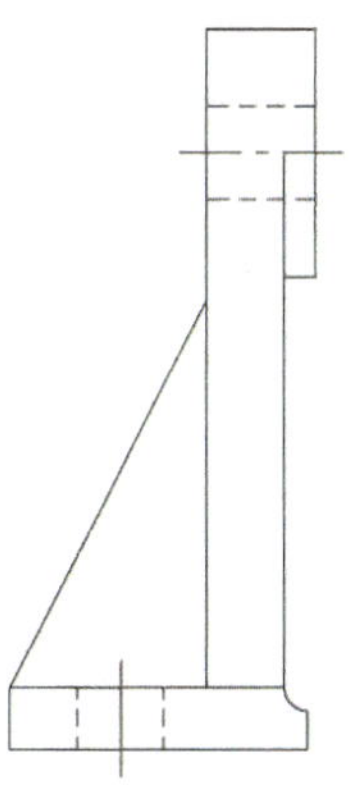

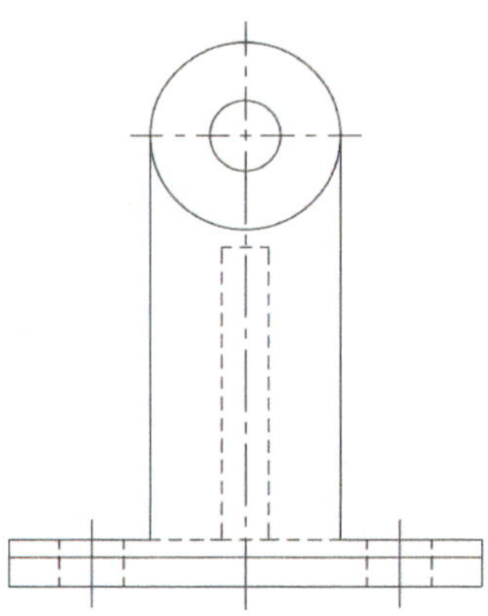

(11) 치수 아이콘을 클릭한다.

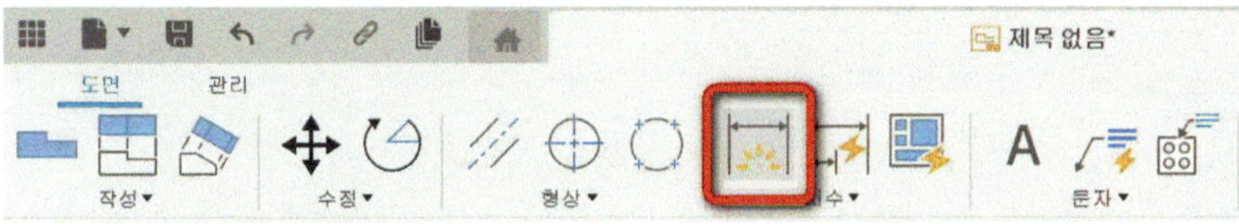

ⓐ 다음의 그림처럼 정면도(기준 뷰)의 아래 선과 상단의 중심선을 선택하고 치수선의 위치를 클릭하면 치수가 기입된다.

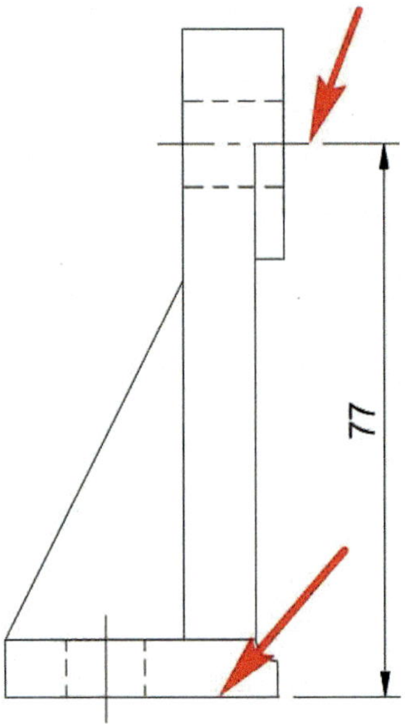

ⓑ 다음의 그림처럼 3D 형상이 원의 형상인 모서리 선을 클릭하면 '∅' 기호가 추가된다.

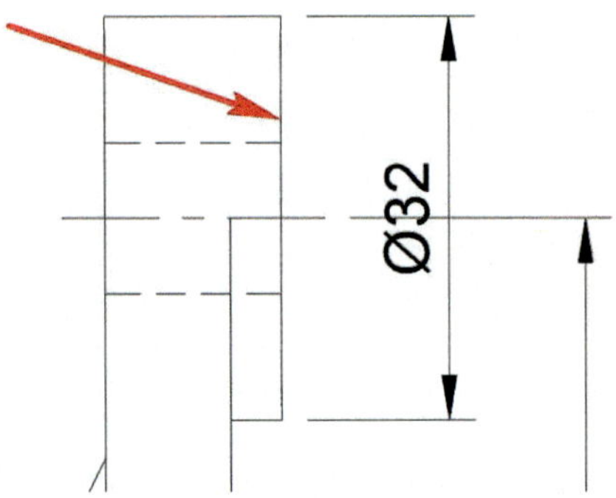

ⓒ 경사진 선을 클릭하면 경사진 선내 평행한 길이가 나타난다.

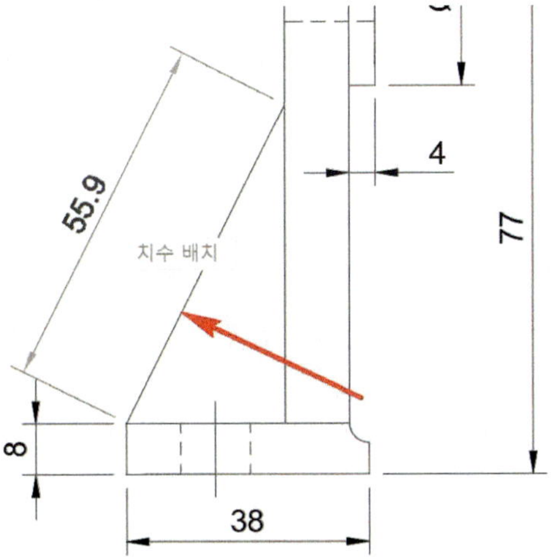

ⓓ 다음의 그림처럼 마우스의 오른쪽 버튼을 누르면 나타나는 '수직'을 클릭한다.

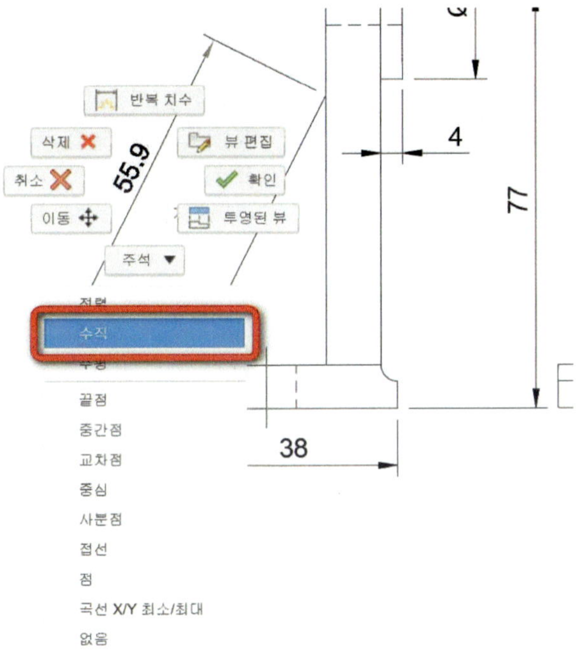

ⓔ 경사진 선의 수직한 치수를 입력할 수 있다.

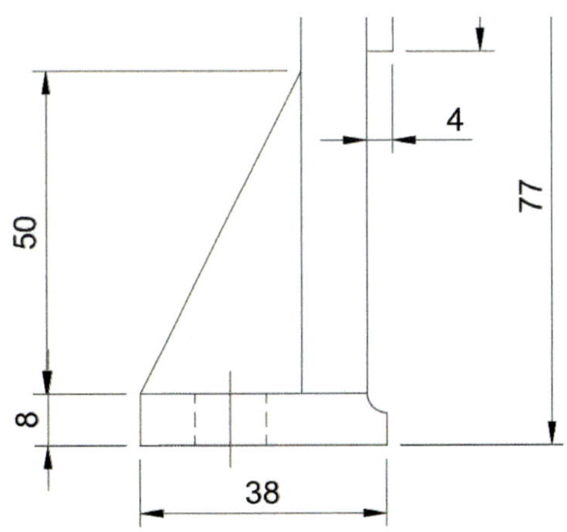

ⓕ 다음의 그림처럼 치수 80을 기입한다.

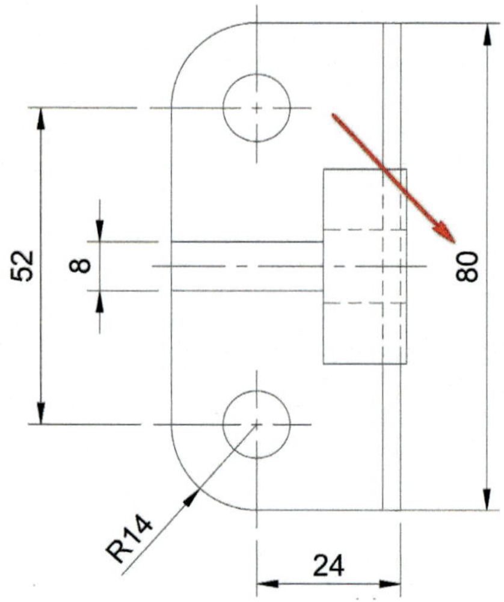

ⓖ ESC 키를 눌러 치수 명령을 해제하고 치수 80을 더블클릭하면 치수 대화상자가 나타난다.

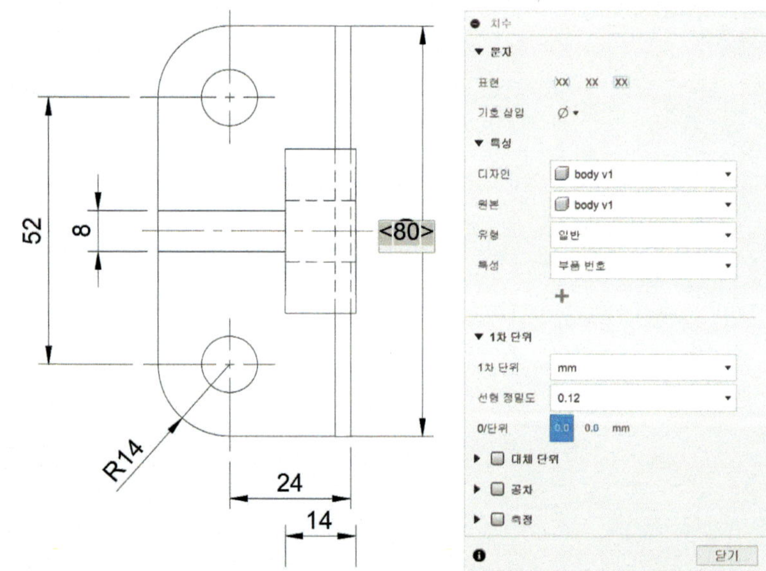

ⓗ 다음의 그림처럼 치수 대화상자의 '참조 치수'를 클릭한다.

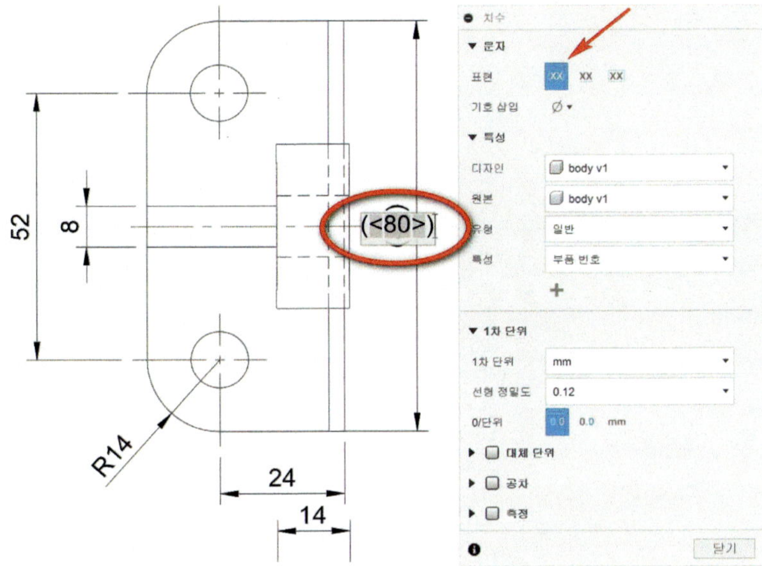

ⓘ 치수에 ( )가 추가되어 표시된다.

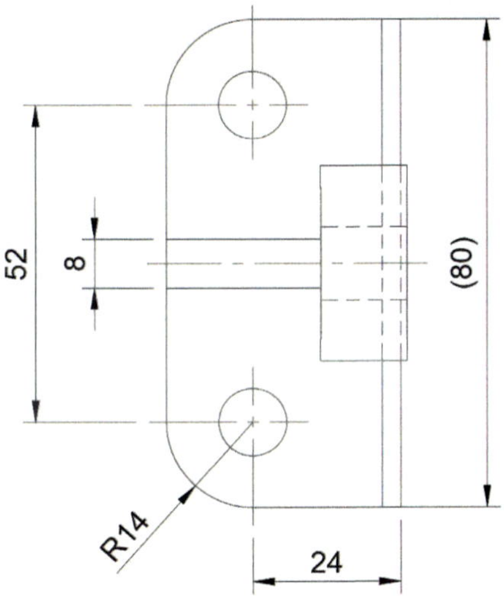

ⓙ 치수 (80)을 더블클릭하여 치수 대화상자가 표시되도록 한다.

ⓚ 치수 대화상자의 '기호 삽입'을 클릭하면, 치수에 추가할 수 있는 기호들이 나타나 난다.

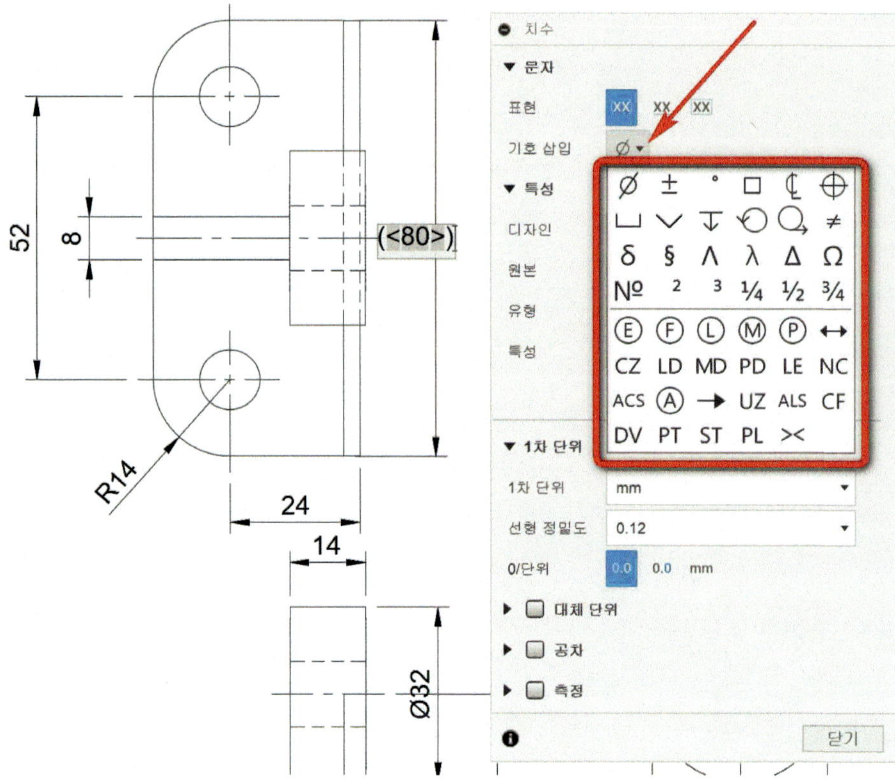

① 치수 (<80>)에 커서를 위치하고 기호를 클릭하면 커서 위치에 기호가 추가된다.

(12) 지름 치수를 클릭한다.

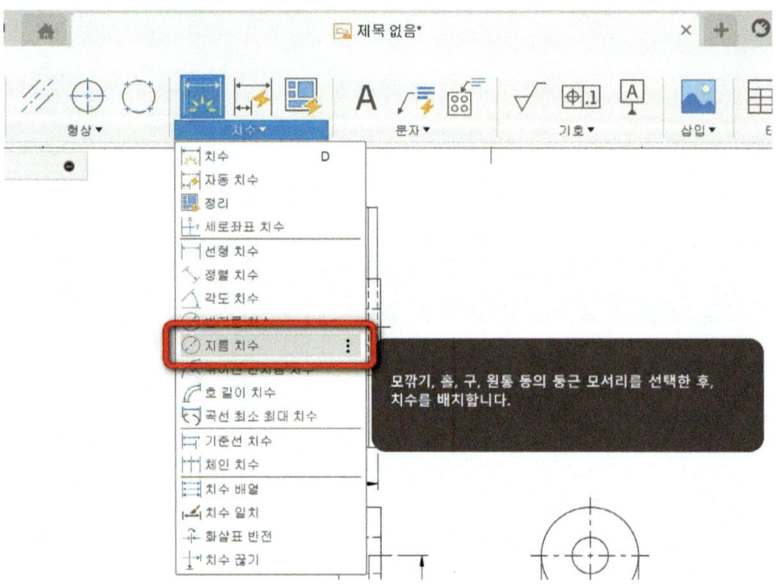

ⓐ 다음의 그림처럼 우측면도(투영된 뷰)의 원을 클릭하면 지름 치수가 기입된다.

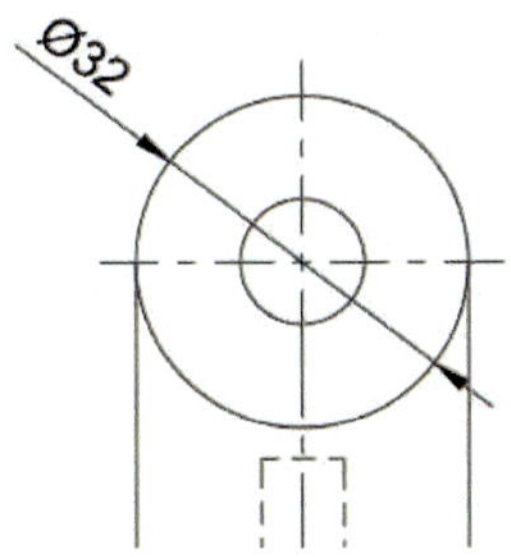

(13) 반지름 치수를 클릭한다.

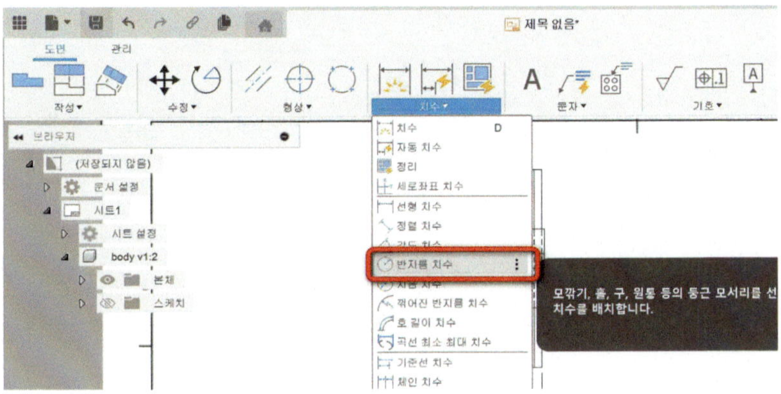

ⓐ 다음의 그림처럼 평면도(투영된 뷰)의 원호를 클릭하면 반지름 치수가 기입된다.

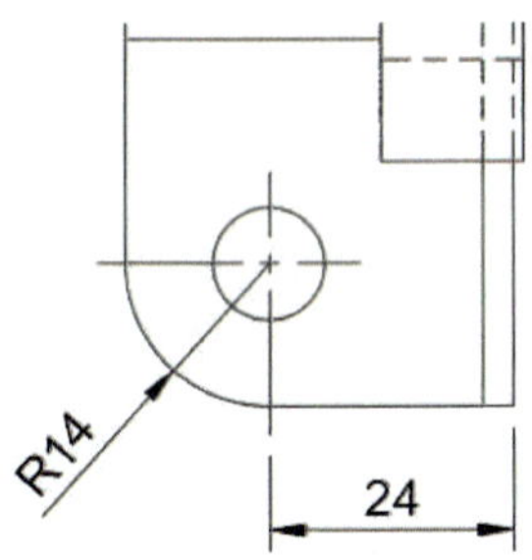

(14) 시트의 경계 표시(윤곽선, 중심마크) 작성하기

ⓐ 브라우저의 시트 설정의 시트 크기에서 마우스 우측버튼을 누르면 나타나는 '경계 편집'을 클릭한다.

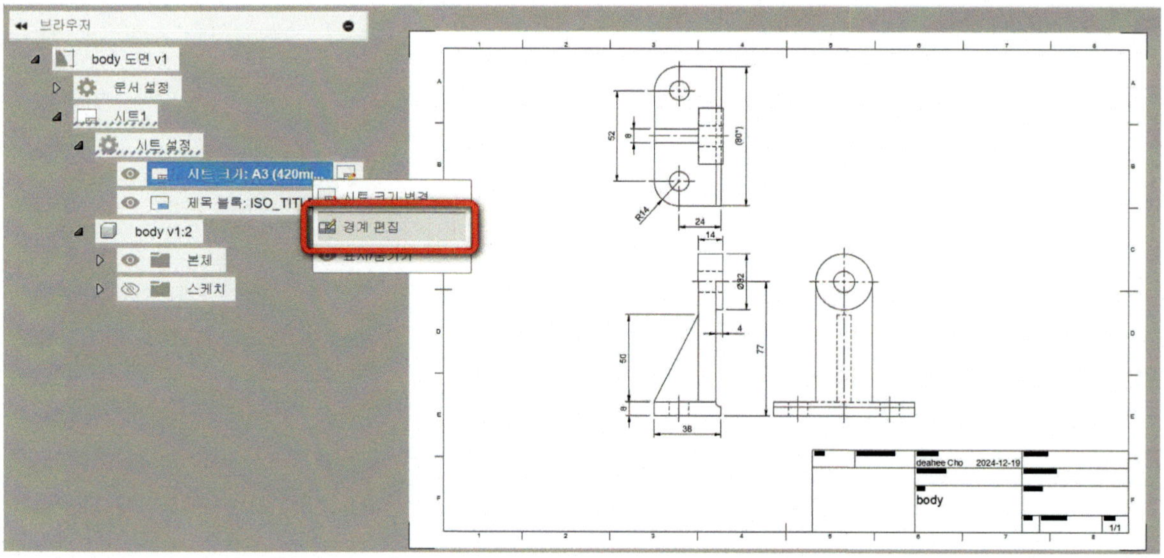

ⓑ 수정이 가능한 시트의 경계가 나타난다.

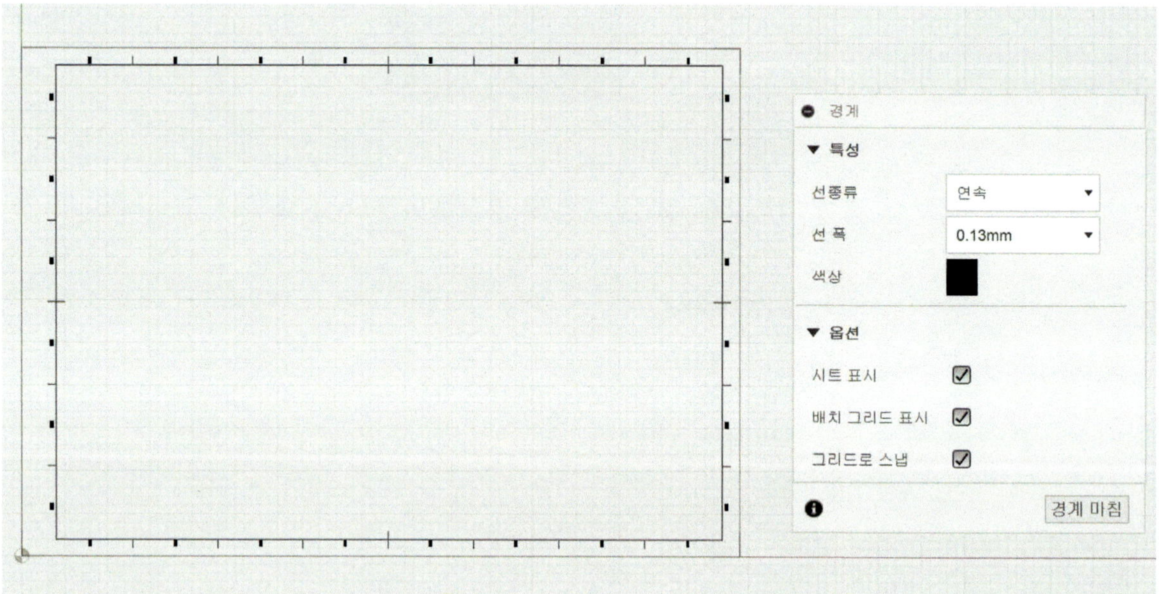

ⓒ 다음의 그림처럼 마우스를 드래그하여 일정 영역을 설정하고 키보드의 Delete 키를 누르면 삭제된다.

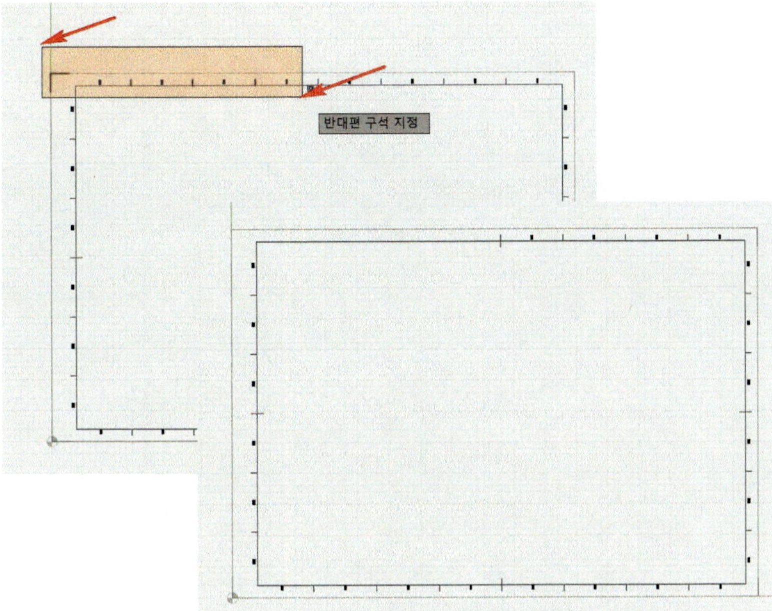

ⓓ 동일한 방법으로 경계 표식을 모두 지운다.

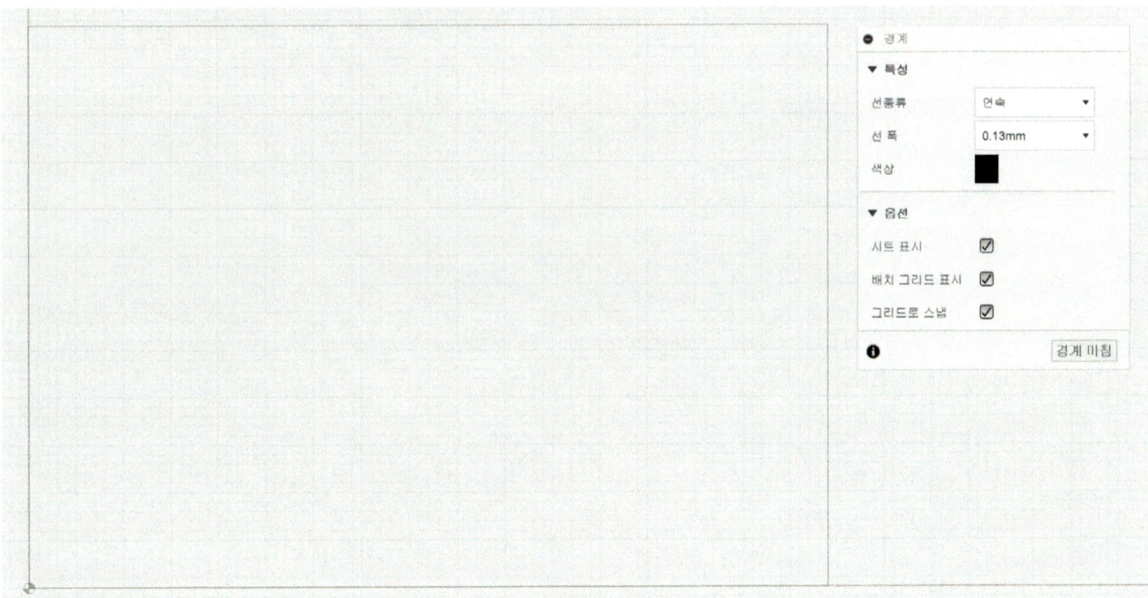

참고
지워지지 않은 직사각형은 설정된 크기(A3)의 영역을 표시하고 있다.

ⓔ 2점 직사각형 아이콘을 클릭한다.

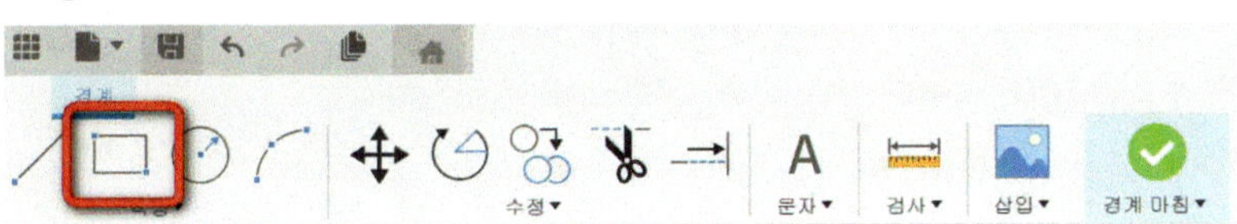

ⓕ 경계 대화상자에서 선 폭을 0.7mm로 지정한다.

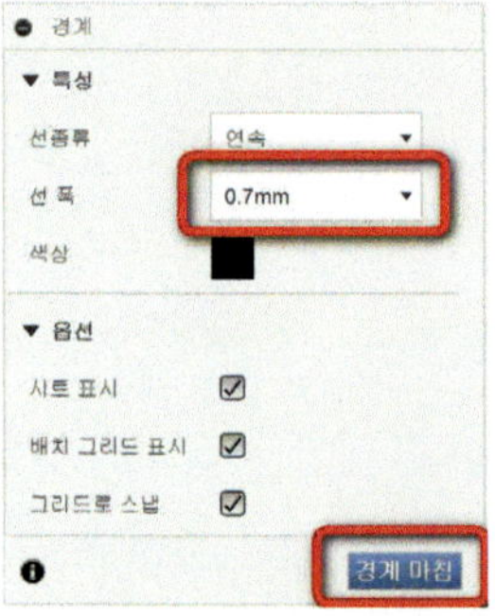

참고
경계 표시 환경에서는 치수 기입을 지원하지 않아 좌표와 점을 이용하여 작성한다.

ⓖ 설정 영역의 좌측 하단의 점을 클릭, 마우스를 우측 상단으로 이동하고 10, 10을 입력한다.

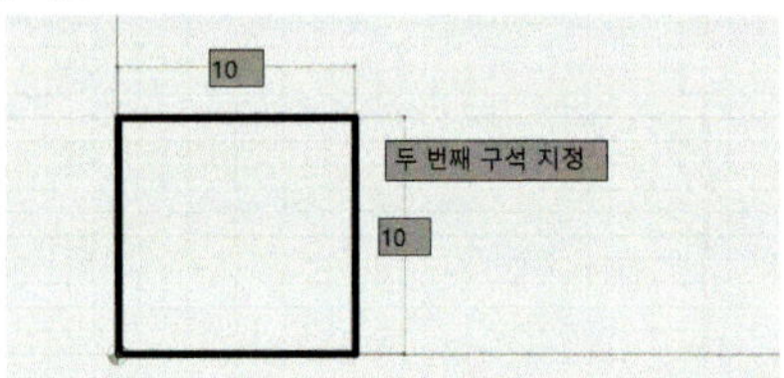

ⓗ 설정 영역의 우측 상단의 점을 클릭, 마우스를 좌측 하단으로 이동하고 10, 10을 입력한다.

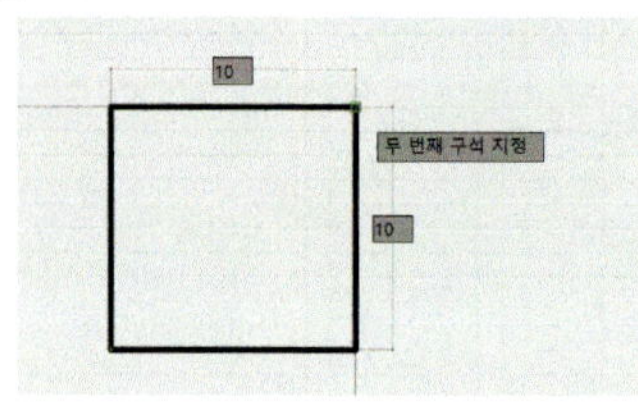

ⓘ 두 개의 정사각형이 작성되었다.

ⓙ 2점 직사각형 아이콘을 클릭하고 다음의 그림처럼 직사각형을 작성한다.

ⓚ 두 개의 정사각형을 선택하고 Delete 키로 삭제한다.

ⓛ 간격띄우기를 클릭한다.

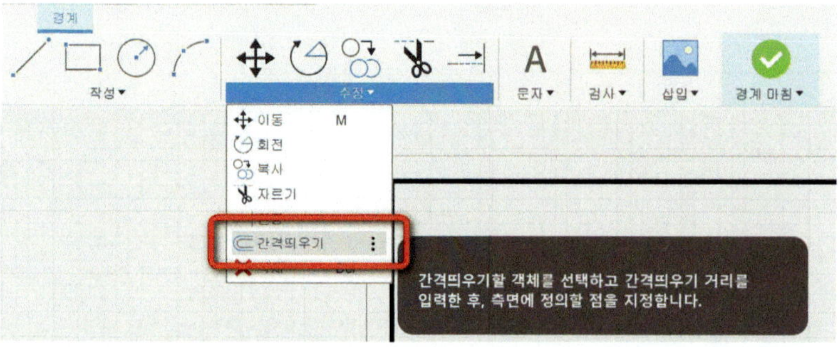

ⓜ 거리를 5로 입력, 앞에서 작성한 직사각형을 클릭하고 직사각형의 안쪽을 클릭하여 안쪽으로 간격띄우기를 실행한다.

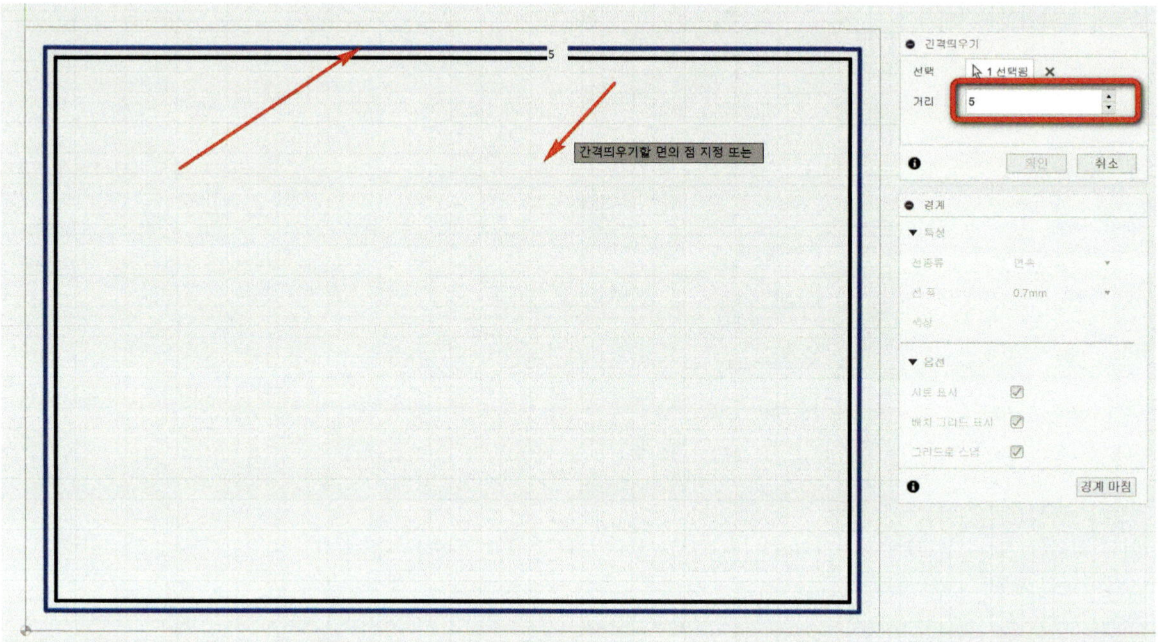

ⓝ 선 아이콘을 클릭한다.

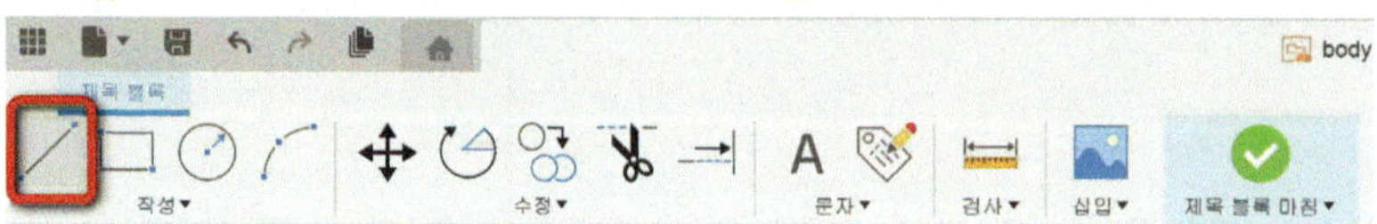

ⓞ 설정 영역의 상단 가운데로 마우스를 위치하면 중간 점을 클릭할 수 있으며, 간격띄우기로 작성된 선의 증간 점을 클릭하여 선을 작성한다.

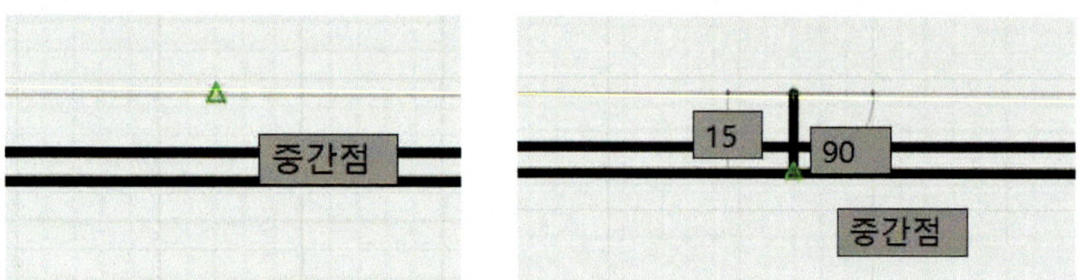

ⓟ 다음처럼 네 개 변의 중간에 각각의 선을 작성한다.

ⓠ 간격띄우기로 작성한 직사각형을 삭제한다.

ⓡ 경계 대화상자의 경계 마침을 클릭한다.

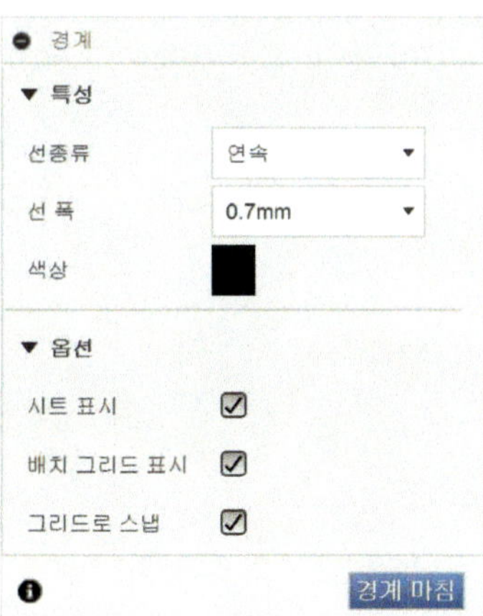

ⓢ 윤곽선과 중심마크가 표시된다.

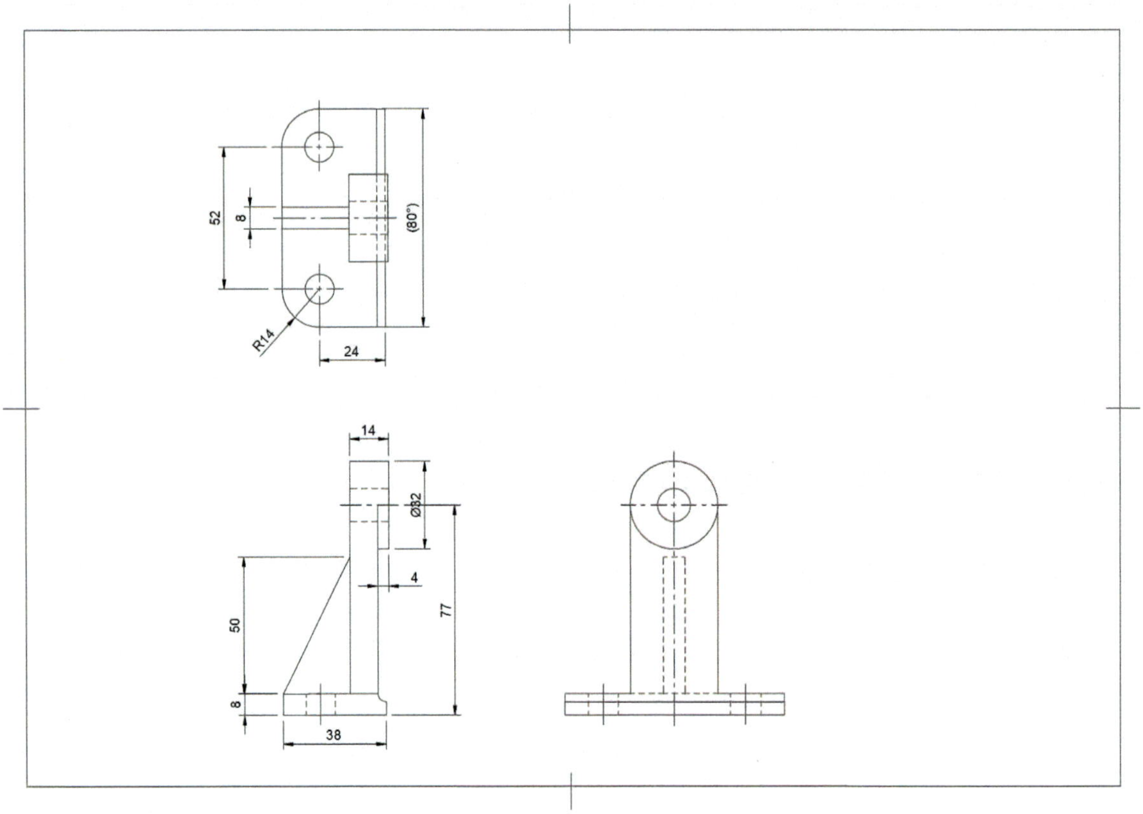

(15) 표제란 작성하기

ⓐ 브라우저의 시트 설정의 '제목 블록'에서 마우스 우측버튼을 누르면 나타나는 '새 제목 블록'을 클릭한다.

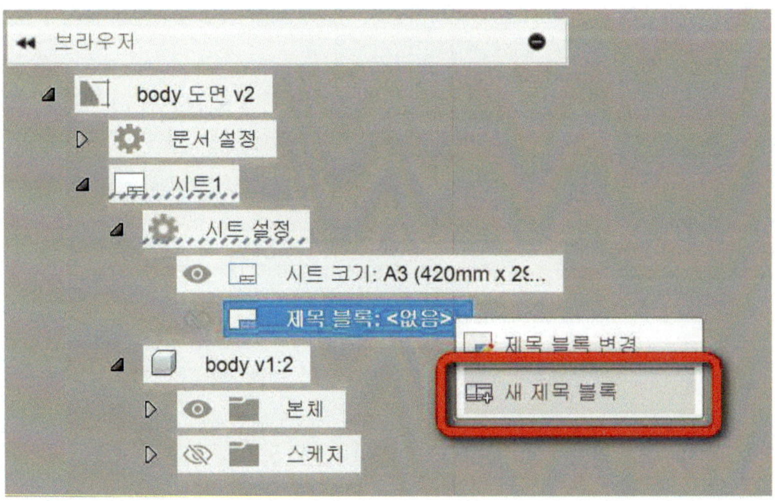

ⓑ 새 제목 블록 대화상자에서 원본을 '처음 부터'로 지정한다.

ⓒ 이름은 '표제란'이라고 입력한다.

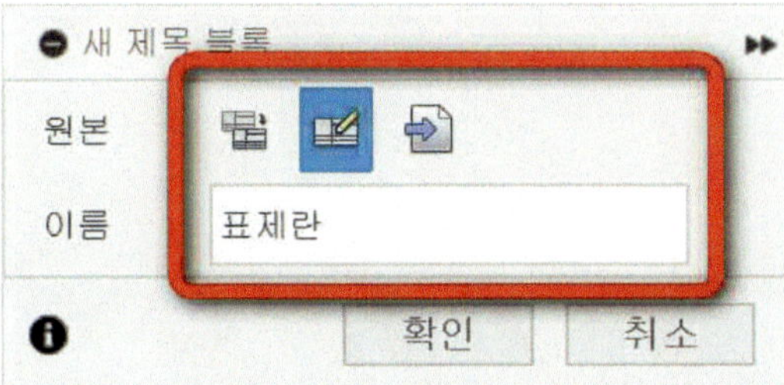

ⓓ 선 아이콘을 클릭한다.

ⓔ 선의 폭을 0.7mm로 지정한다.

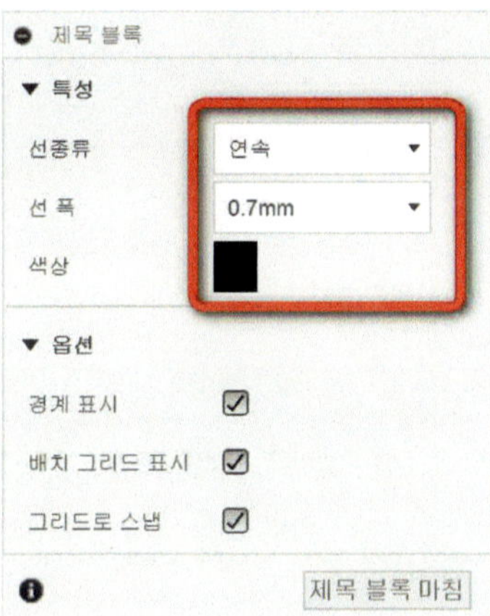

ⓕ 윤곽선의 우측 아래의 구석 점을 클릭하고 마우스를 좌측으로 수평하게 이동하고 값을 120으로 입력한다.

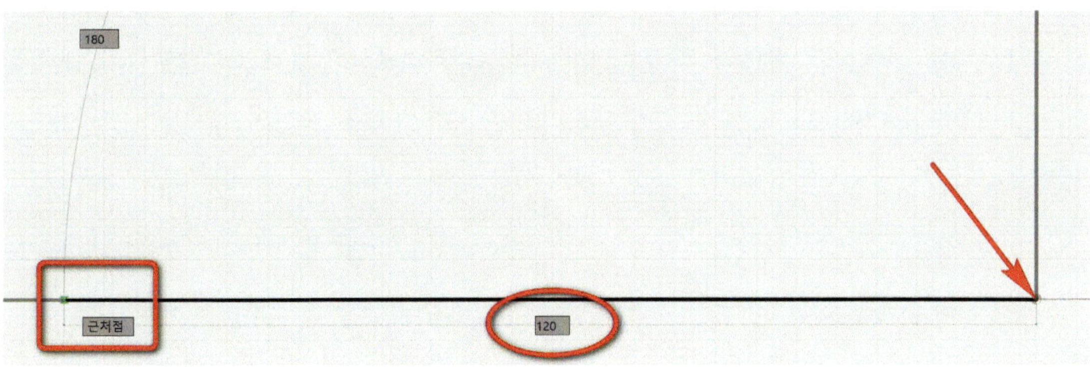

ⓖ 간격띄우기를 선택하고 앞에서 작성한 길이 120의 선을 지정, 거리를 10으로 입력하고 위쪽을 클릭한다.

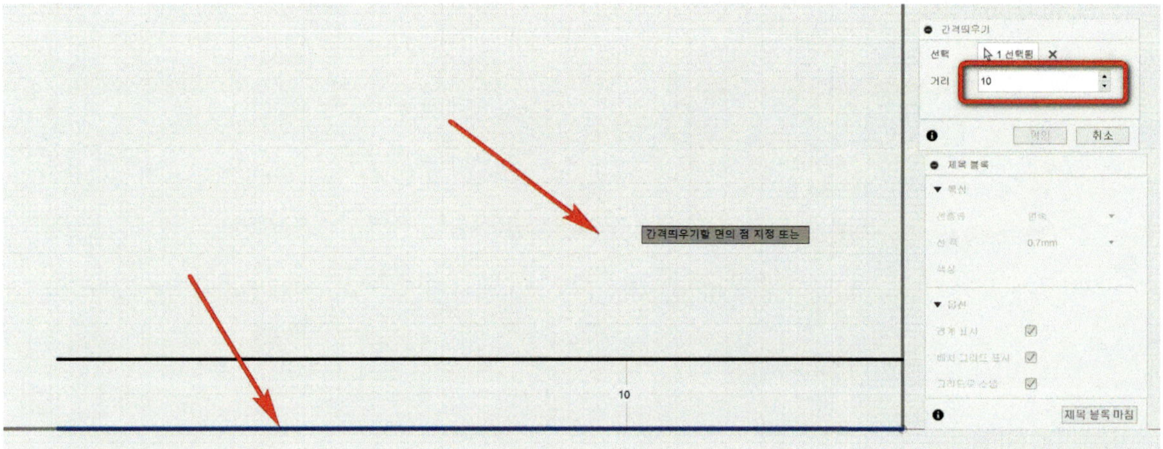

ⓗ 동일한 방법으로 다음과 같이 작성한다.

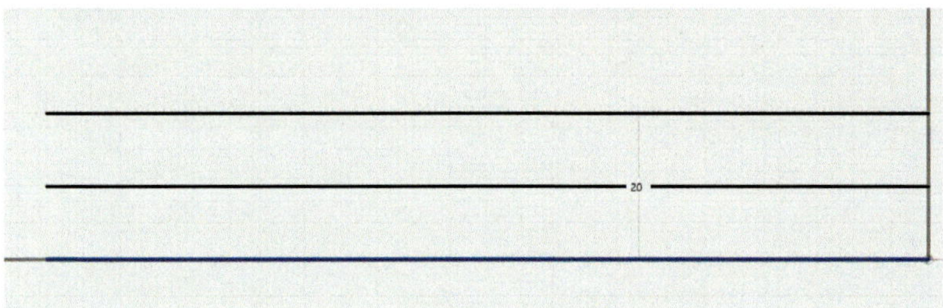

ⓘ 선으로 다음과 같이 작성한다.

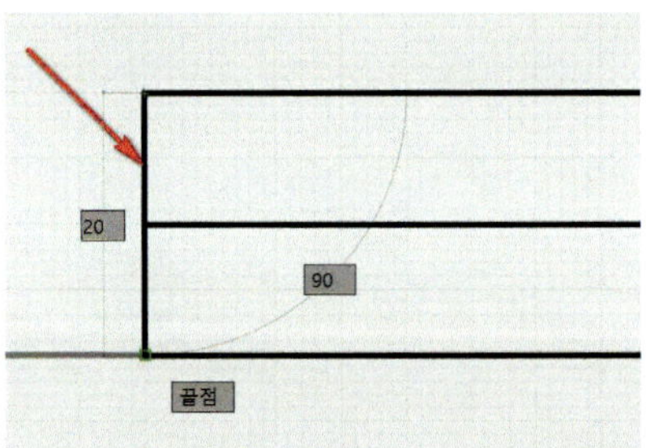

ⓙ 간격띄우기를 선택하고 앞에서 작성한 선을 지정, 거리를 20, 60으로 입력하고 우측을 클릭하여 다음처럼 작성한다.

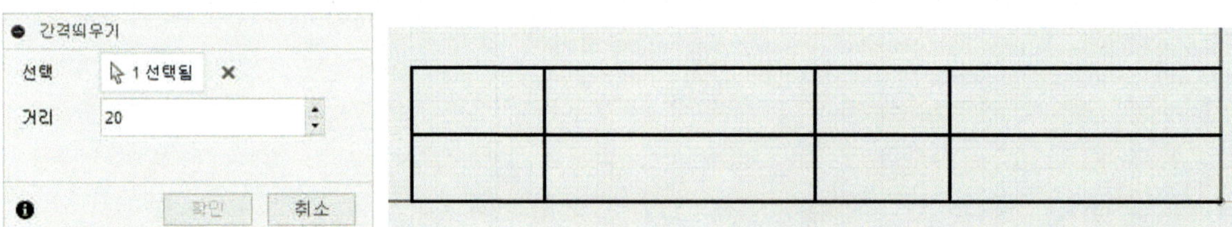

ⓚ 자르기 아이콘을 클릭한다.

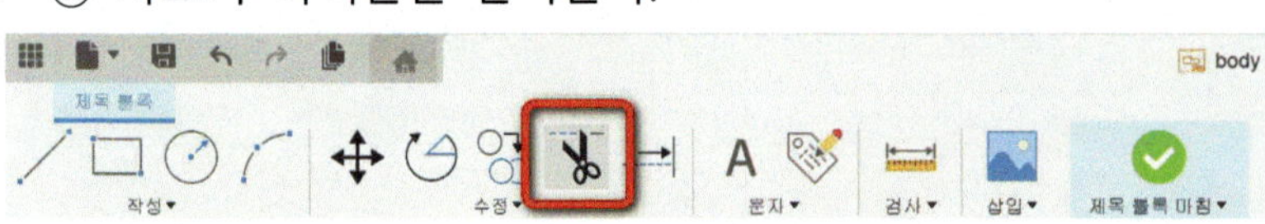

ⓛ 다음처럼 자르기를 한다.

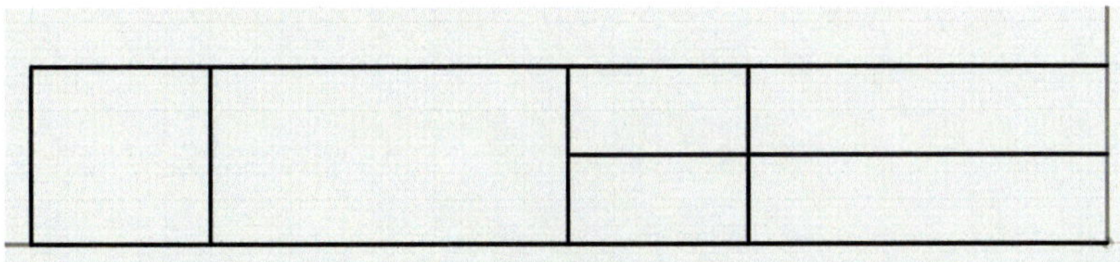

ⓜ 문자 아이콘을 클릭한다.

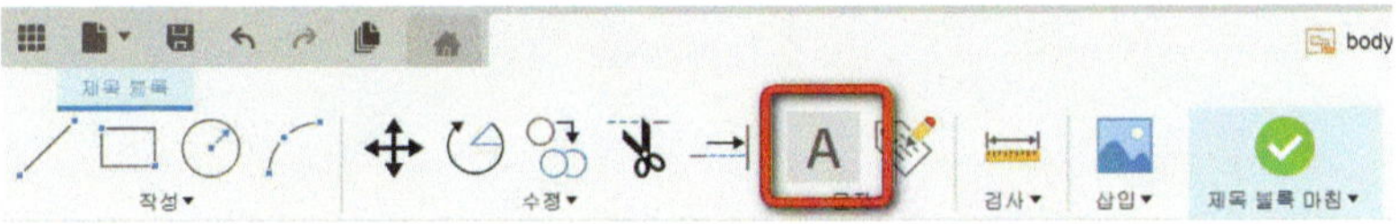

ⓝ 한 칸의 영역을 지정하고 '도 명'을 입력하고 가운데 정렬을 적용한다.

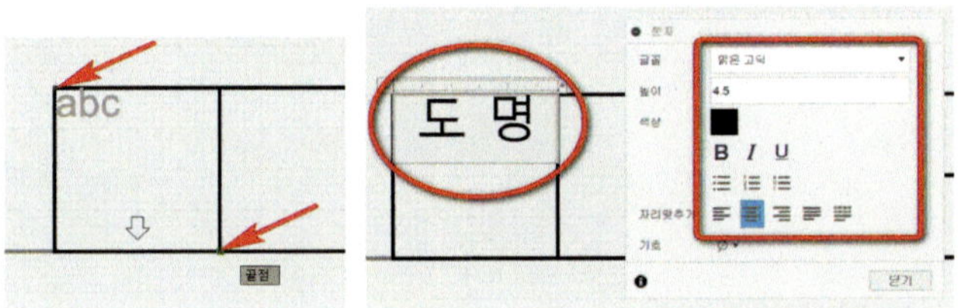

ⓞ 문자의 위치를 조절하고 다음과 같이 작성한다.

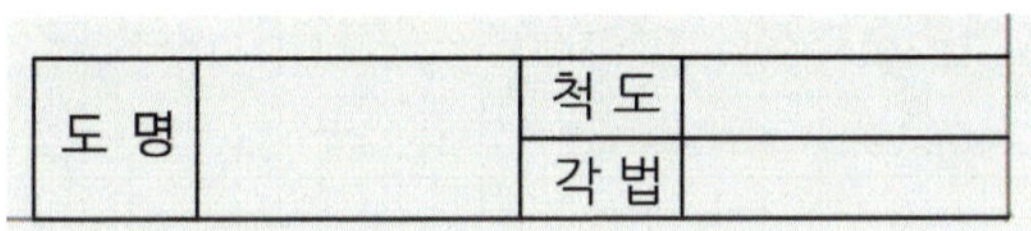

ⓟ 제목 블록 마감을 클릭한다.

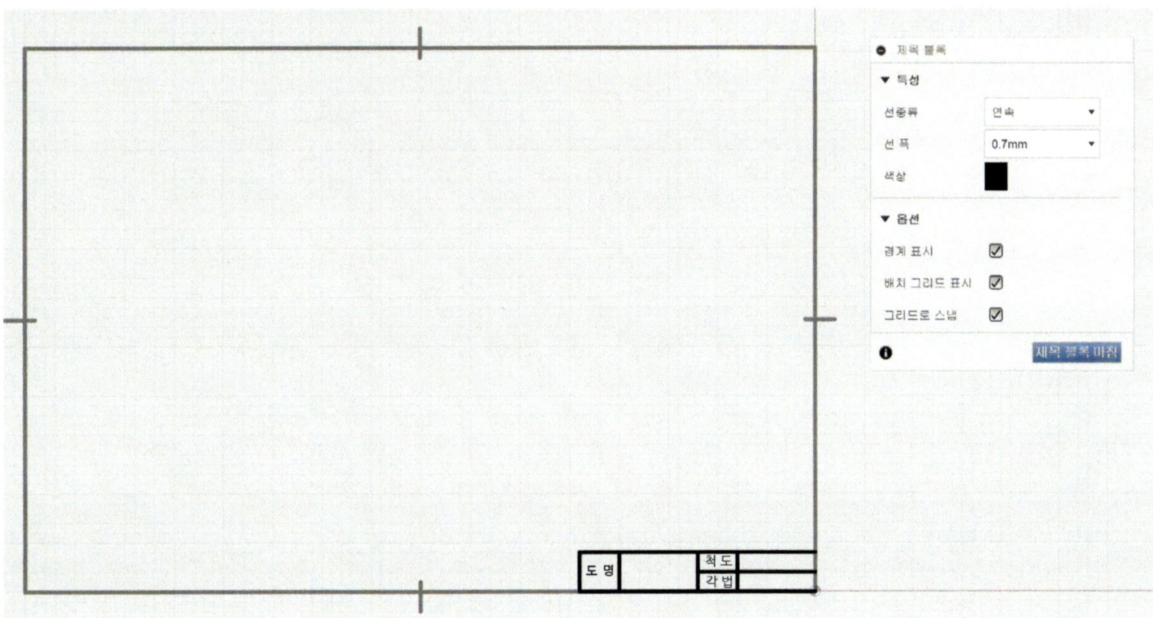

ⓠ 표제란이 작성되었다.

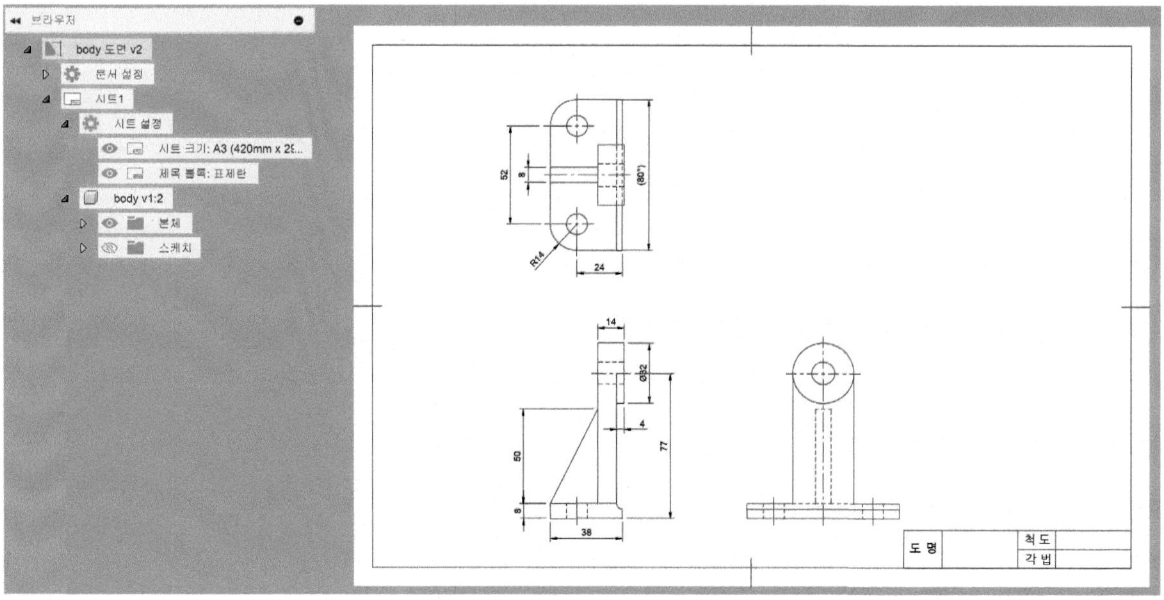
브라우저
body 도면 v2
문서 설정
시트1
시트 설정
시트 크기: A3 (420mm x 29...
제목 블록: 표제란
body v1:2
본체
스케치
52
8
(80°)
R14
24
14
Ø32
4
50
77
8
38
도 명
척 도
각 법

5장

Advance simulation

5-1 정적 응력 해석

(1) 해석용 모델 작성

ⓐ 새 설계 → 스케치 작성 → Y 평면(Green축과 Blue축이 이루는 Green축과 Blue축이 이루는 평면)을 선택하고 다음과 같이 스케치를 작성한다.

ⓑ 스케치 종료를 클릭한다.

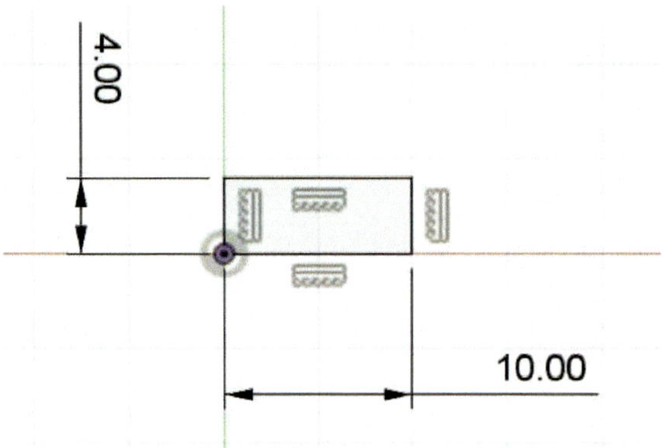

ⓒ 돌출 아이콘을 클릭하고 다음과 같이 100mm에 테이퍼 각도를 –1로 입력한다.

ⓓ 확인을 클릭한다.

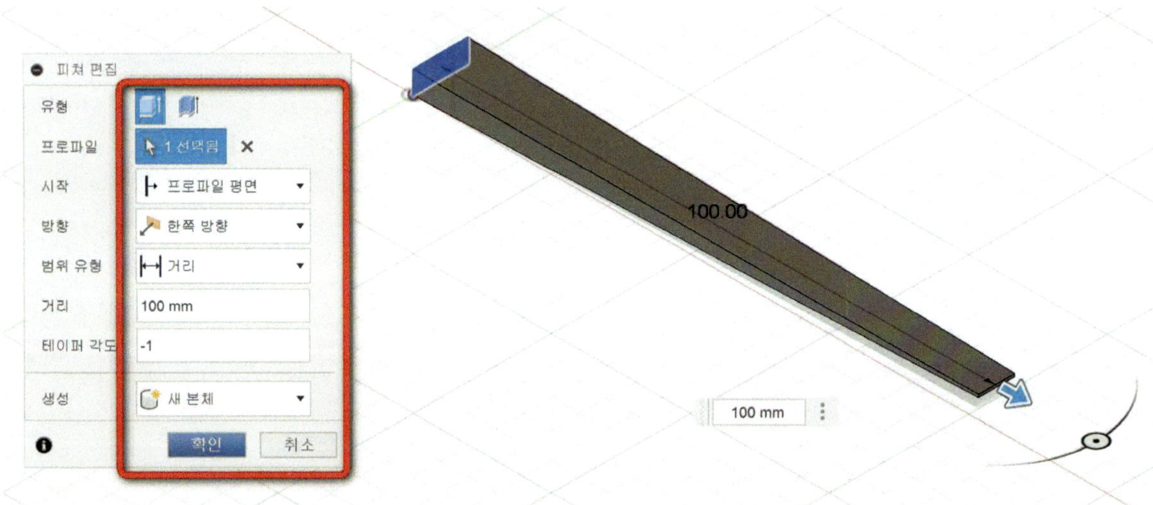

ⓔ 모델을 저장한다.

(2) 시뮬레이션 시작

ⓐ 시뮬레이션 아이콘을 클릭한다.

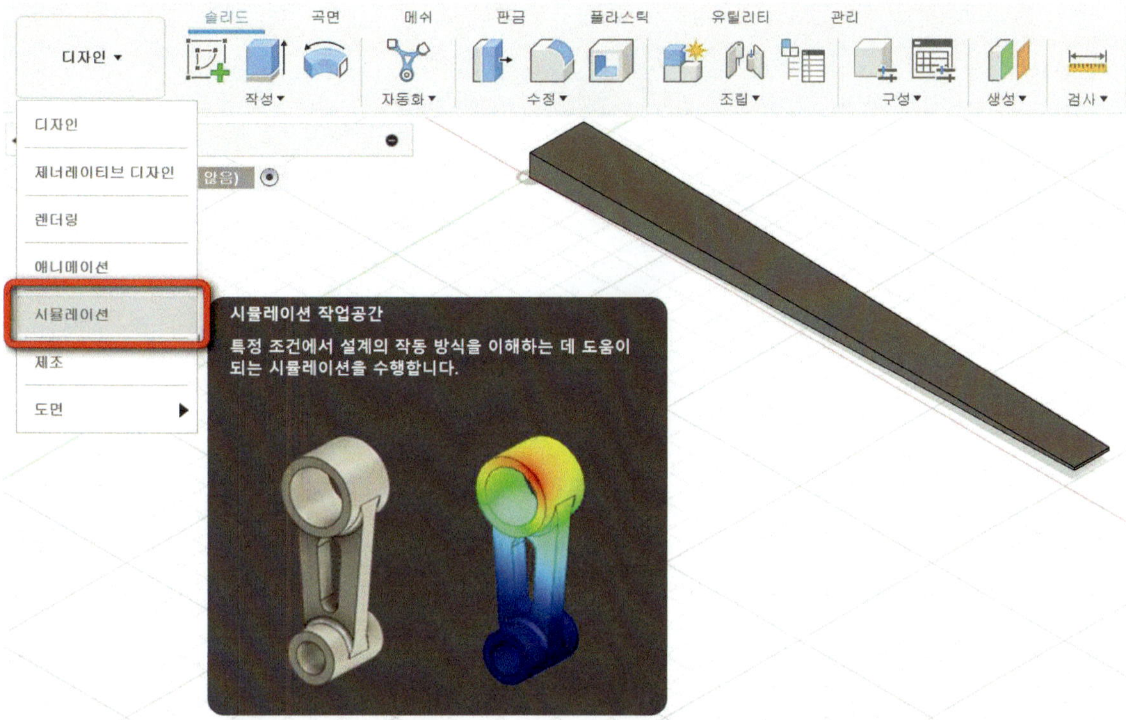

ⓑ 새 학습 대화상자에서 정적 응력 아이콘을 선택하고 학습 작성을 클릭한다.

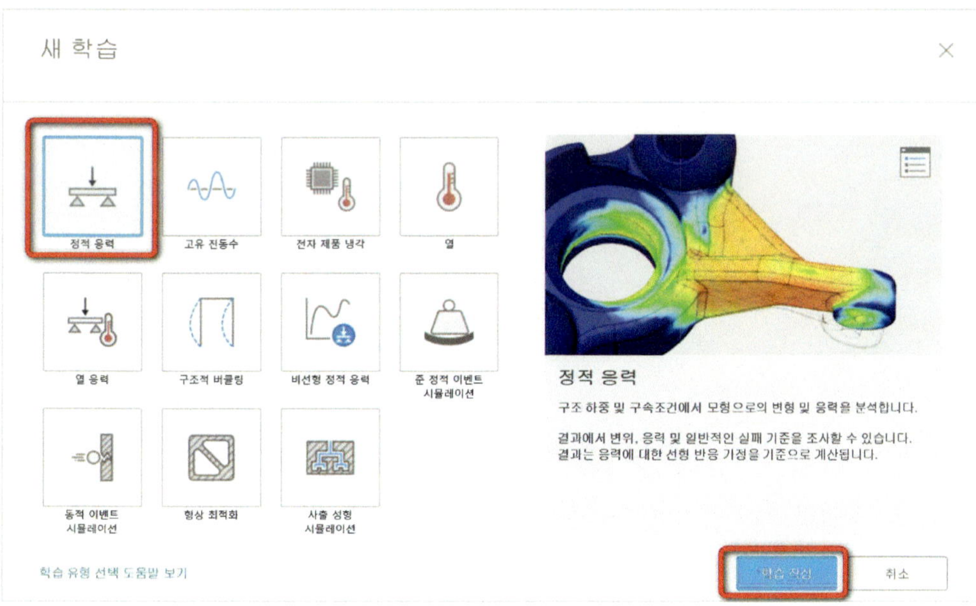

ⓒ 다음 그림과 같이 정적 응력 환경이 실행된다.

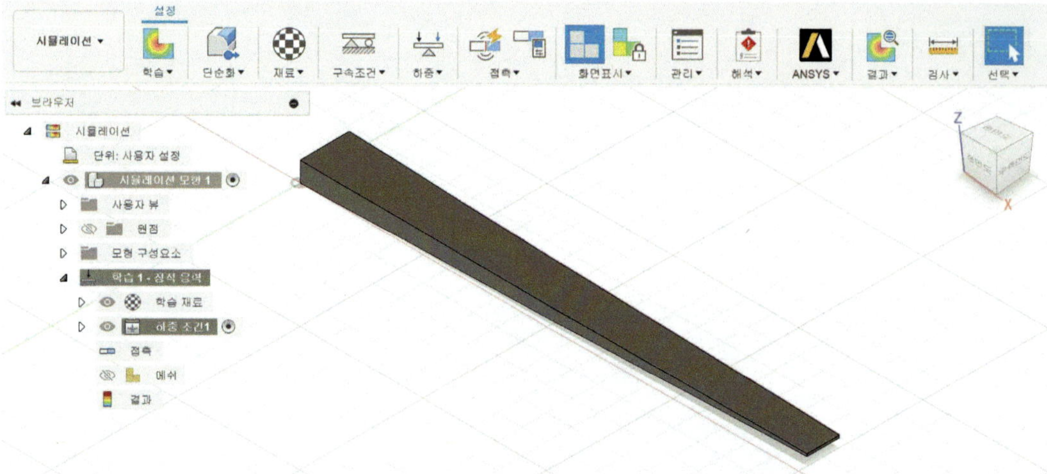

(3) 재직 부여

ⓐ 재질 아이콘을 클릭한다.

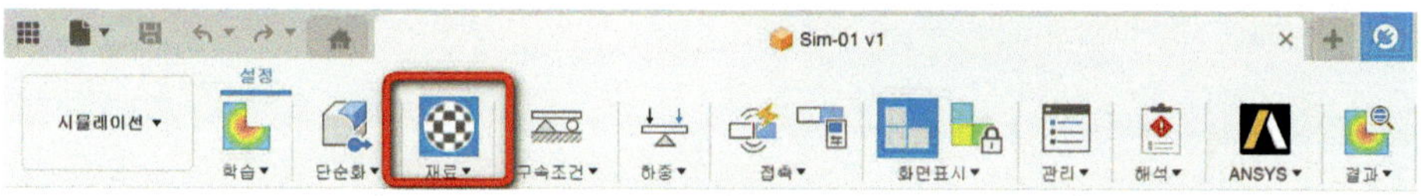

ⓑ 학습 재료 대화상자가 나타난다.

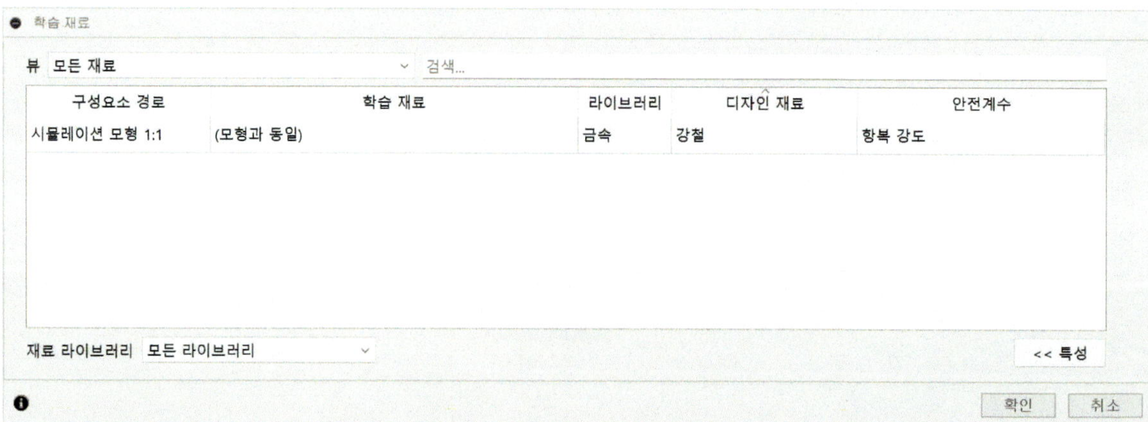

ⓒ 모델링한 파트를 선택한다.

ⓓ 학습 재료 대화상자에서 강철을 선택하고 확인을 클릭한다.

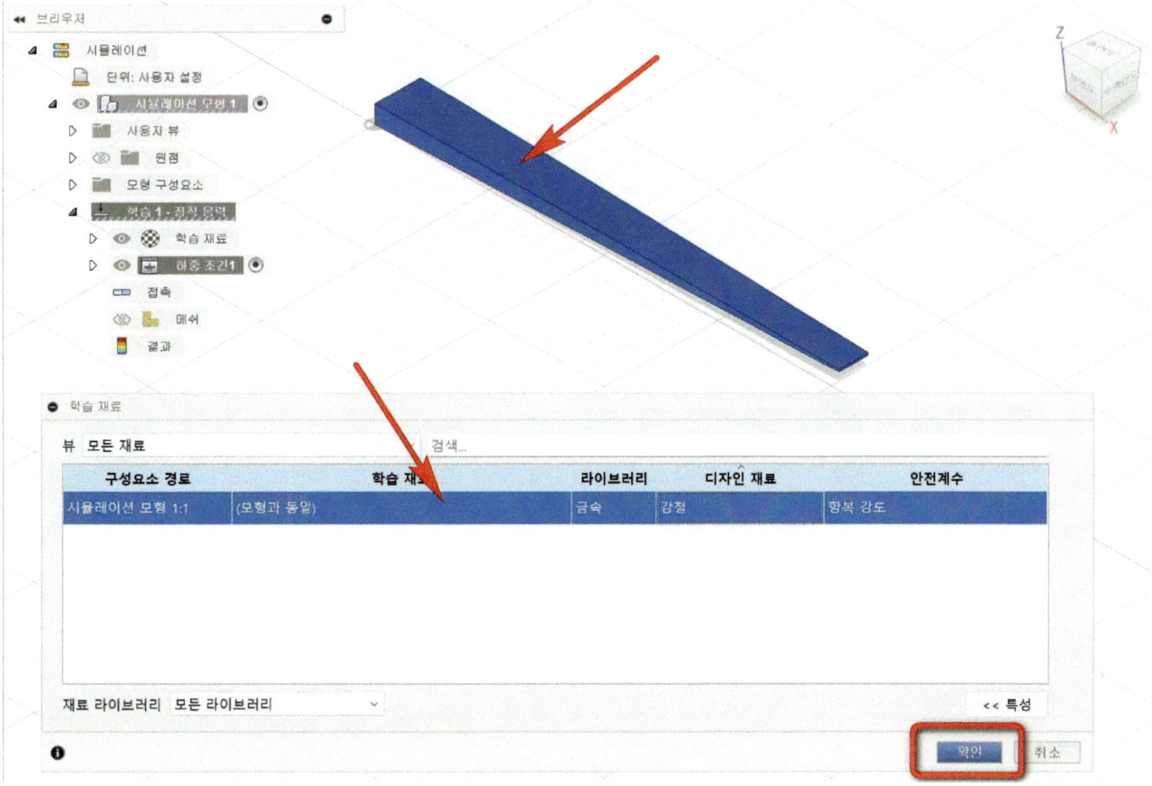

참고
학습 재료에서 선택한 강철의 물성치를 확인하려면 특성을 클릭하면 다음과 같이 물성치가 나타난다.

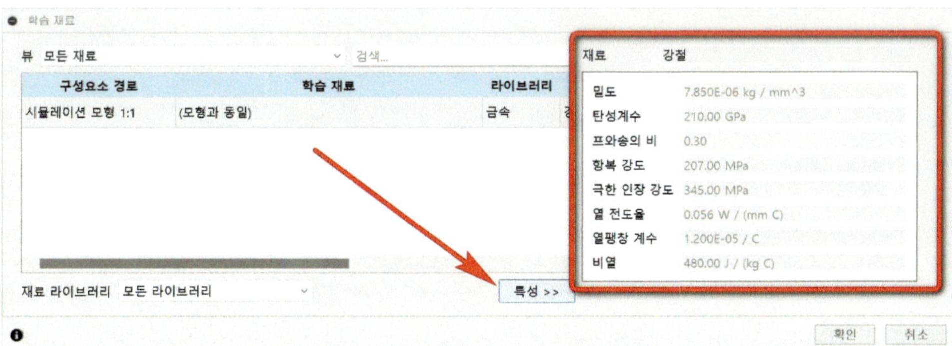

ⓔ 다음처럼 브라우저의 학습 재료를 확장하여 강철이 적용되었는지 확인한다.

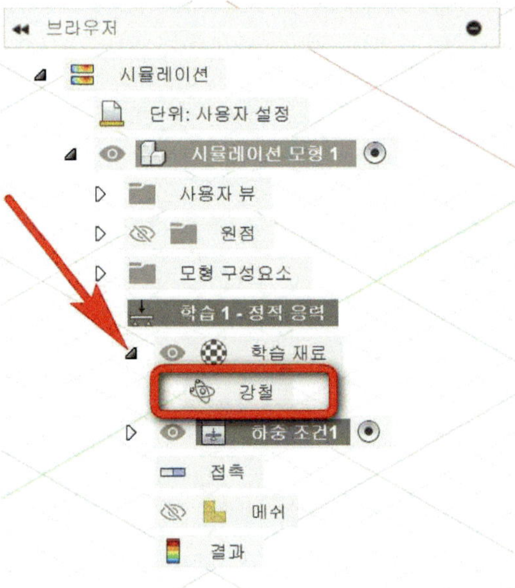

(4) 구속조건 적용

ⓐ 구속조건 아이콘을 클릭한다.

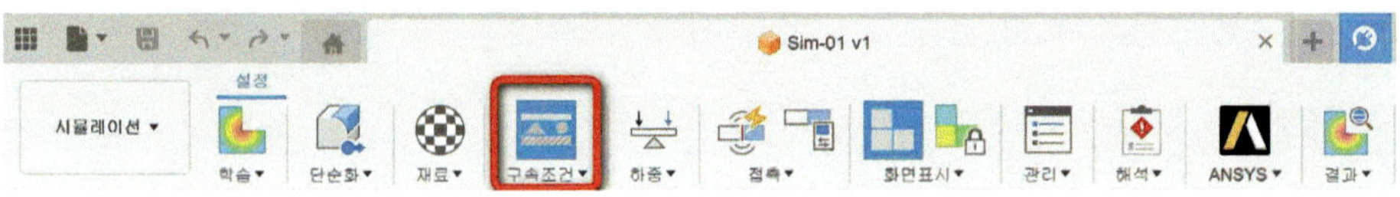

ⓑ 구조적 구속조건에서 유형을 고정으로 선택한다.

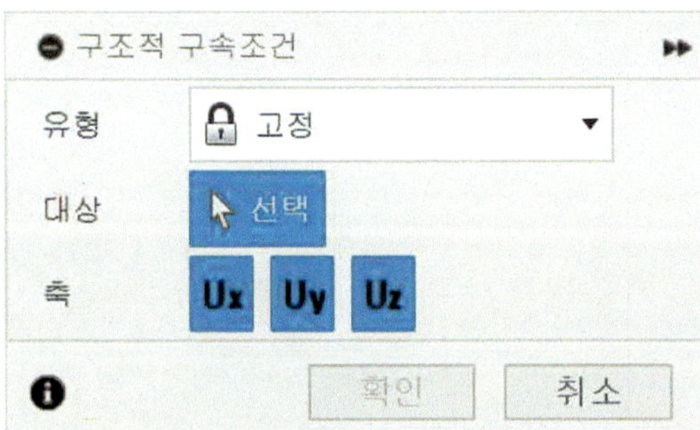

ⓒ 다음의 그림처럼 모델링 파트의 넓은 쪽 끝 면을 클릭한다.

ⓓ 고정 구속조건 대화상자의 확인을 클릭한다.

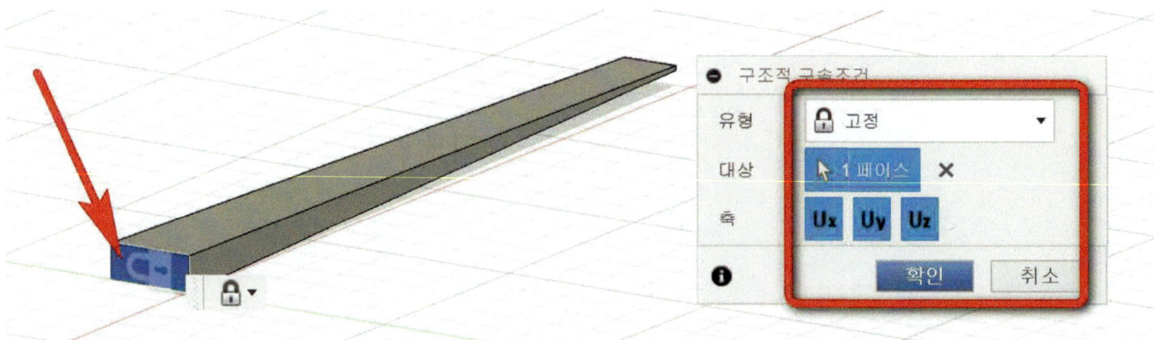

ⓔ 다음처럼 브라우저의 학습1-정적 응력의 구속 조건을 확장하여 고정1이 적용되었는지 확인한다.

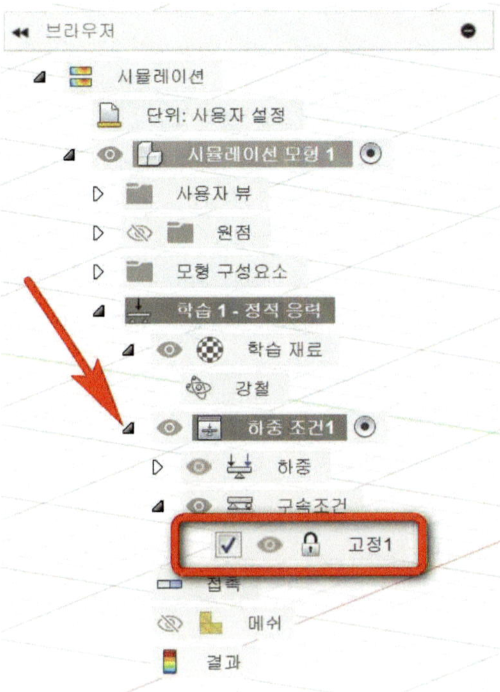

(5) 하중 적용

ⓐ 하중 아이콘을 클릭한다.

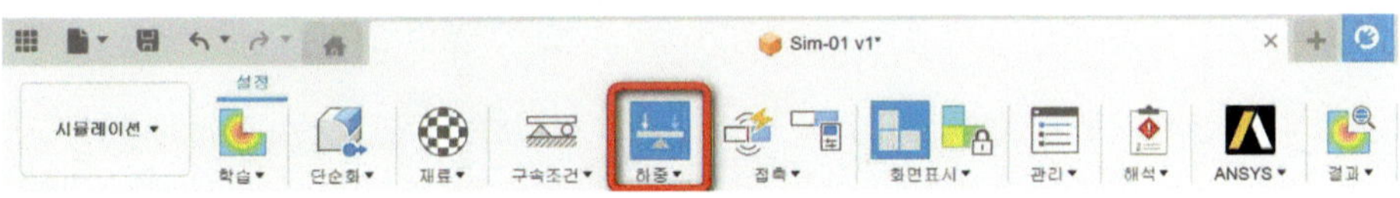

ⓑ 구조 하중 대화상자의 유형에서 힘을 선택한다.

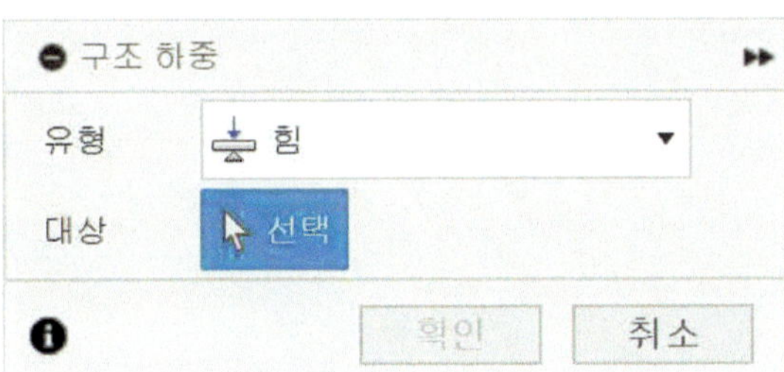

ⓒ 다음의 그림처럼 모델링 파트의 윗면을 클릭한다.

ⓓ 구조 하중 대화상자의 크기를 200으로 입력하고 확인을 클릭한다.

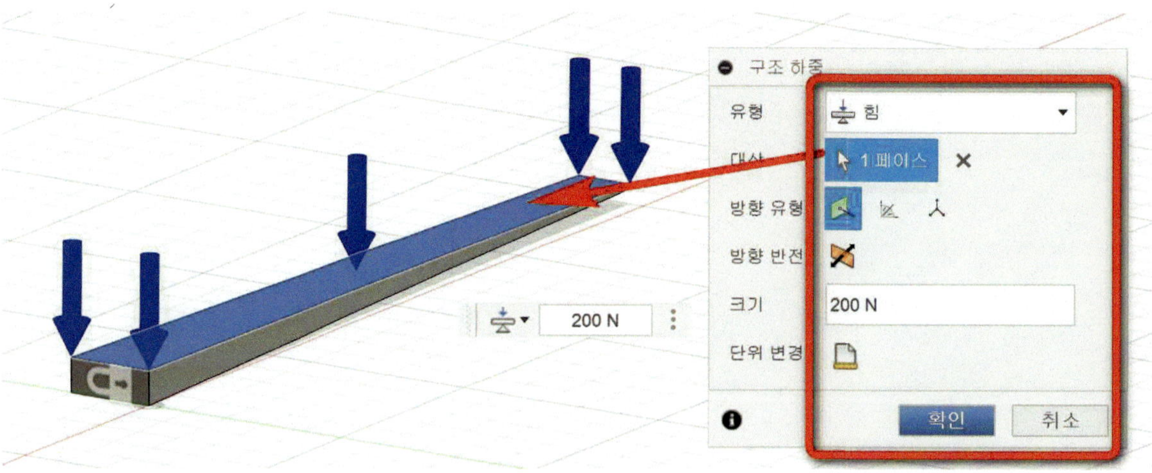

참고

방향 유형을 다음처럼 각도(델타)로 지정하면 하중의 크기와 하중이 작용하는 각도를 입력하여 적용할 수 있다.

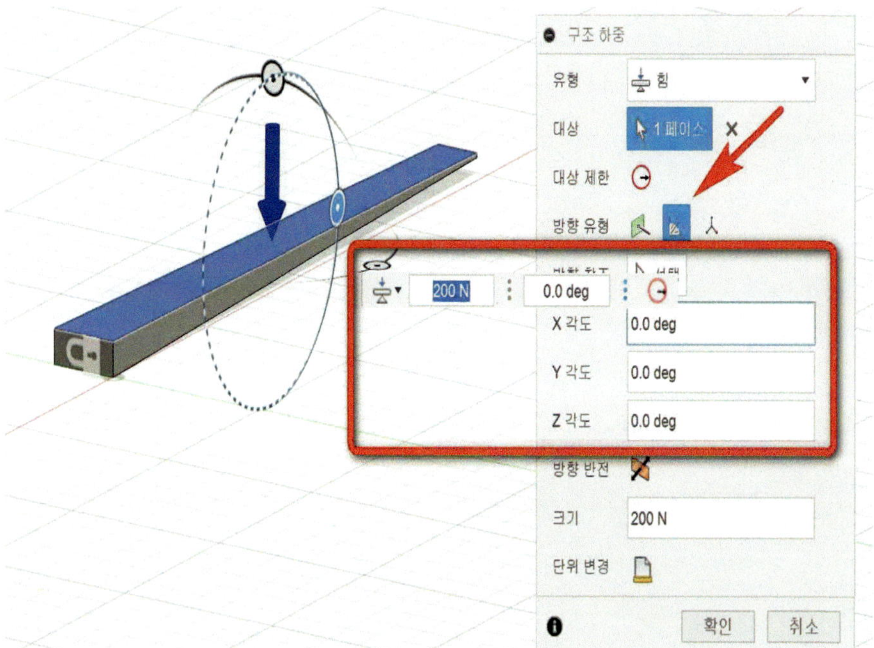

참고

방향 유형을 다음처럼 벡터(X, Y, Z)로 지정하면 하중의 크기를 벡터(X, Y, Z)로 구분하여 적용할 수 있다.

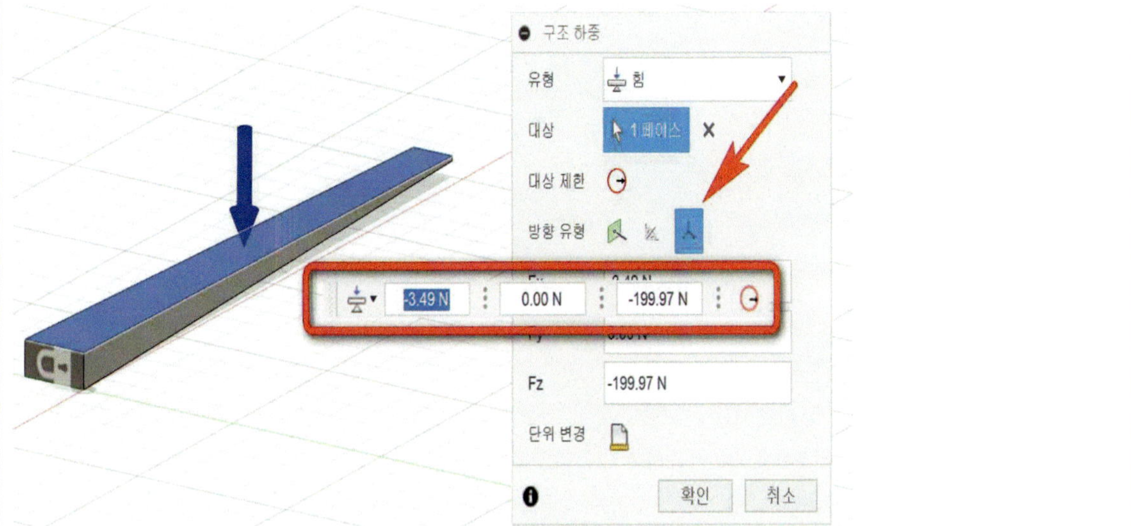

ⓔ 다음처럼 브라우저의 학습1-정적 응력의 하중 조건을 확장하여 히중1이 적용되었는지 확인한다.

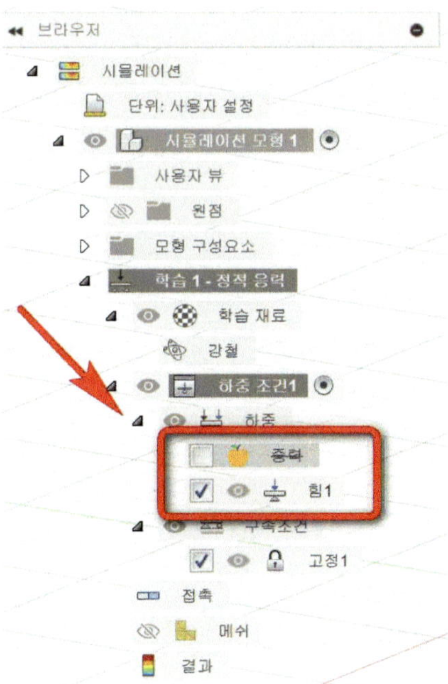

(6) 메쉬 적용

ⓐ 다음의 그림처럼 브라우저의 메쉬를 선택하고 마우스 오른쪽 버튼을 누르면 나타나는 메쉬 생성을 클릭한다.

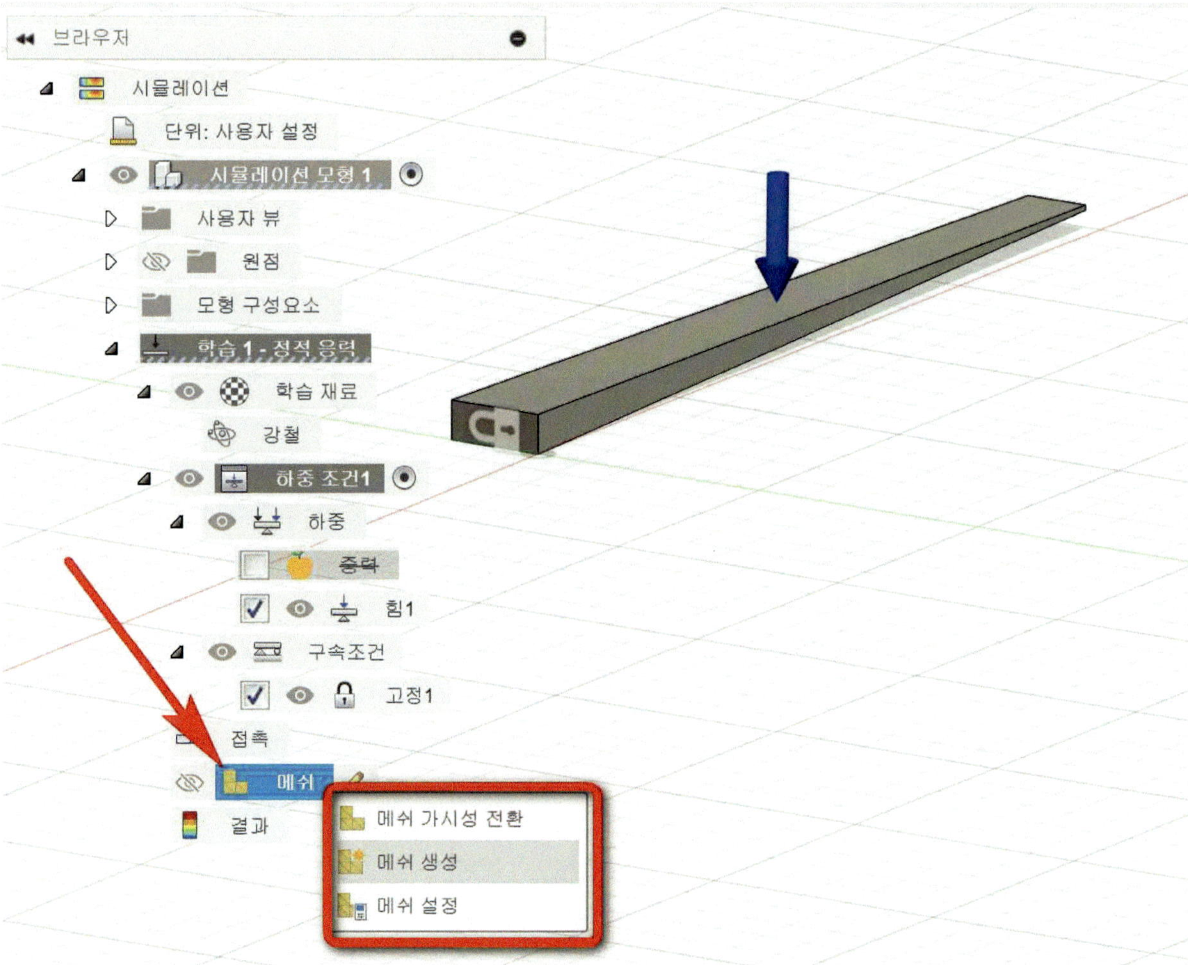

ⓑ 다음처럼 메쉬가 생성된다.

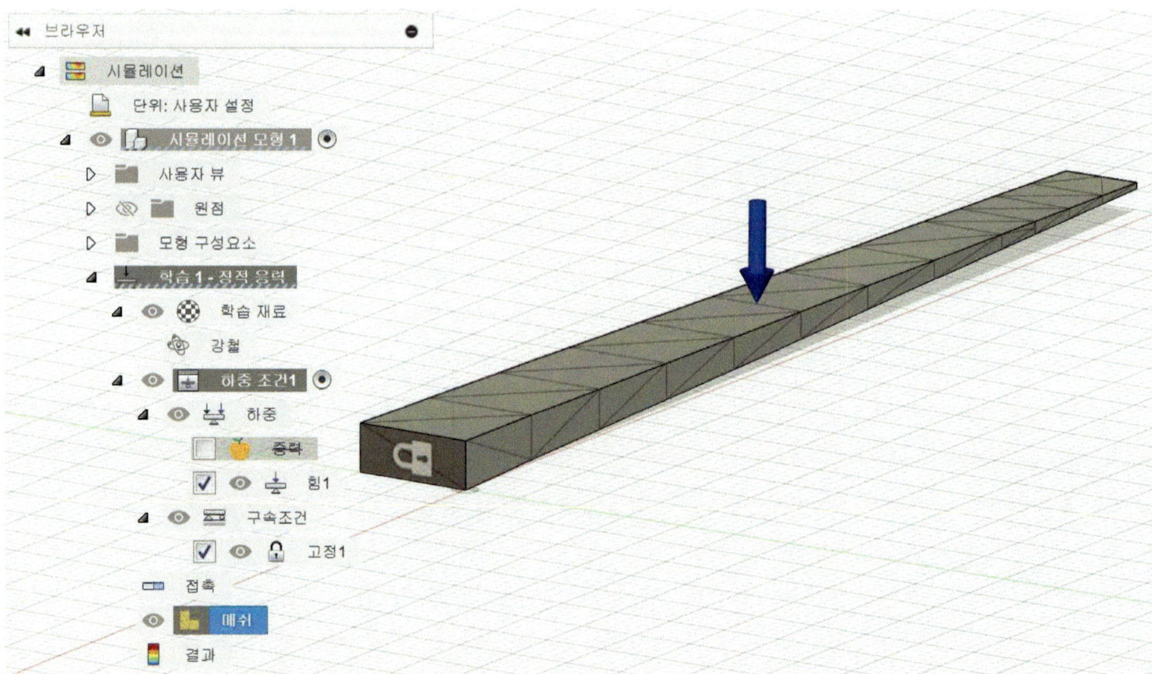

참고
브라우저의 메쉬를 선택하고 마우스 오른쪽 버튼을 누르면 나타나는 메쉬 설정을 클릭하여 메쉬를 조절할 수 있다.

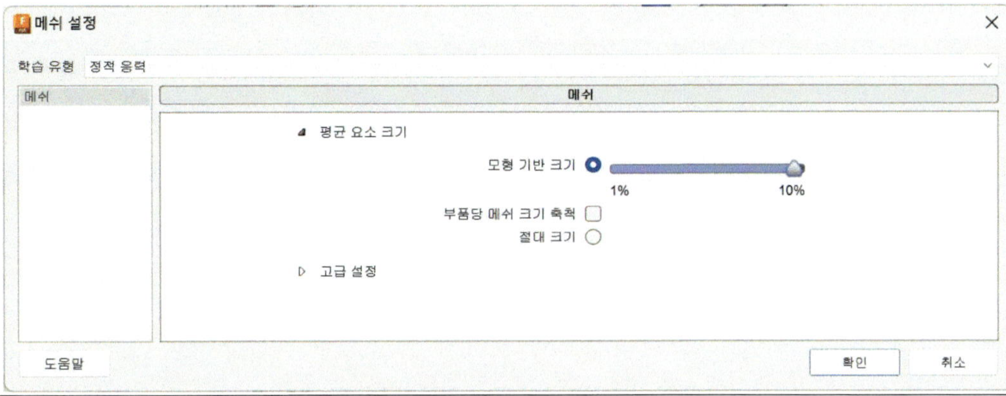

(7) 해석 준비 확인

ⓐ 해석 아이콘을 선택한다.

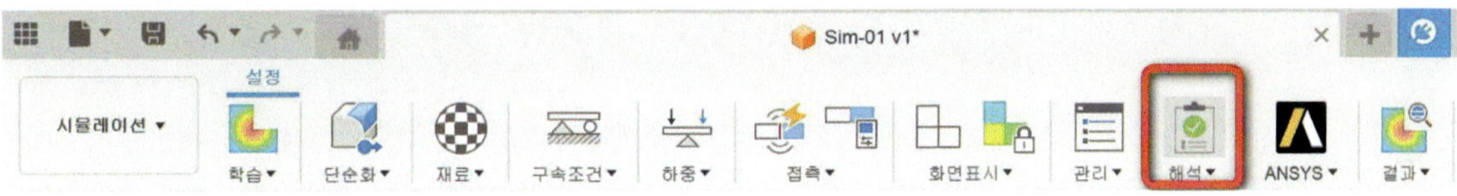

ⓑ 해석에 필요한 데이터의 누락을 확인할 수 있다.

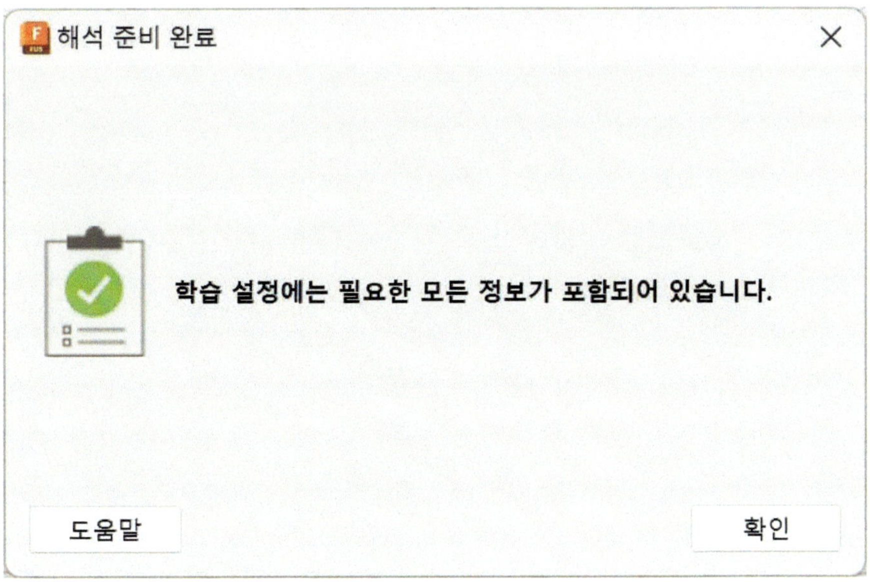

(8) 해석 결과

ⓐ 결과 아이콘을 클릭한다.

ⓑ 해석을 실행하지 않았으면 다음과 같은 메시지가 나타난다.
ⓒ 결과 보기 대화상자의 '예'를 클릭한다.

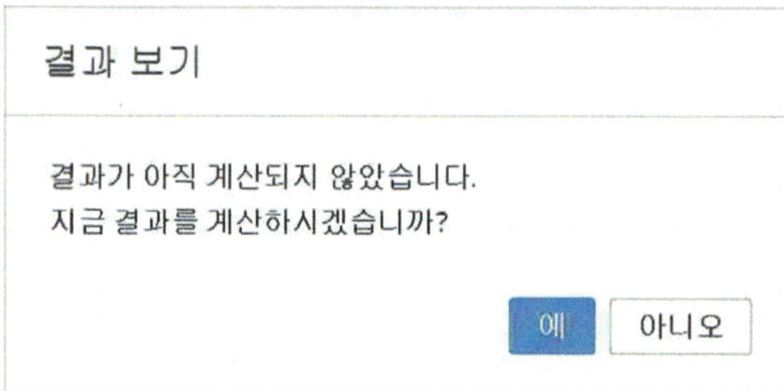

ⓓ 다음과 같은 해석 대화상자가 나타나면 '1개 학습 해석'을 클릭한다.

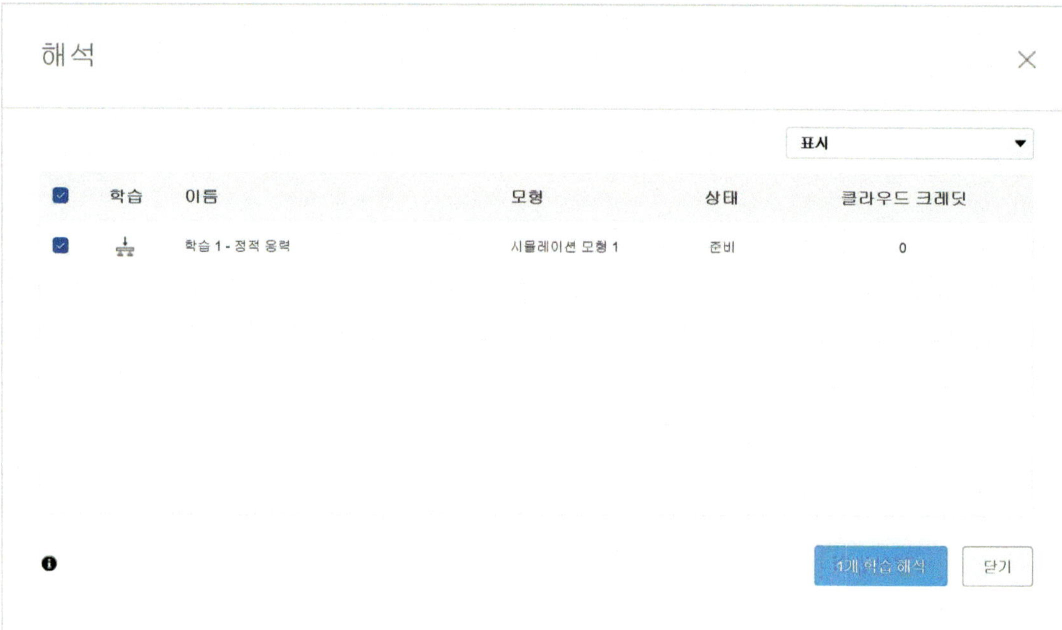

ⓔ 해석이 완료되면 '결과 상세 정보' 대화상자에 해석 결과에 대한 정보를 표시한다.
ⓕ '결과 상세 정보' 대화상자의 닫기를 클릭한다.

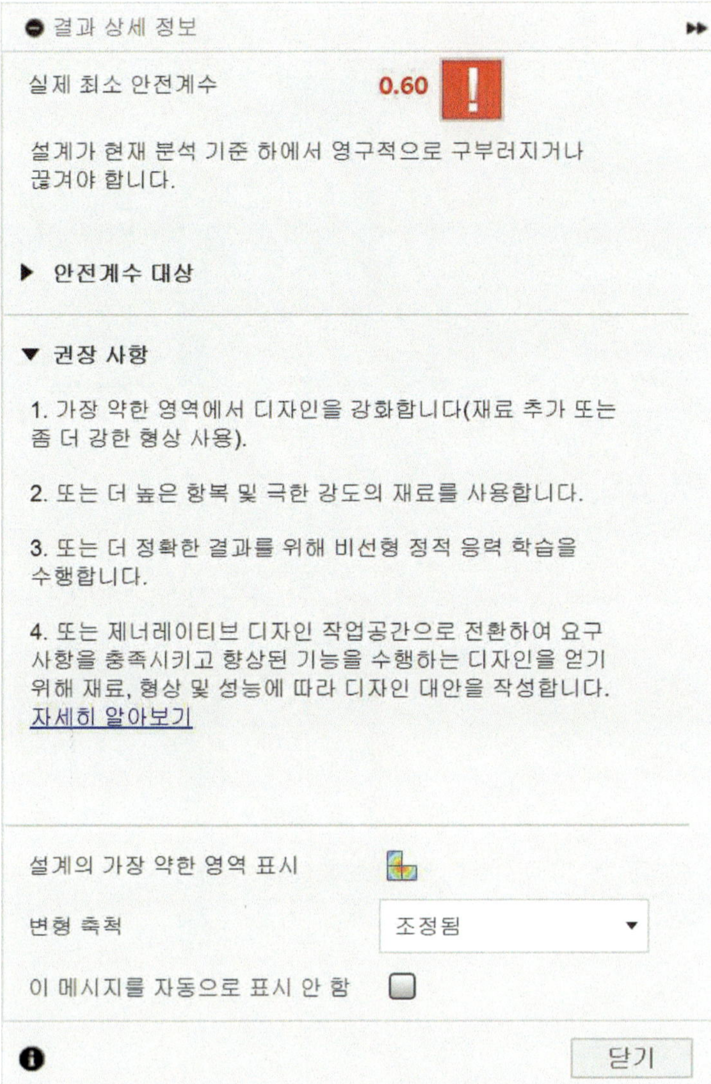

ⓖ 안전 계수에 대한 해석 결과 이미지를 나타낸다.

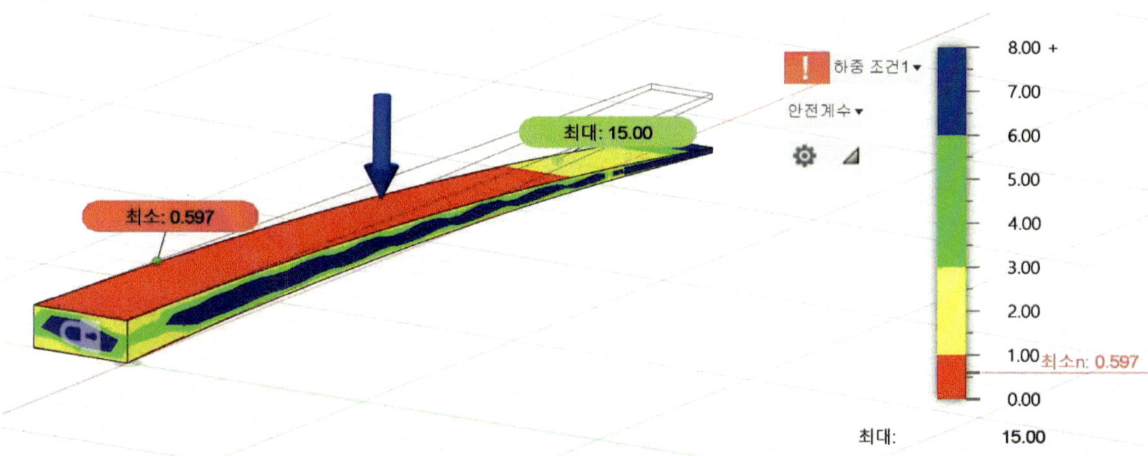

ⓗ 안전 계수를 클릭하고 응력을 지정하면 응력에 대한 해석 결과 이미지를 나타낸다.

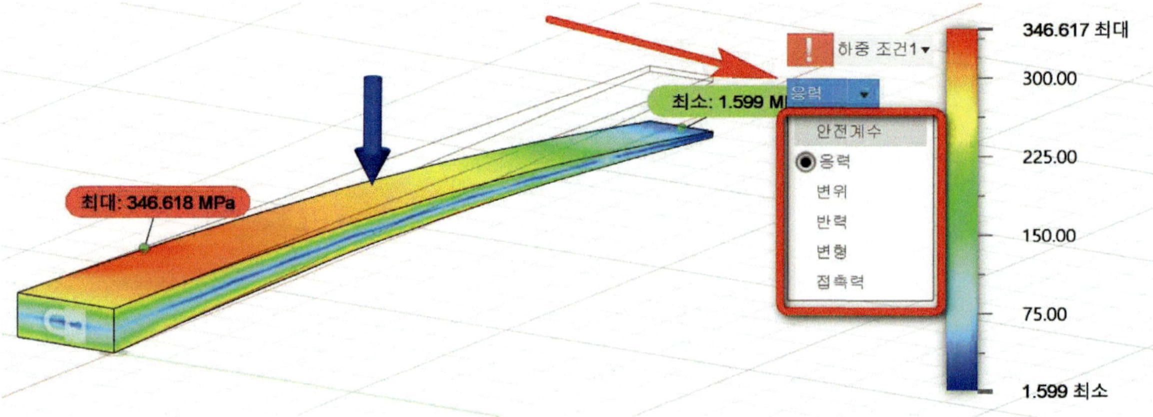

ⓘ 응력을 클릭하고 변위를 지정하면 변위에 대한 해석 결과 이미지를 나타낸다.

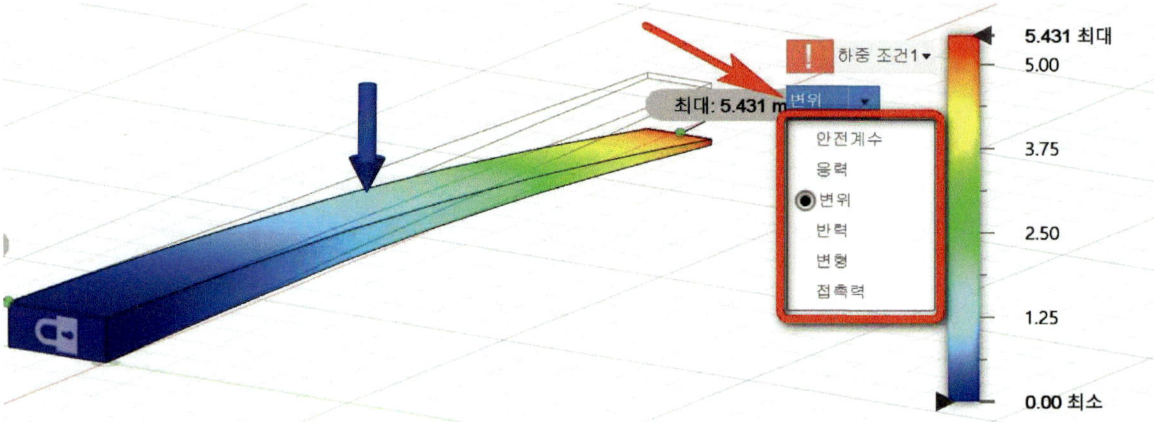

6장

Training drawing

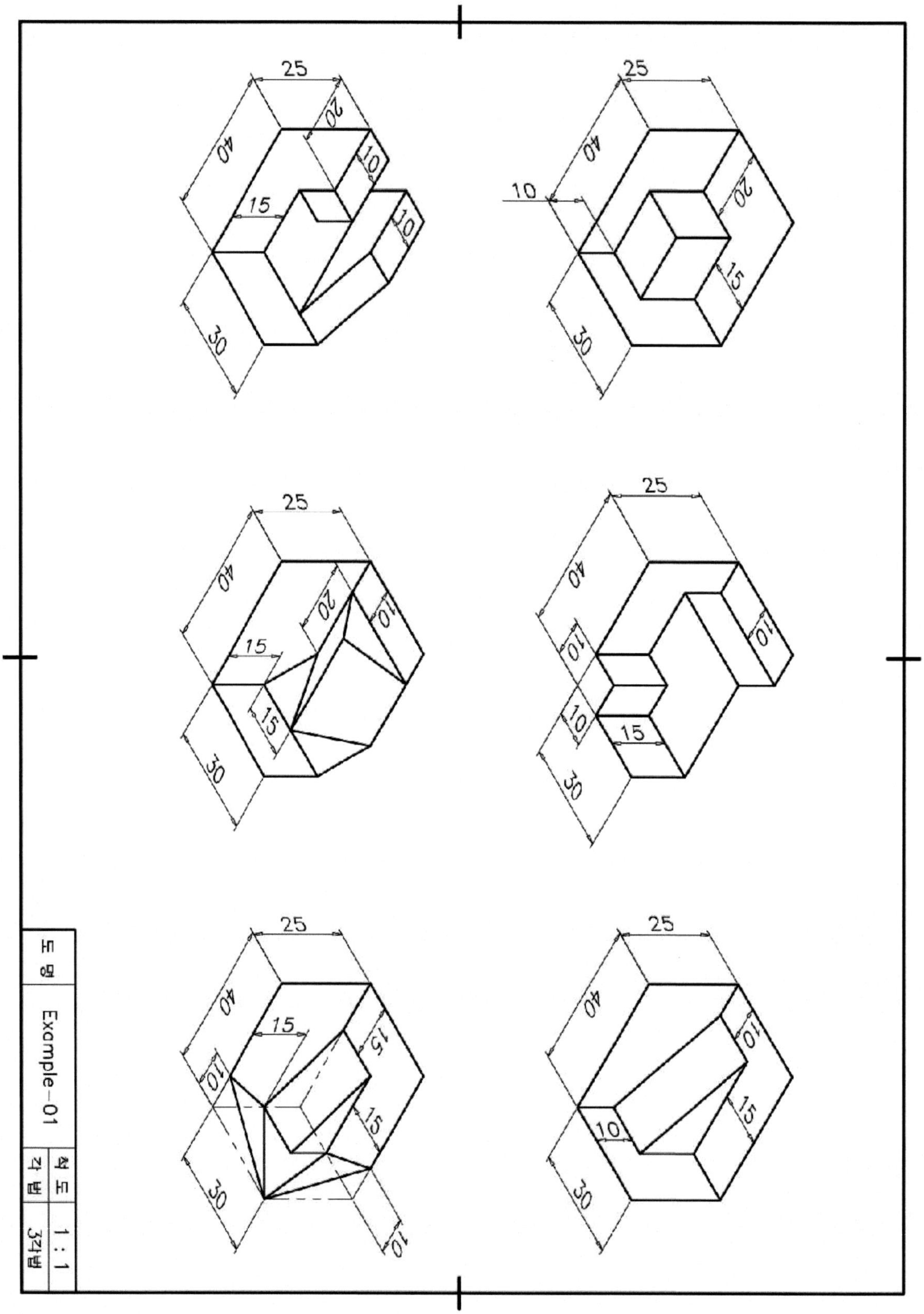
25
20
40
10
15
10
30
25
40
10
20
15
30
25
40
20
10
15
15
30
25
40
10
10
10
15
30
25
40
15
10
15
15
30
10
25
40
10
15
10
30
도 명
Example-01
척 도
1 : 1
각 법
3각법

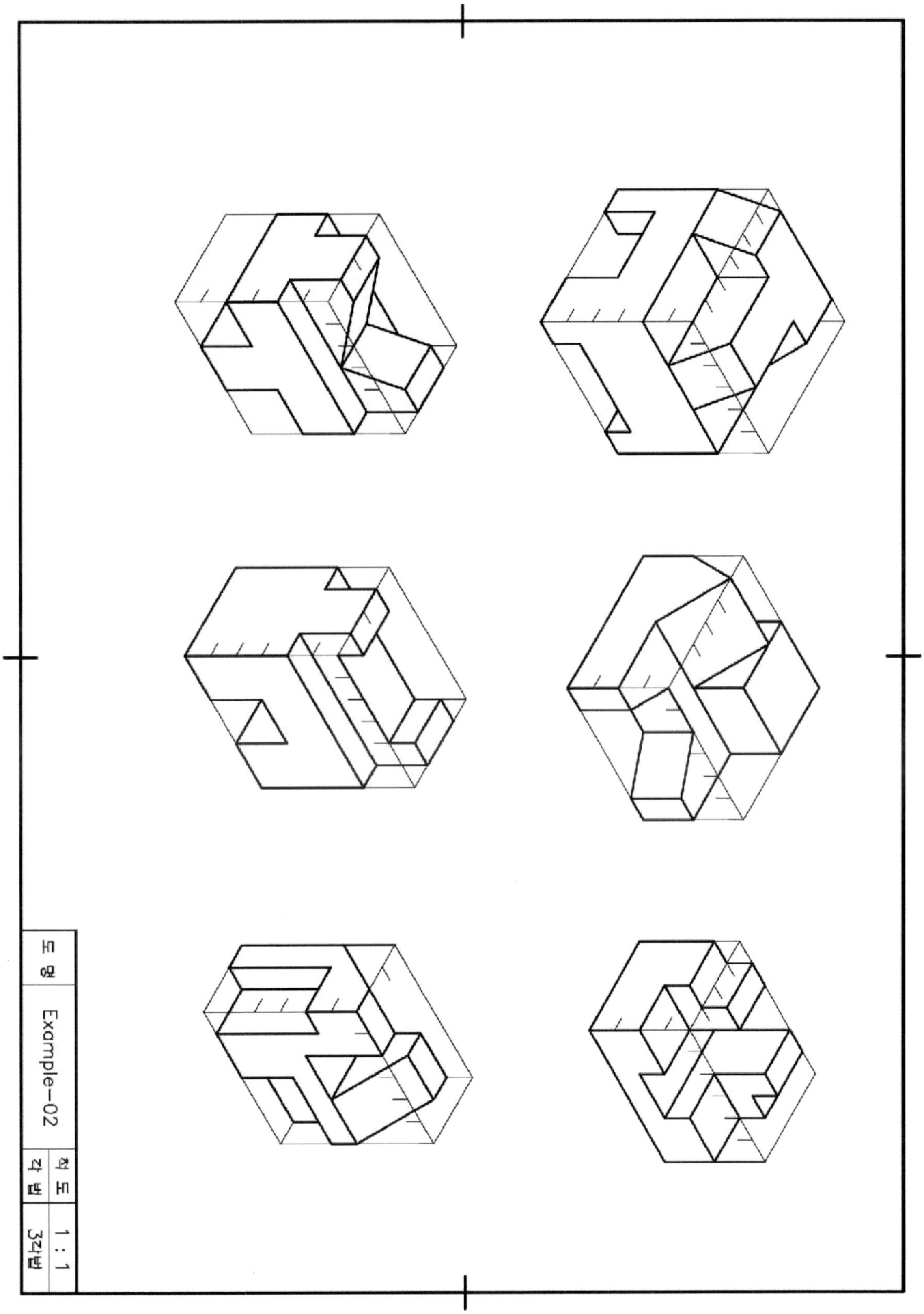
도 명
Example-02
척 도
1 : 1
각 법
3각법

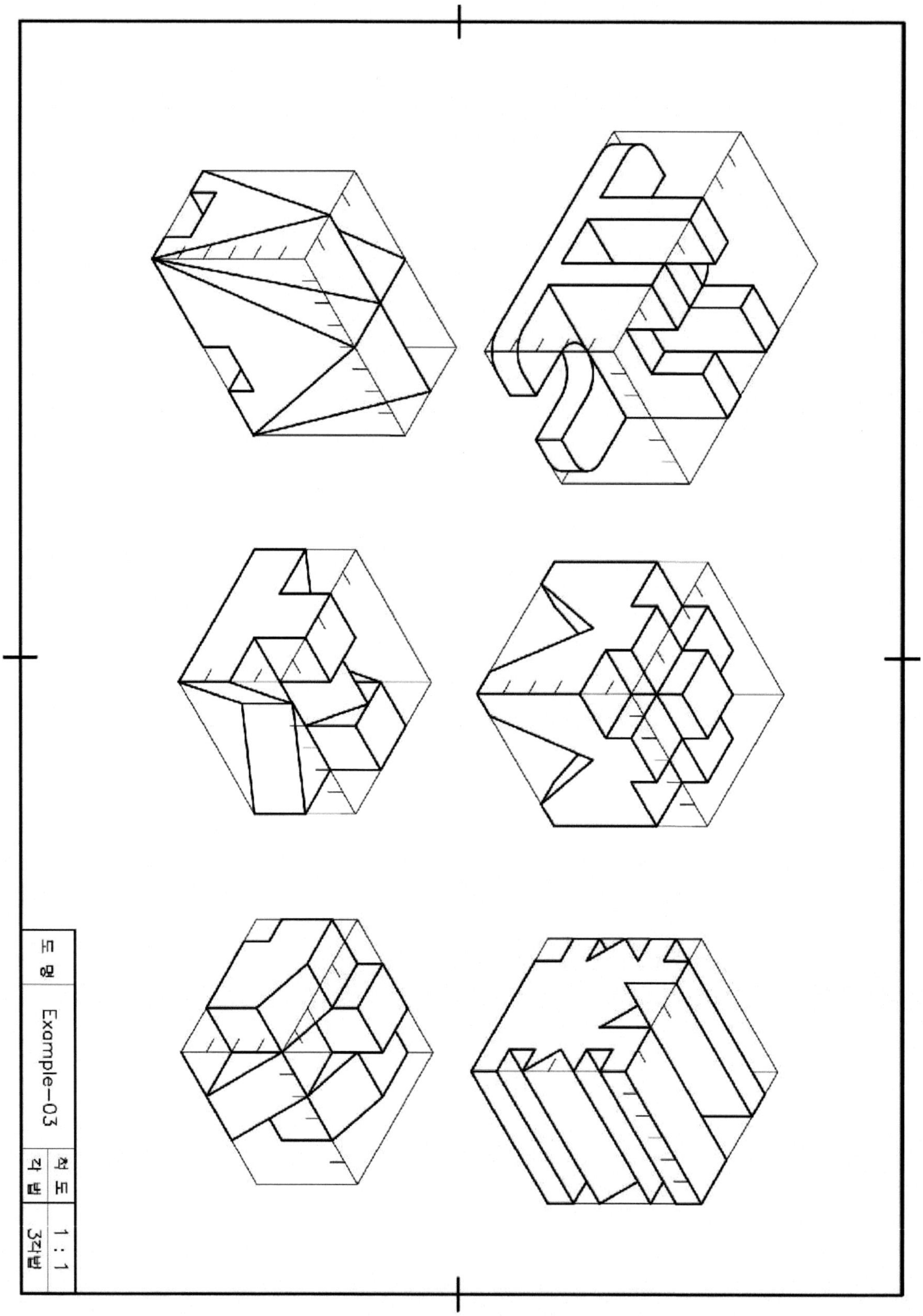
도 명
Example-03
척 도
1 : 1
각 법
3각법

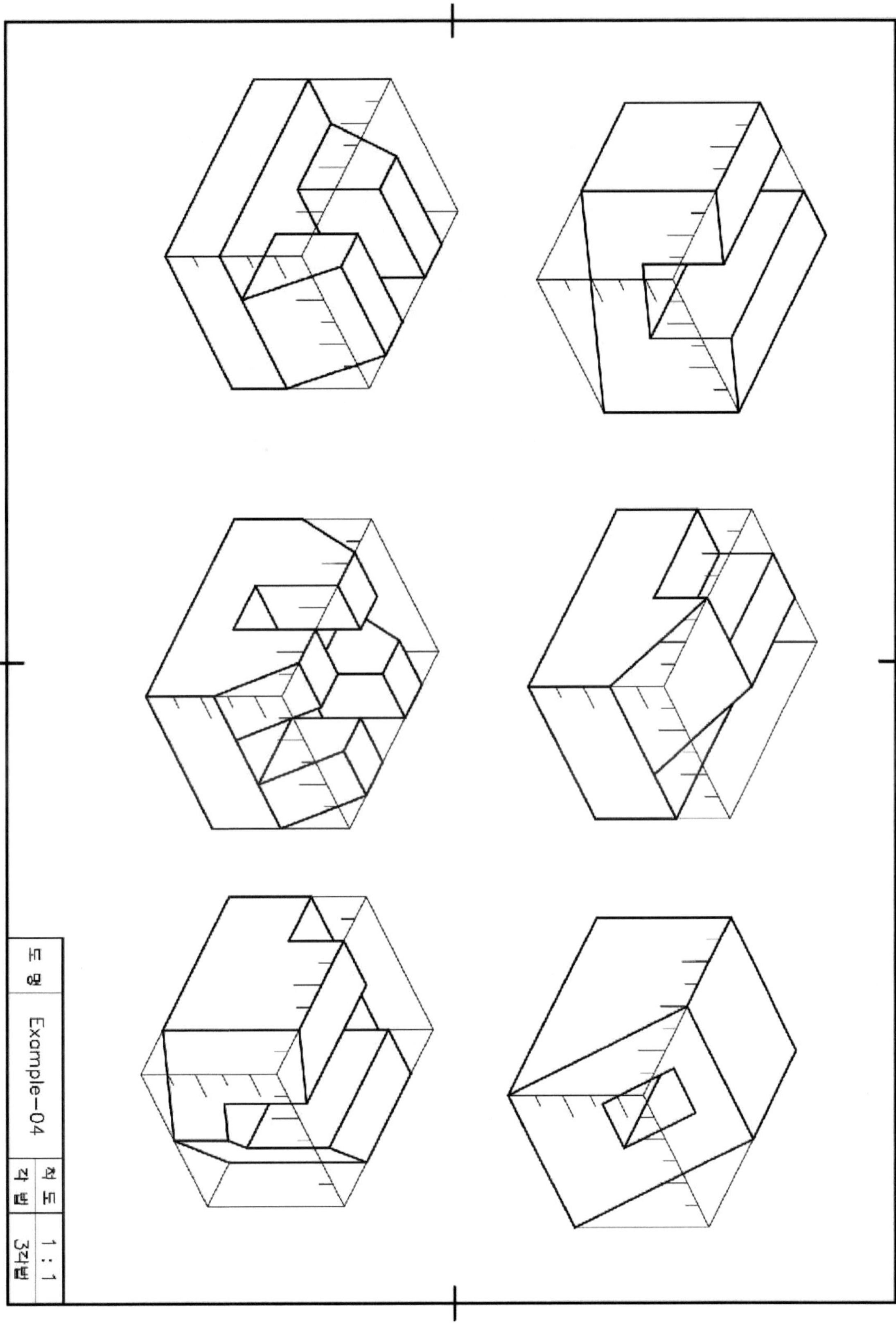
도 명
Example-04
척 도
1 : 1
각 법
3각법

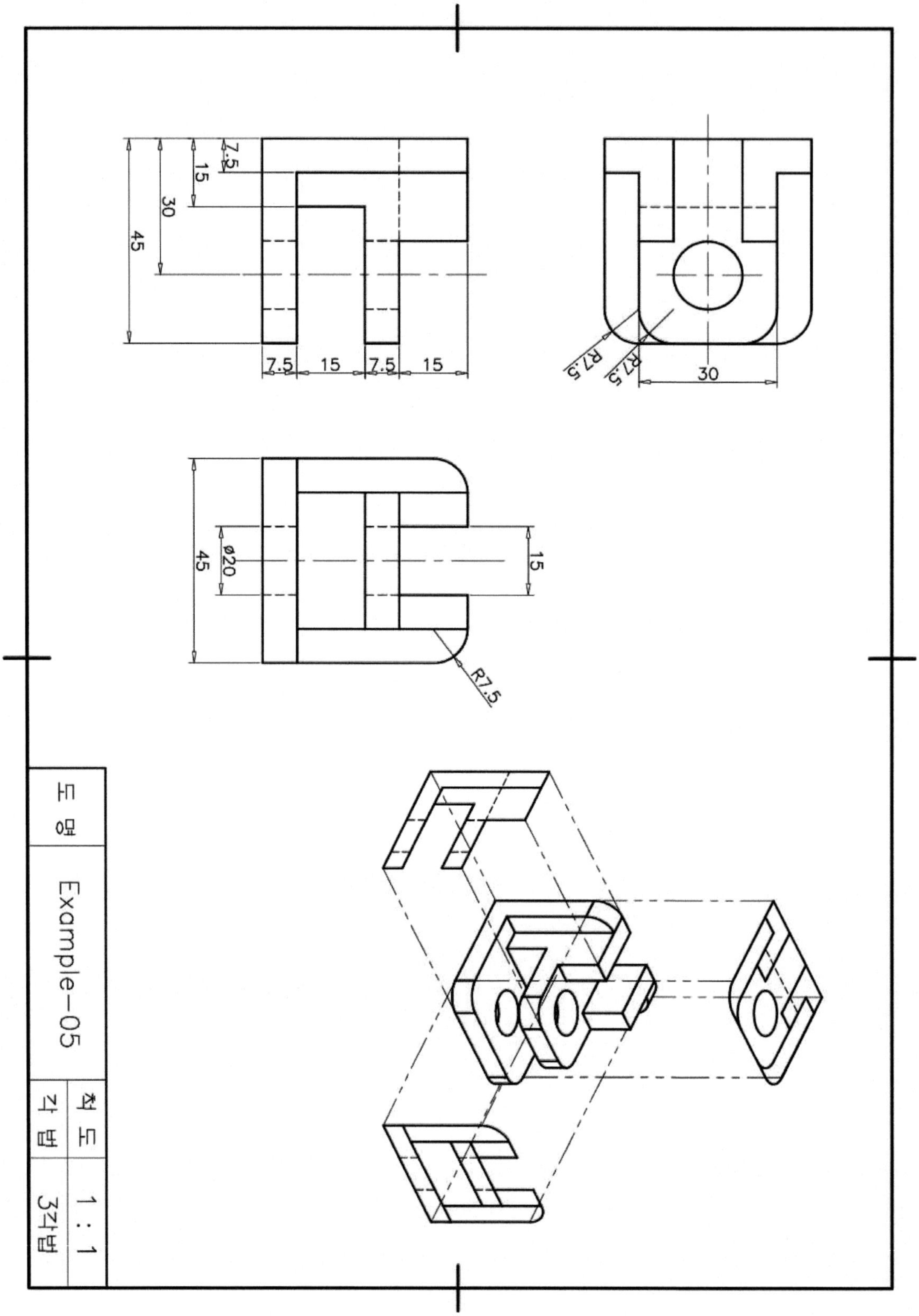
도명
Example-05
척도
1 : 1
각법
3각법
7.5
15
30
45
7.5 15 7.5 15
R7.5
R7.5
30
ø20
15
R7.5

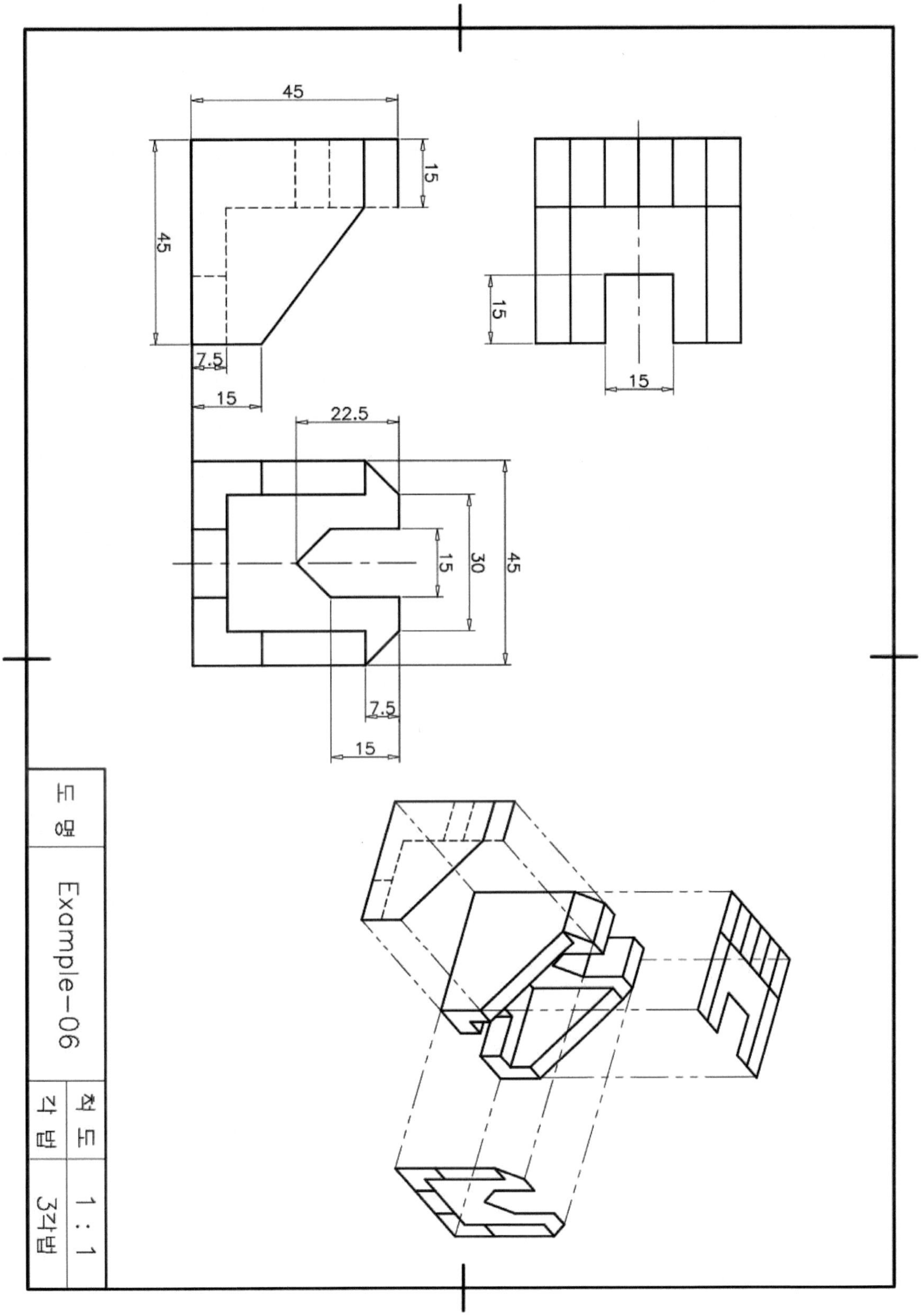

도명
Example-06
척도
1 : 1
각법
3각법
45
15
7.5
22.5
30

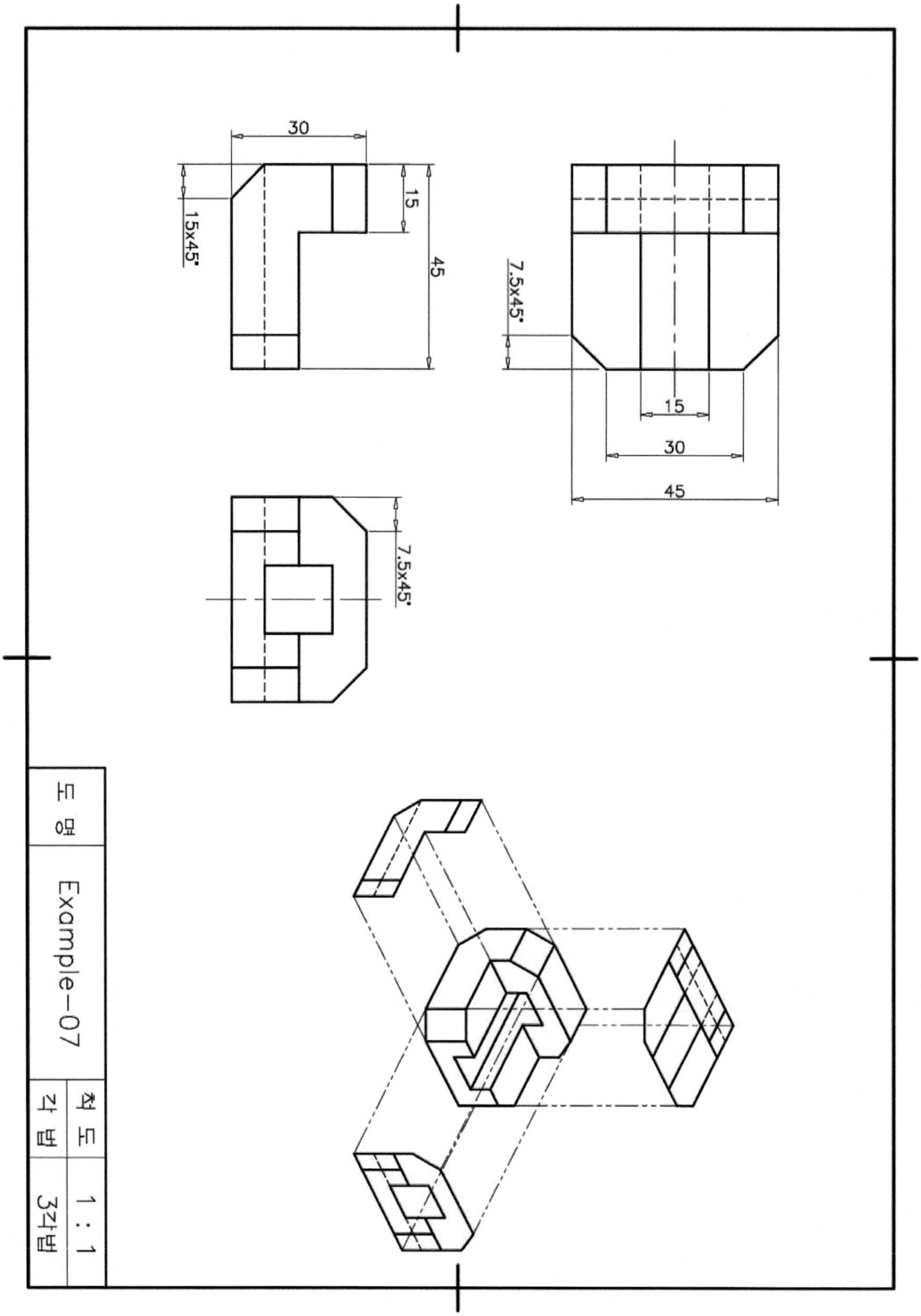
30
15
45
15x45°
7.5x45°
15
30
45
7.5x45°
도 명
Example-07
척 도
1 : 1
각 법
3각법

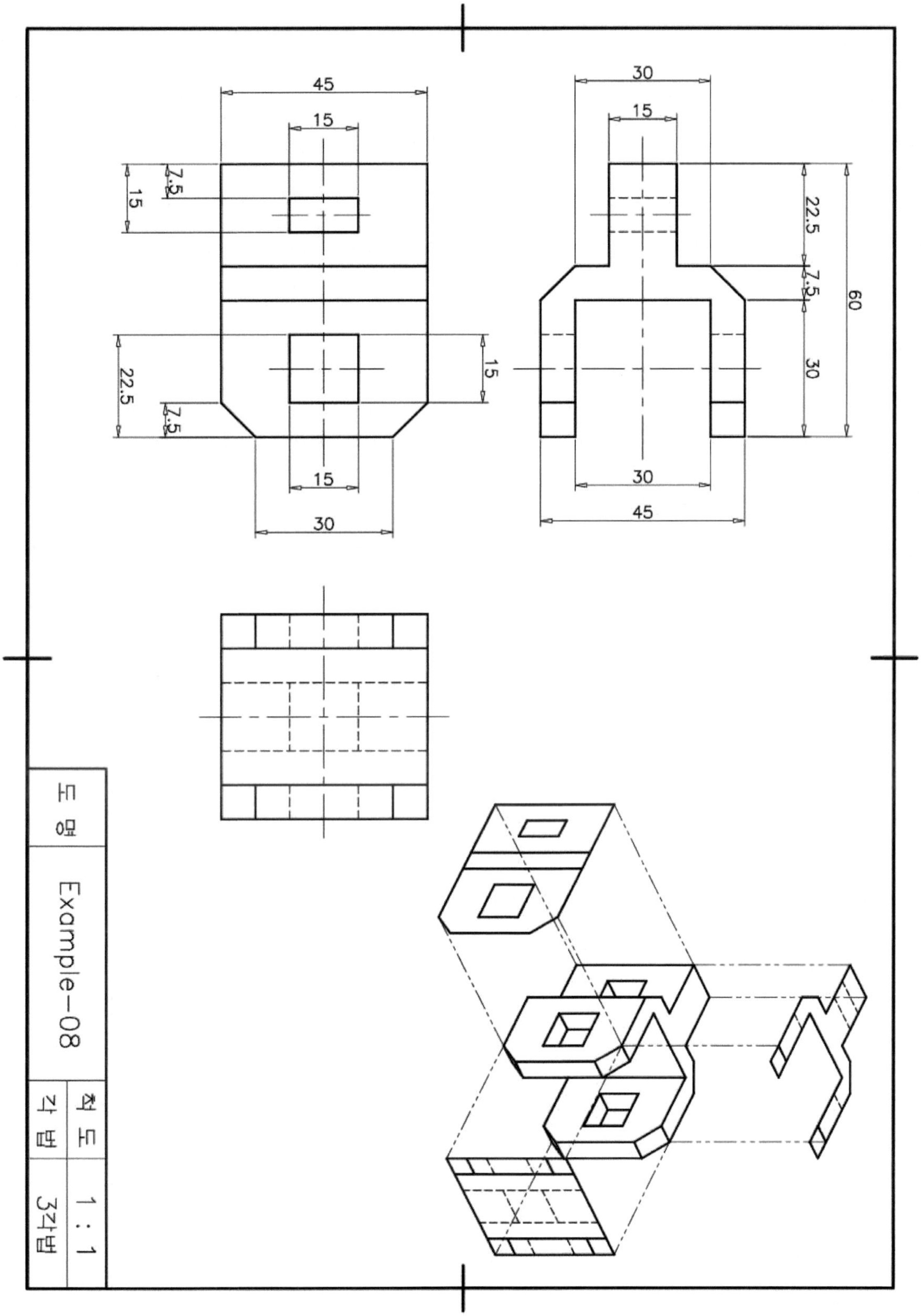
도 명
Example-08
척 도
1 : 1
각 법
3각법

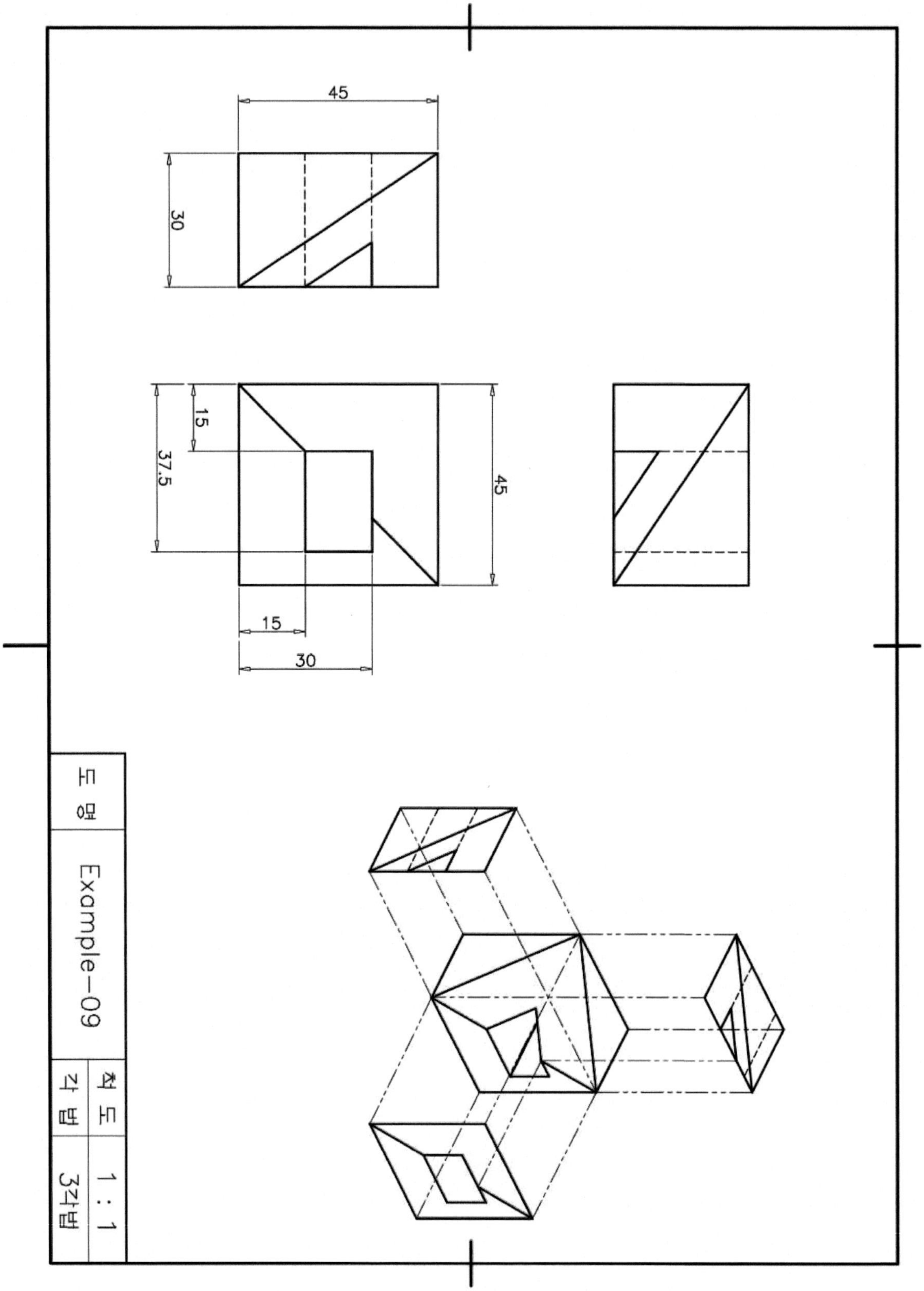
45
30
15
37.5
45
15
30
도 명
Example-09
척 도
1 : 1
각 법
3각법

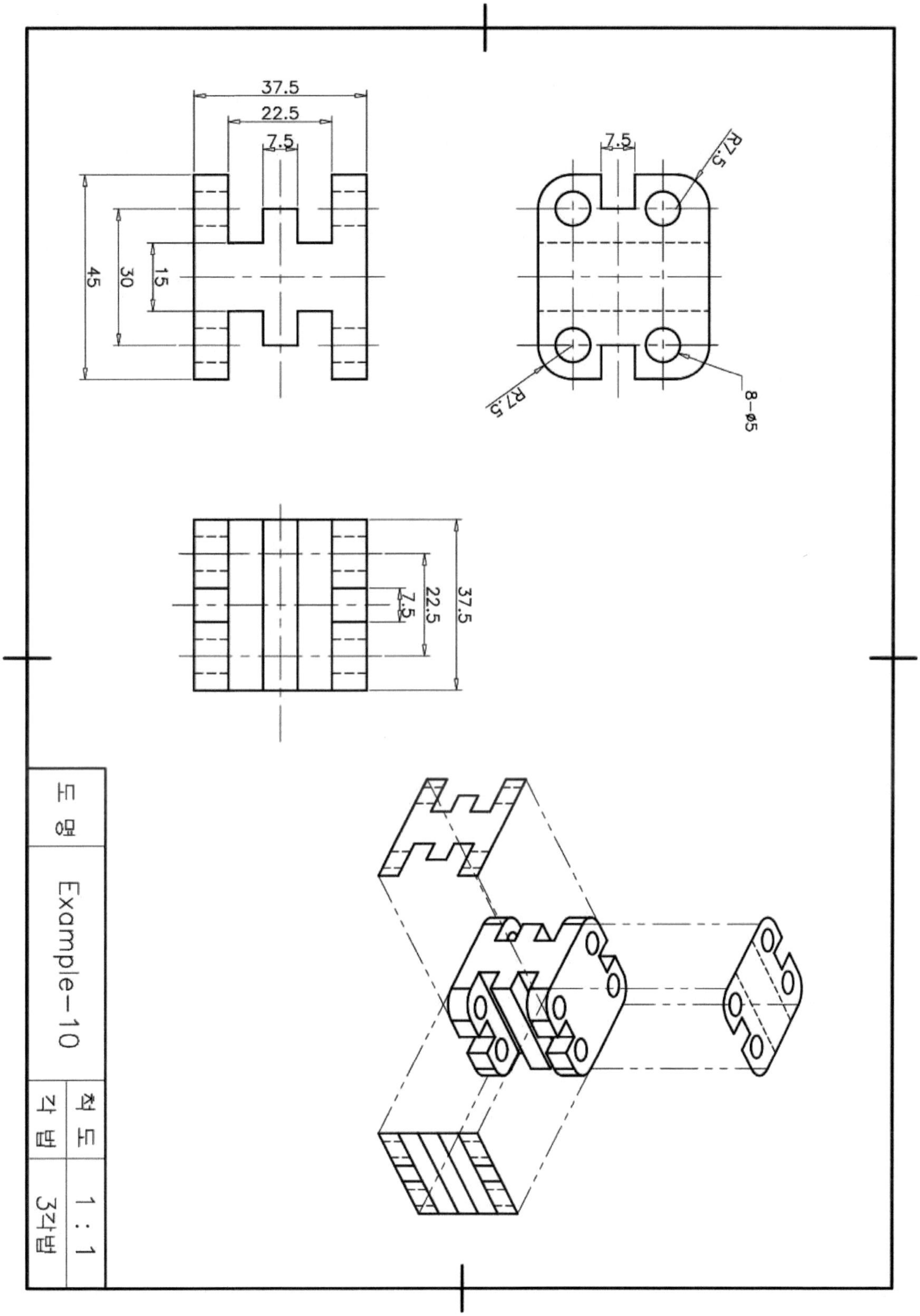
37.5
22.5
7.5
45
30
15
7.5
R7.5
R7.5
8-ø5
7.5
22.5
37.5
도 명
Example-10
척 도
1 : 1
각 법
3각법

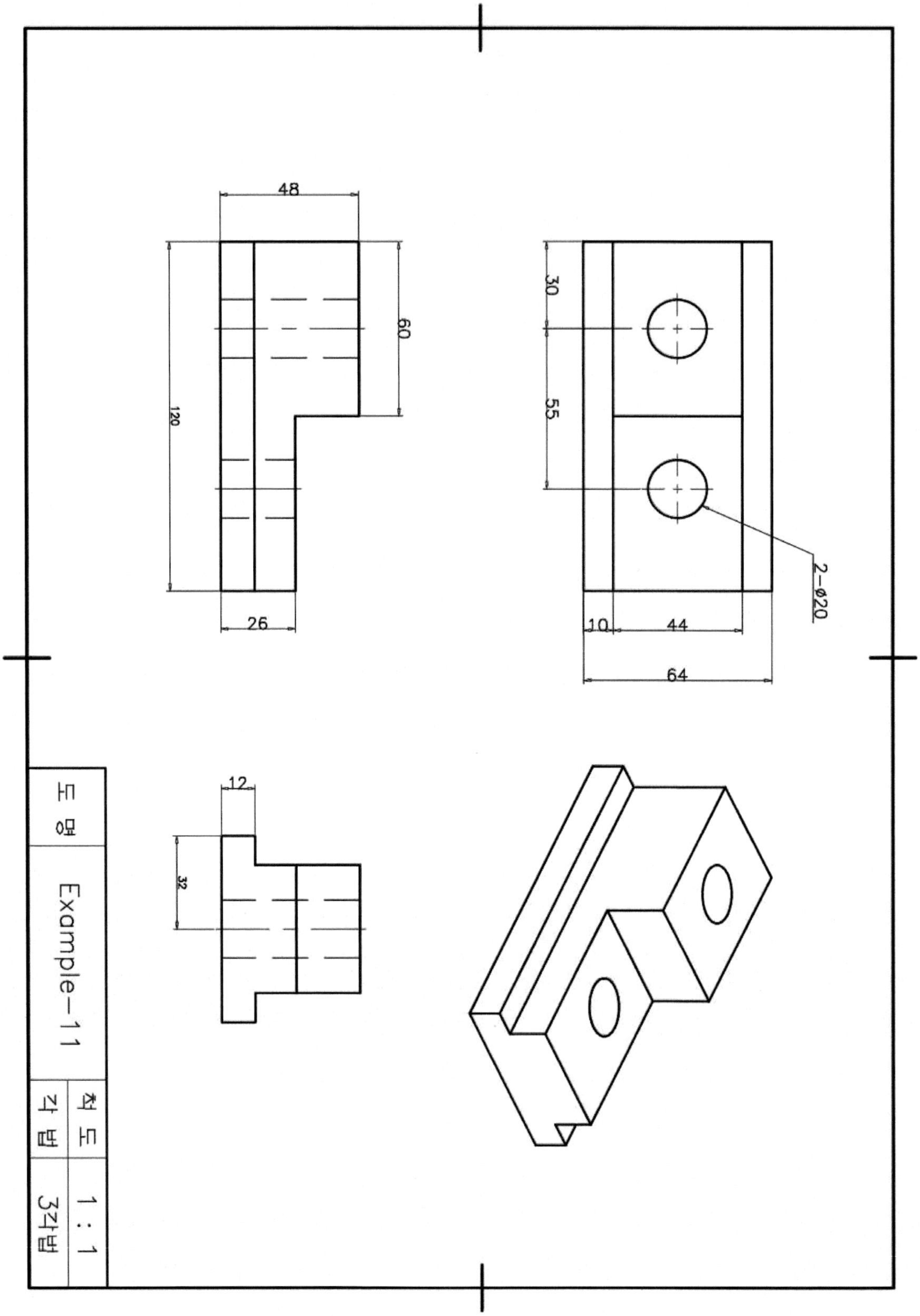
48
60
120
26
30
55
2-ø20
10
44
64
12
32
도 명
Example-11
척 도
1 : 1
각 법
3각법

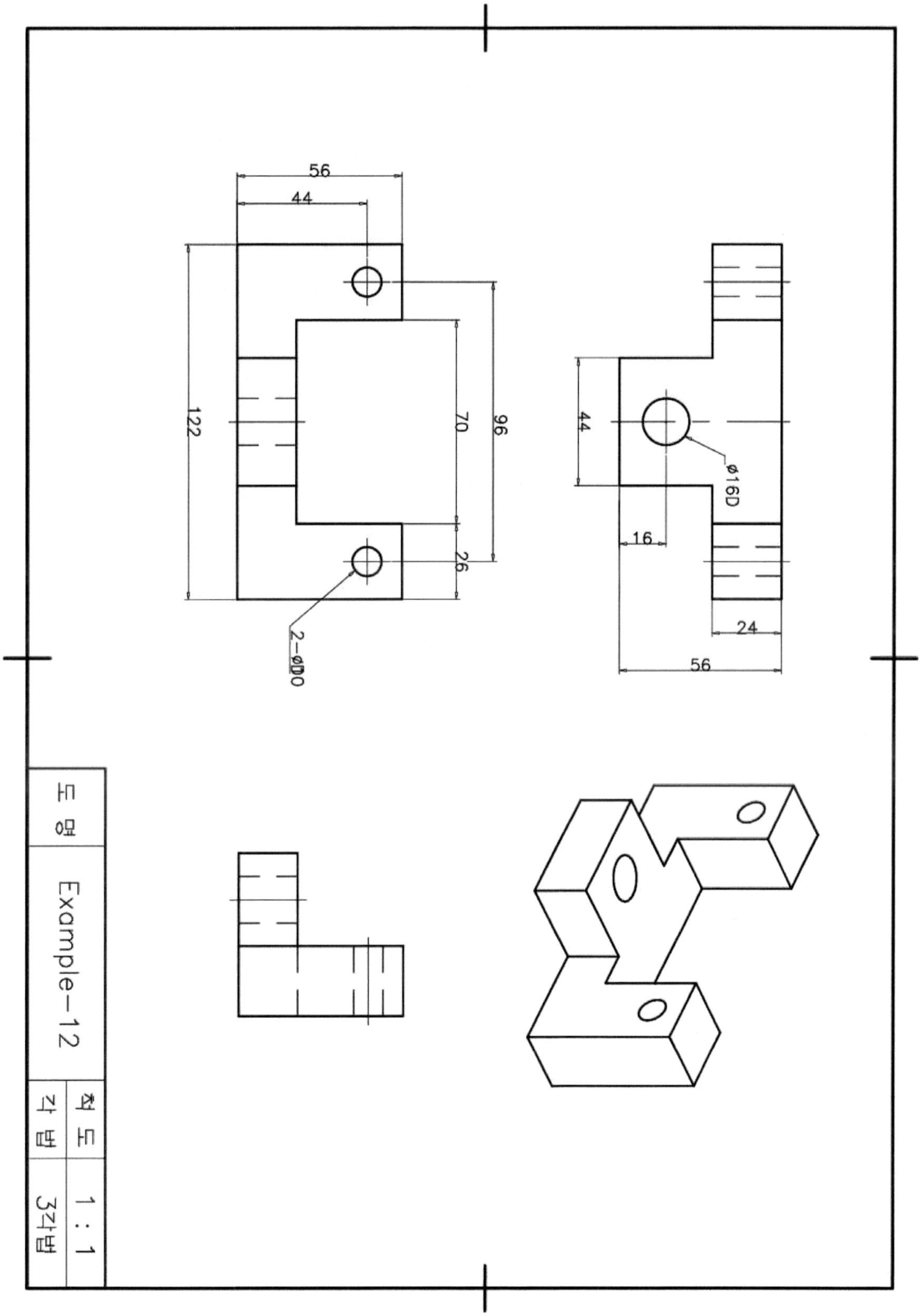
56
44
122
70
96
26
2-ø10
44
ø16D
16
24
56
도 명
Example-12
척 도
1 : 1
각 법
3각법

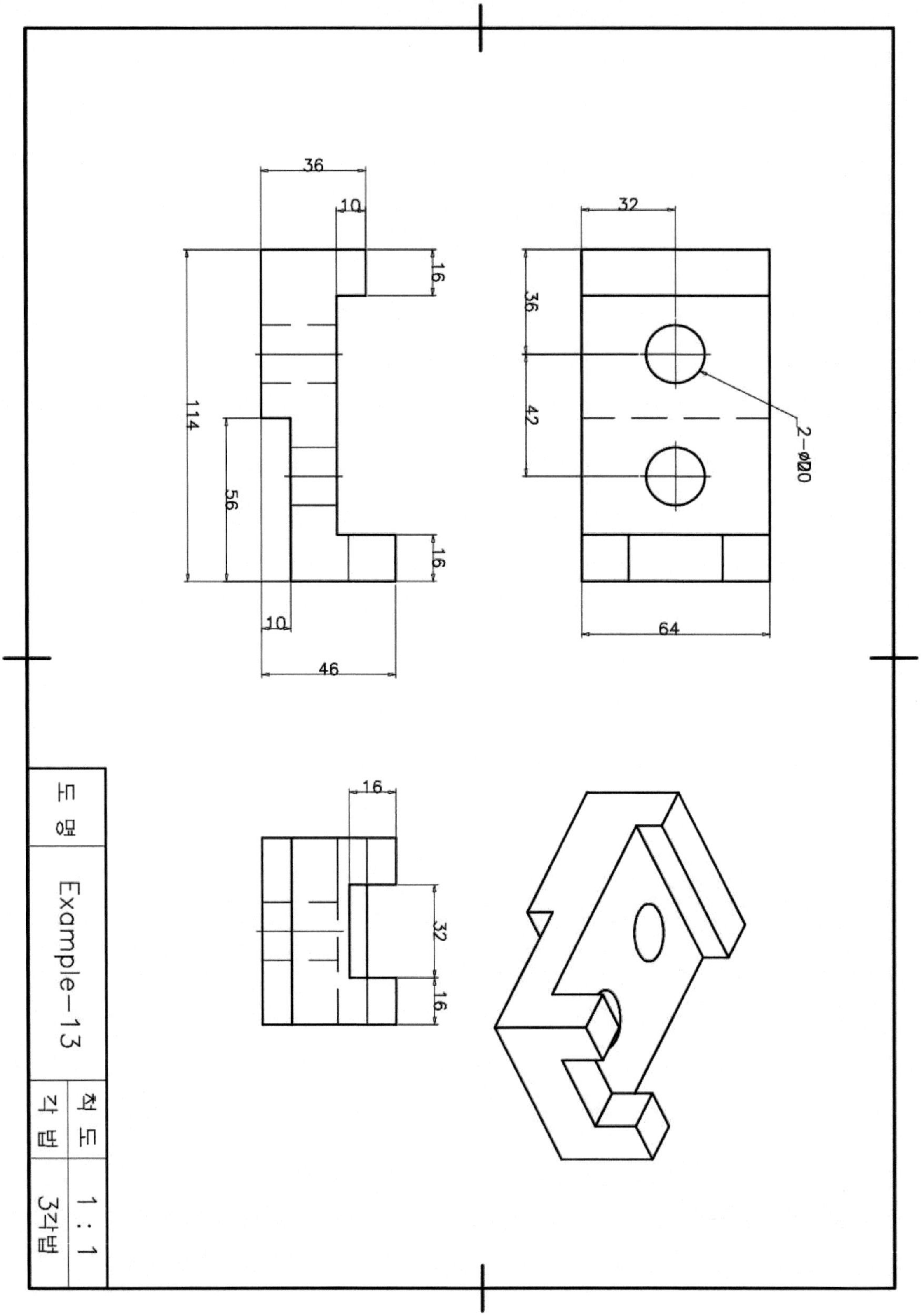
36
10
16
114
56
16
10
46
32
36
42
2-Ø20
64
16
32
16
도명
Example-13
척도
1 : 1
각법
3각법

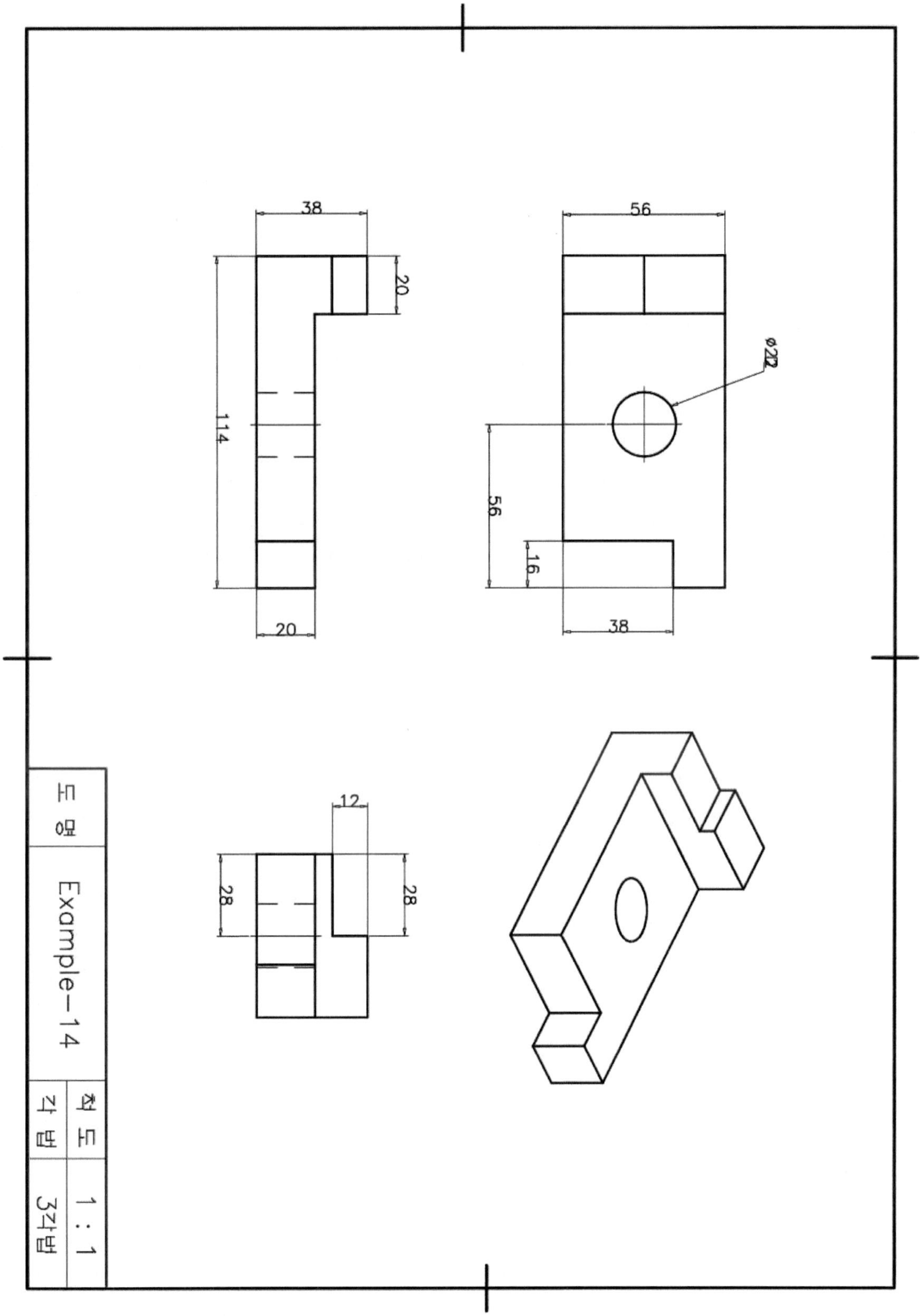
도 명
Example-14
척 도
1 : 1
각 법
3각법
38
20
114
20
56
56
16
38
12
28
28

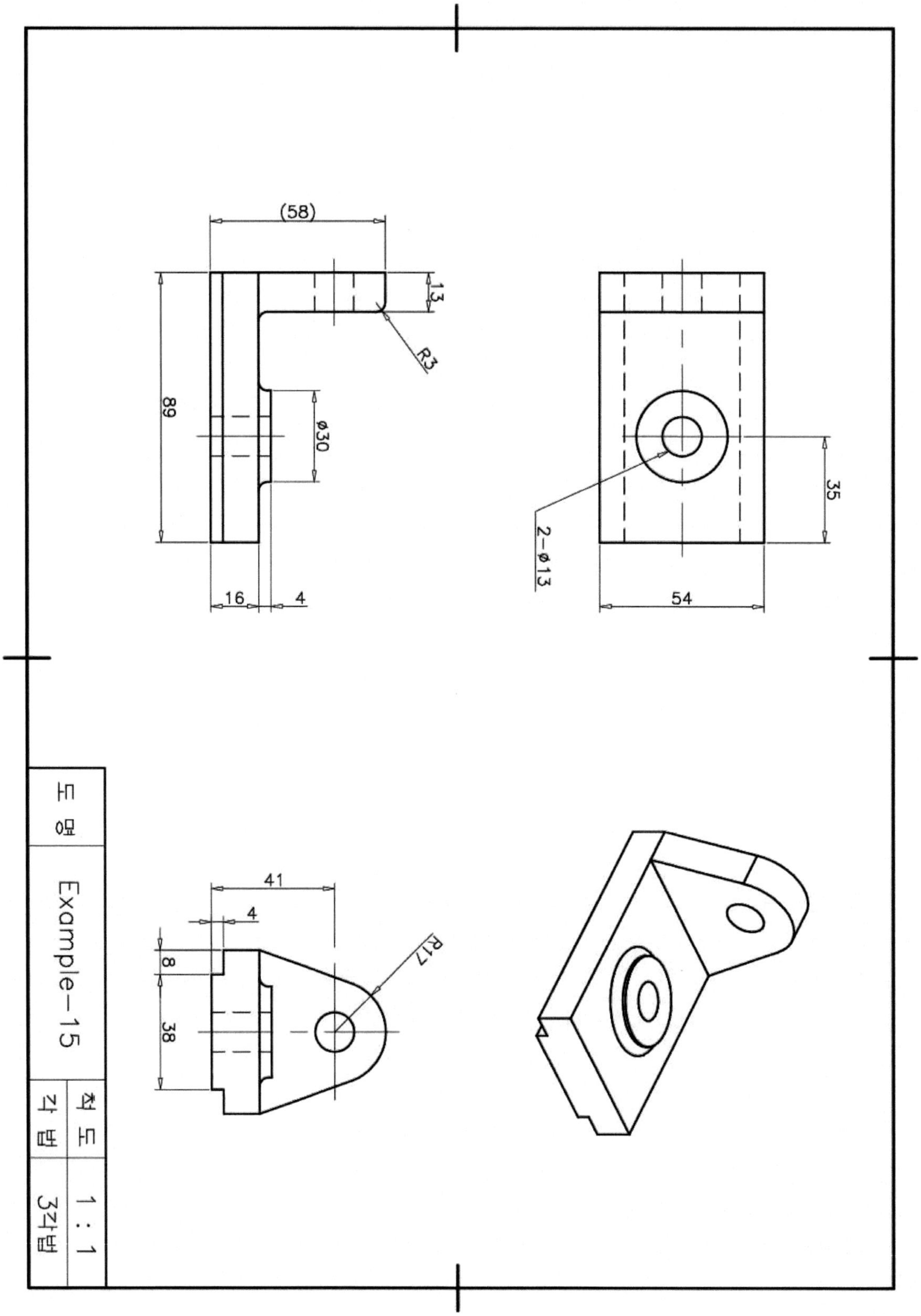
도 명
Example-15
척 도
1 : 1
각 법
3각법
(58)
13
R3
89
ø30
16
4
35
2-ø13
54
41
4
R17
8
38

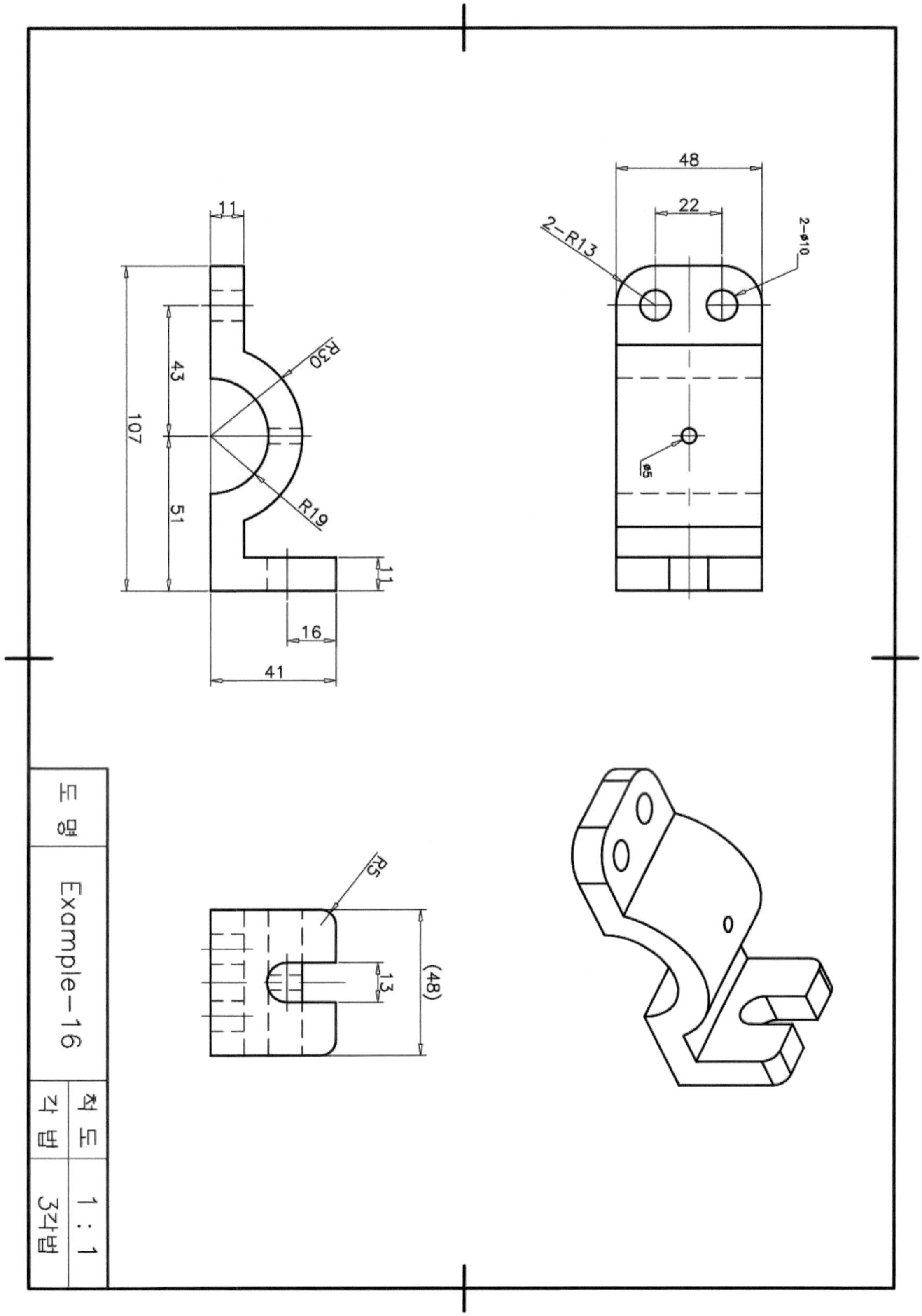

48
22
2-R13
2-ø10
ø5
11
107
43
51
R30
R19
11
16
41
R5
13
(48)
도 명
Example-16
척 도
1 : 1
각 법
3각법

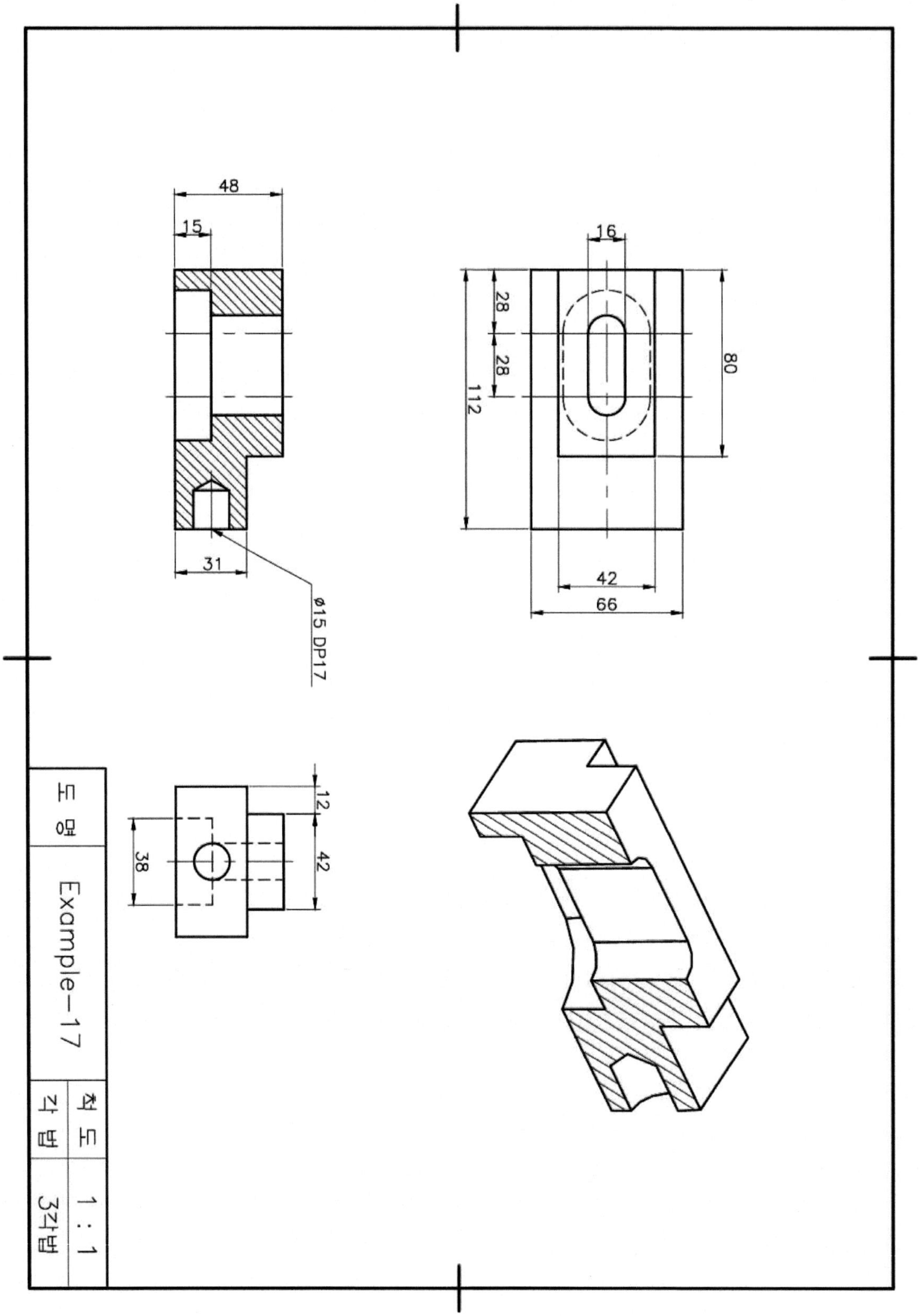
도 명
Example-17
척 도
1 : 1
각 법
3각법
48
15
31
ø15 DP17
16
28
28
112
80
42
66
12
38
42

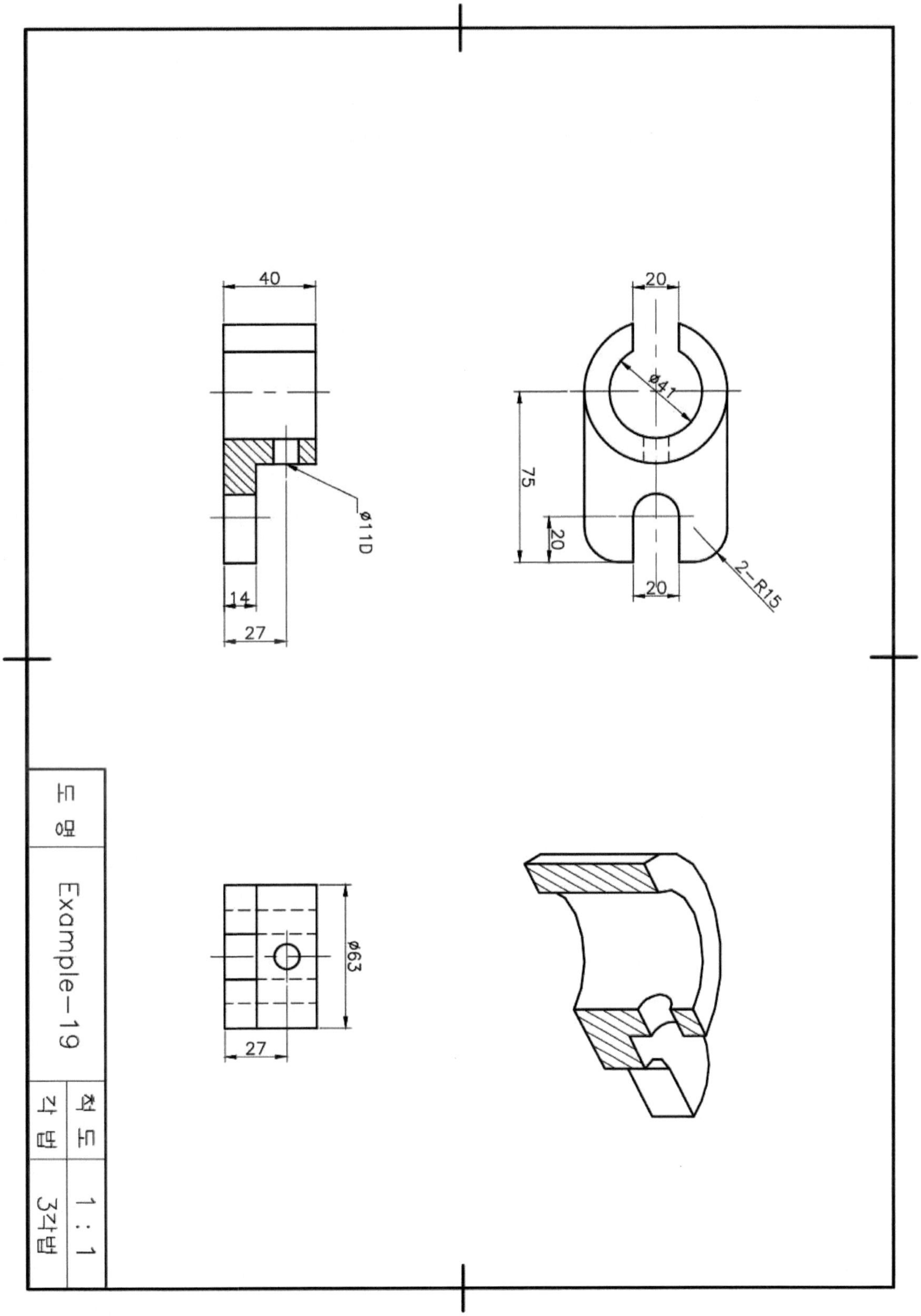
40
20
ø41
75
20
2-R15
ø11D
14
27
ø63
27
도명
Example-19
척도
1 : 1
각법
3각법

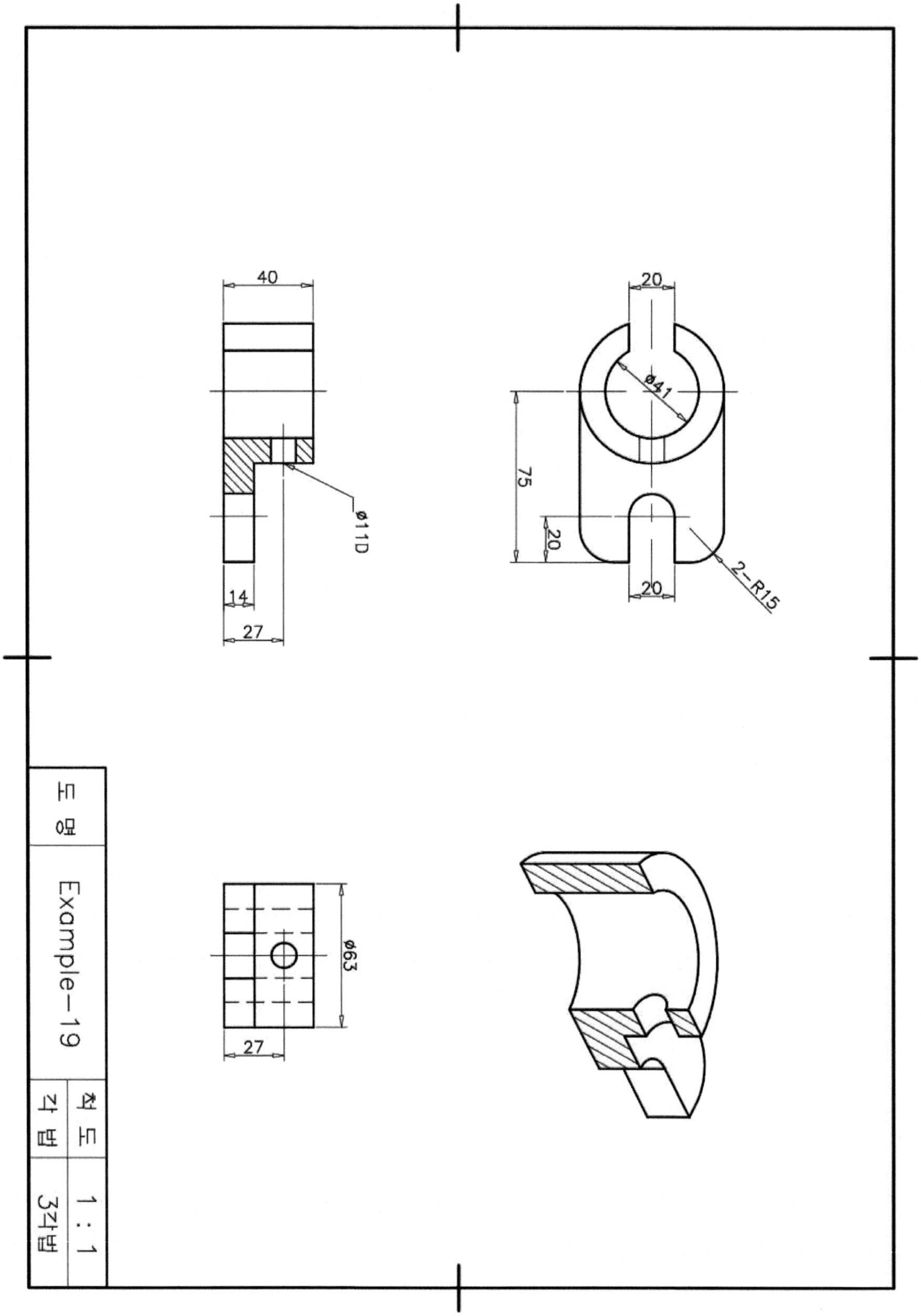
도 명
Example-19
척 도
1 : 1
각 법
3각법
40
14
27
ø11D
20
ø41
75
20
20
2-R15
ø63
27

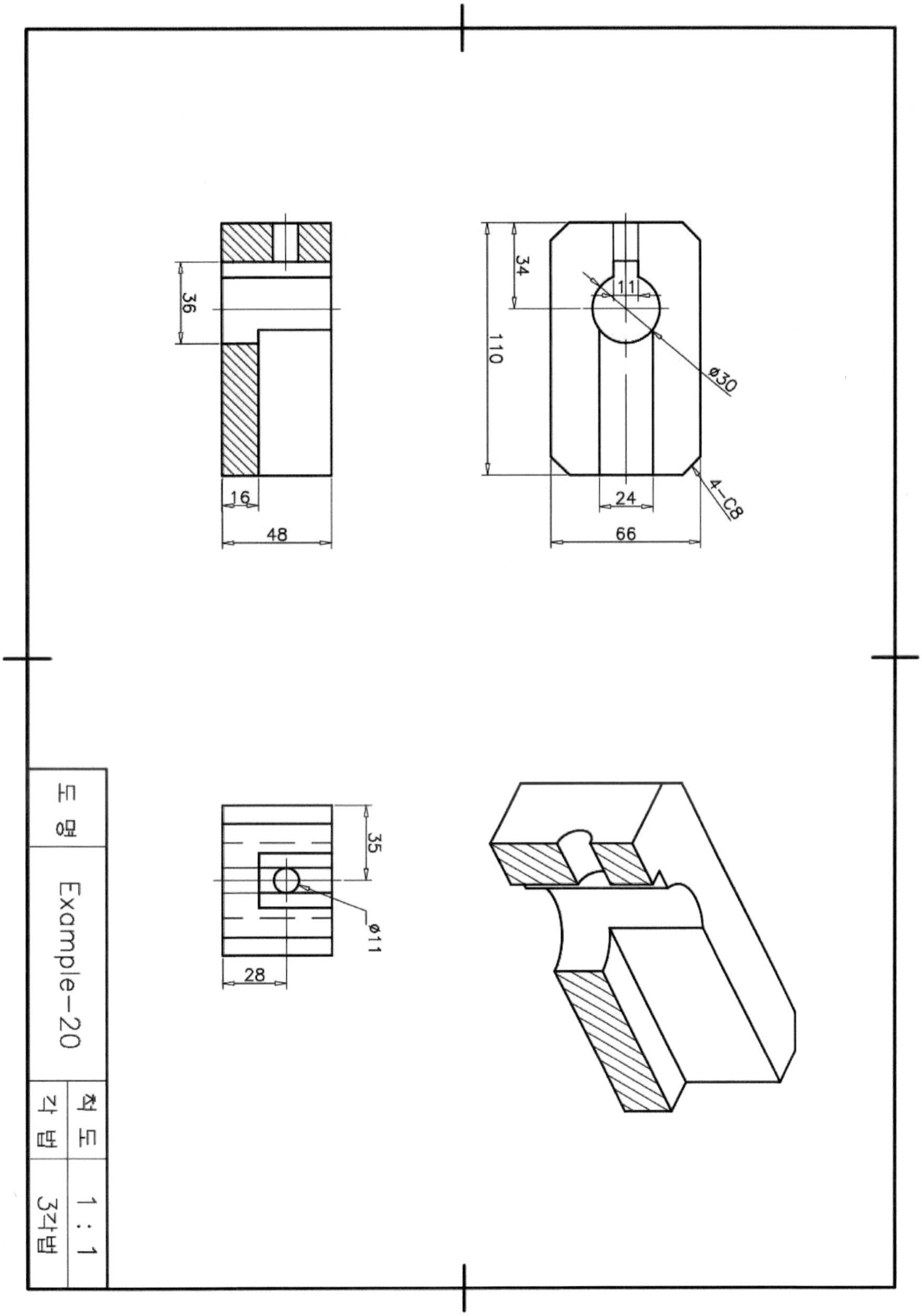
36
16
48
34
11
110
ø30
24
4-C8
66
35
ø11
28
도 명
Example-20
척 도
1 : 1
각 법
3각법

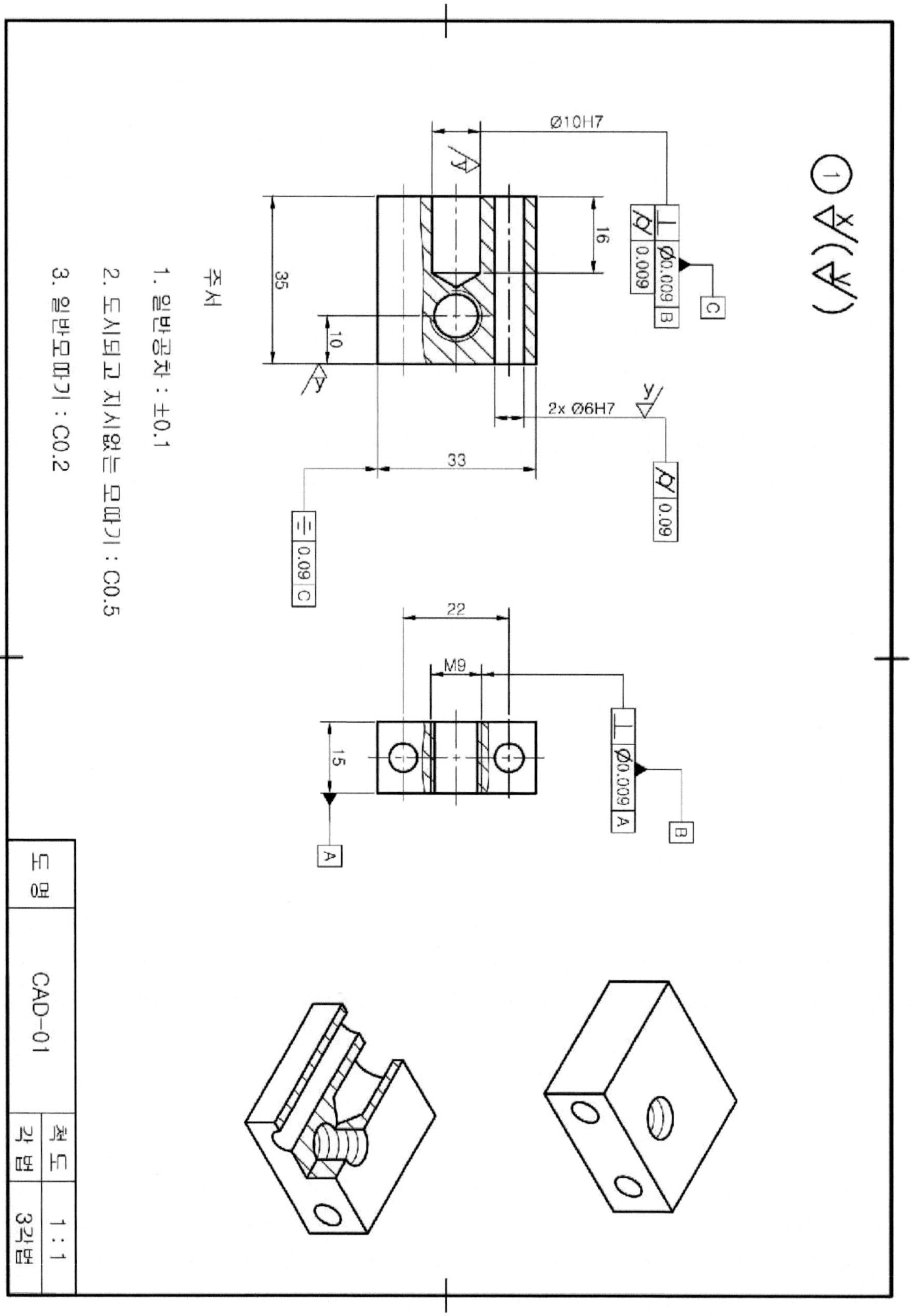
①
Ø10H7
16
35
10
2x Ø6H7
33
22
M9
15
0.009
0.09
주서
1. 일반공차 : ±0.1
2. 도시되고 지시없는 모따기 : C0.5
3. 일반모따기 : C0.2
도명
CAD-01
척도
1 : 1
각법
3각법

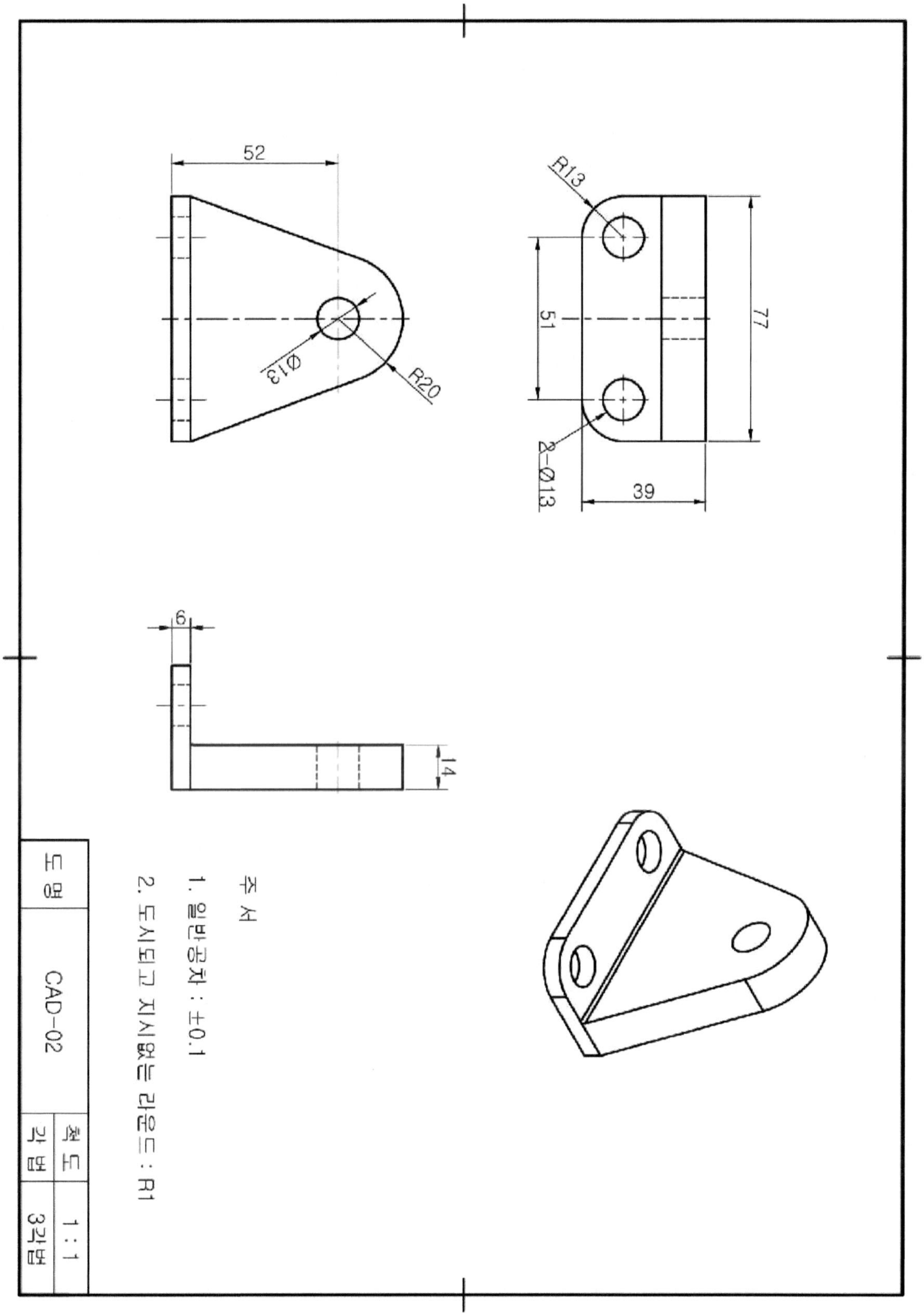
52
Ø13
R20
R13
51
77
2-Ø13
39
6
14
주 서
1. 일반공차 : ±0.1
2. 도시되고 지시없는 라운드 : R1
도 명
CAD-02
척 도
1 : 1
각 법
3각법

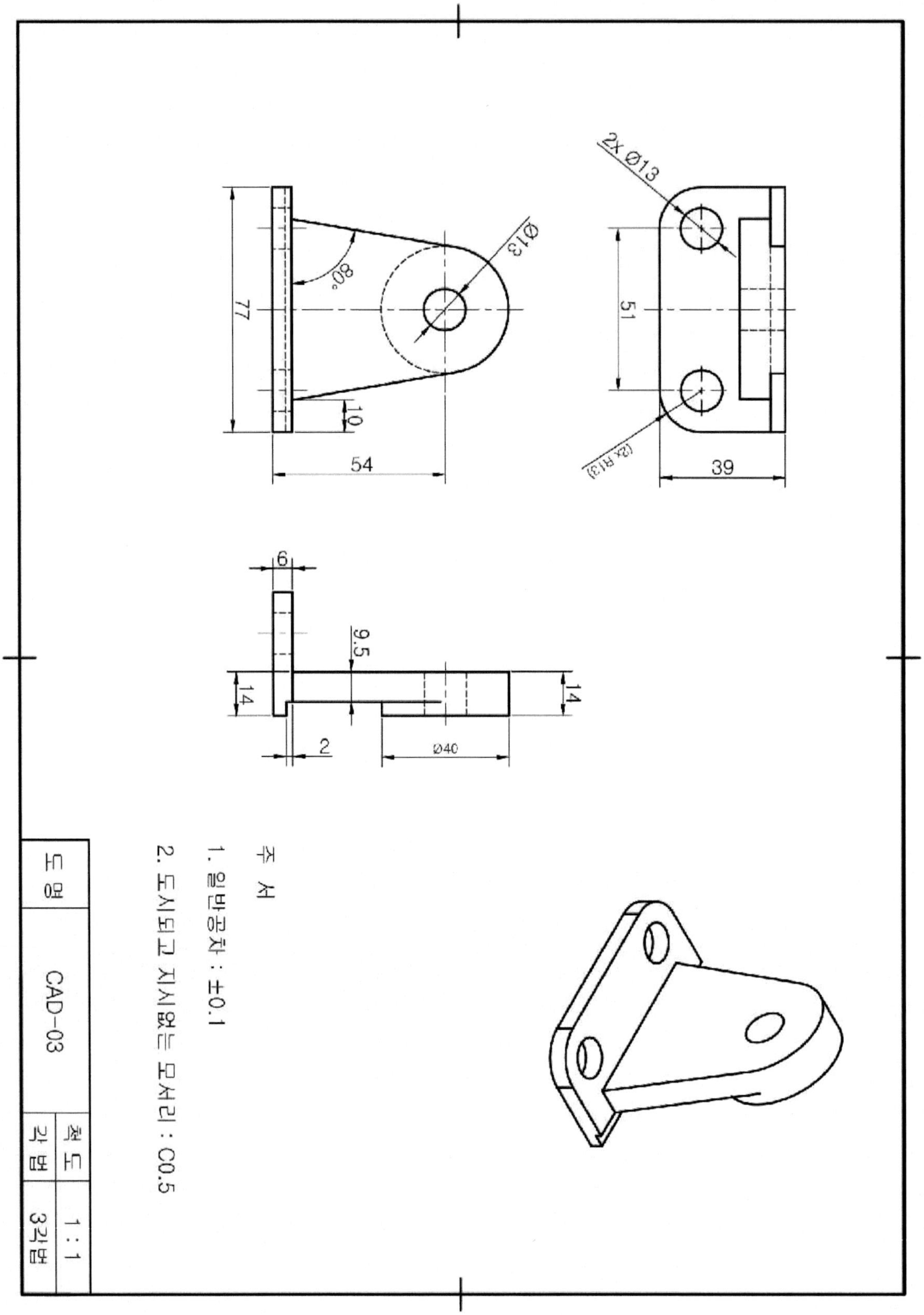
2x Ø13
Ø13
80°
77
10
54
51
(2x R13)
39
6
9.5
14
14
2
Ø40
주 서
1. 일반공차 : ±0.1
2. 도시되고 지시없는 모서리 : C0.5
도 명
CAD-03
척 도
1 : 1
각 법
3각법

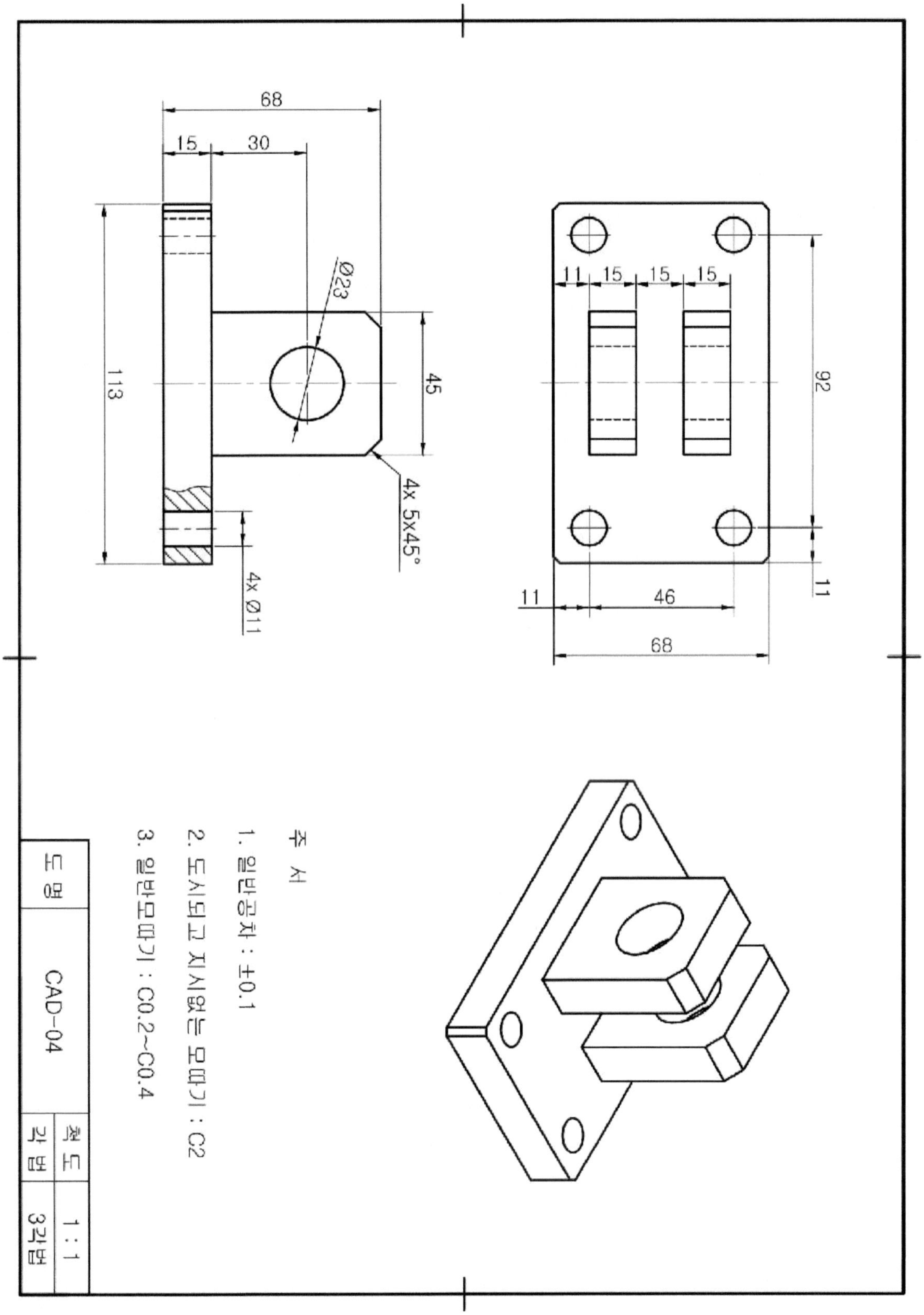
68
15
30
Ø23
113
45
4x 5x45°
4x Ø11
11
15
15
15
92
11
46
11
68
주 서
1. 일반공차 : ±0.1
2. 도시되고 지시없는 모따기 : C2
3. 일반모따기 : C0.2~C0.4
도 명
CAD-04
척 도
1 : 1
각 법
3각법

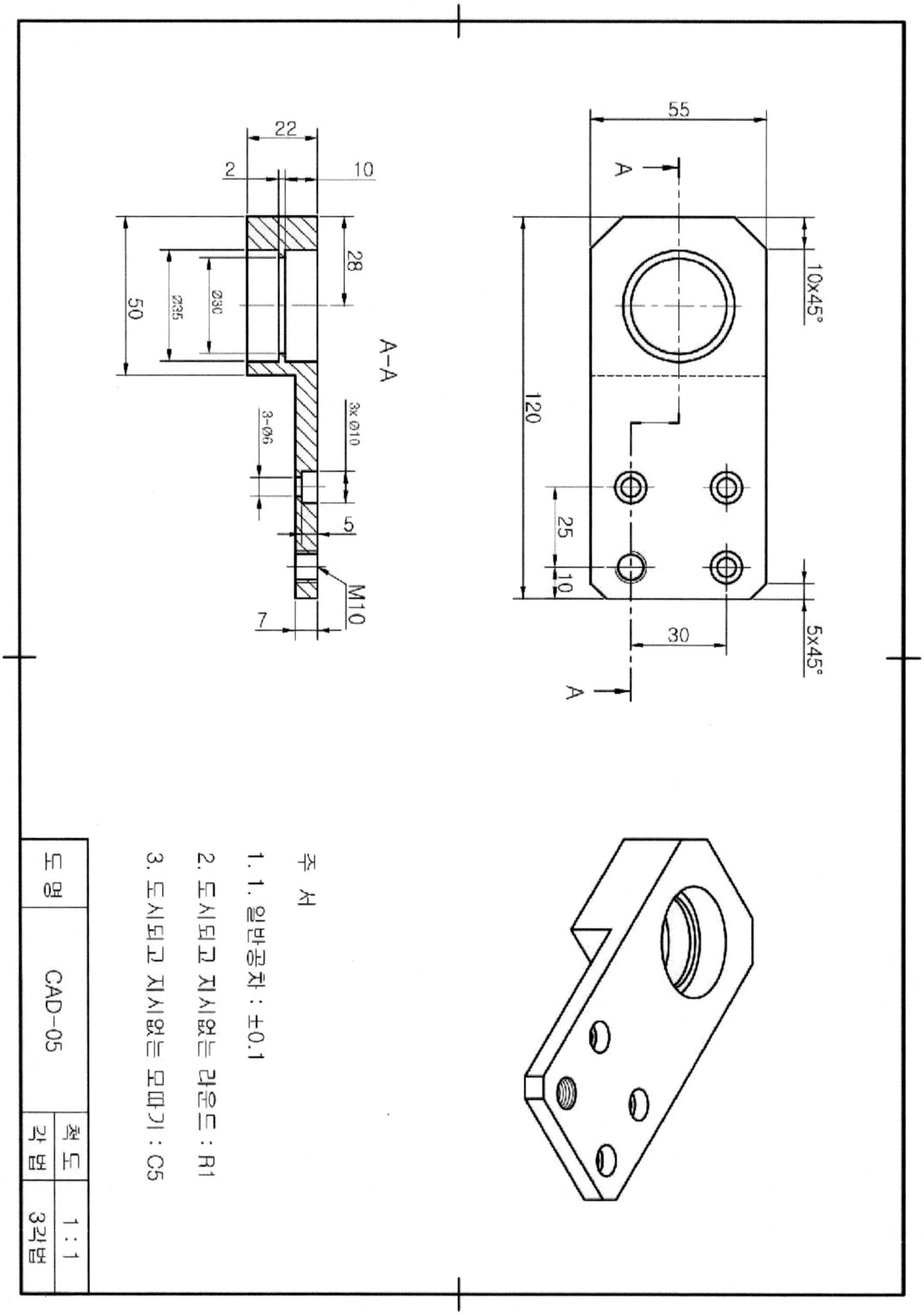
A-A
55
120
10x45°
5x45°
25
10
30
22
2
10
28
50
Ø35
Ø30
3-Ø6
3x Ø10
5
7
M10
주 서
1. 1. 일반공차 : ±0.1
2. 도시되고 지시없는 라운드 : R1
3. 도시되고 지시없는 모따기 : C5
도 명
CAD-05
척 도
1 : 1
각 법
3각법

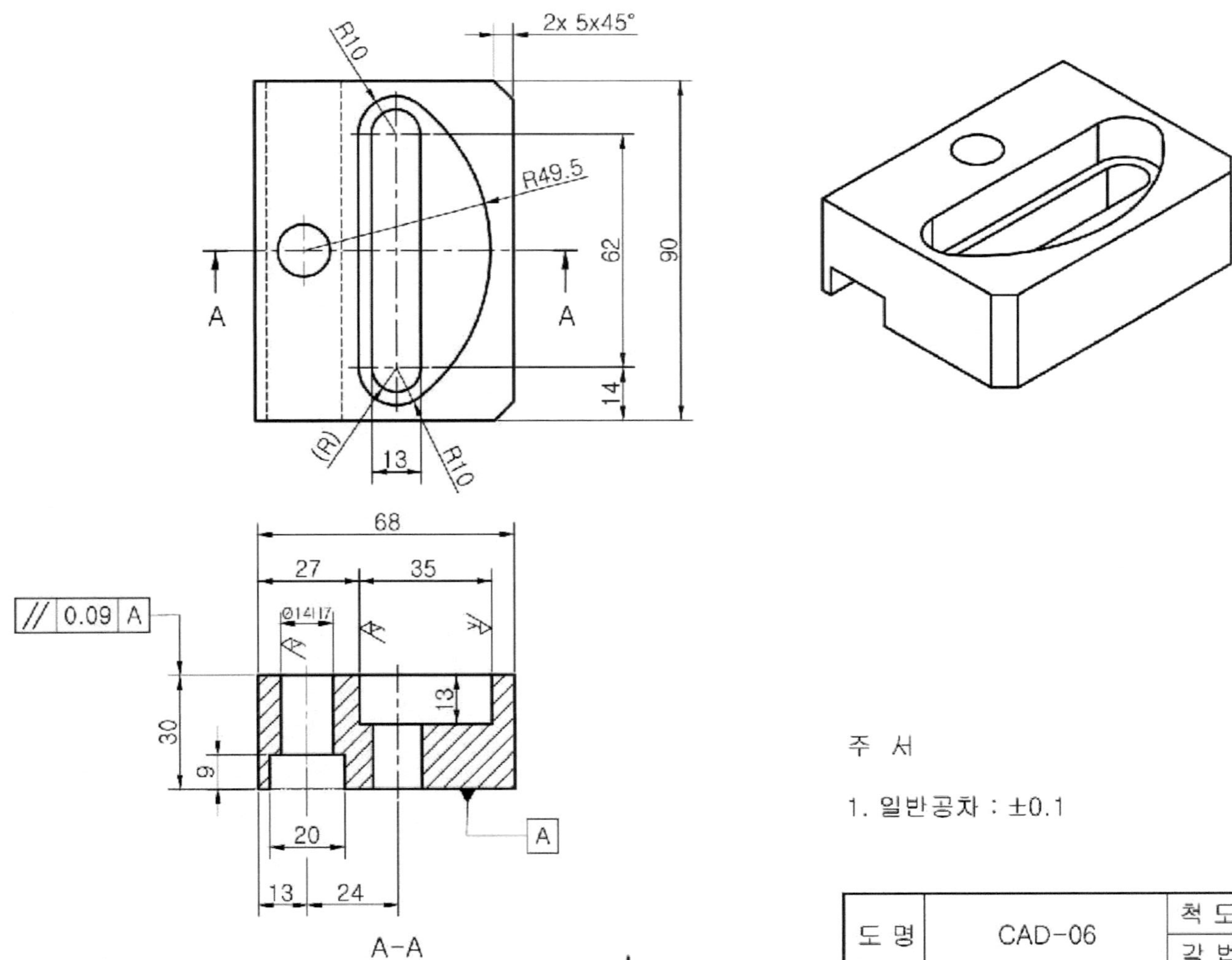

주 서

1. 일반공차 : ±0.1

도 명	CAD-06	척 도	1 : 1
		각 법	3각법

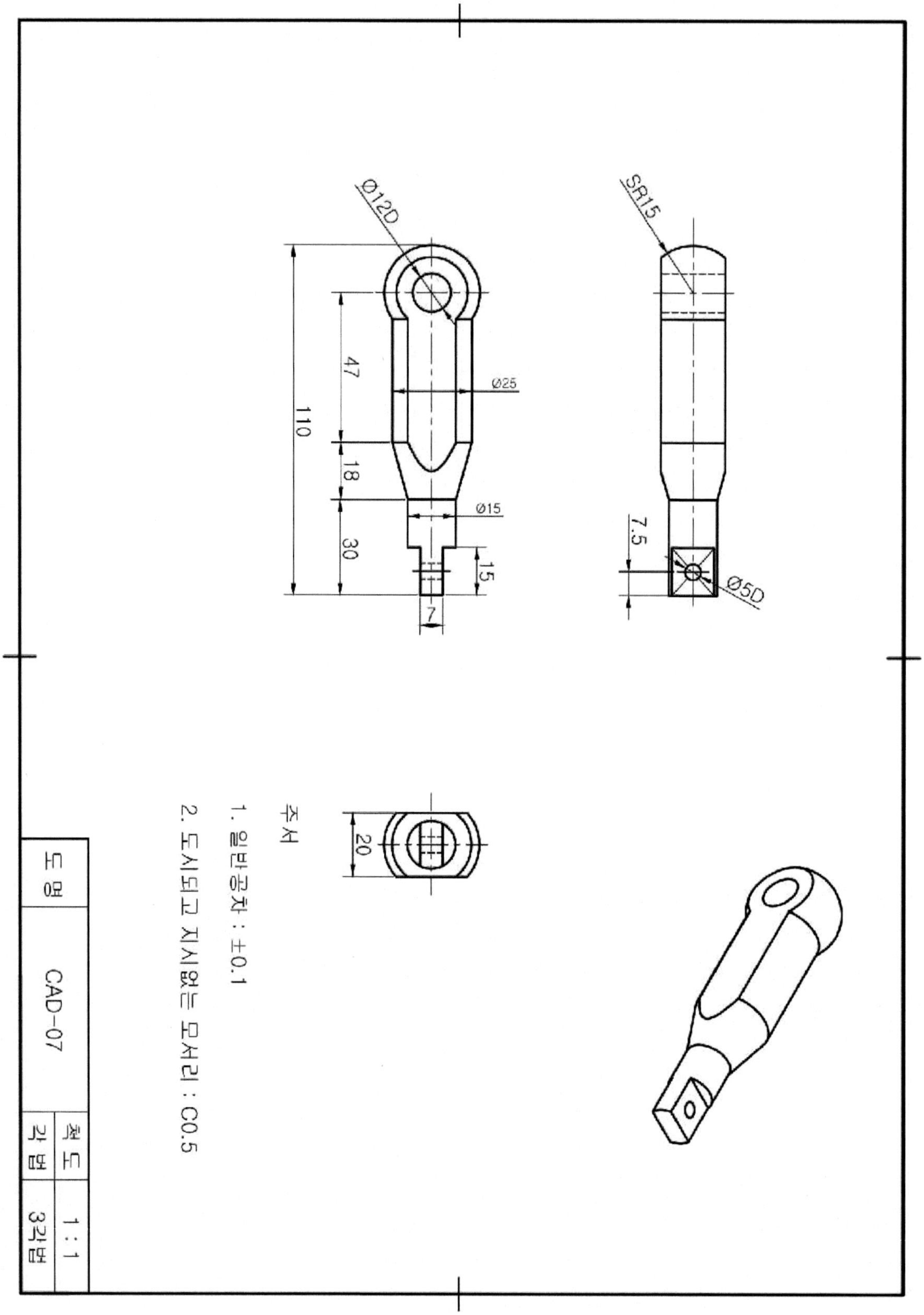
Ø12D
SR15
47
110
Ø25
18
Ø15
30
15
7
7.5
Ø5D
20
주서
1. 일반공차 : ±0.1
2. 도시되고 지시없는 모서리 : C0.5
도 명
CAD-07
척 도
1 : 1
각 법
3각법

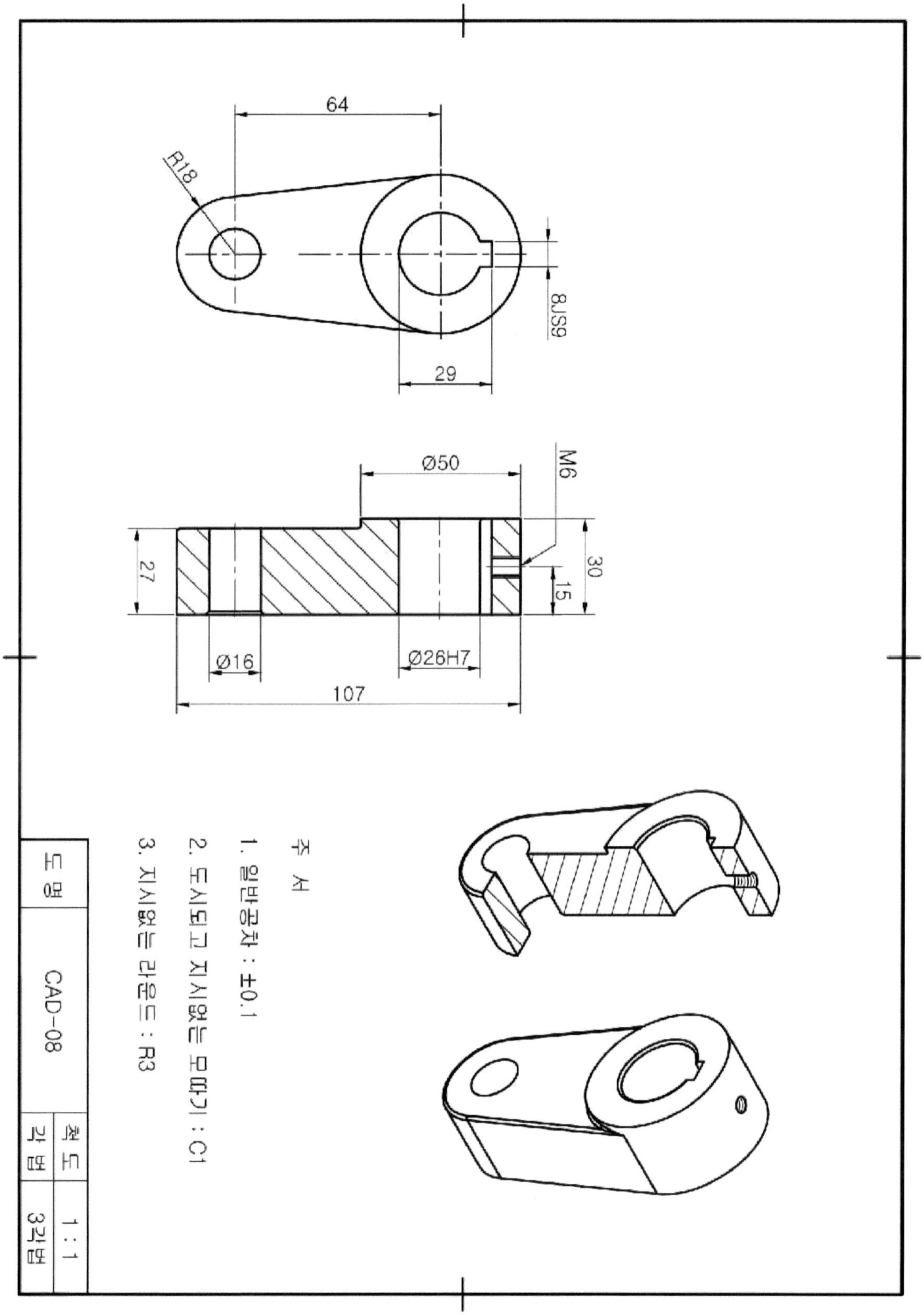
64
R18
8JS9
29
Ø50
M6
30
15
27
Ø16
Ø26H7
107
주 서
1. 일반공차 : ±0.1
2. 도시되고 지시없는 모따기 : C1
3. 지시없는 라운드 : R3
도 명
CAD-08
척 도
1 : 1
각 법
3각법

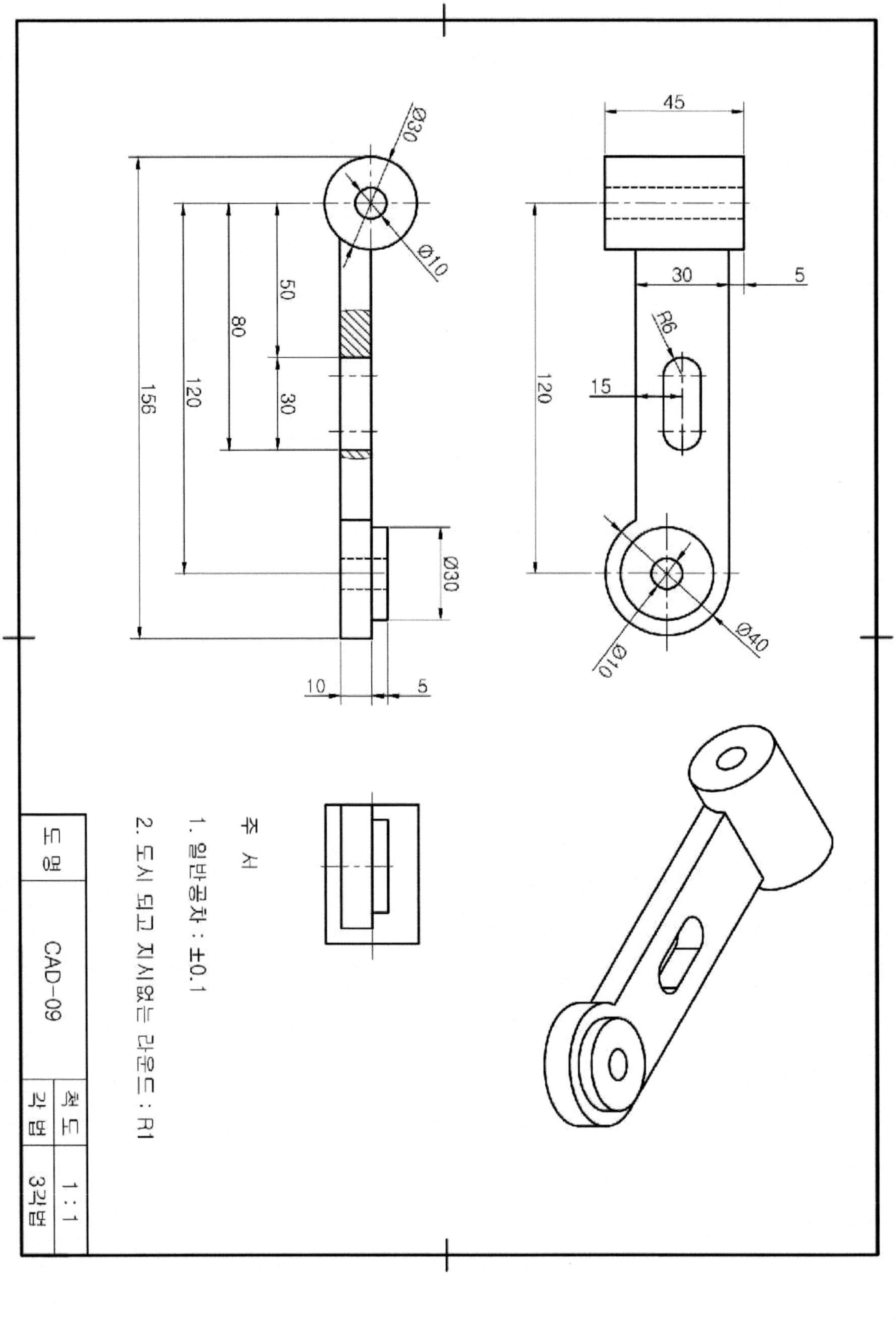
Ø30
Ø10
45
30
5
R6
15
50
80
120
156
30
120
Ø30
Ø40
Ø10
10
5
주 서
1. 일반공차 : ±0.1
2. 도시 되고 지시없는 라운드 : R1
도 명
CAD-09
척 도
1 : 1
각 법
3각법

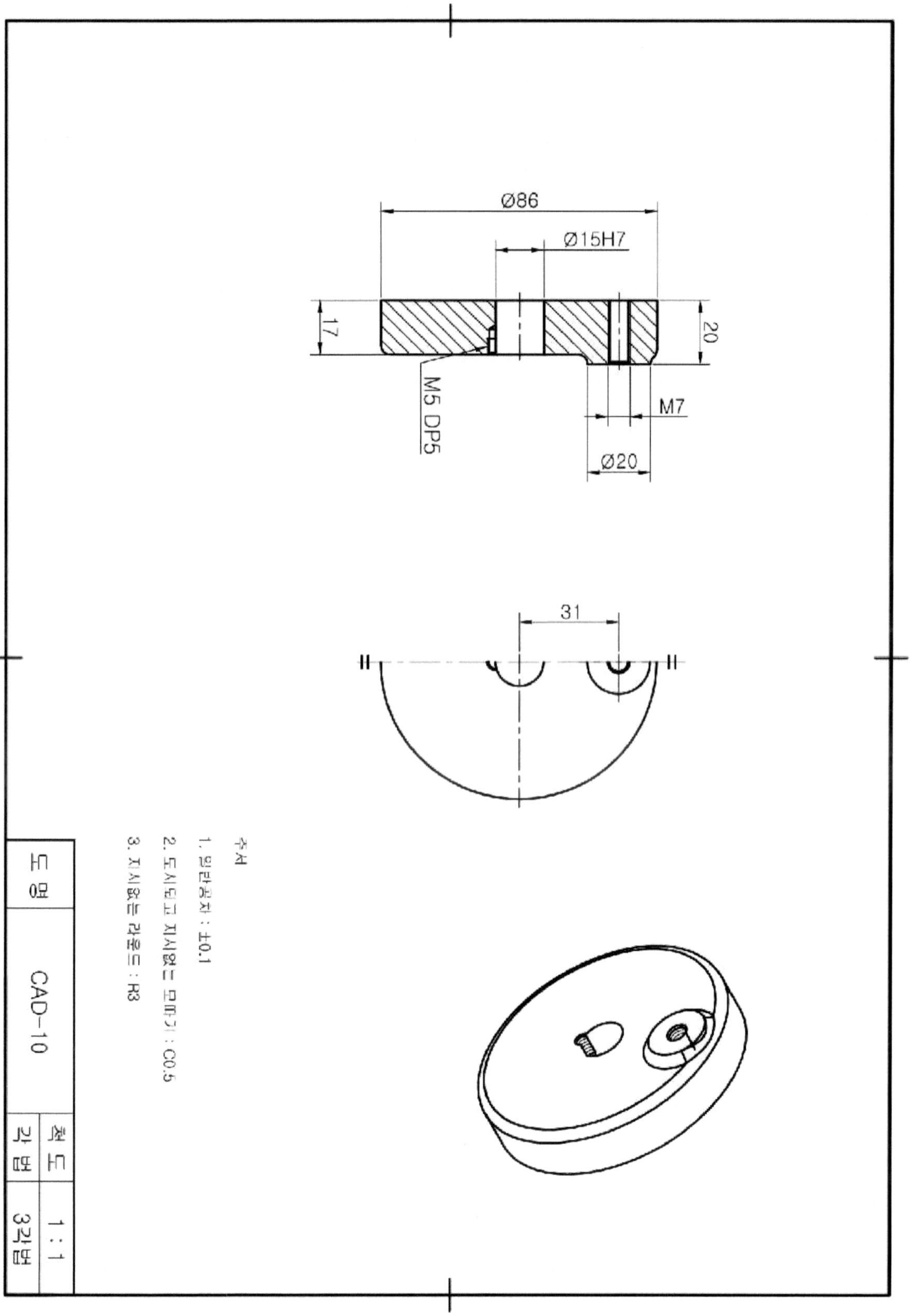
Ø86
Ø15H7
17
20
M5 DP5
M7
Ø20
31
주서
1. 일반공차 : ±0.1
2. 도시되고 지시없는 모따기 : C0.5
3. 지시없는 라운드 : R3
도명
CAD-10
척도
1 : 1
각법
3각법

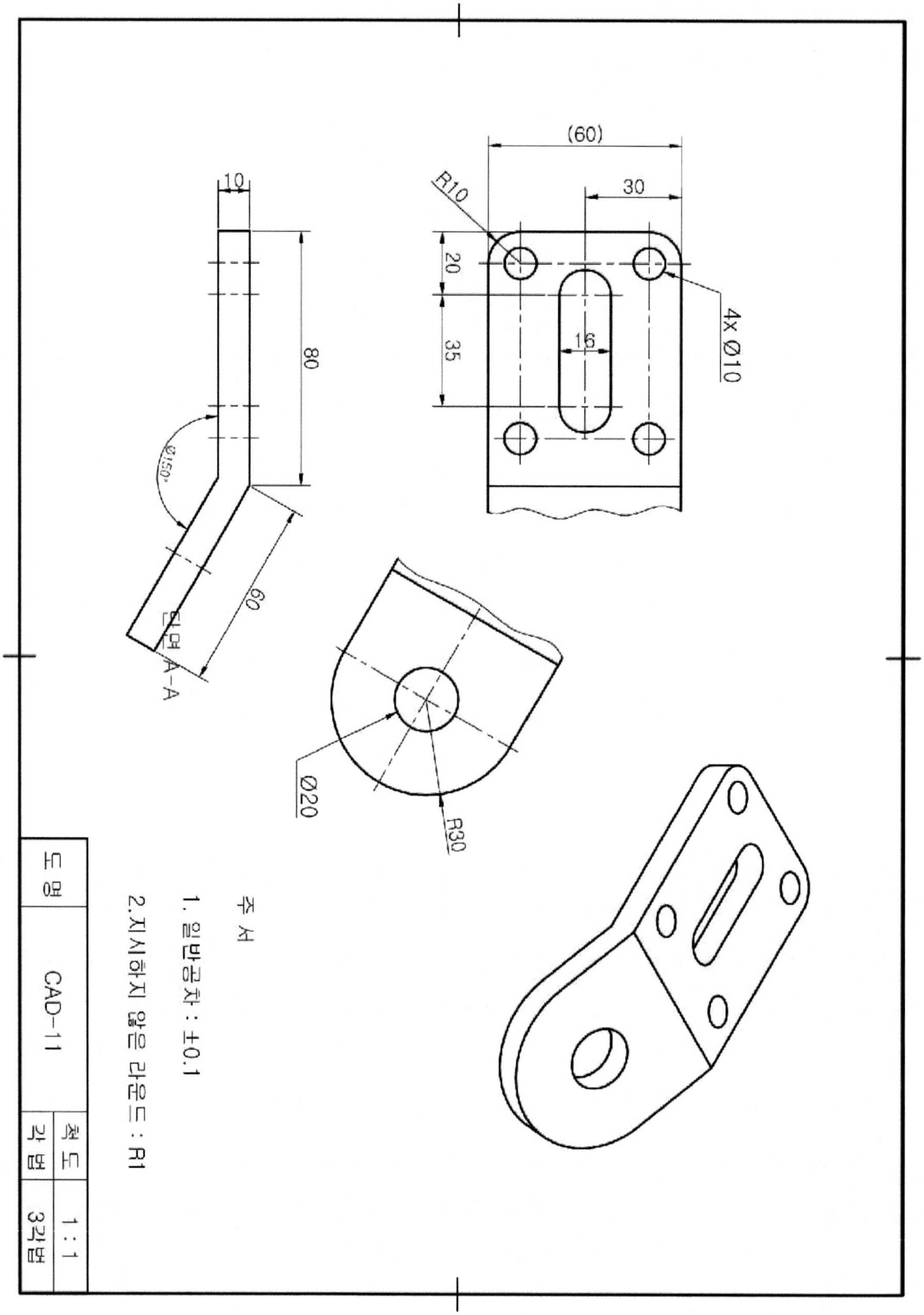
(60)
30
R10
20
35
16
4x Ø10
10
80
60
단면 A-A
Ø20
R30
주 서
1. 일반공차 : ±0.1
2.지시하지 않은 라운드 : R1
도 명
CAD-11
척 도
1 : 1
각 법
3각법

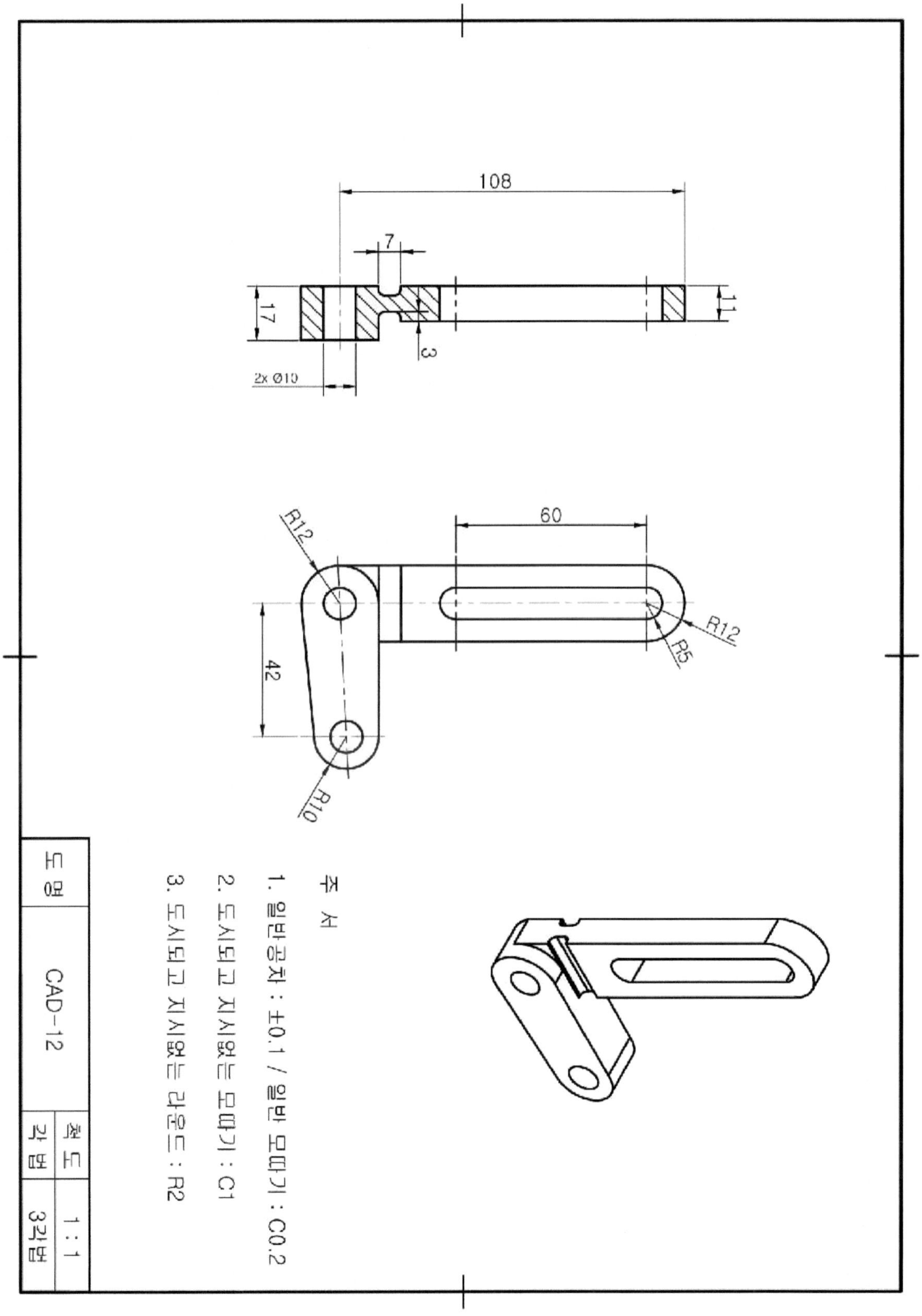
108
7
17
11
3
2x Ø10
60
R12
R12
R5
42
R10
주 서
1. 일반공차 : ±0.1 / 일반 모떼기 : C0.2
2. 도시되고 지시없는 모떼기 : C1
3. 도시되고 지시없는 라운드 : R2
도 명
CAD-12
척 도
1 : 1
각 법
3각법

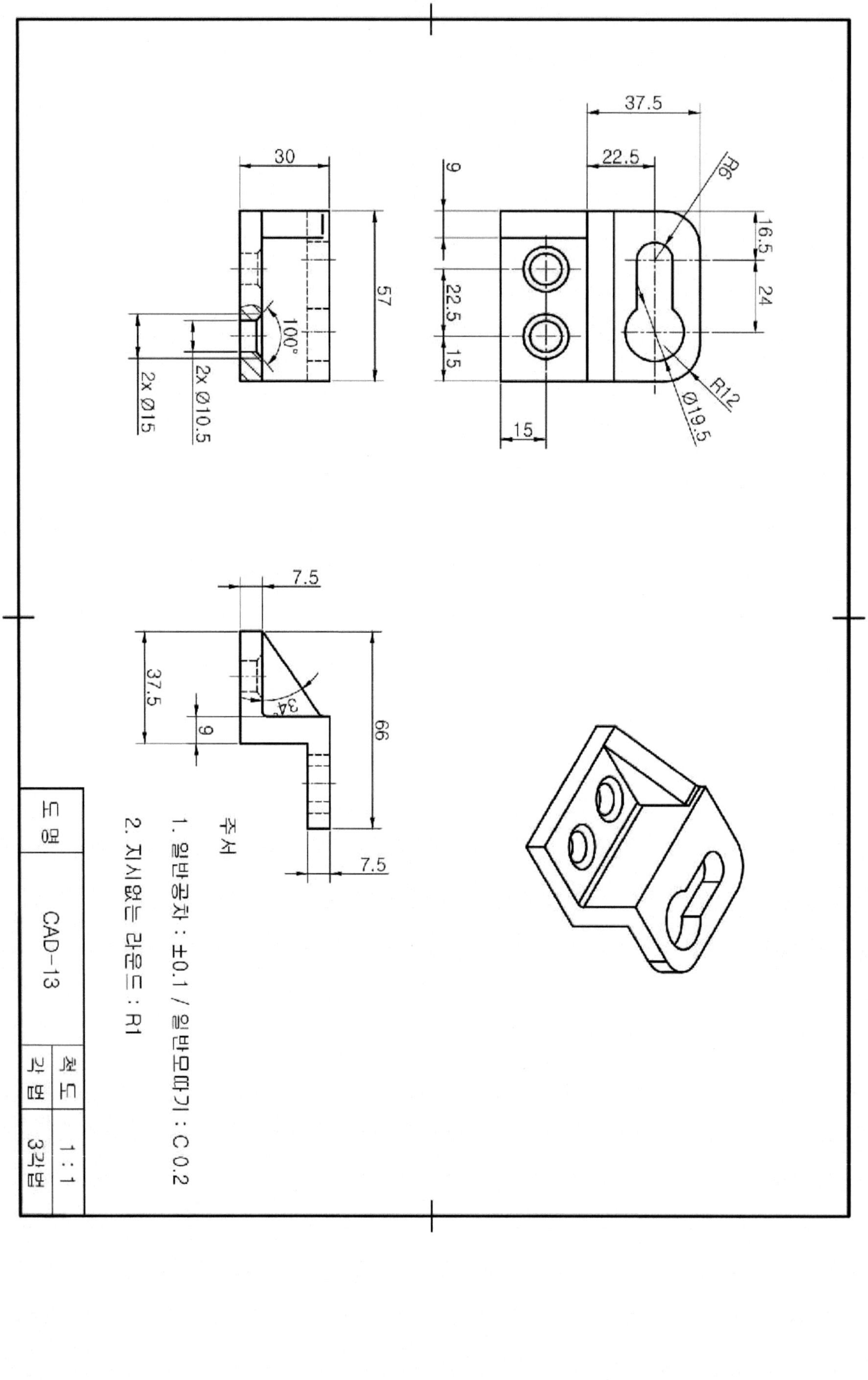
37.5
22.5
R6
30
9
16.5
24
57
22.5
15
100°
R12
Ø19.5
15
2x Ø10.5
2x Ø15
7.5
37.5
34°
9
66
7.5
주서
1. 일반공차 : ±0.1 / 일반모따기 : C 0.2
2. 지시없는 라운드 : R1
도 명
CAD-13
척 도
1 : 1
각 법
3각법

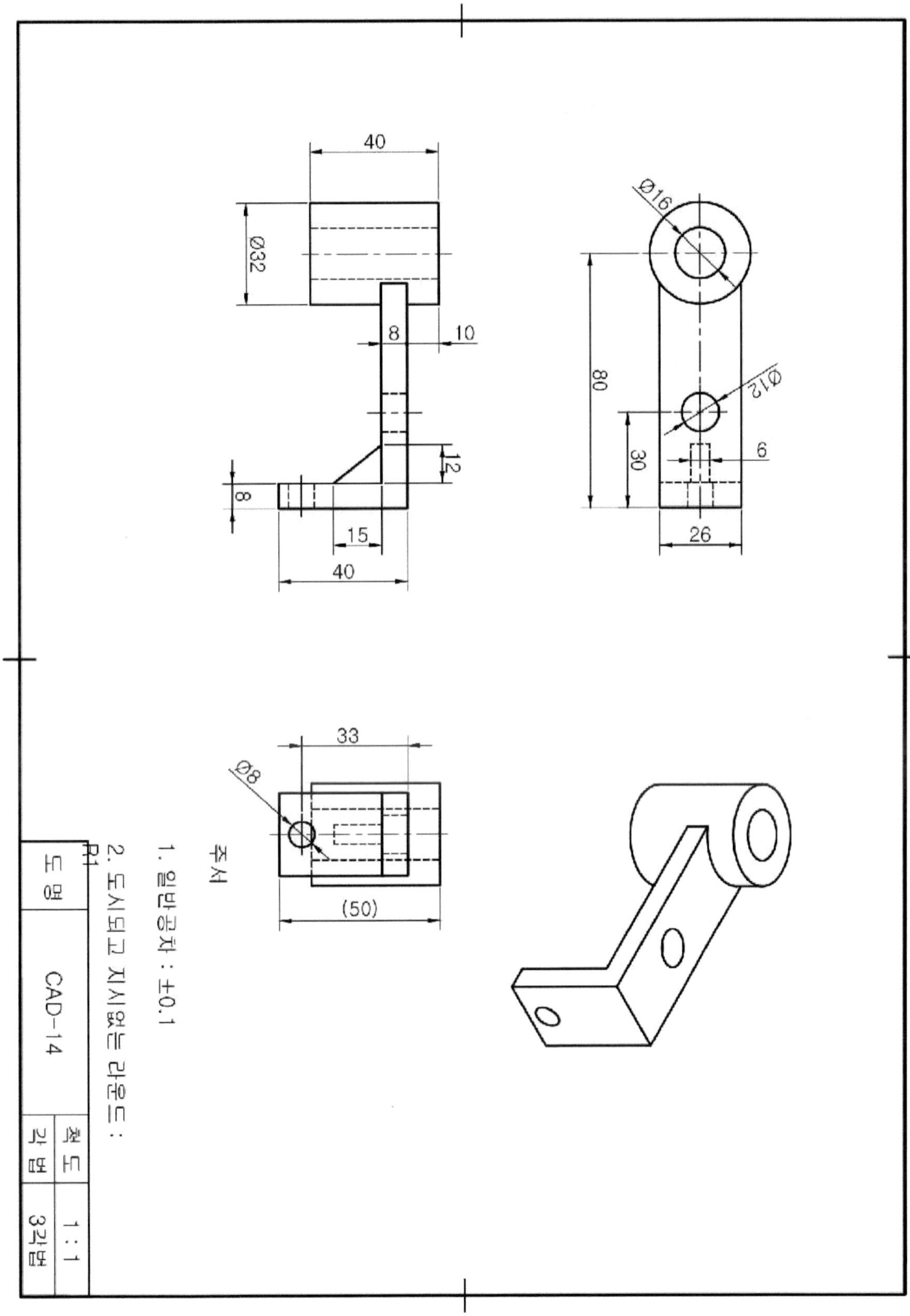
주서
1. 일반공차 : ±0.1
2. 도시되고 지시없는 라운드 : R1
도 명
CAD-14
척 도
1 : 1
각 법
3각법

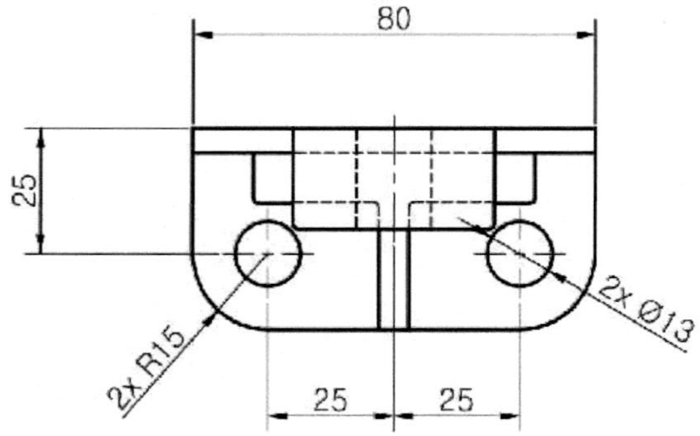

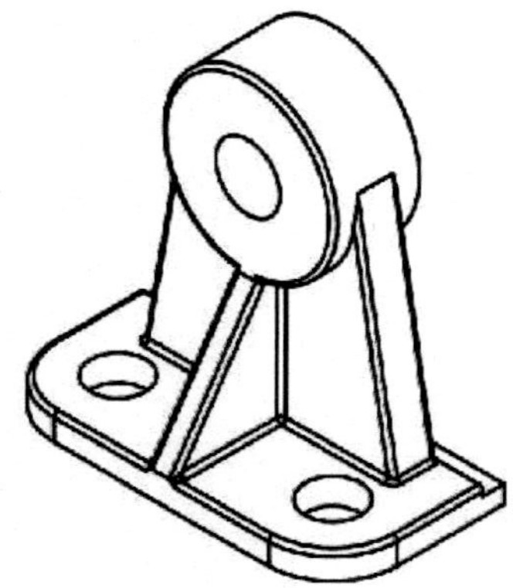

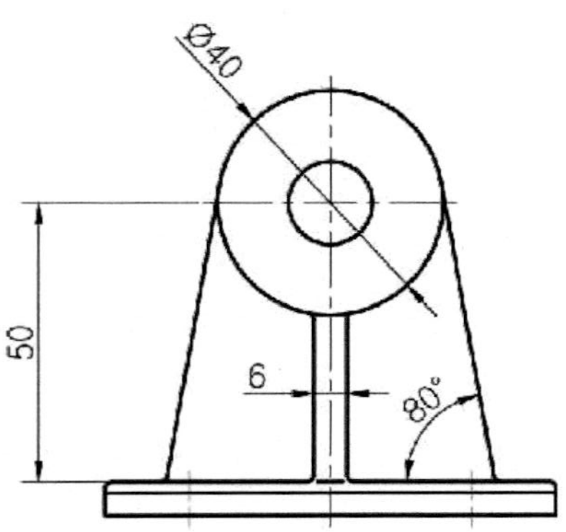

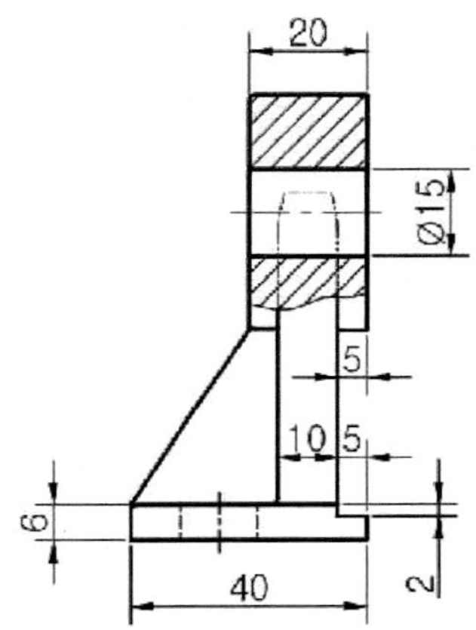

주 서

1. 일반공차 : ±0.1

2. 도시되고 지시없는 라운드 : R1

3. 지시없는 모따기 : C0.5

도 명	CAD-15	척 도	1 : 1
		각 법	3각법

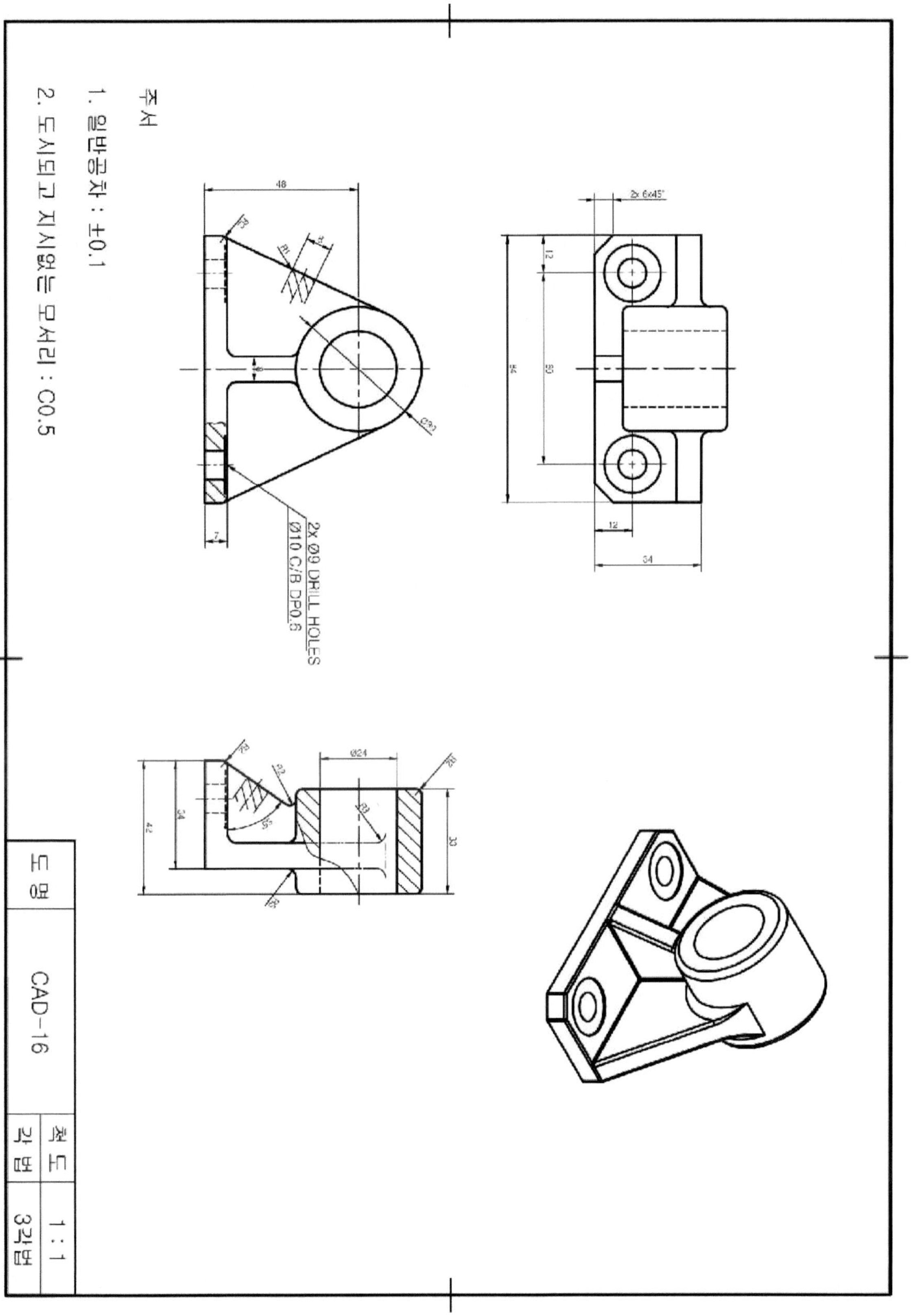
주서
1. 일반공차 : ±0.1
2. 도시되고 지시없는 모서리 : C0.5
2x Ø9 DRILL HOLES
Ø10 C/B DP0.6
도 명
CAD-16
척 도
1 : 1
각 법
3각법

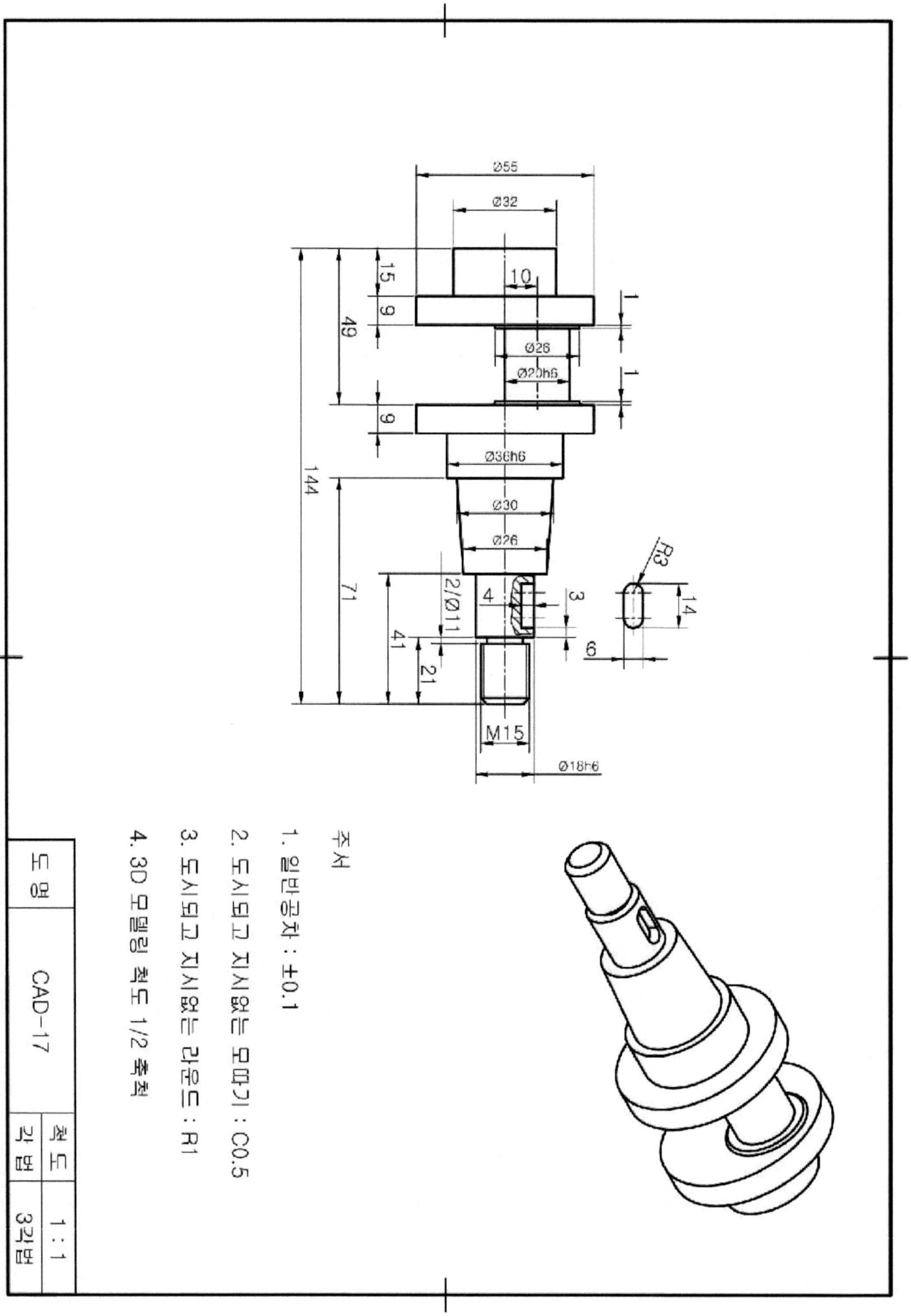
주서
1. 일반공차 : ±0.1
2. 도시되고 지시없는 모따기 : C0.5
3. 도시되고 지시없는 라운드 : R1
4. 3D 모델링 척도 1/2 축척
도명
CAD-17
척도
1 : 1
각법
3각법

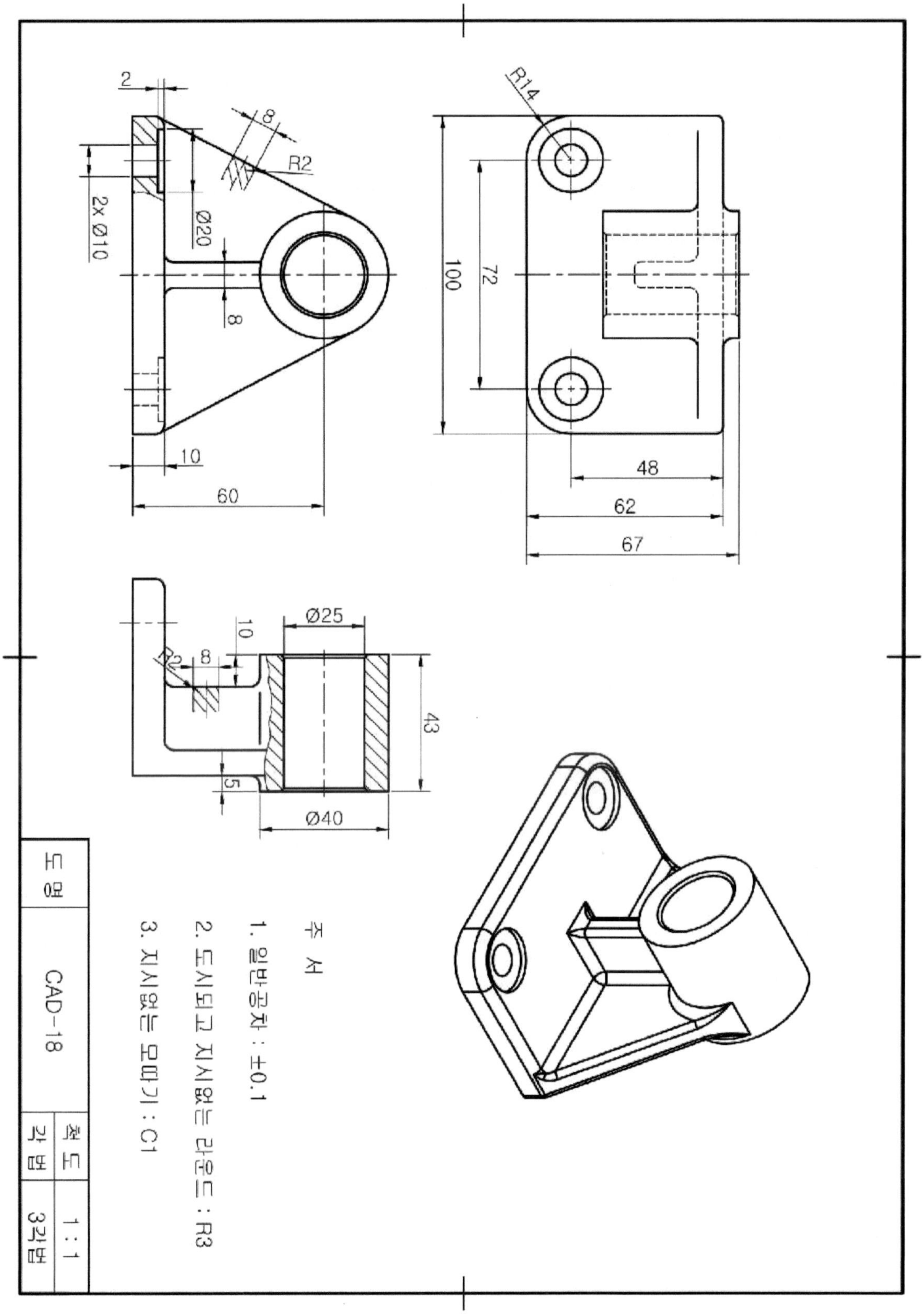
주 서
1. 일반공차 : ±0.1
2. 도시되고 지시없는 라운드 : R3
3. 지시없는 모떼기 : C1
도 명
CAD-18
척 도
1 : 1
각 법
3각법
2
8
R2
2x Ø10
Ø20
8
10
60
R14
100
72
48
62
67
Ø25
10
8
R2
43
5
Ø40

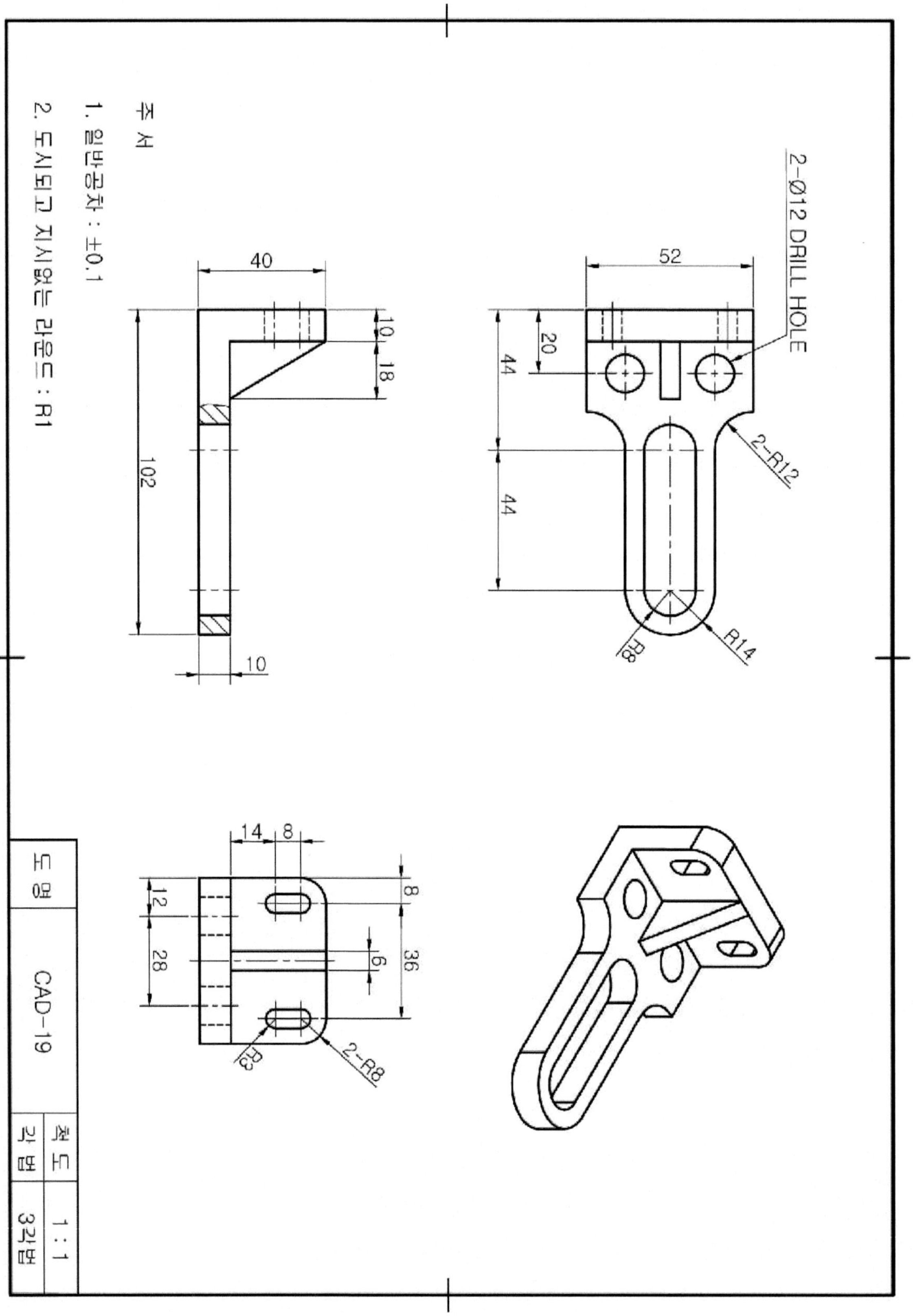

주 서
1. 일반공차 : ±0.1
2. 도시되고 지시없는 라운드 : R1
2-Ø12 DRILL HOLE
52
20
44
44
2-R12
R8
R14
40
10
18
102
10
14
8
12
28
8
36
6
R3
2-R8
도 명
CAD-19
척 도
1 : 1
각 법
3각법

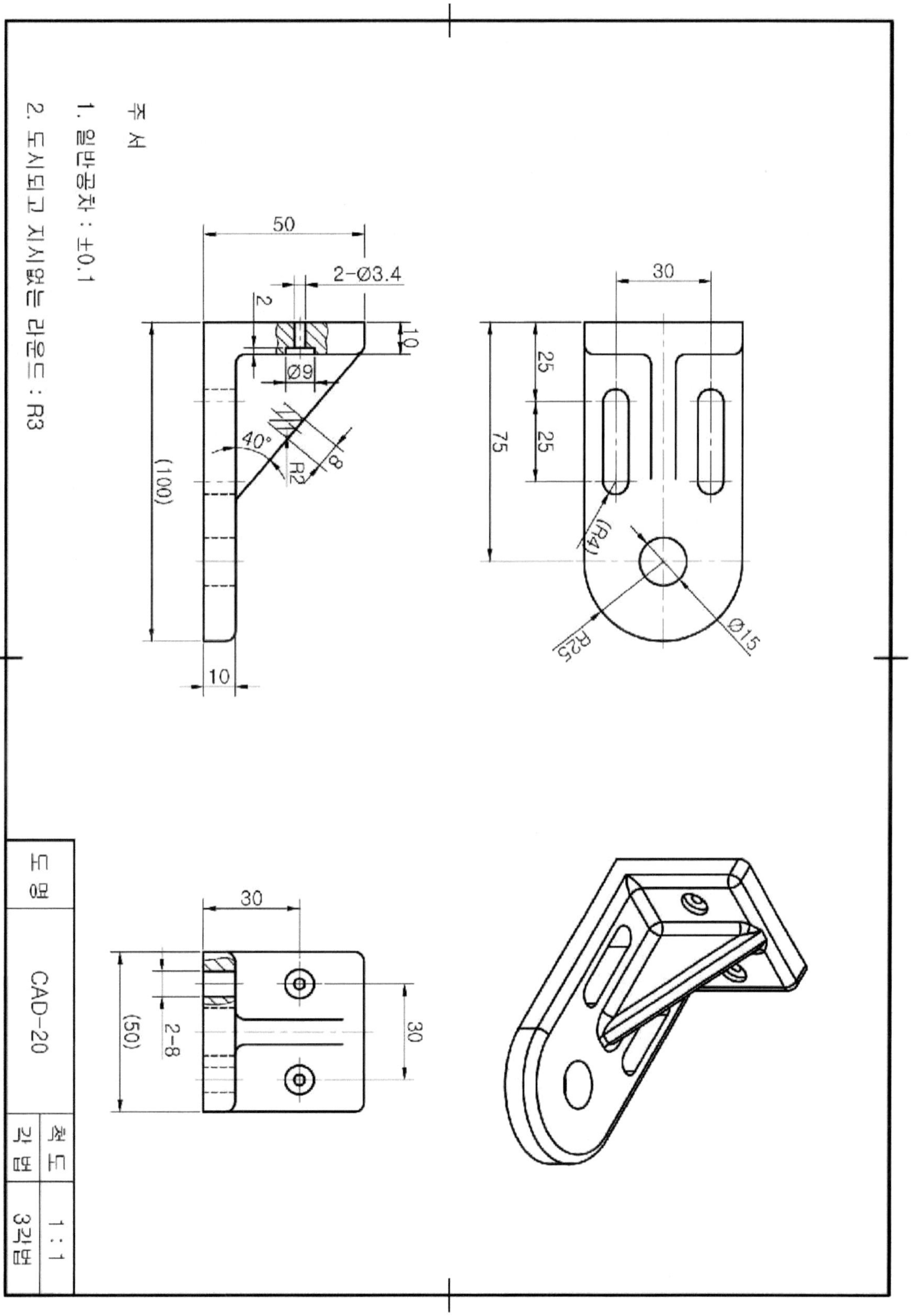
주 서
1. 일반공차 : ±0.1
2. 도시되고 지시없는 라운드 : R3
도 명
CAD-20
척 도
1 : 1
각 법
3각법

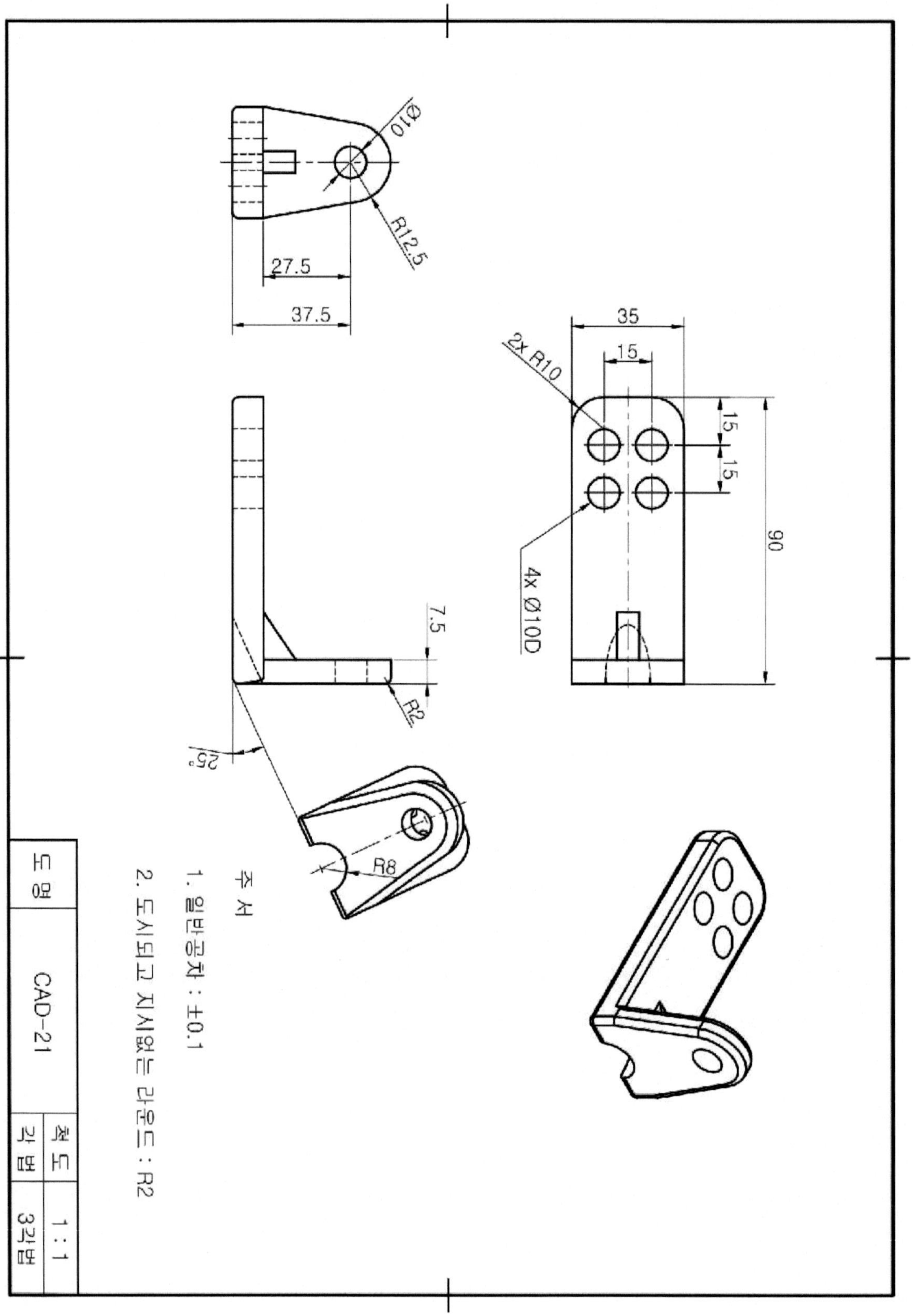
Ø10
R12.5
27.5
37.5
35
15
2x R10
15
15
90
4x Ø10D
7.5
R2
25°
R8
주 서
1. 일반공차 : ±0.1
2. 도시되고 지시없는 라운드 : R2
도 명
CAD-21
척 도
1 : 1
각 법
3각법

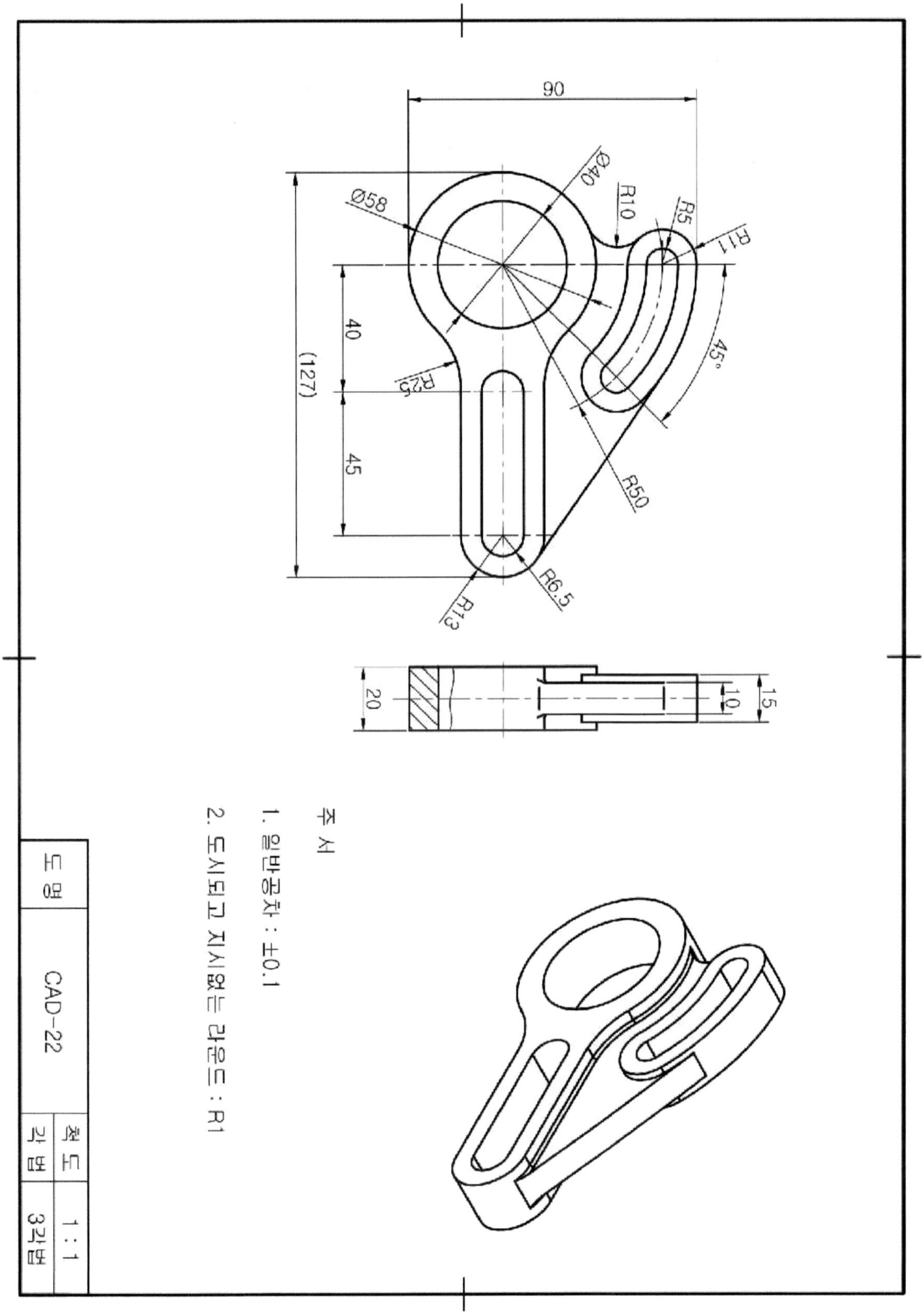
주 서
1. 일반공차 : ±0.1
2. 도시되고 지시없는 라운드 : R1
도 명
CAD-22
척 도
1 : 1
각 법
3각법

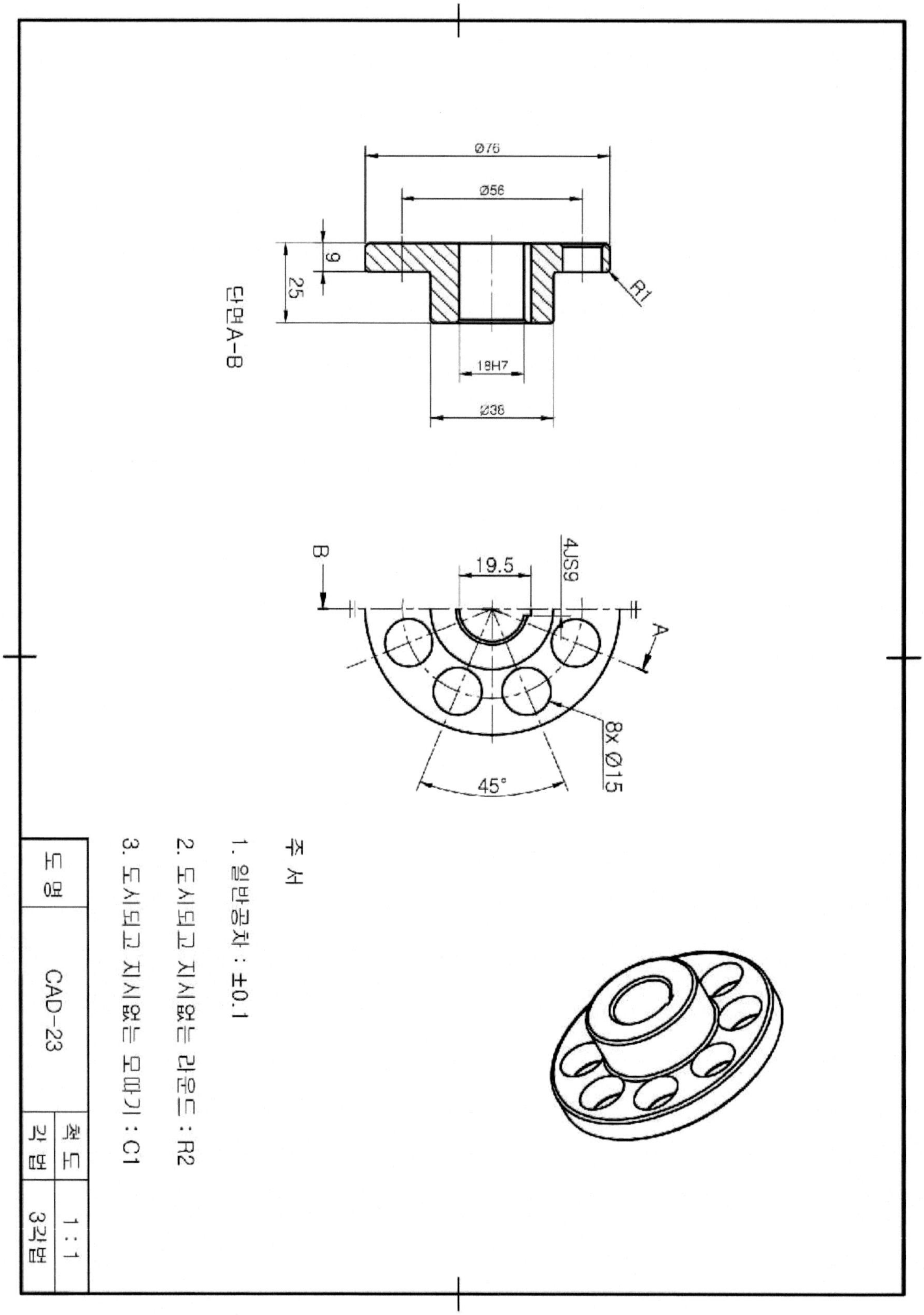
Ø76
Ø56
9
25
R1
18H7
Ø36
단면A-B
B
19.5
4JS9
A
8x Ø15
45°
주 서
1. 일반공차 : ±0.1
2. 도시되고 지시없는 라운드 : R2
3. 도시되고 지시없는 모따기 : C1
도 명
CAD-23
척 도
1 : 1
각 법
3각법

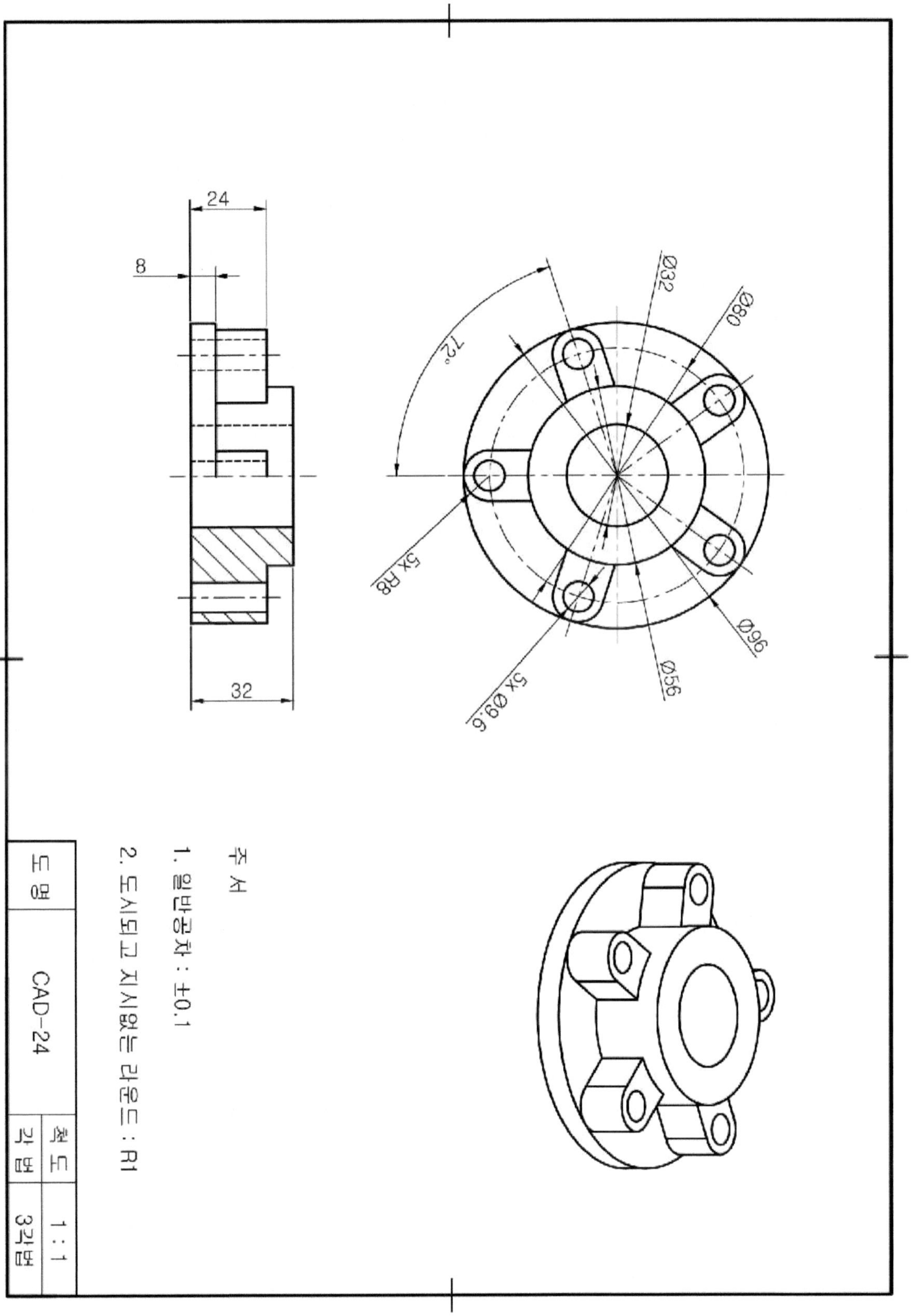
24
8
32
72°
Ø32
Ø80
Ø96
Ø56
5x R8
5x Ø9.6
주서
1. 일반공차 : ±0.1
2. 도시되고 지시없는 라운드 : R1
도명
CAD-24
척도
1 : 1
각법
3각법

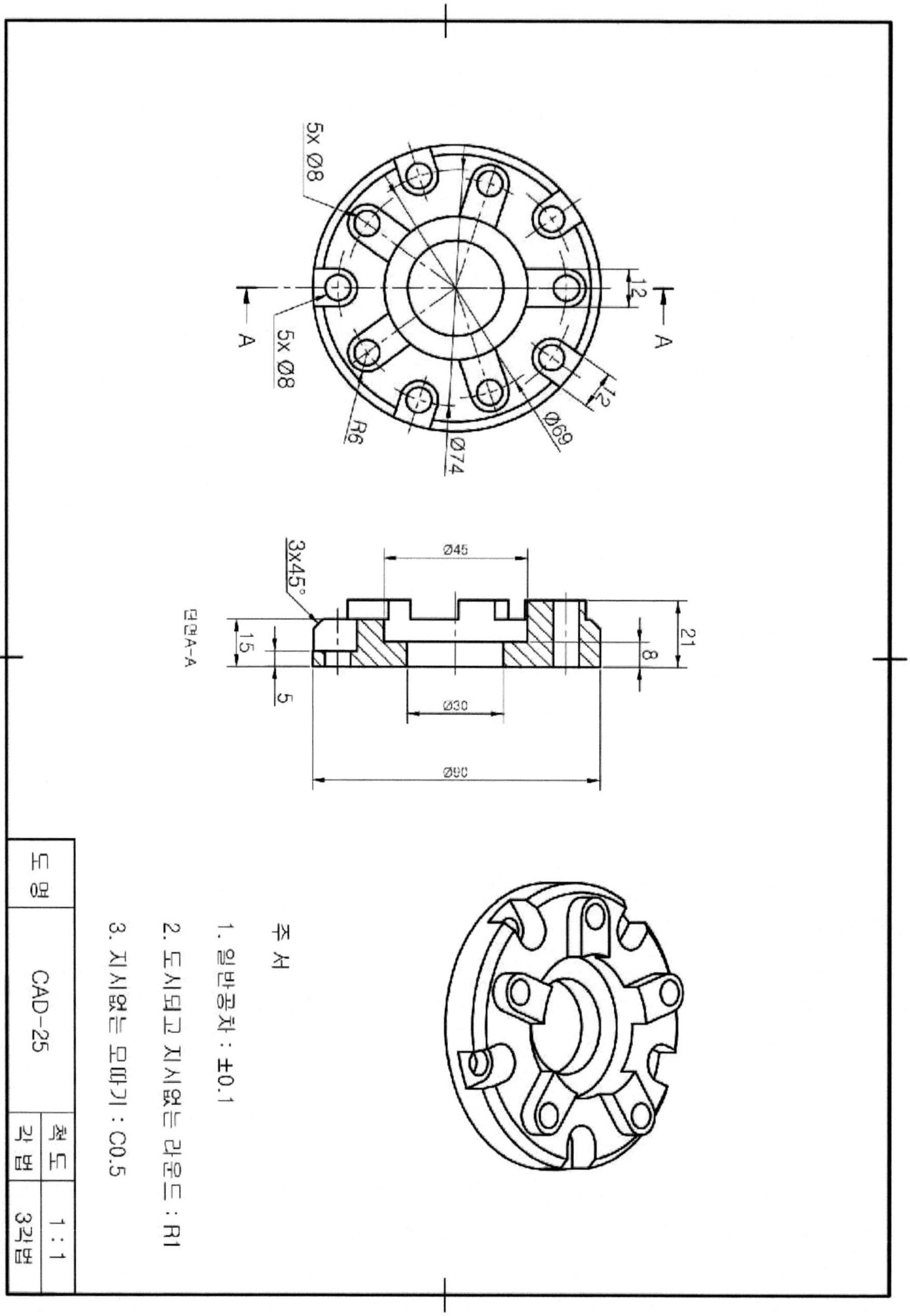
5x Ø8
5x Ø8
A
A
12
12
R6
Ø74
Ø69
3x45°
Ø45
단면A-A
15
5
21
8
Ø30
Ø90
주 서
1. 일반공차 : ±0.1
2. 도시되고 지시없는 라운드 : R1
3. 지시없는 모따기 : C0.5
도 명
CAD-25
척 도
1 : 1
각 법
3각법

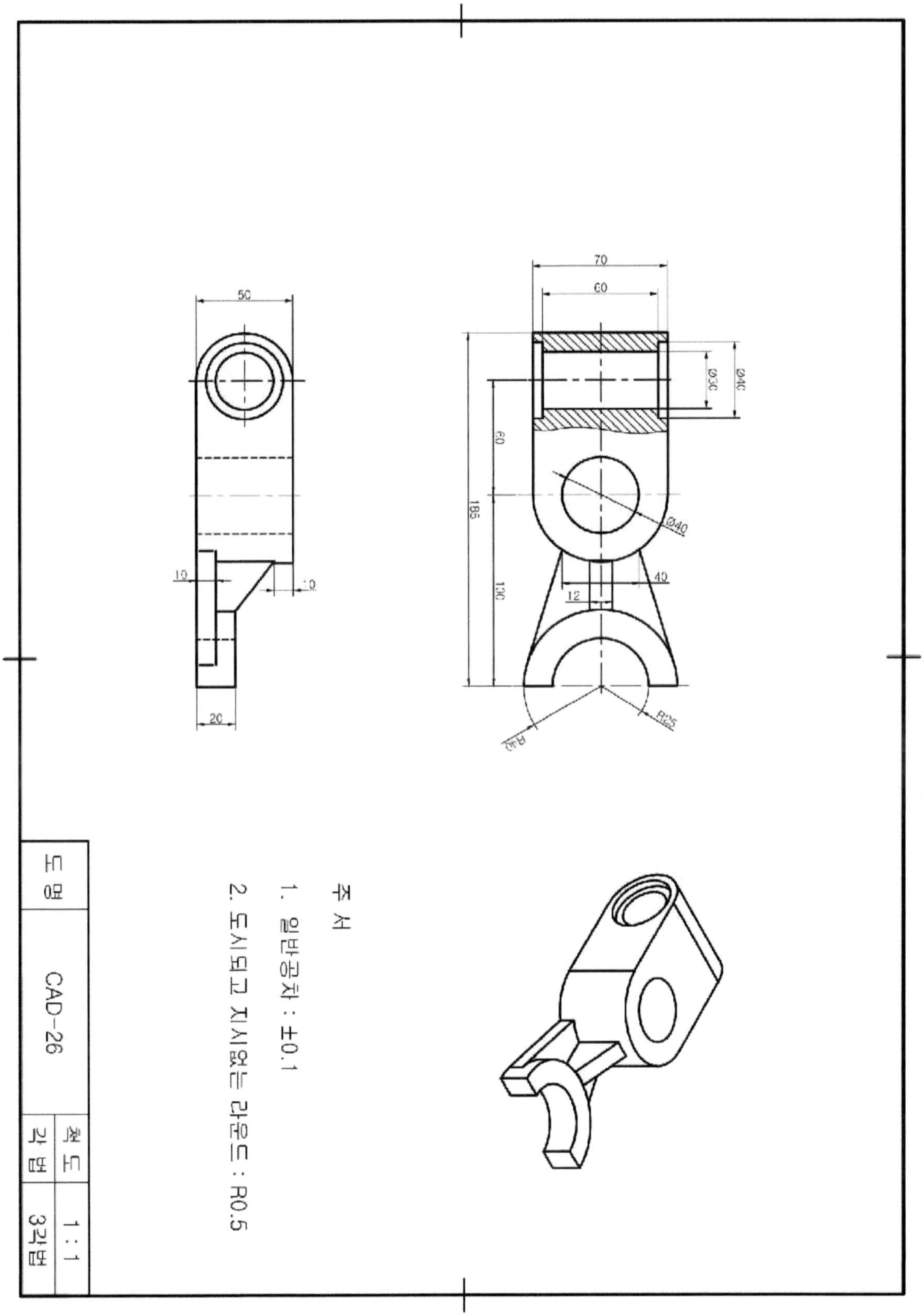

50
70
60
Ø30
Ø40
60
185
Ø40
10
10
120
12
40
20
R25
주 서
1. 일반공차 : ±0.1
2. 도시되고 지시없는 라운드 : R0.5
도 명
CAD-26
척 도
1 : 1
각 법
3각법

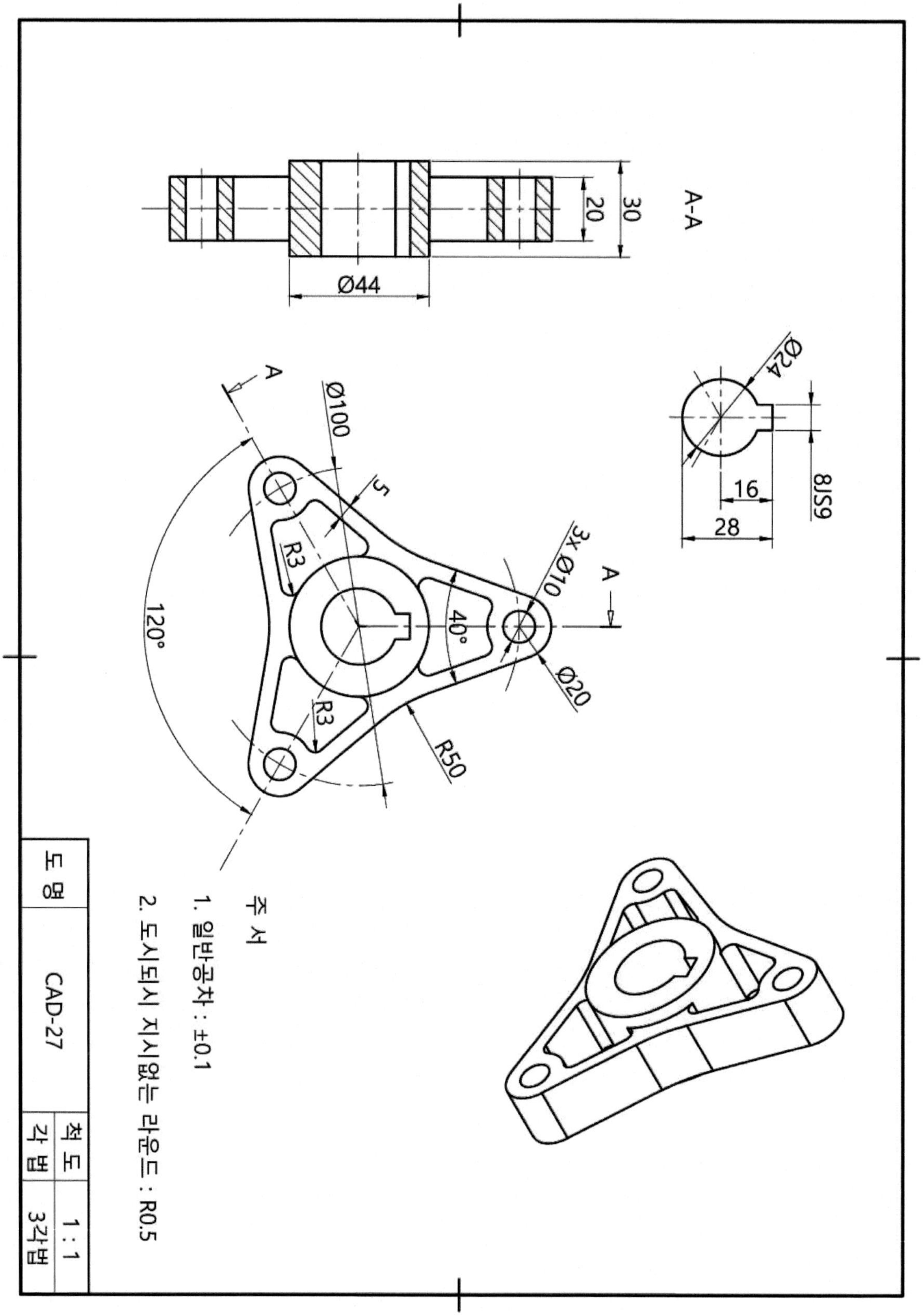
A-A
Ø44
20
30
A
Ø100
5
R3
R3
120°
40°
3x Ø10
Ø20
R50
A
Ø24
16
28
8JS9
주 서
1. 일반공차 : ±0.1
2. 도시되지 지시없는 라운드 : R0.5
도 명
CAD-27
척 도
1 : 1
각 법
3각법

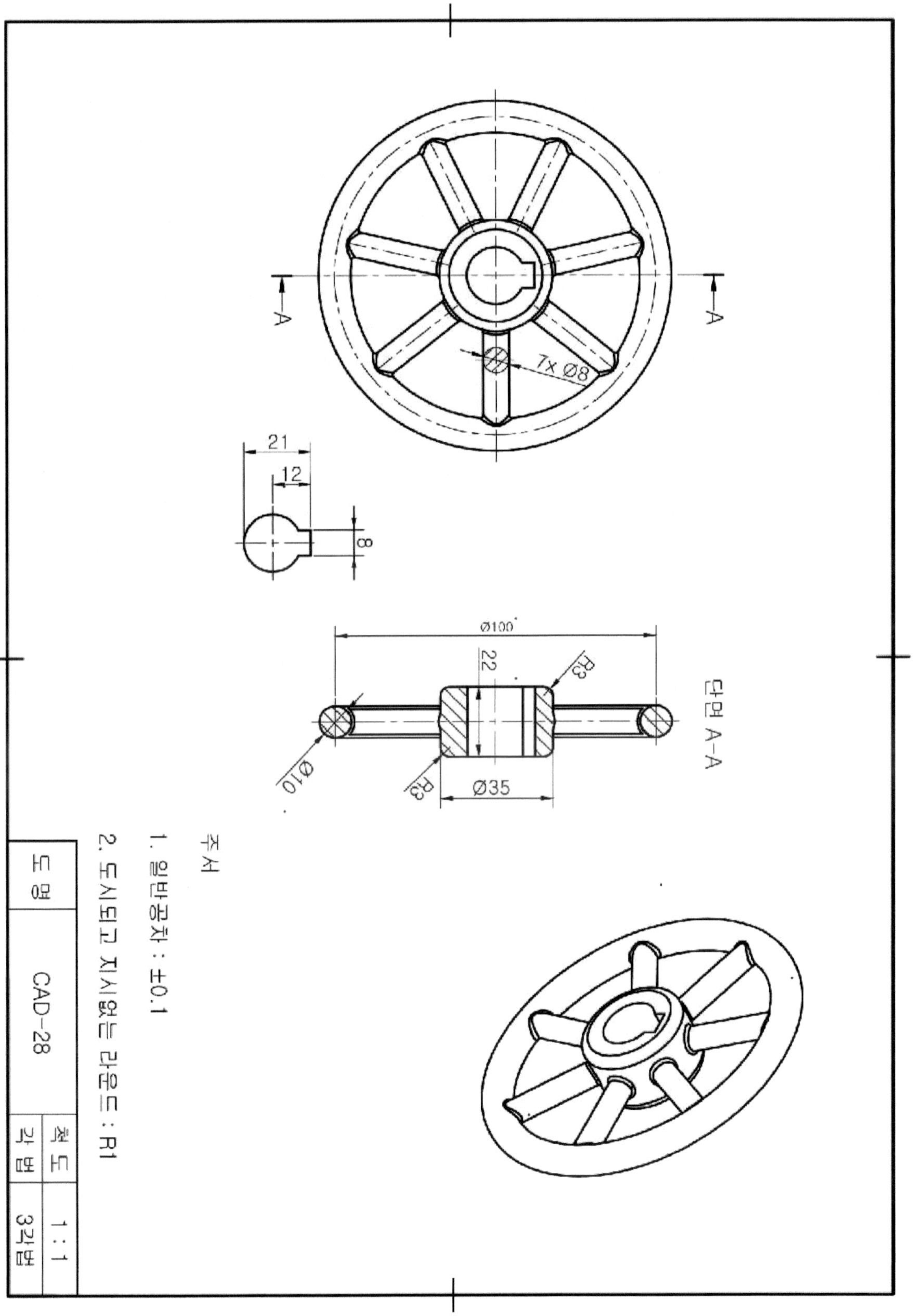
A-A
7x Ø8
21
12
8
Ø100
22
R3
단면 A-A
Ø10
R3
Ø35
주서
1. 일반공차 : ±0.1
2. 도시되고 지시없는 라운드 : R1
도 명
CAD-28
척 도
1 : 1
각 법
3각법

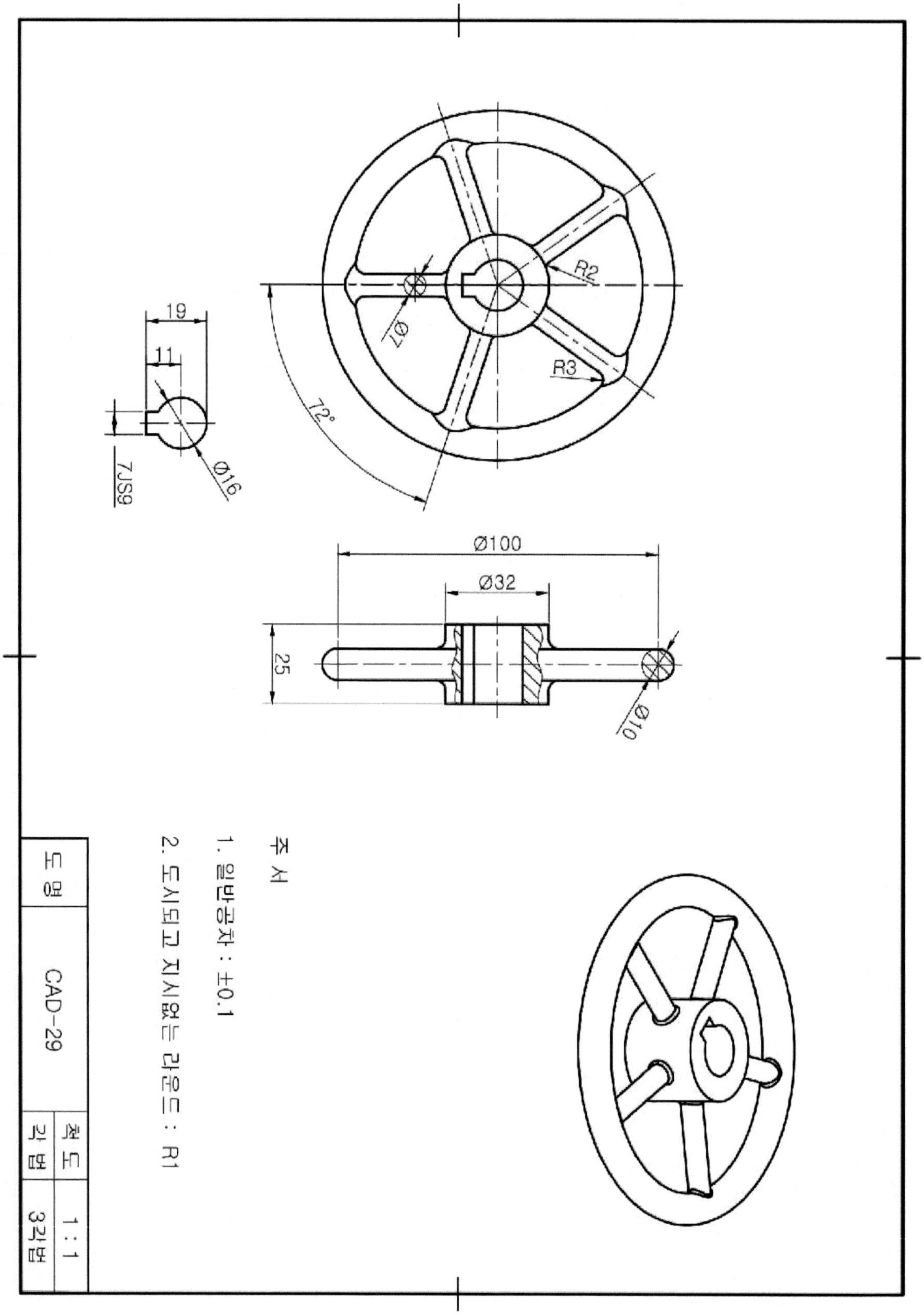
R2
Ø7
R3
72°
19
11
7JS9
Ø16
Ø100
Ø32
25
Ø10
주 서
1. 일반공차 : ±0.1
2. 도시되고 지시없는 라운드 : R1
도 명
CAD-29
척 도
1 : 1
각 법
3각법

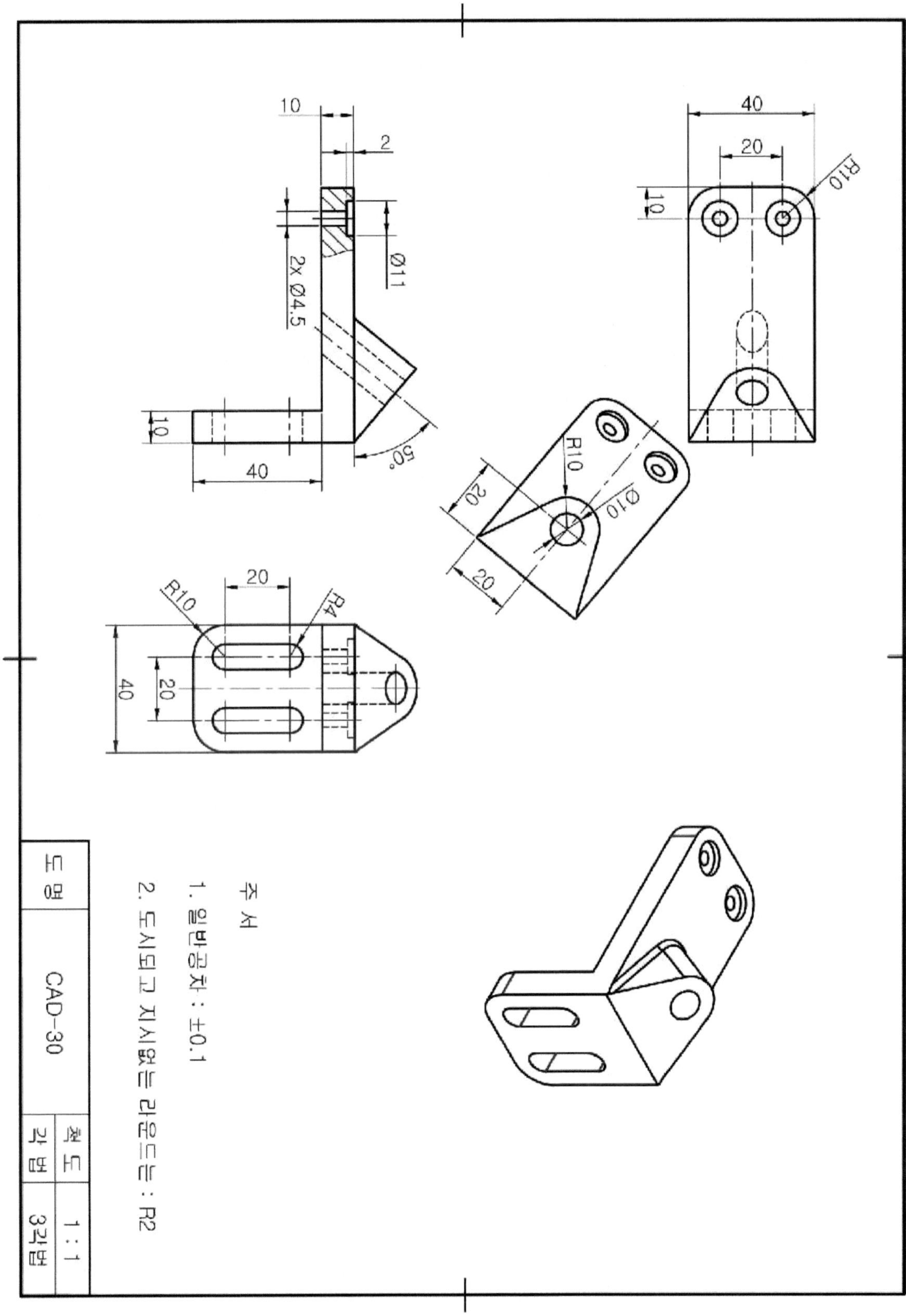
주 서
1. 일반공차 : ±0.1
2. 도시되고 지시없는 라운드는 : R2
도 명
CAD-30
척 도
1 : 1
각 법
3각법

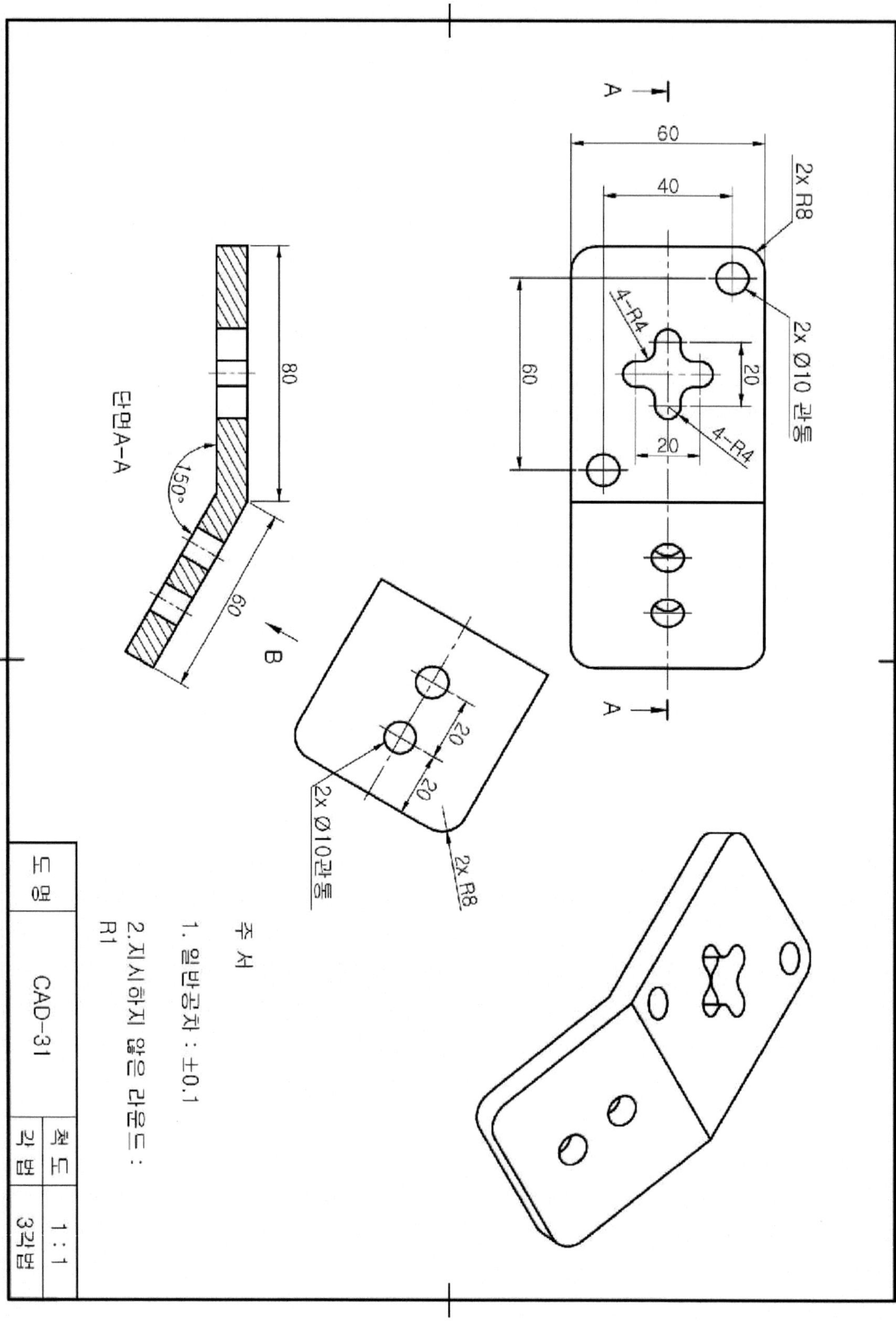
A
A
60
40
2x R8
2x Ø10 관통
4-R4
20
60
20
4-R4
80
단면A-A
150°
60
B
20
20
2x Ø10관통
2x R8
주 서
1. 일반공차 : ±0.1
2.지시하지 않은 라운드 : R1
도 명
CAD-31
척 도
1 : 1
각 법
3각법

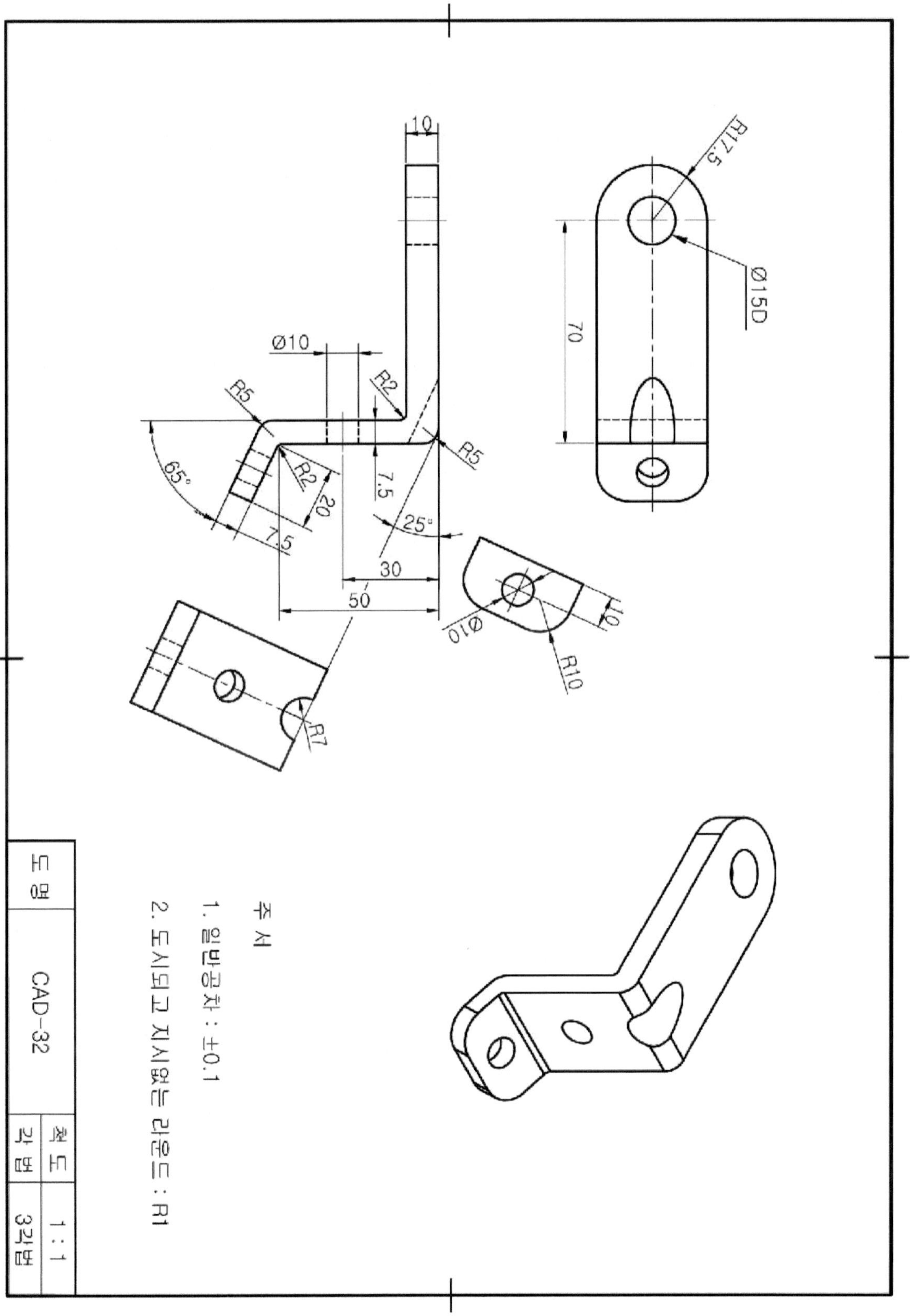
주 서
1. 일반공차 : ±0.1
2. 도시되고 지시없는 라운드 : R1
도 명
CAD-32
척 도
1 : 1
각 법
3각법
10
R17.5
Ø15D
70
Ø10
R2
R5
65°
R2
20
7.5
7.5
25°
30
50
R5
Ø10
10
R10
R7

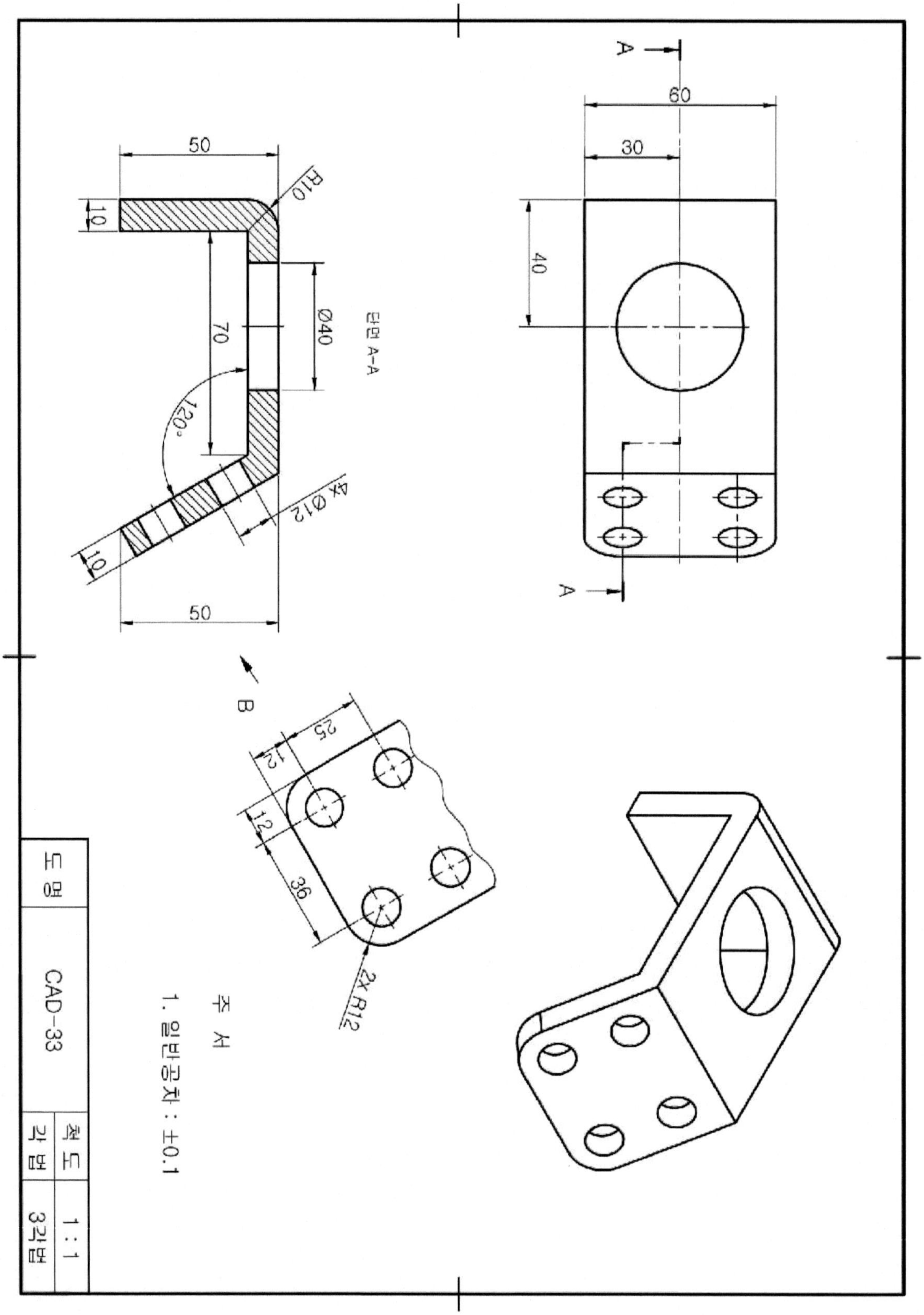
A
60
30
40
A
50
R10
10
Ø40
70
120°
4x Ø12
10
50
단면 A-A
B
25
12
12
36
2x R12
주 서
1. 일반공차 : ±0.1
도 명
CAD-33
척 도
1 : 1
각 법
3각법

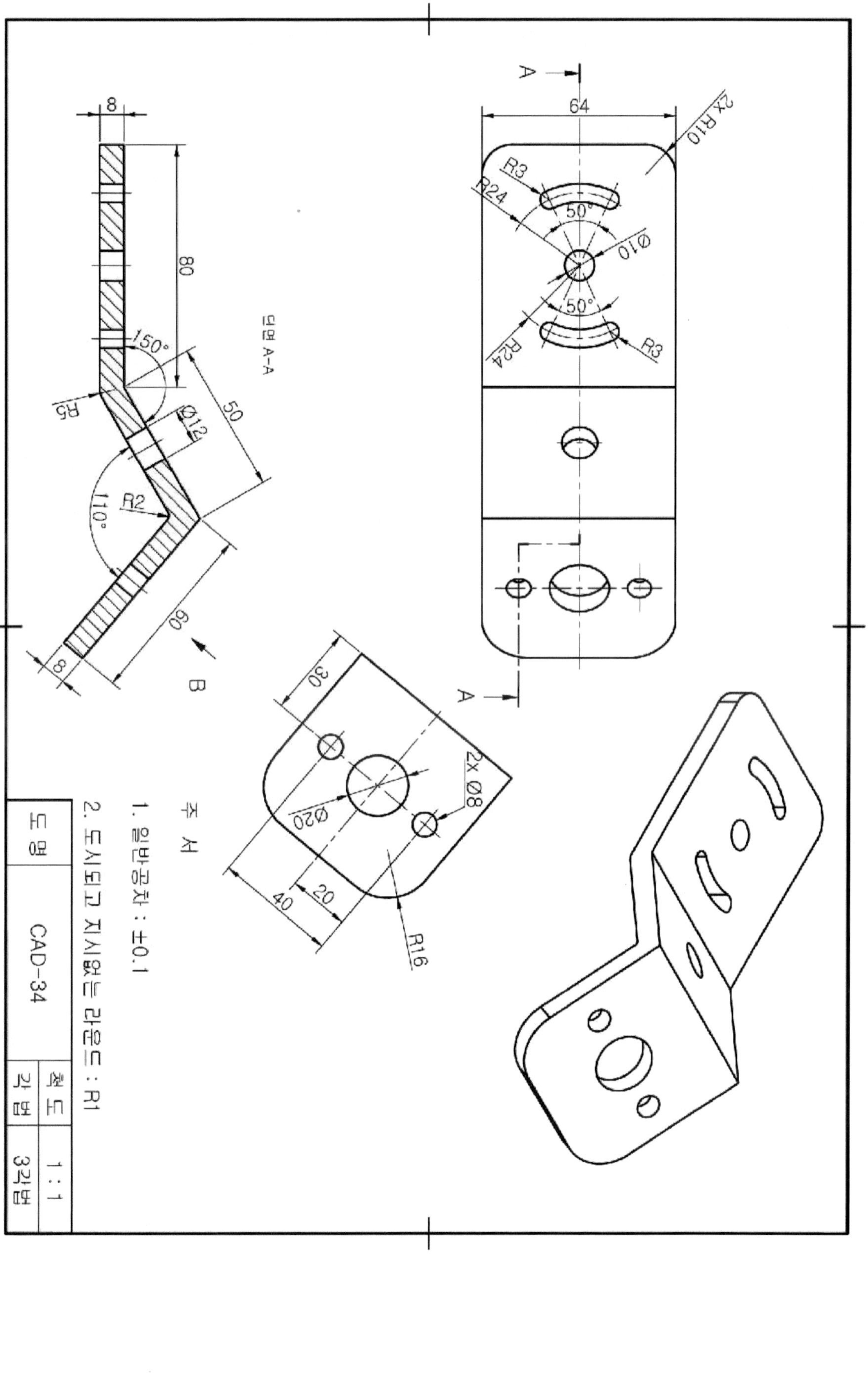

주 서
1. 일반공차 : ±0.1
2. 도시되고 지시없는 라운드 : R1
도 명
CAD-34
척 도
1 : 1
각 법
3각법
단면 A-A
A
B
64
2x R10
R3
R24
50°
Ø10
80
8
150°
R5
Ø12
50
R2
110°
60
30
2x Ø8
Ø20
20
40
R16

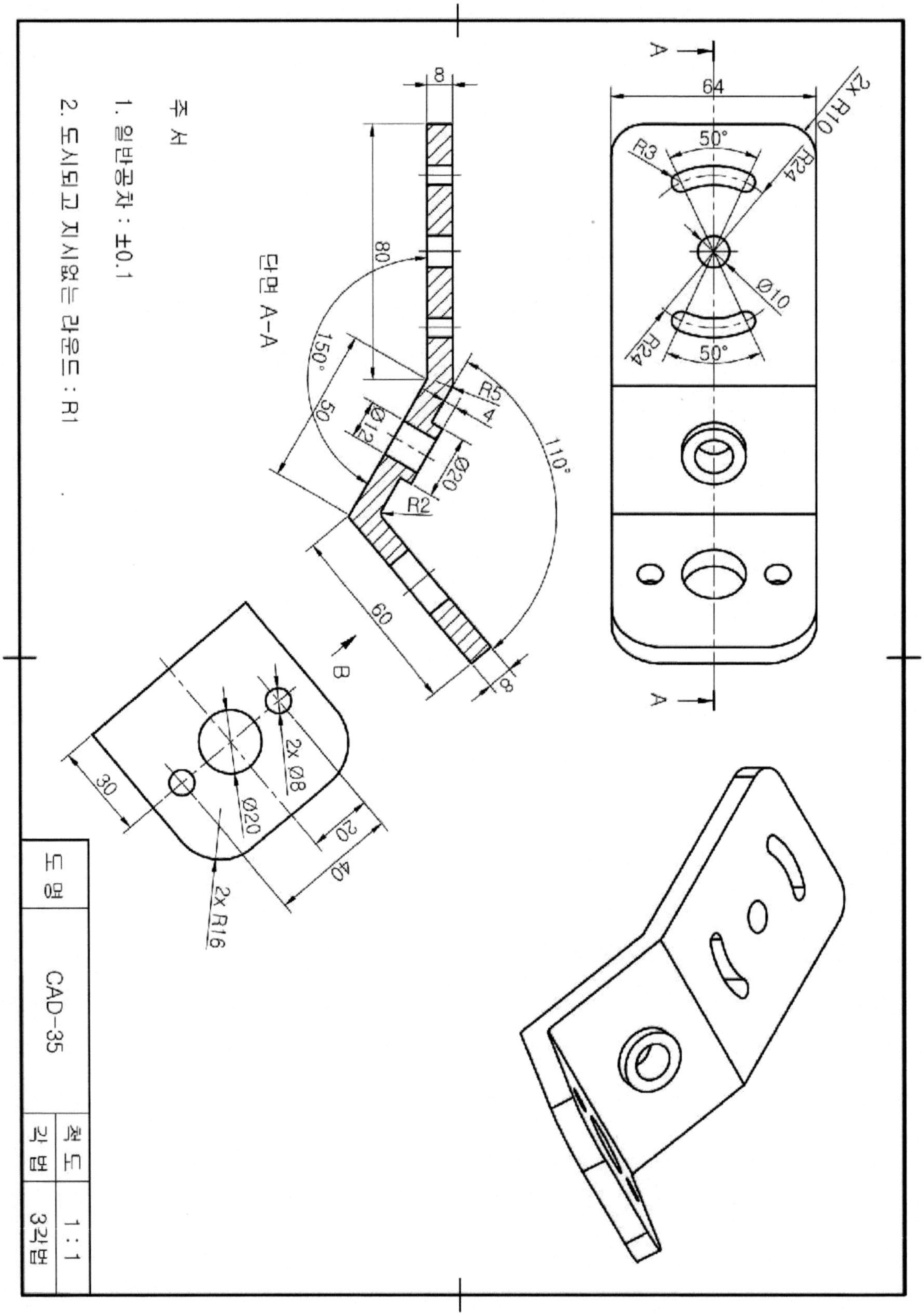
주 서
1. 일반공차 : ±0.1
2. 도시되고 지시없는 라운드 : R1
단면 A-A
도 명
CAD-35
척 도
1 : 1
각 법
3각법

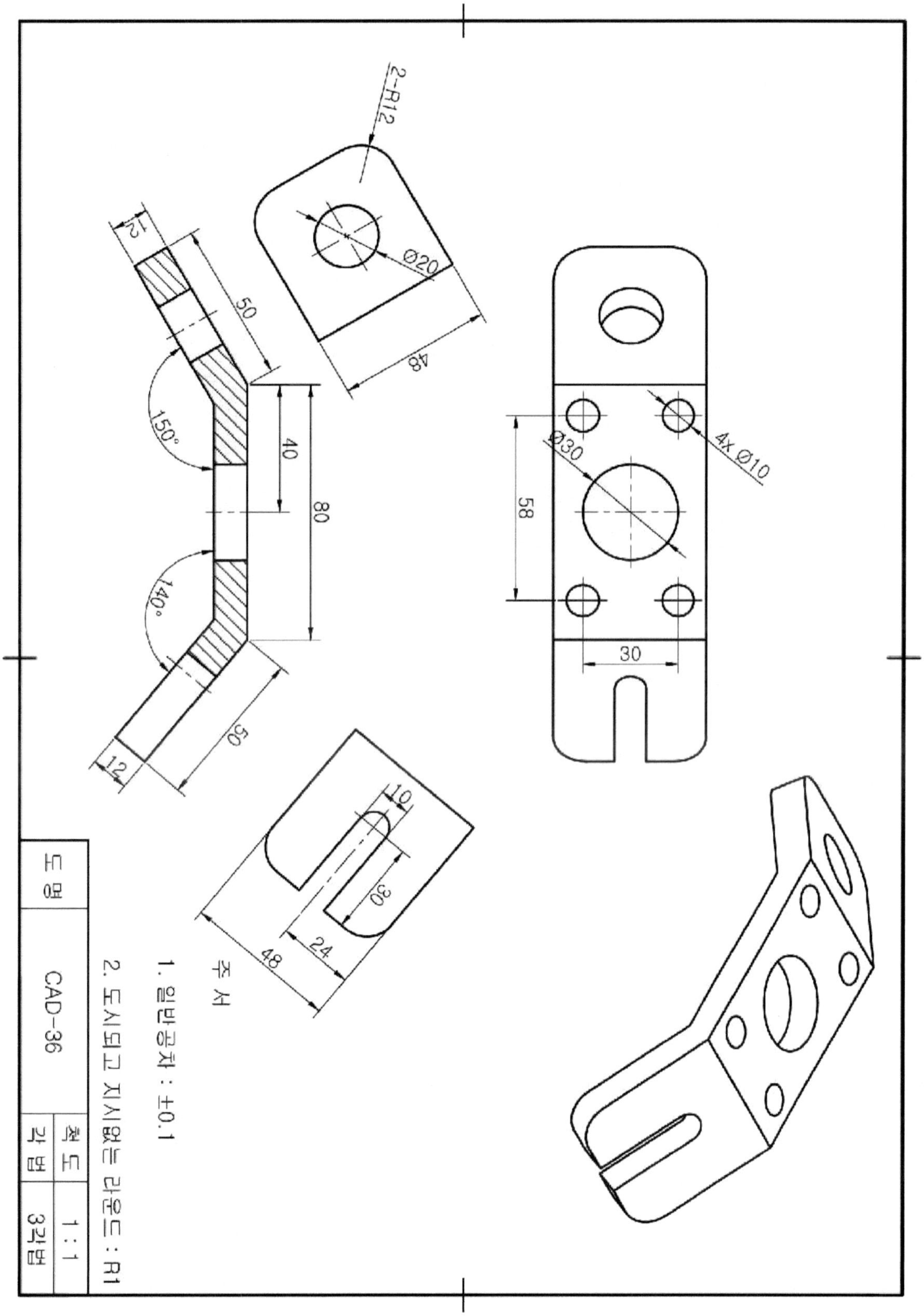
주 서
1. 일반공차 : ±0.1
2. 도시되고 지시없는 라운드 : R1
도 명
CAD-36
척 도
1 : 1
각 법
3각법

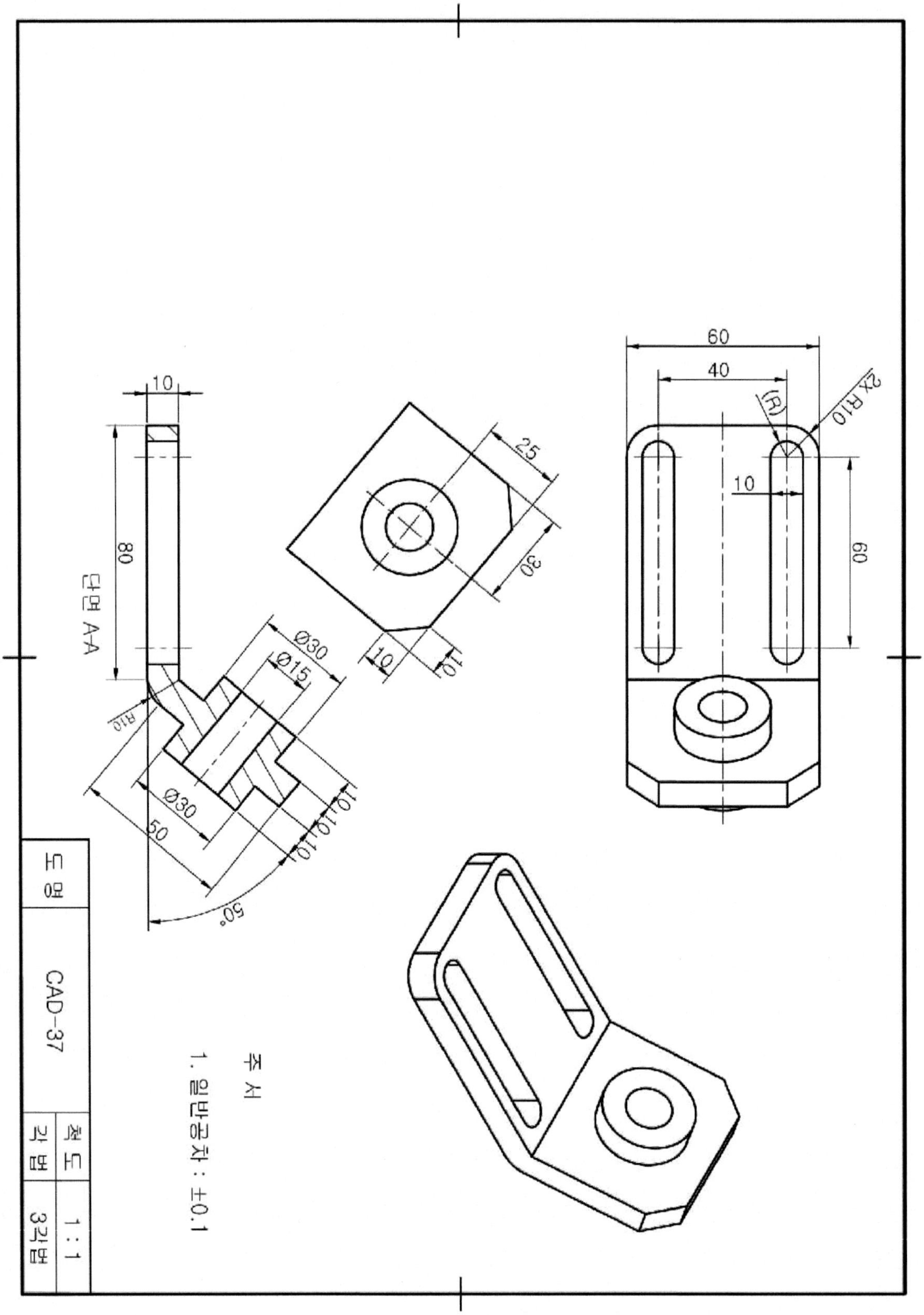
단면 A-A
주 서
1. 일반공차 : ±0.1
도 명
CAD-37
척 도
1 : 1
각 법
3각법

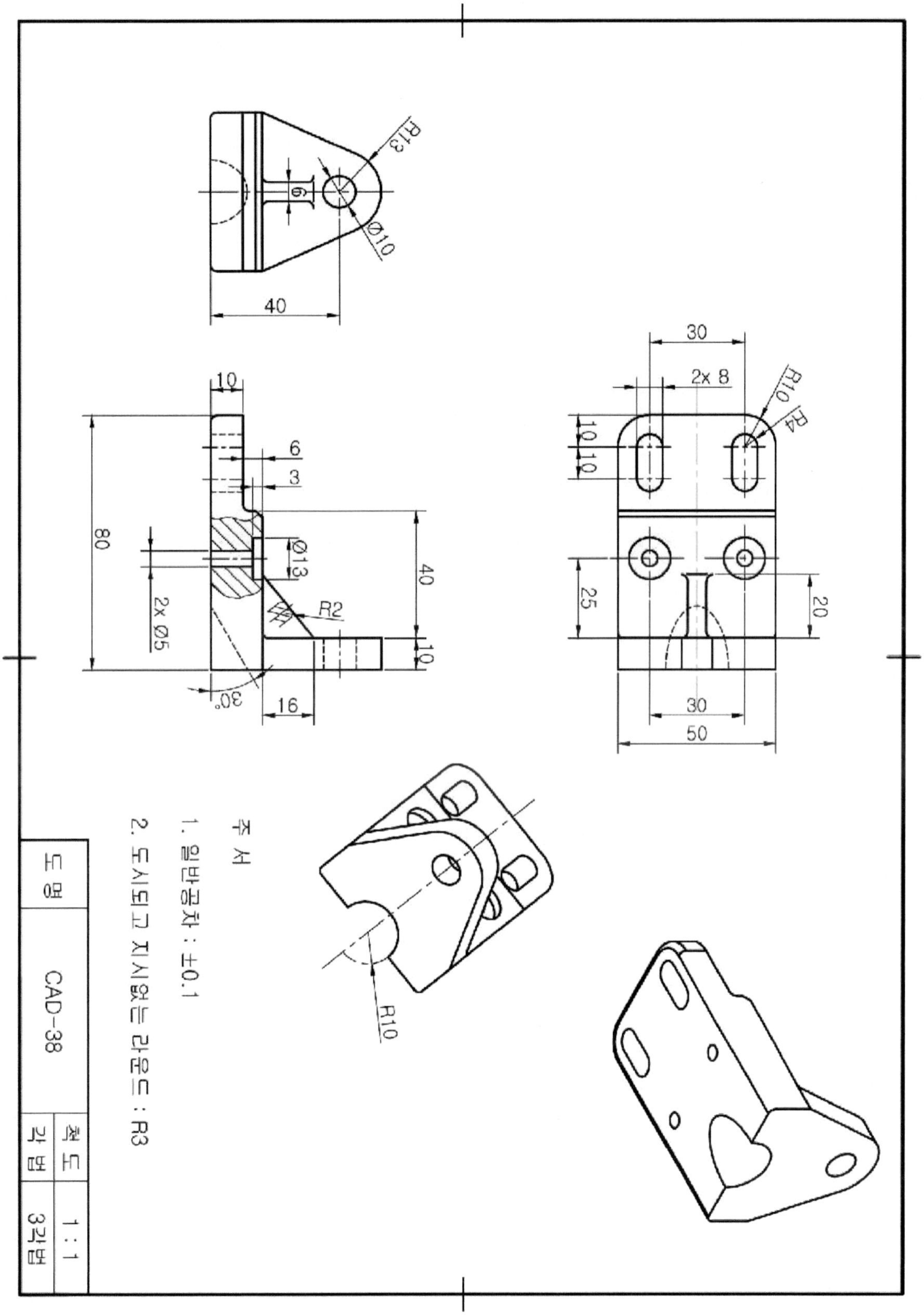
R13
6
Ø10
40
10
80
6
3
Ø13
40
R2
2x Ø5
10
30°
16
30
2x 8
R10
R4
10
10
25
20
30
50
R10
주 서
1. 일반공차 : ±0.1
2. 도시되고 지시없는 라운드 : R3
도 명
CAD-38
척 도
1 : 1
각 법
3각법

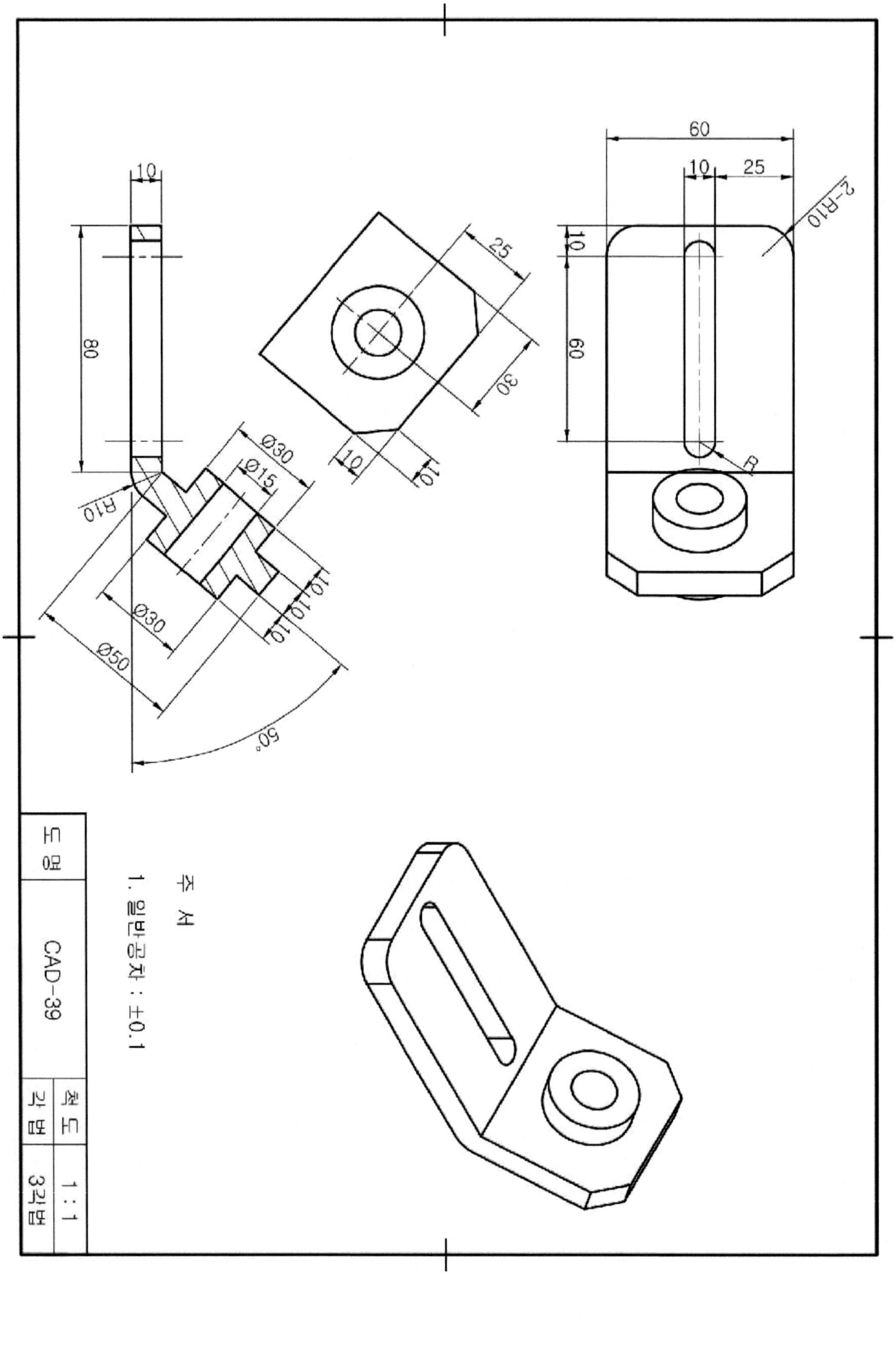
60
10
25
2-R10
10
60
R
25
30
10
10
80
R10
Ø30
Ø15
10
10
10
Ø30
Ø50
50°
주 서
1. 일반공차 : ±0.1
도 명
CAD-39
척 도
1 : 1
각 법
3각법

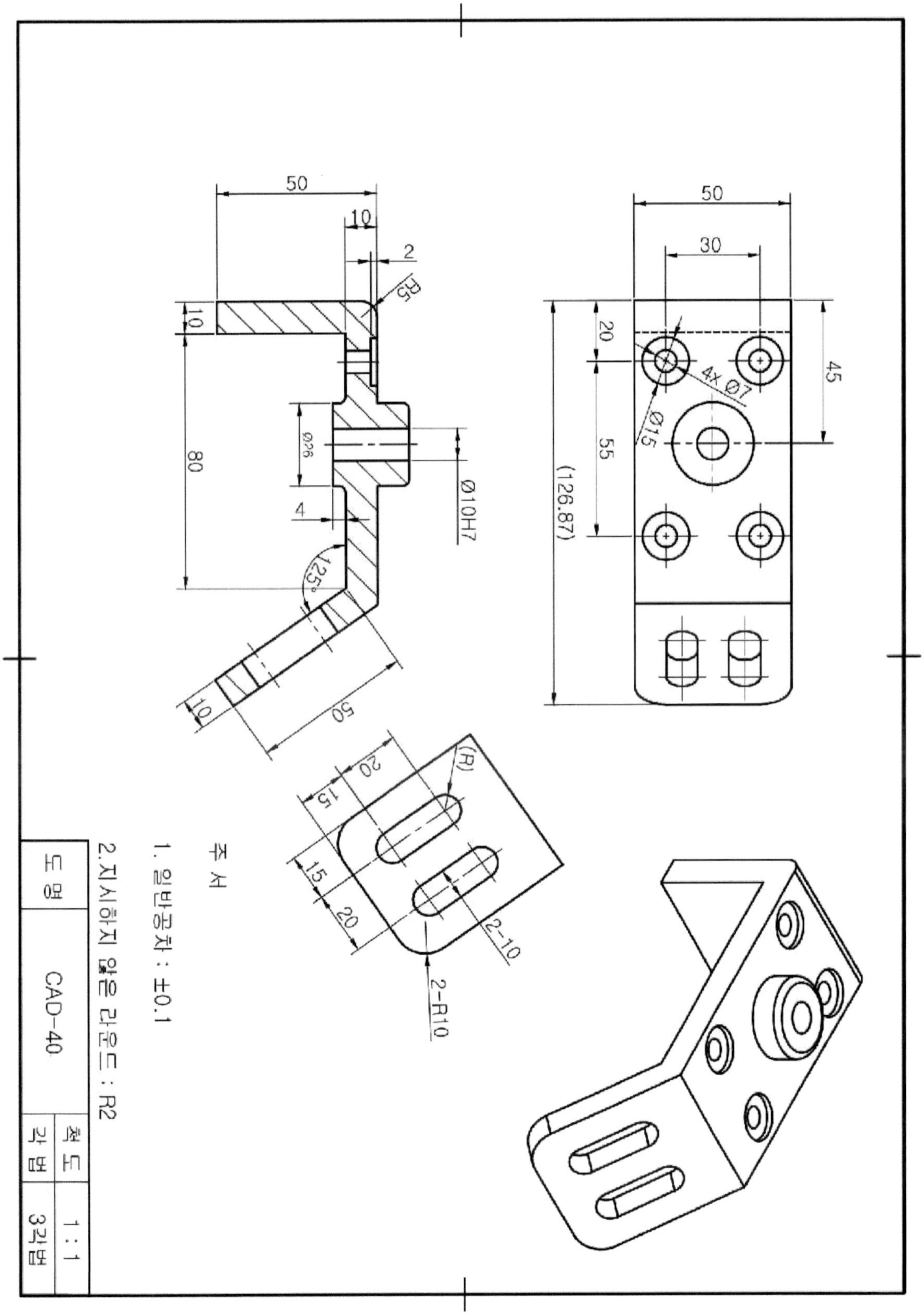
주 서
1. 일반공차 : ±0.1
2. 지시하지 않은 라운드 : R2
도 명
CAD-40
척 도
1 : 1
각 법
3각법

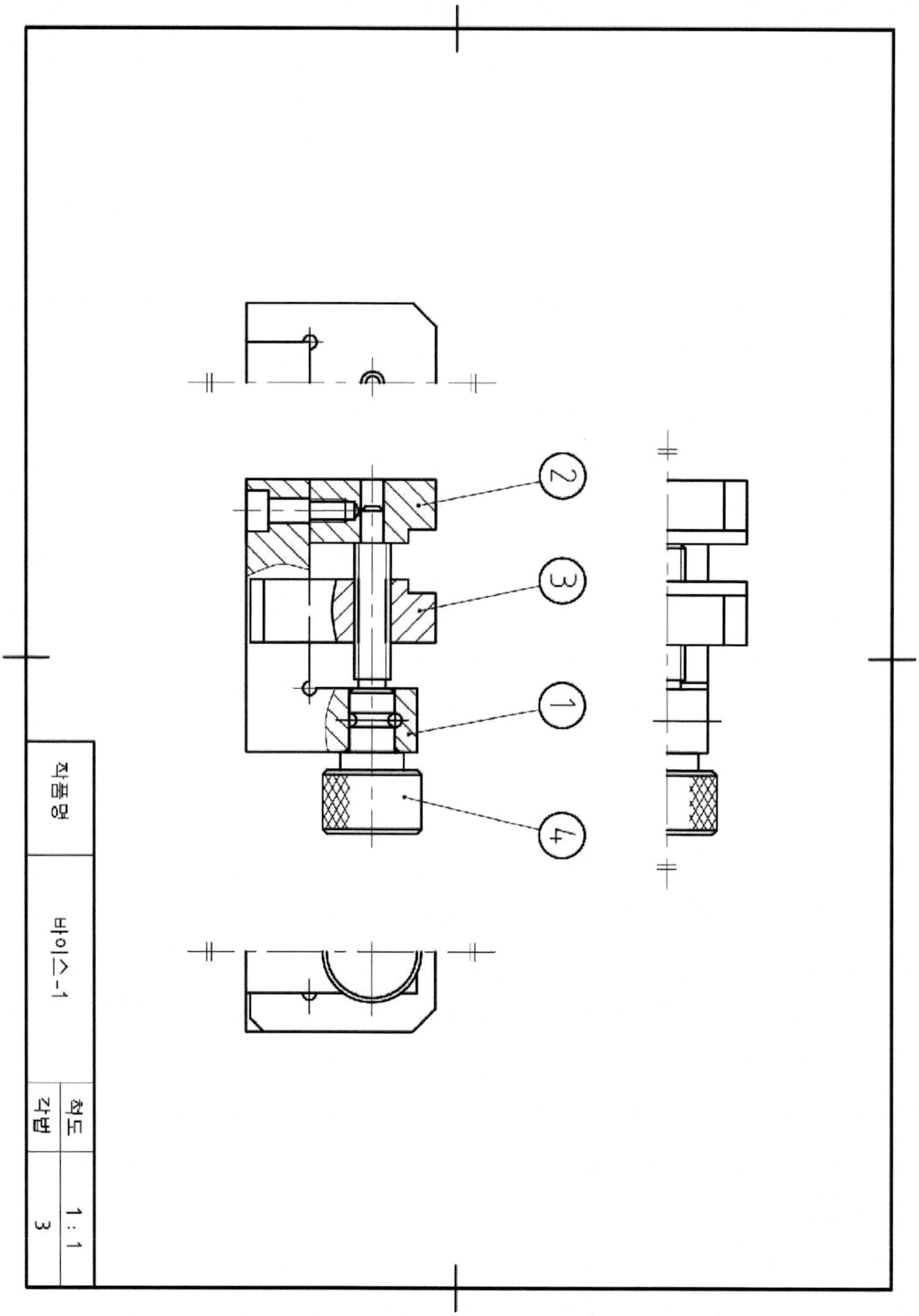
2
3
1
4
작품명
바이스-1
척도
1 : 1
각법
3

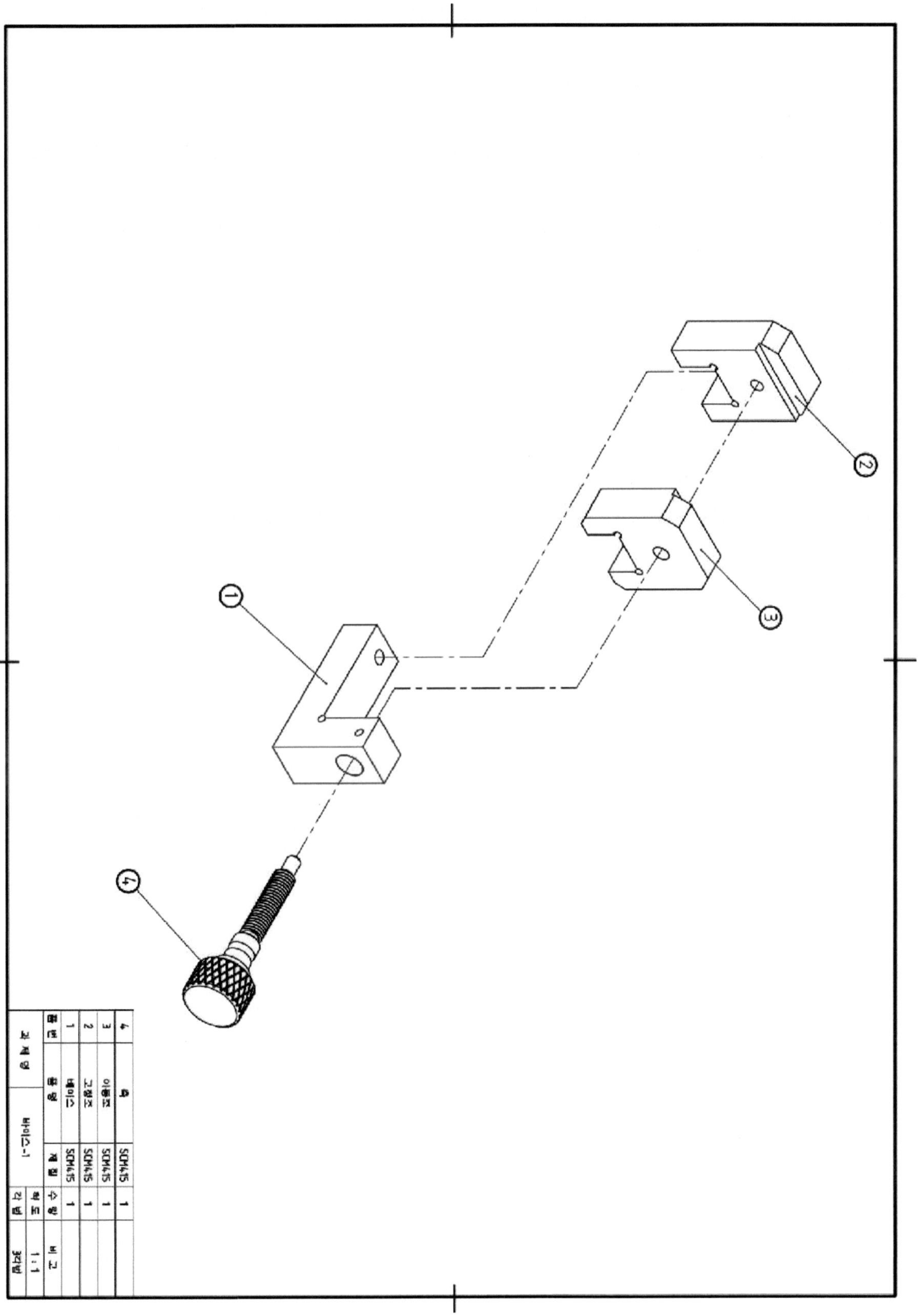

과제명	바이스-1	투상법	3각법
		척도	1 : 1

품번	품명	재질	수량	비고
4	축	SCM415	1	
3	이동조	SCM415	1	
2	고정조	SCM415	1	
1	베이스	SCM415	1	

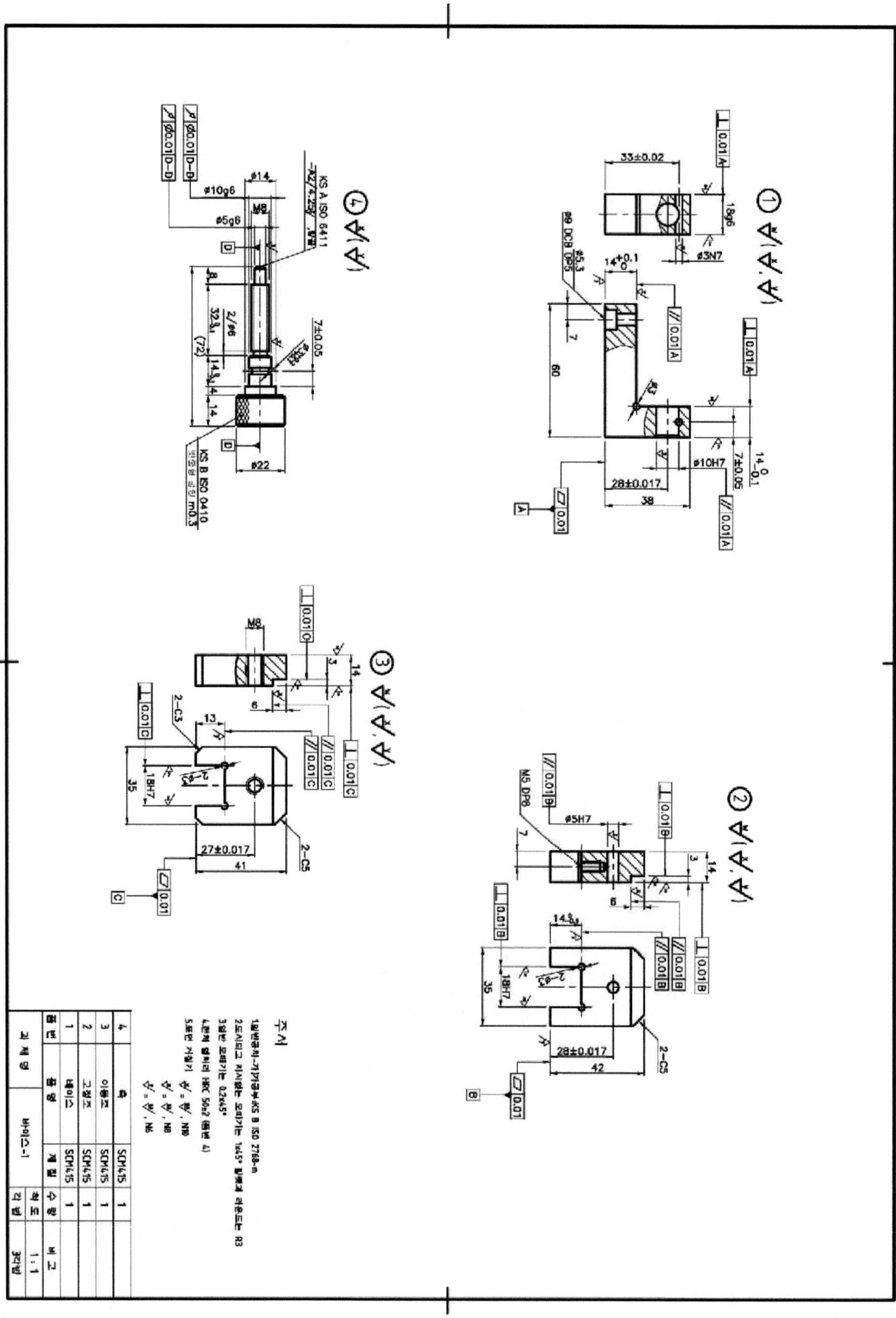

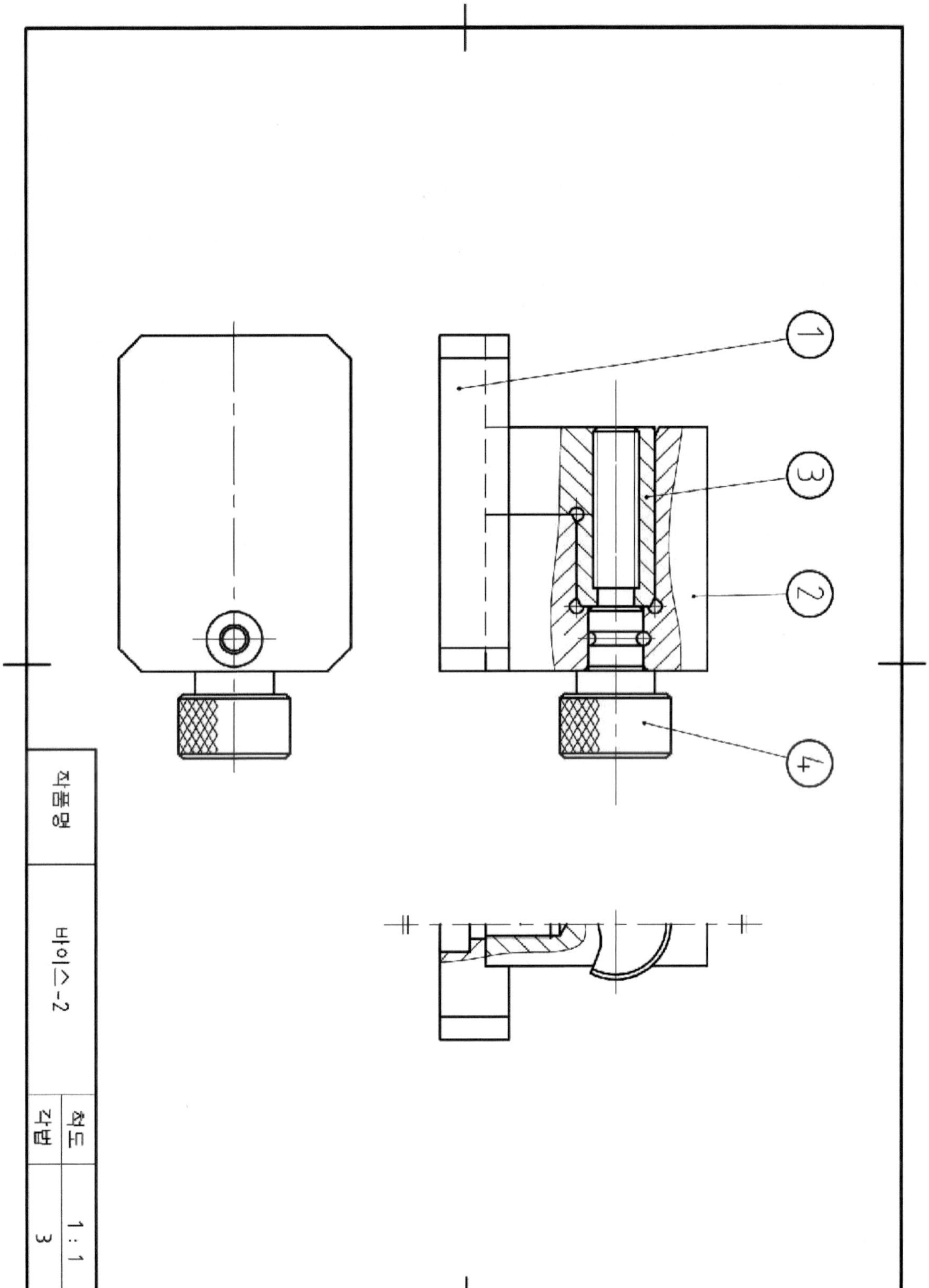
1
2
3
4
제품명
바이스-2
척도
1 : 1
각법
3

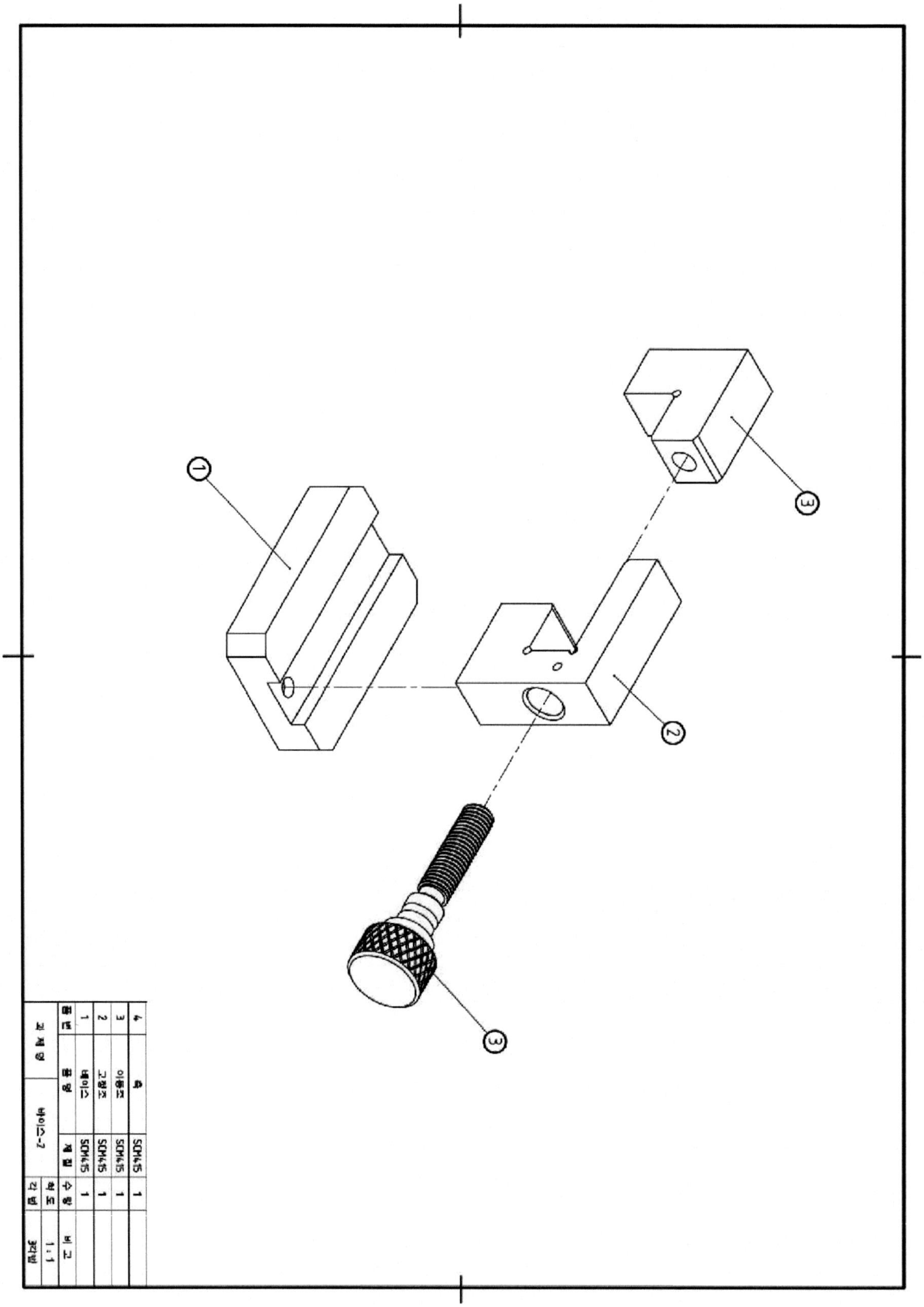
①
②
③
③
4 축 SCM415 1
3 이동조 SCM415 1
2 고정조 SCM415 1
1 베이스 SCM415 1
품번 품명 재질 수량 비고
과제명 바이스-2
척도 1:1
각법 3각법

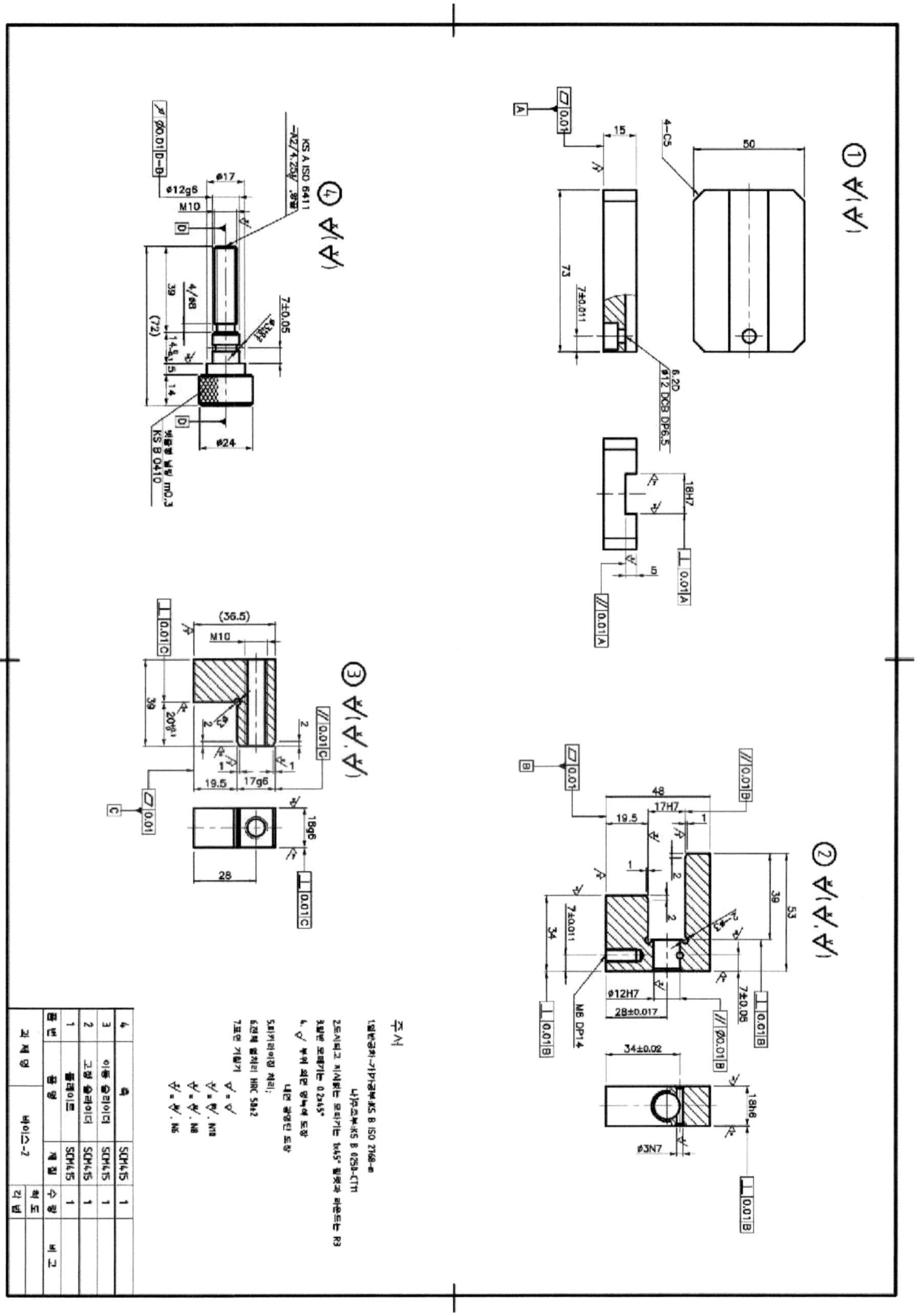
주서
1.일반공차-가)가공부:KS B ISO 2768-m
나)주조부:KS B 0250-CT11
2.도시되고 지시없는 모떼기는 1x45° 필렛과 라운드는 R3
3.일반 모떼기는 0.2x45°
4. 부위 외면 명녹색 도장
내면 광명단 도장
5.파커라이징 처리;
6.전체 열처리 HRC 58±2
7.표면 거칠기
4 축 SCM415 1
3 이동 슬라이더 SCM415 1
2 고정 슬라이더 SCM415 1
1 플레이트 SCM415 1
품번 품명 재질 수량 비고
과제명 바이스-2
척도
각법

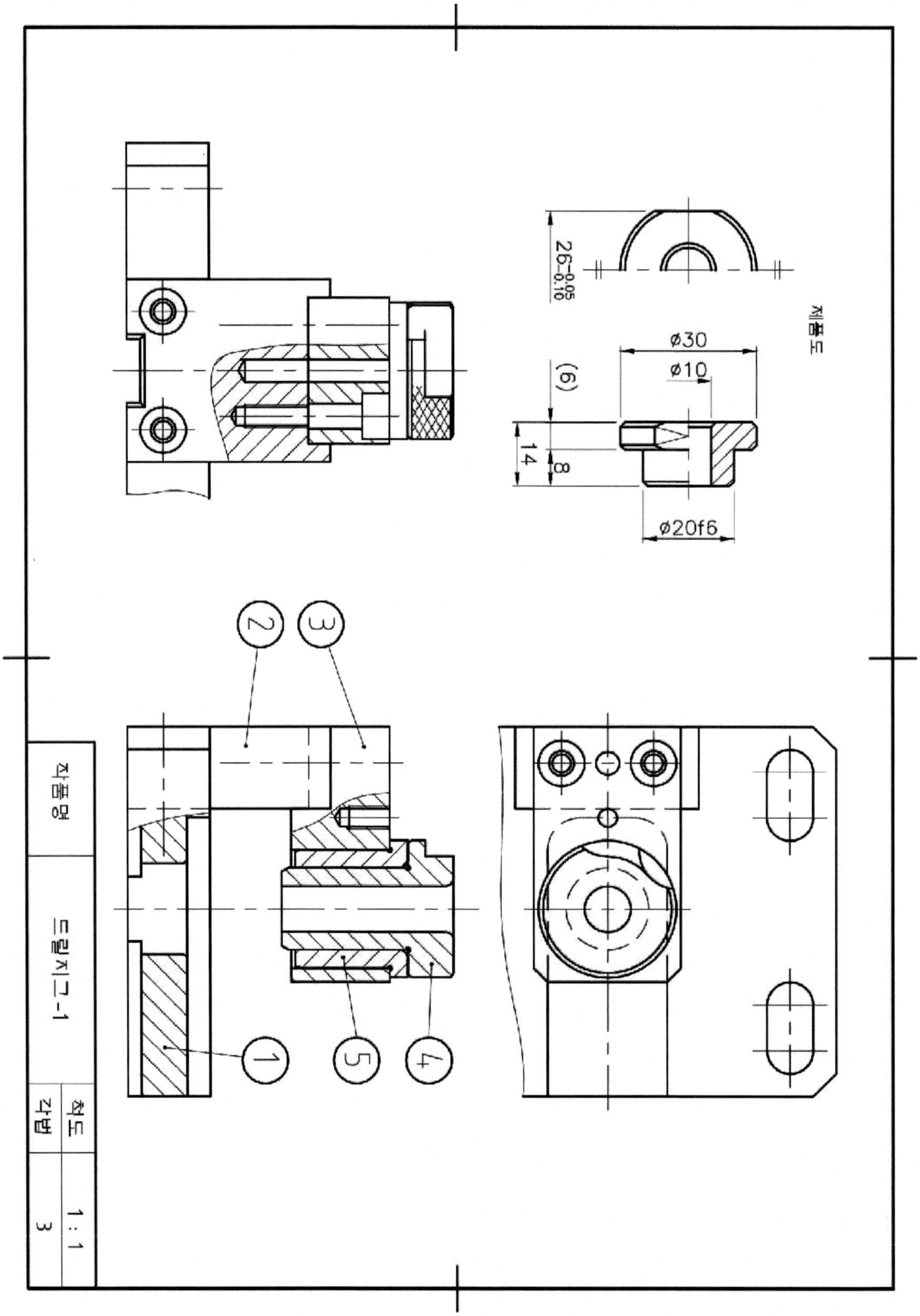
제품도
ø30
ø10
(6)
14
8
ø20f6
$26^{-0.05}_{-0.10}$
작품명
드릴지그-1
척도
1 : 1
각법
3

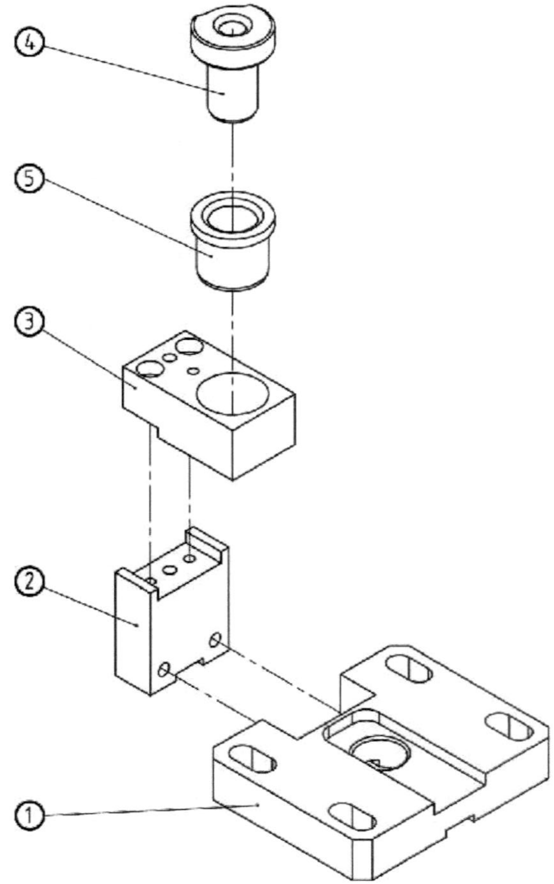

품 번	품 명	재 질	수 량	비 고
7	핸들	SM45C	3	
6	핸들 너트	SM45C	1	
5	미끄럼 부시	SCM415	1	
4	물림 조	GC200	1	
3	고정조	GC200	1	
2	축	SCM430	1	
1	본 체	GC200	1	
과 제 명	드릴지그-1		척 도	1 : 1
			각 법	3각법

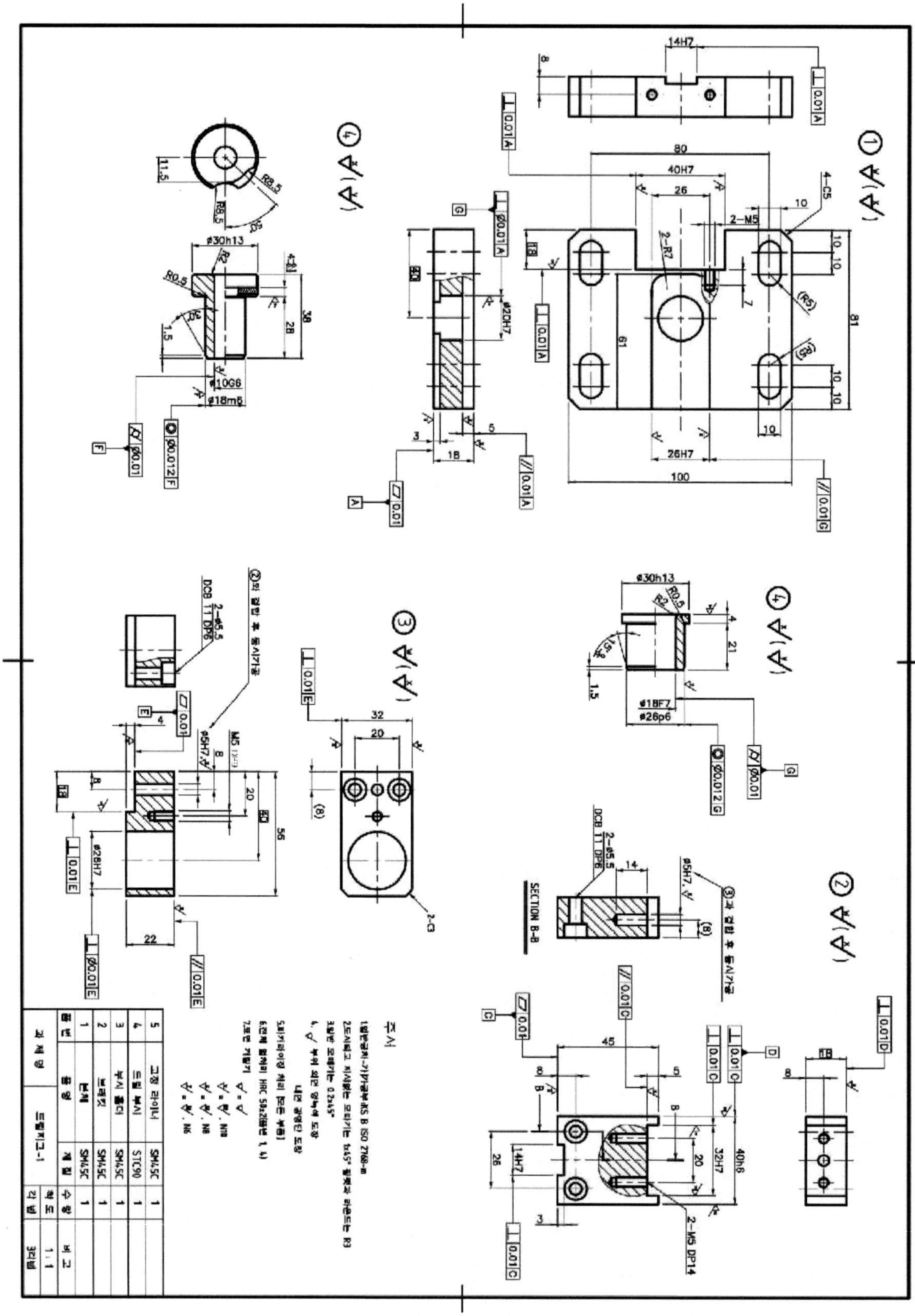

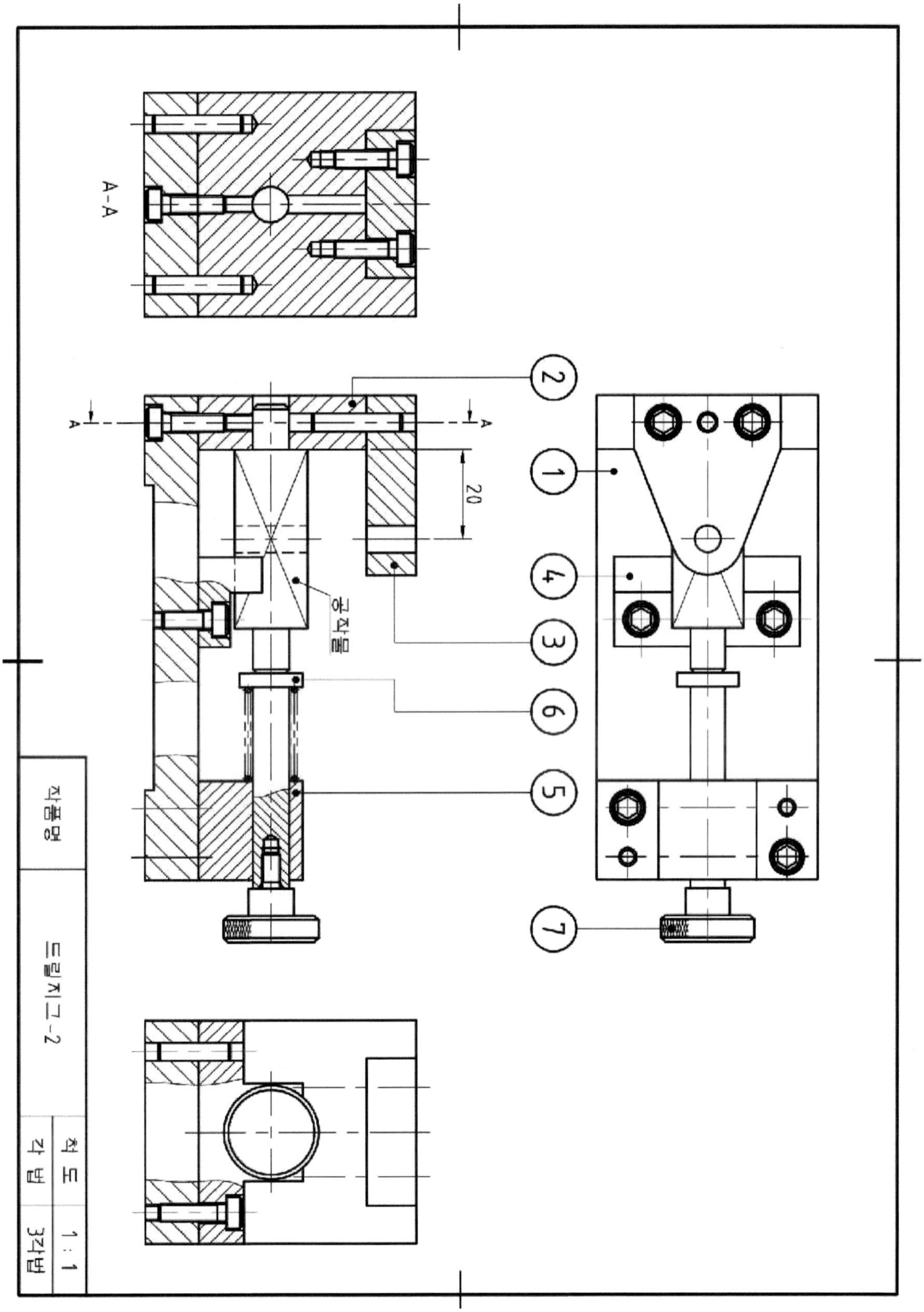
A-A
20
공작물
1
2
3
4
5
6
7
작품명
드릴지그-2
척도
1 : 1
각법
3각법

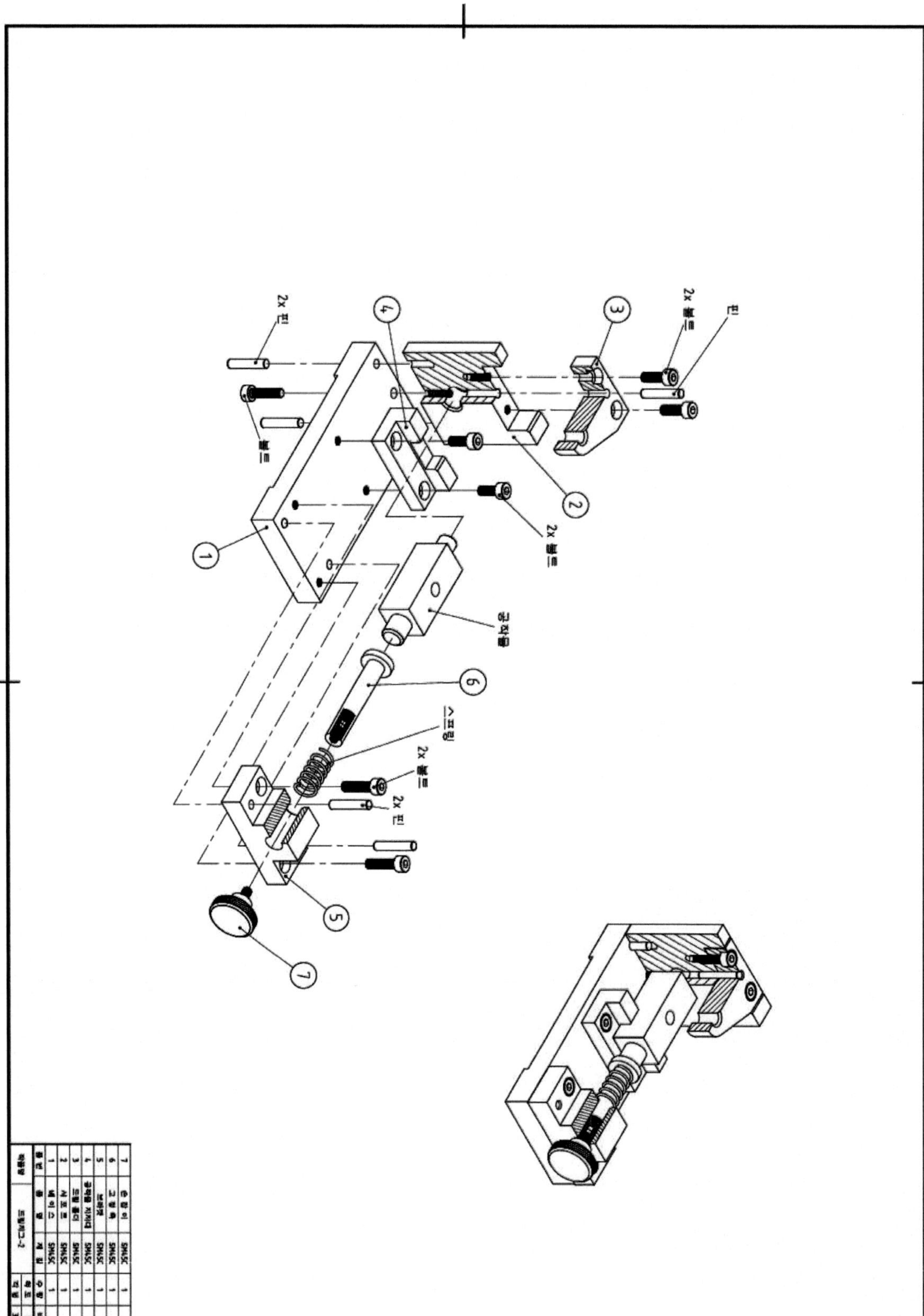
2x 핀
볼트
2x 볼트
핀
공작물
스프링
1
2
3
4
5
6
7

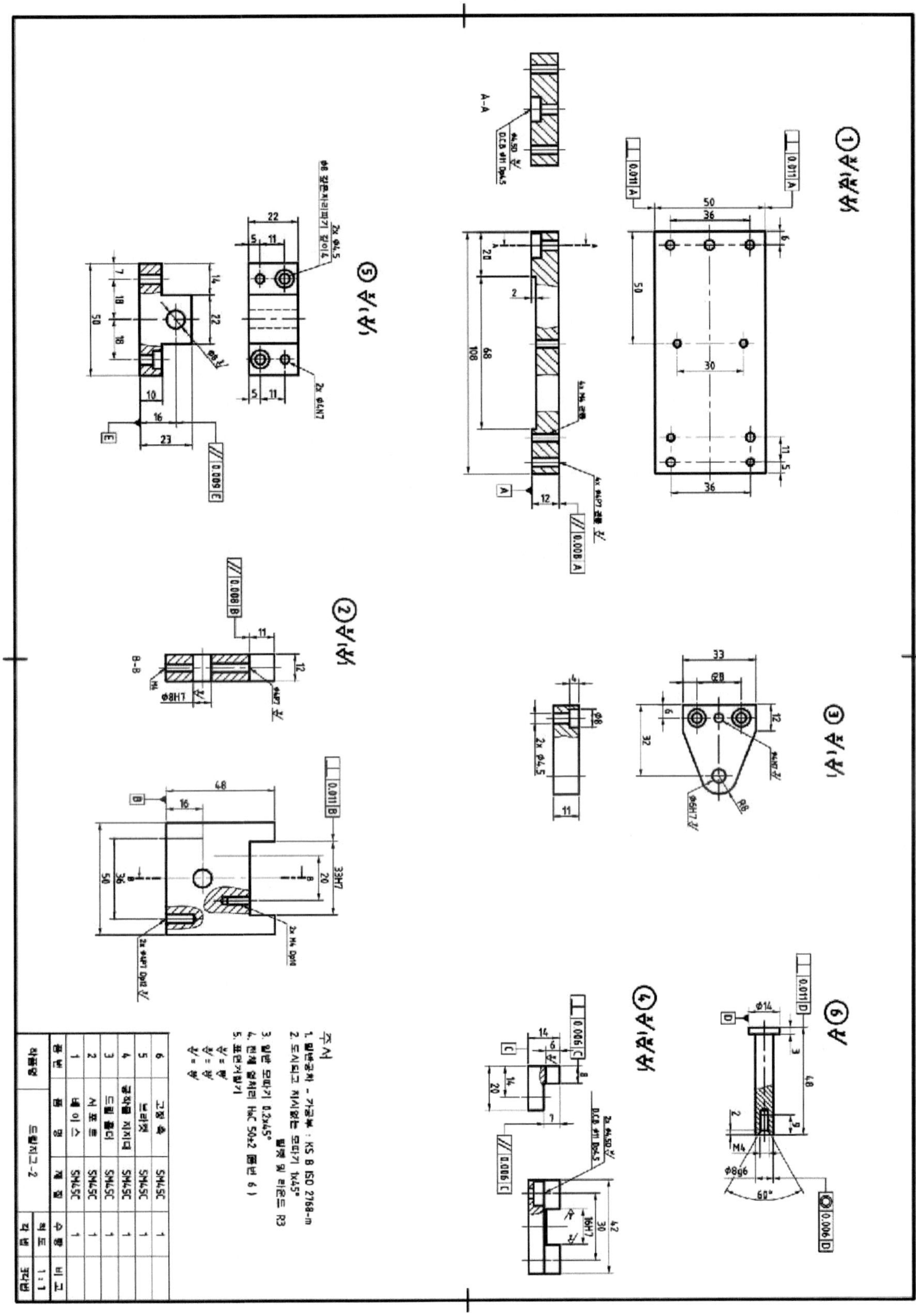
주서
1. 일반공차 - 가공부 : KS B ISO 2768-m
2. 도시되고 지시없는 모따기 1x45° 필렛 및 라운드 R3
3. 일반 모따기 0.2x45°
4. 전체 열처리 HRC 50±2 (품번 6)
5. 표면거칠기
6 고정 축 SM45C 1
5 브라켓 SM45C 1
4 공작물 지지대 SM45C 1
3 드릴 홀더 SM45C 1
2 서 포 트 SM45C 1
1 베 이 스 SM45C 1
품번 품 명 재 질 수량 비고
작품명 드릴지그-2 척도 1:1 각법 3각법

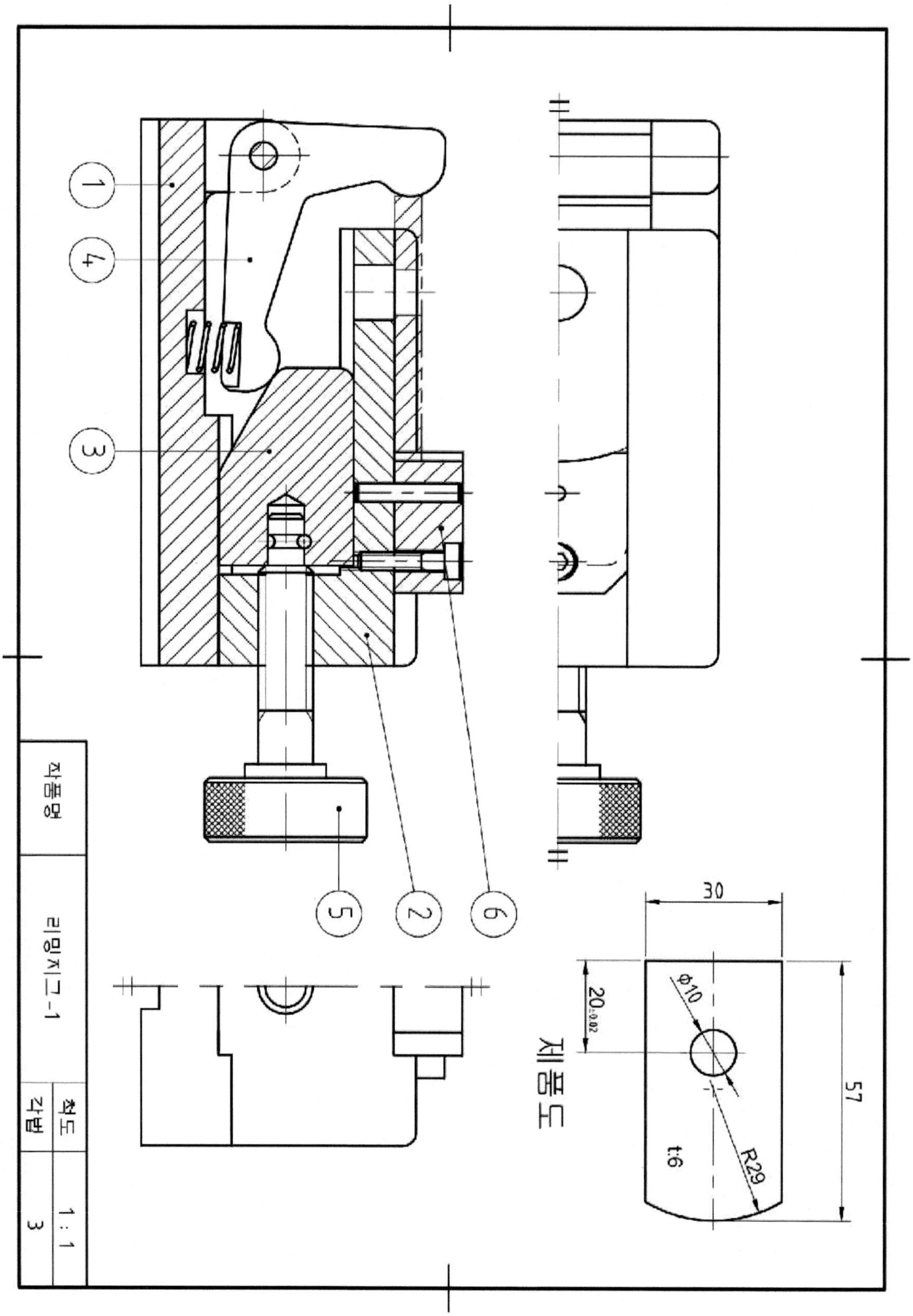
1
4
3
5
2
6
작품명
리밍지그-1
척도
1 : 1
각법
3
제품도
30
20±0.02
57
φ10
R29
t6

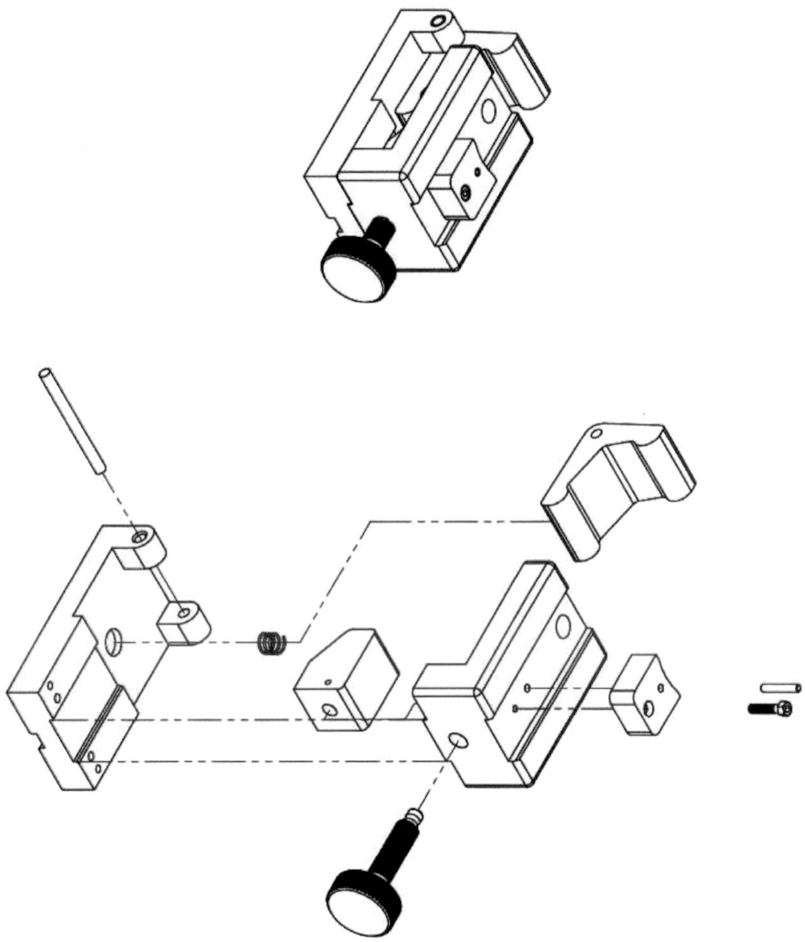

작품명	리밍지그-1		각법	3
			척도	1 : 1
품번	품 명	재 질	수량	비 고
1	베이스	GC 200	1	
2	서포트	GC 200	1	
3	누름쇠	SC450	1	
4	나사축 손잡이	SM 45C	1	
5	슬라이더	SM 45C	1	
6	고정블록	SM 45C	1	

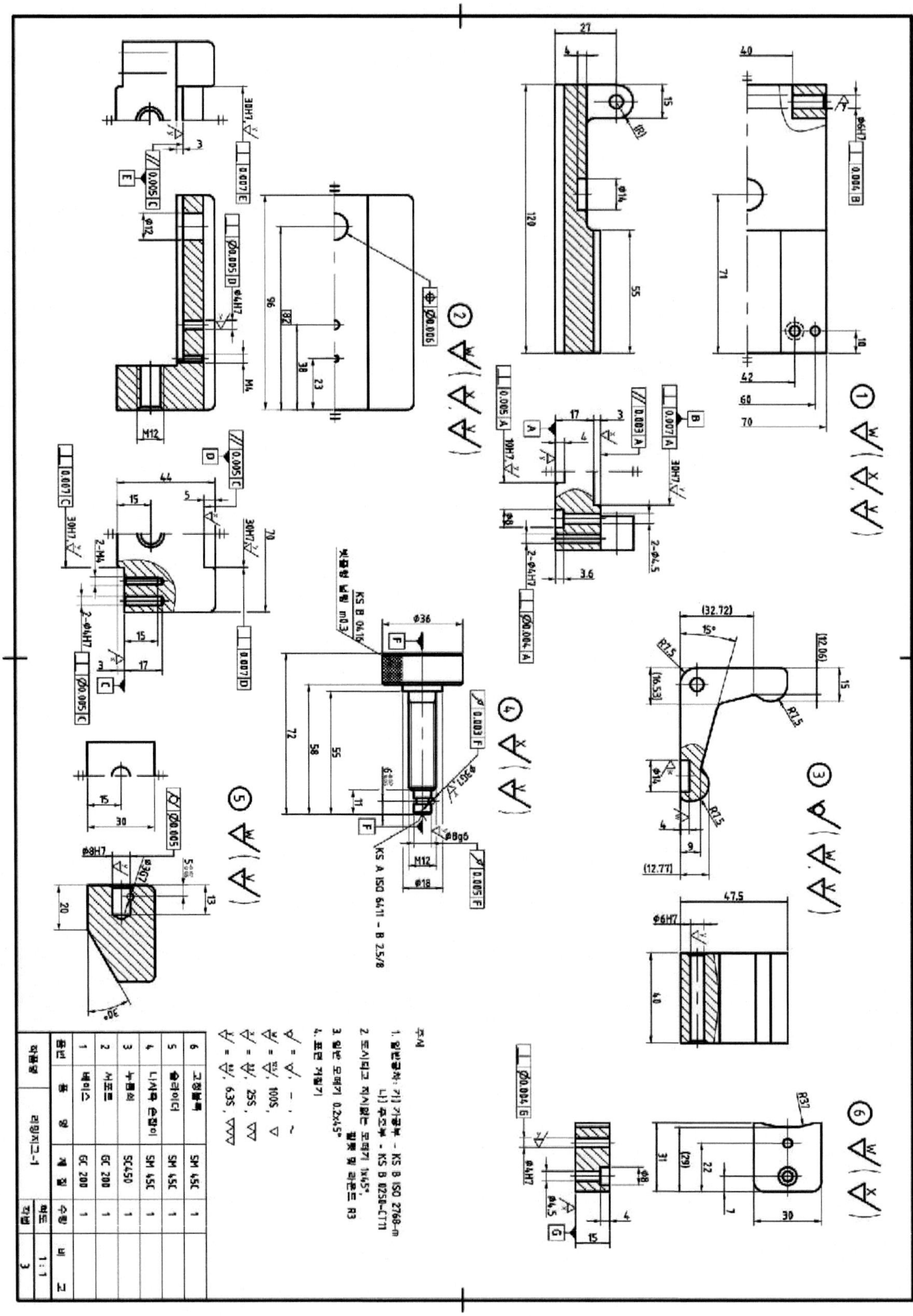
주서
1. 일반공차: 가) 가공부 - KS B ISO 2768-m
나) 주조부 - KS B 0250-CT11
2. 도시되고 지시없는 모떼기 1x45°, 필렛 및 라운드 R3
3. 일반 모떼기 0.2x45°
4. 표면 거칠기
품번 | 품명 | 재질 | 수량 | 비고
6 | 고정블록 | SM 45C | 1
5 | 슬라이더 | SM 45C | 1
4 | 나사축 손잡이 | SM 45C | 1
3 | 누름쇠 | SC450 | 1
2 | 서포트 | GC 200 | 1
1 | 베이스 | GC 200 | 1
작품명 | 리밍지그-1 | 척도 | 1:1
각법 | 3
KS A ISO 6411 - B 2.5/8
빗줄형 널링 KS B 0416 m0.3

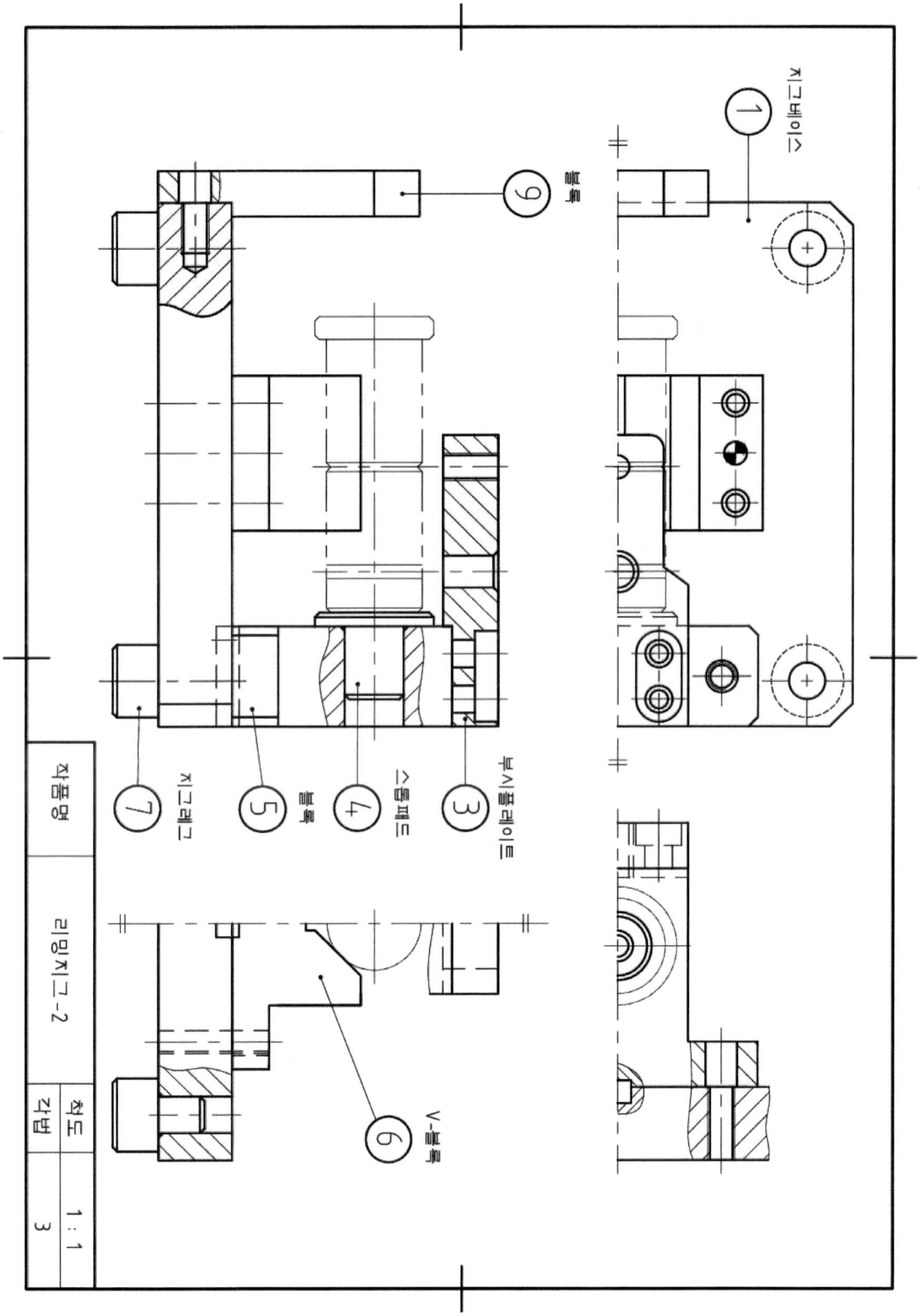
① 지그베이스
③ 부시플레이트
④ 스톱패드
⑤ 블록
⑥ V-블록
⑦ 지그레그
⑨ 블록
작품명
리밍지그-2
척도
1 : 1
각법
3

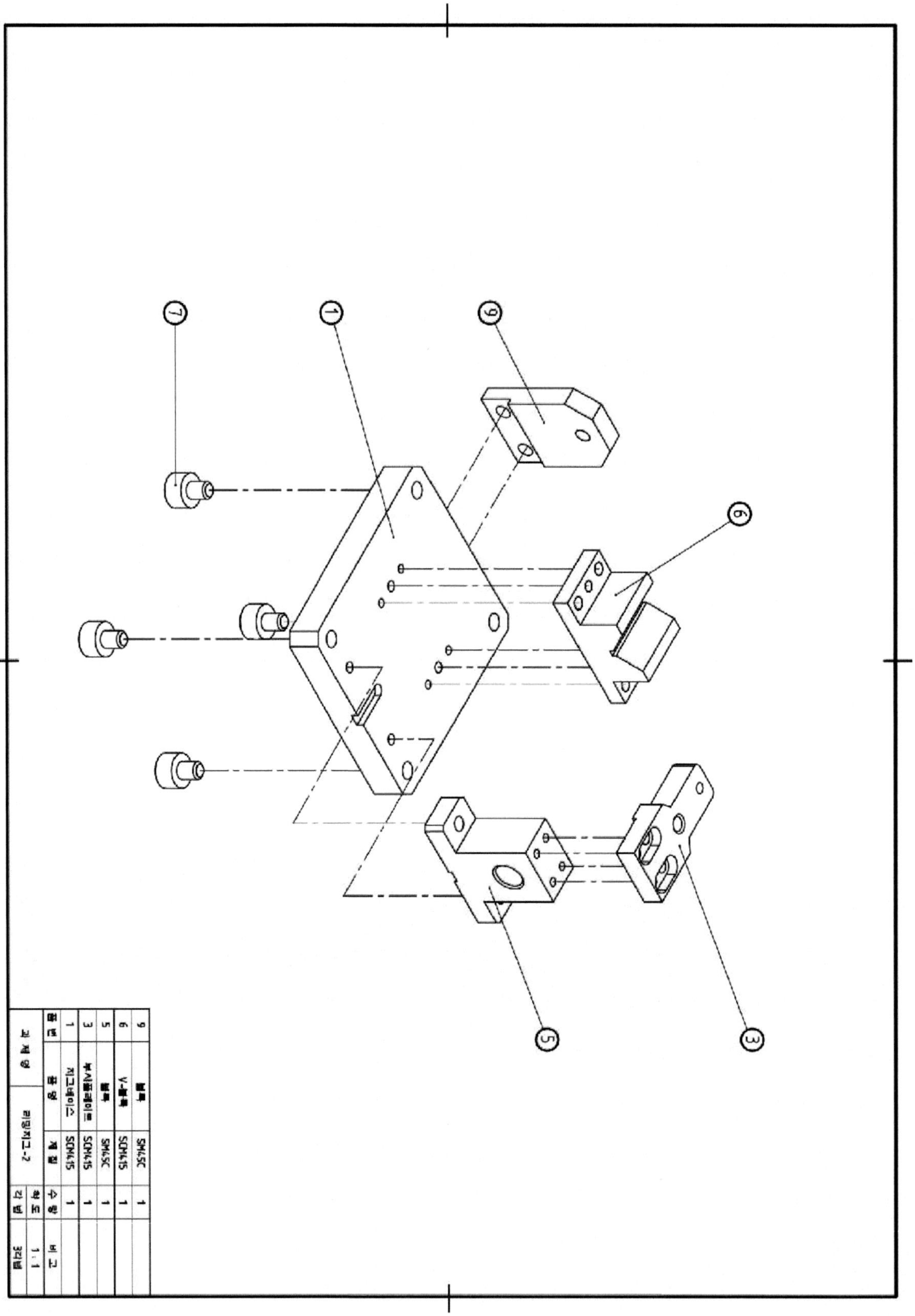
7
1
9
6
5
3
9 블록 SM45C 1
6 V-블록 SCM415 1
5 블록 SM45C 1
3 부시플레이트 SCM415 1
1 지그베이스 SCM415 1
품번 품명 재질 수량 비고
과제명 리밍지그-2
척도 1 : 1
각법 3각법

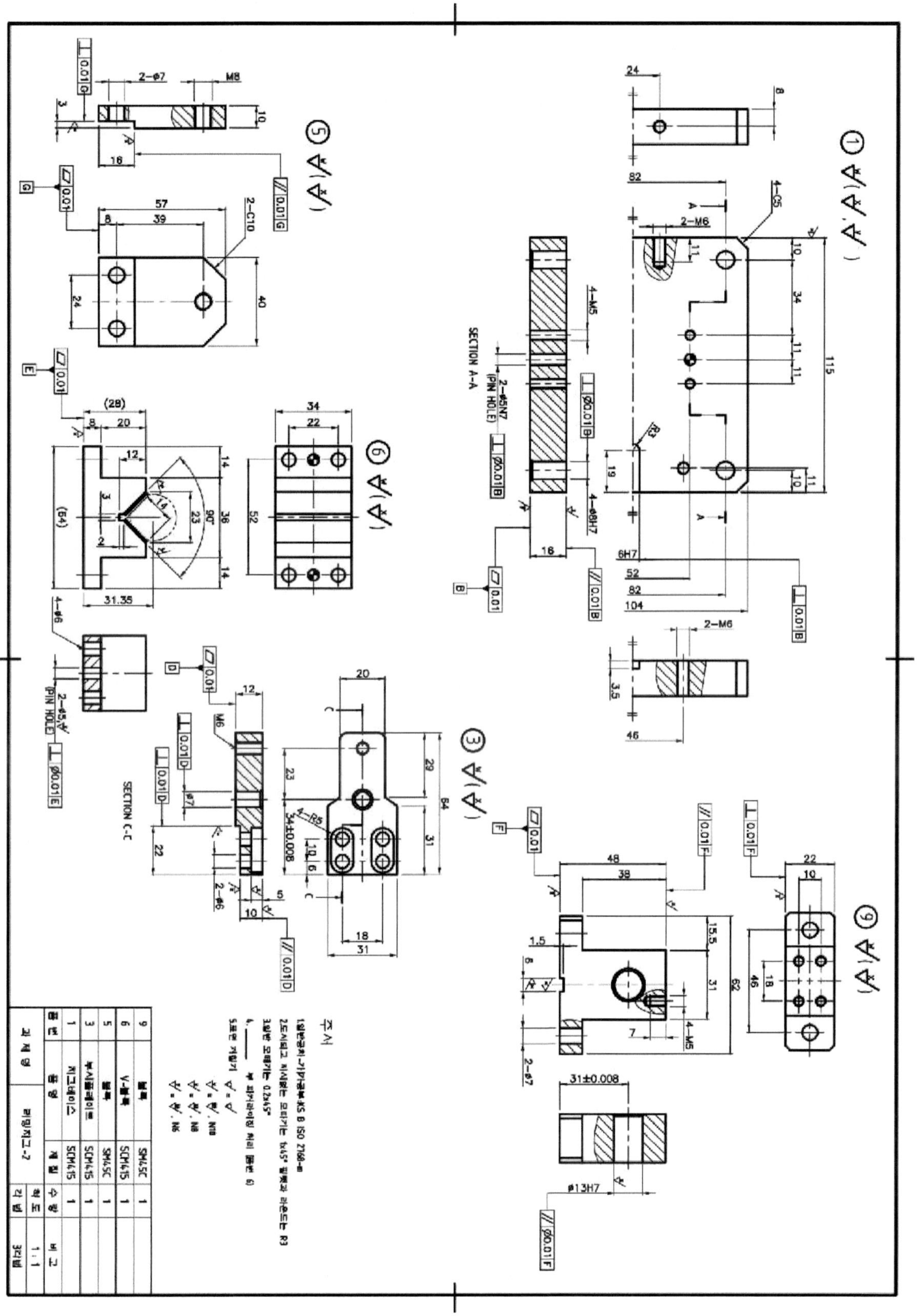

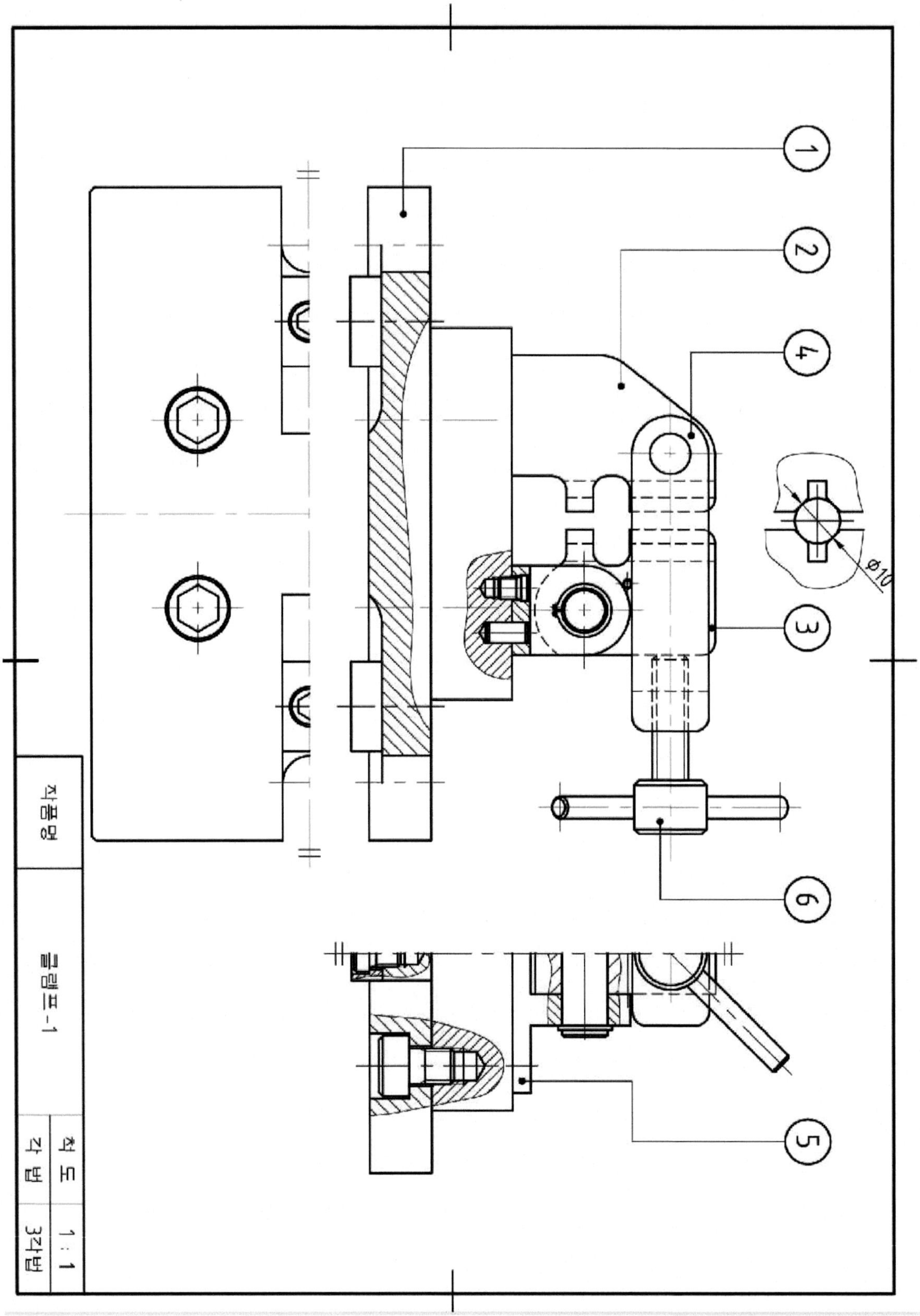
작품명
클램프-1
척도
1 : 1
각법
3각법
ø10
1
2
3
4
5
6

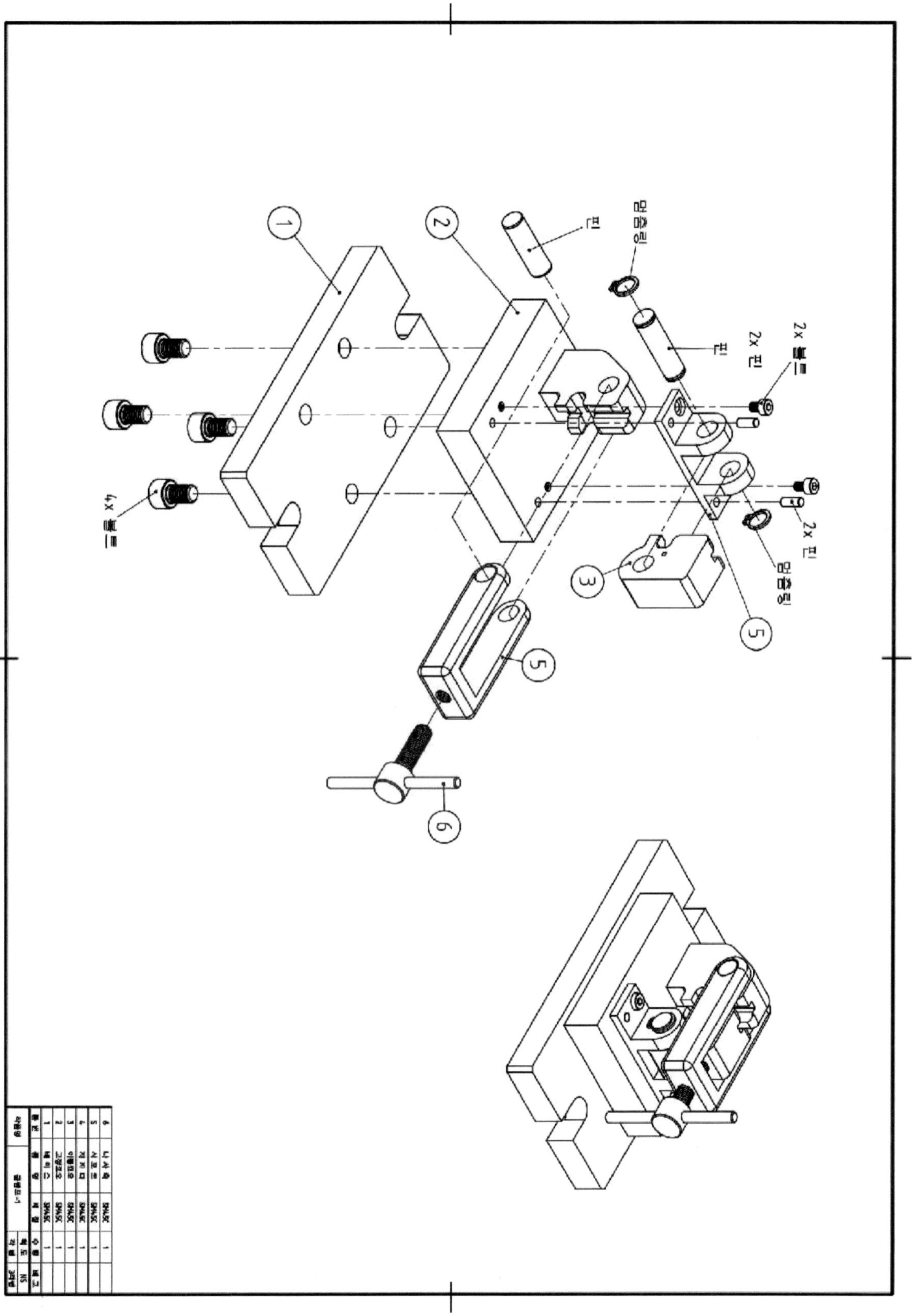

1
2
3
5
5
6
핀
핀
멈춤링
멈춤링
2x 볼트
2x 핀
2x 핀
4x 볼트

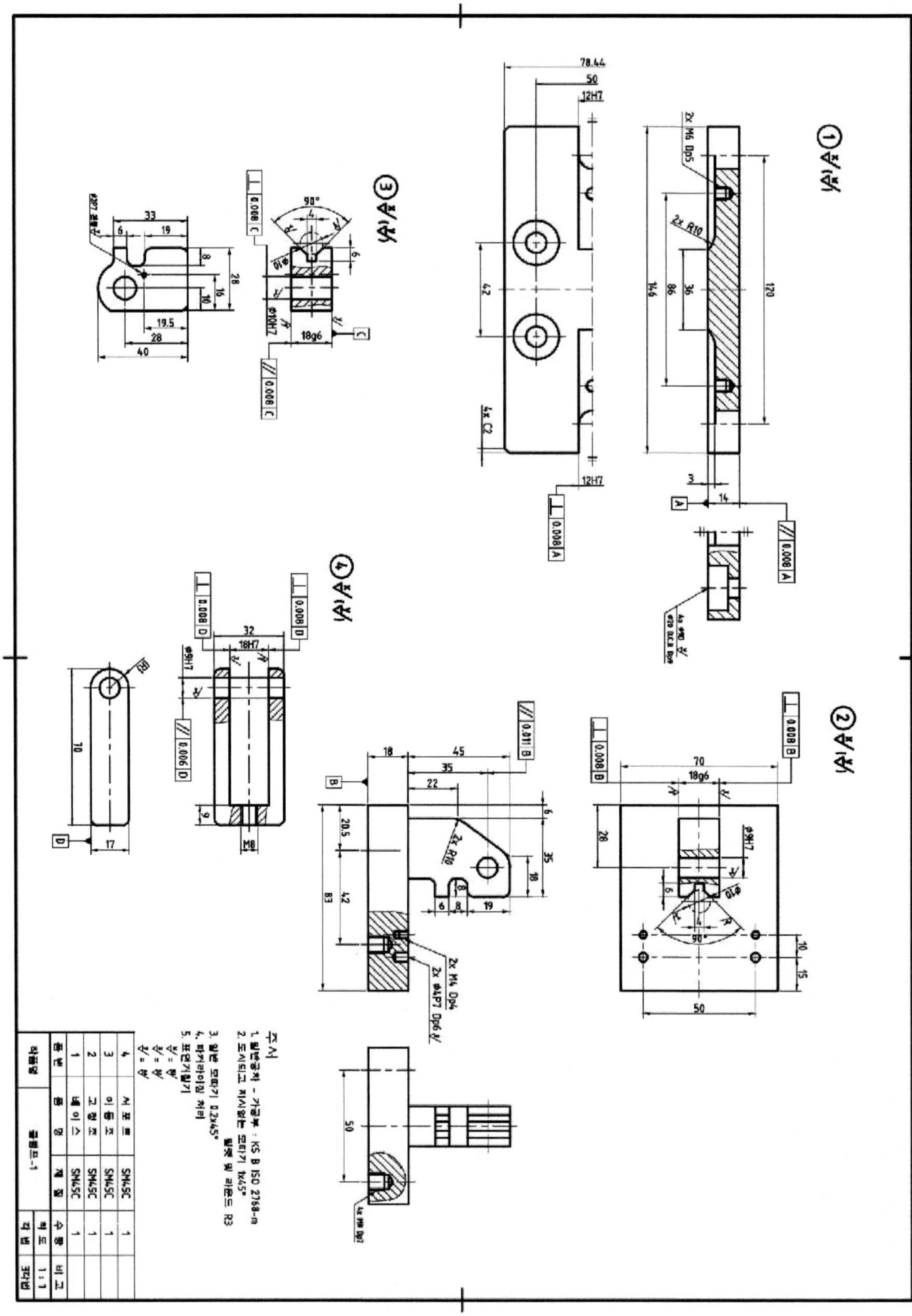
①정면도
②정면도
③정면도
④정면도
주서
1. 일반공차 - 가공부 : KS B ISO 2768-m
2. 도시되고 지시없는 모따기 1x45° 필렛 및 라운드 R3
3. 일반 모따기 0.2x45°
4. 파커라이징 처리
5. 표면거칠기
4 서포트 SM45C 1
3 이동조 SM45C 1
2 고정조 SM45C 1
1 베이스 SM45C 1
품번 품명 재질 수량 비고
작품명 클램프-1 척도 1:1 각법 3각법

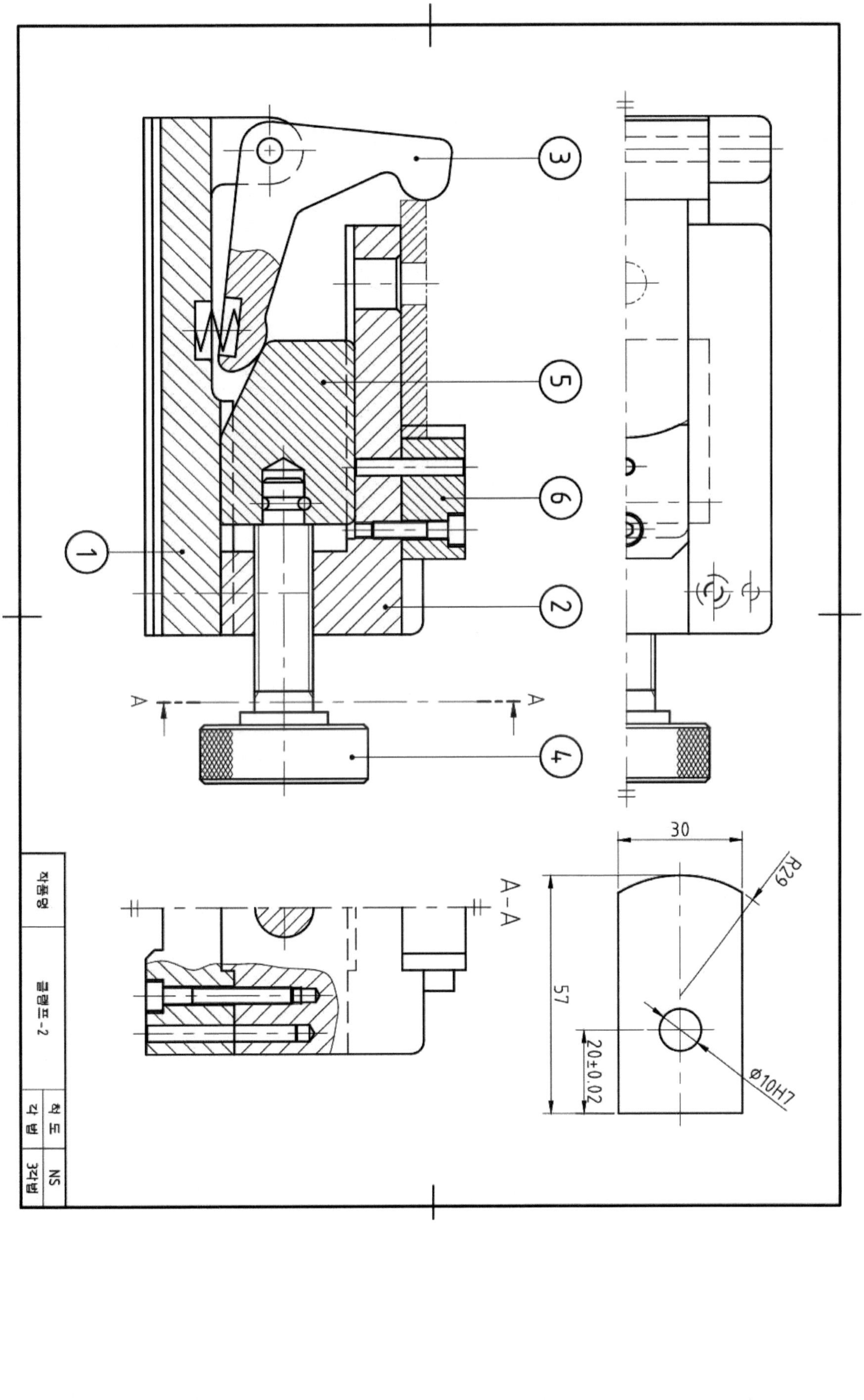

1
2
3
4
5
6
A
A
A-A
30
R29
57
20±0.02
Ø10H7
작품명
클램프-2
척도
NS
각법
3각법

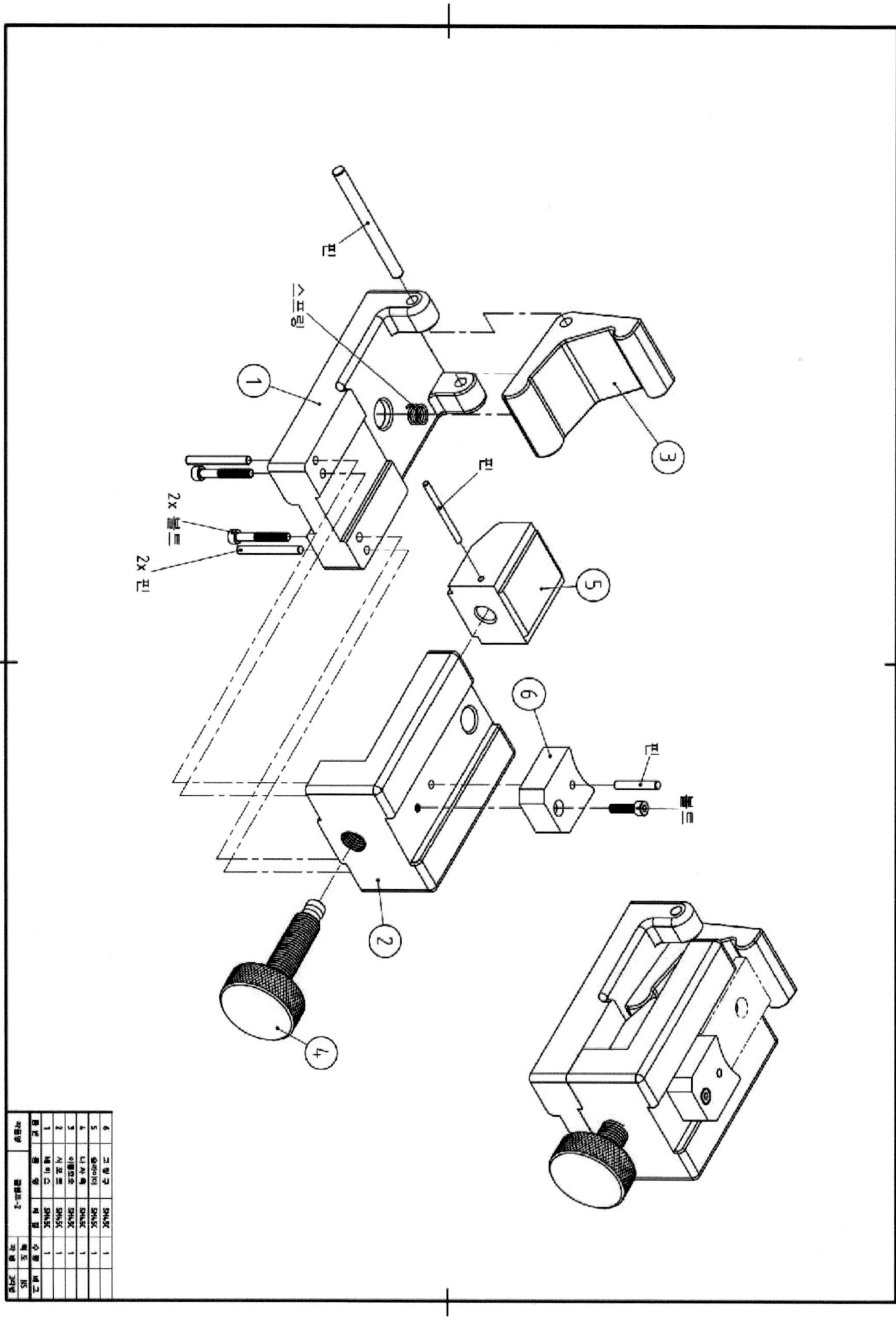
핀
스프링
1
3
핀
2x 볼트
2x 핀
5
6
핀
볼트
2
4

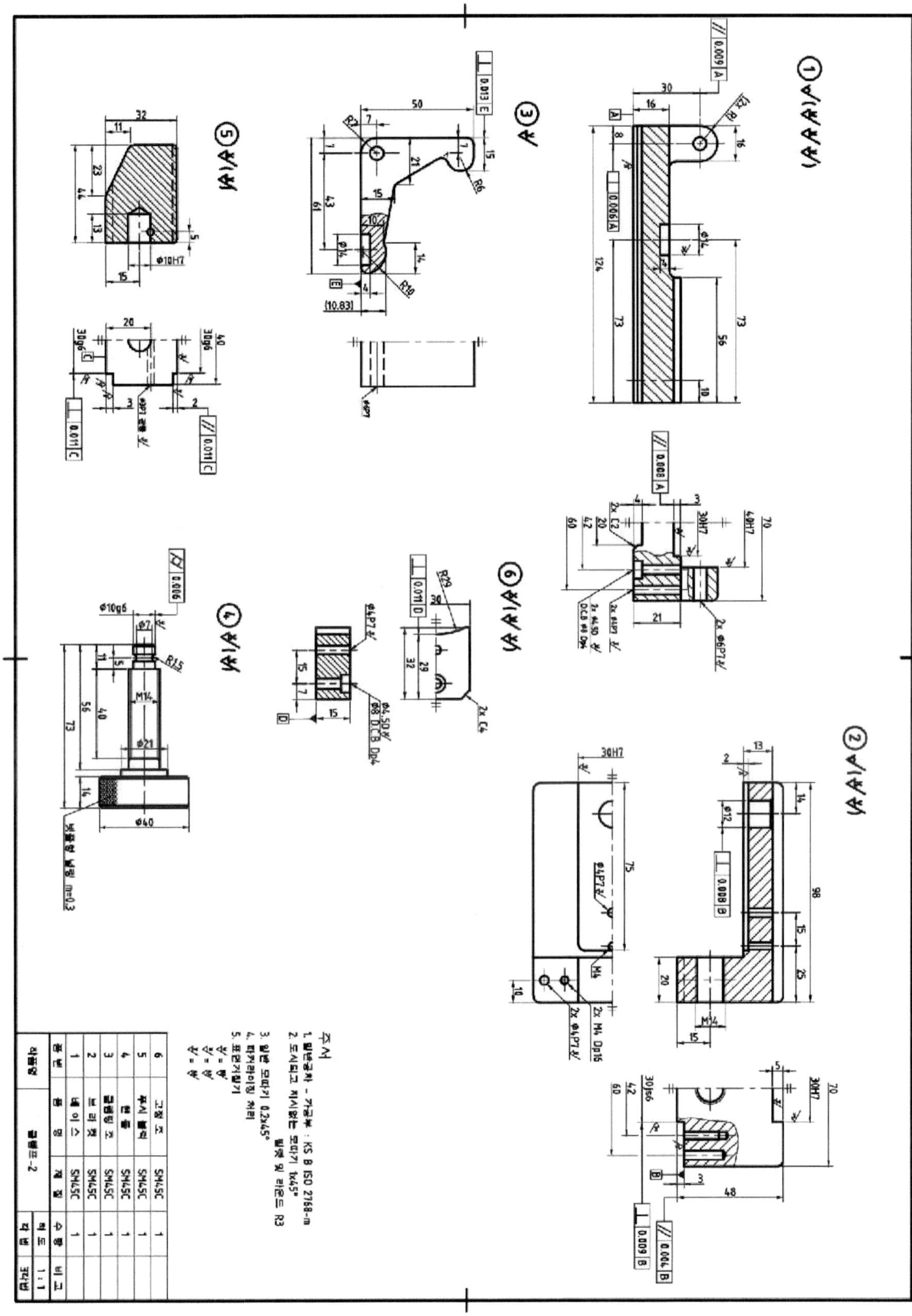

주서
1. 일반공차 - 가공부 : KS B ISO 2768-m
2. 도시되고 지시없는 모따기 1x45° 필렛 및 라운드 R3
3. 일반 모따기 0.2x45°
4. 파커라이징 처리
5. 표면거칠기
6 고정 조 SM45C 1
5 부시 블럭 SM45C 1
4 핸들 SM45C 1
3 클램핑 조 SM45C 1
2 브라켓 SM45C 1
1 베이스 SM45C 1
품번 품명 재질 수량 비고
작품명 클램프-2
척도 1:1
각법 3각법